青藏高原江河碳氮循环和温室气体排放模式与机制

夏星辉　张思波　李司令　著

科学出版社

北　京

内 容 简 介

青藏高原是地球的“第三极”，具有独特的气候、水文和地形地貌特征，也是世界上冰川和冻土的主要分布区域。本书将长期野外观测、室内实验模拟和模型模拟研究相结合，深入研究青藏高原的高海拔生境特征对江河碳氮循环和温室气体排放的影响，主要包括以下四方面内容：①分析青藏高原典型江河主要水化学特征及化学风化过程，解析河流有机质和硝酸盐的来源；②研究青藏高原河流关键氮循环微生物的分布特征及其对高海拔条件的适应性，进而剖析其对氮转化的影响；③研究青藏高原江河碳循环产物甲烷的排放模式，剖析其物理化学和微生物驱动机制，并评估其甲烷排放对全球江河温室气体排放的贡献；④研究青藏高原江河氮循环产物温室气体氧化亚氮的排放模式与机制，并综合剖析河道内外环境条件对其的影响。

本书可作为环境科学、地球科学、生态学、土壤学、全球变化等相关专业的科技工作者的专业参考书，也可作为高等院校相关专业的教学参考书。

审图号：GS 京(2024)1304 号

图书在版编目(CIP)数据

青藏高原江河碳氮循环和温室气体排放模式与机制 / 夏星辉，张思波，李司令著． --北京：科学出版社，2024. 7. -- ISBN 978-7-03-079123-8

Ⅰ. X321. 27

中国国家版本馆 CIP 数据核字第 2024XN8382 号

责任编辑：李晓娟 / 责任校对：樊雅琼
责任印制：徐晓晨 / 封面设计：无极书装

科学出版社 出版
北京东黄城根北街 16 号
邮政编码：100717
http://www. sciencep. com
北京市金木堂数码科技有限公司印刷
科学出版社发行 各地新华书店经销
*
2024 年 7 月第 一 版 开本：787×1092 1/16
2024 年 7 月第一次印刷 印张：14 3/4
字数：350 000

定价：188. 00 元

（如有印装质量问题，我社负责调换）

前　言

河流是连接陆地上湖泊、水库和湿地的重要纽带，也是将物质由陆地生态系统输往海洋生态系统的重要通道。陆源碳氮等生源要素在经由河流向湖泊、水库、湿地和海洋输送的过程中，在河道内会发生系列转化反应，进而使河流成为全球生源要素循环的重要组成部分和全球温室气体产生的重要场所。世界上大部分河流发源于高海拔山区；随着海拔升高，自然地质地貌、气候气象要素以及人为活动和社会经济水平等都会发生显著变化，这将影响陆地碳氮等生源要素的入河通量以及微生物的种类和丰度，进一步影响碳氮等生源要素的形态及其在河道内的迁移转化和温室气体的产生与排放。由于基础资料短缺、采样困难等，目前对高海拔地区河流中生源要素迁移转化以及温室气体排放特征的研究极度匮乏，已成为全面、准确评估全球河流中生源要素循环和温室气体排放的主要瓶颈之一。此外，高海拔地区生态环境脆弱，且易受全球气候变化的影响，阐明高海拔地区河流中生源要素的迁移转化特征对评估高海拔地区的物质和能量收支、维持生态系统稳定具有重要意义。因此，研究高海拔地区河流中生源要素的迁移转化过程和温室气体的排放特征具有重要的理论和应用价值。

青藏高原有“世界屋脊”和“第三极”之称，孕育了黄河、长江、澜沧江等亚洲重要河流，被称为“亚洲水塔”，亦是中国乃至亚洲重要的生态安全屏障。本书选择位于青藏高原的黄河源区、长江源区、澜沧江、雅鲁藏布江和怒江等为重点研究对象，将长期野外观测、室内实验模拟和模型模拟研究相结合，深入研究青藏高原的高海拔生境特征对江河碳氮循环过程和温室气体排放特征的影响，主要包括以下几方面的内容：①分析青藏高原典型江河主要水化学特征及化学风化过程；解析河流悬浮物和沉积物有机质的来源以及河流硝酸盐的来源；②研究青藏高原河流上覆水体中好氧氨氧化微生物的分布特征，解析河流上覆水体中氮去除微生物的分布及脱氮反应速率特征；③探究河流沉积物中好氧氨氧化微生物对高海拔条件的适应性以及河流沉积物脱氮速率与氮循环微生物的关系；④研究青藏高原江河氮循环产物温室气体一氧化二氮的排放模式与机制，综合剖析河道外和河道内环境条件的影响；⑤研究青藏高原江河碳循环产物甲烷的排放模式，剖析其物理化学和微生物驱动机制，分析青藏高原江河甲烷排放对全球温室气体排放的贡献。

本书得以完成，要感谢许多同行和同事的支持与帮助。特别要感谢我的博士研究生张力伟和王功芹等与我共同完成相关研究课题，我们合作发表了系列科技论文，这些论文以及他们的学位论文是本书的写作基础。感谢课题组文武、张真瑞、高会、王清瑞、赵俭等研究生多次前往青藏高原协助采样。感谢黄河上游水文水资源局的冯亚楠主任、青海省水文水资源勘测局的李光录局长、昌都水文水资源分局的巴卓局长、云南省水文水资源局的袁树堂处长在采样过程中给予的鼎力相助。感谢国家自然科学基金委员会重点基金和科技部重点研发计划项目的资助。

由于作者水平有限，研究和撰写过程中难免存在一些不足之处，有些认识可能存在偏差，敬请广大读者批评指正，以便进一步完善和提高。

作　者

2022 年 10 月

目　　录

第1章 绪 论

1.1 河流碳氮循环和温室气体排放的重要性

碳（C）和氮（N）元素是两种重要的生源要素，是生物合成自身所需蛋白质和核酸等生物大分子的必需元素（Canfield et al.，2010；Zhang et al.，2020a）。碳循环和氮循环通过陆地和海洋生态系统生物量的合成和分解相耦合，直接影响着全球海陆生态系统的初级生产力（Gao et al.，2019；Thornton et al.，2007）。自工业革命以来，人类活动如化石能源燃烧、化肥的施用等已经明显地从区域和全球尺度上改变了碳和氮的生物地球化学循环，影响全球碳氮的收支平衡（Gruber and Galloway，2008）。人类在农业生产中大量使用氮肥导致生态系统处于较高的氮负荷状态，从而引发了土壤酸化、水体富营养化和缺氧、水质恶化等一系列环境问题（Grant et al.，2018）。同时，高营养化水平促进了陆地和水生生态系统的初级生产力和碳氮的转化过程，加速了二氧化碳（CO_2）、甲烷（CH_4）和氧化亚氮（N_2O）等温室气体的排放（Li et al.，2021；West et al.，2016），导致了近百年来全球范围内气温持续升高，全球气候变化加剧。有研究表明，工业革命以来大气中温室气体浓度的持续增加主要归因于工业过程如化石燃料的燃烧和农业活动中氮肥的使用（Montzka et al.，2011；Tian et al.，2020）。国际上对缓解全球变暖和温室气体减排已相当重视，2020年开始各国根据《联合国气候变化框架公约》（UNFCCC）的《巴黎协定》以5年周期为基础依次提交了气候行动和温室气体减排计划，称为国家自主贡献（NDCs），代表了对气候行动的承诺，旨在将全球变暖限制在远低于2℃，最好是1.5℃。气候变化已经成为全球性话题，温室气体的研究是科学界研究的焦点。

河流是陆地-内陆水体-海洋连续系统的重要组成部分，不仅能够将碳氮等营养元素从陆地输送到海洋，而且河流中还发生着活跃的物质能量交换，潜移默化地影响营养元素的转化与收支平衡（Helton et al.，2018；Maavara et al.，2020）。在区域和全球尺度上，河流是营养盐从陆地向海洋输送的主要通道，河流的生源物质通量是全球碳氮循环的重要组成部分。河流每年从陆地生态系统接收了与其面积不成比例的碳（~2.7Pg C/a）（Barnes et al.，2018；Regnier et al.，2013）和氮（~62Tg N/a）（Schlesinger，2009），其在运输的过程经过一系列迁移转化，或以气体形式释放到大气，或以颗粒态形式沉积在河道中，河流已经成为陆地生源物质流失的重要汇（Bastviken et al.，2011）。河流对氮素的去除主要通过微生物介导的脱氮过程［反硝化（denitrification）和厌氧氨氧化（anammox）过程］，将活性态氮转化为气态氮（N_2和N_2O）释放到大气中，是减轻水体氮负荷的有效途径（Birgand et al.，2007）。而河流的呼吸代谢和微生物驱动的产甲烷过程可以将有机碳转化为含碳温室气体（CO_2和CH_4），从而将其从河流中去除。就全球范围而言，输入河流的碳和活性态氮总量中约50%通过呼吸代谢和脱氮作用被去除，约20%埋藏在河流沉积物中，最终约30%的碳和活性态氮通过河流输送到河口、近海或内陆水生生态系统（Galloway et al.，2004；McGinnis et al.，2016）。此外，碳氮在河流迁移转化过程（此处主要指系统呼吸、产甲烷过程和脱氮过程）中的气态产物是三种最重要的温室气体（CO_2、CH_4和N_2O），对大气层辐射强迫的总贡献达到80%（IPCC，2022），对全球气候变化具有不可推卸的责任。从全球尺度来看，河流是这三种温室气体重要的源，河流向大气排放的N_2O、CH_4和CO_2分别为0.03～2.0Tg N_2O-N/a（Yao et al.，2020）、1.8～21.0Tg CH_4/a（Rosentreter et al.，2021）和1.5～2.1Pg CO_2-C/a（Raymond et al.，2014），是全球温室气体收支核算的重要组成部分。然而，目前全球碳氮的收支核算是不平衡的，河流温室气体排放估算的不确定性过大可能是一个重要原因，这是由于对河流碳氮转化过程和相关机理的认识不够深刻，以及用于核算的观测数据量有限。深入理解河流碳氮过程并阐明相关驱动机制，对于填补碳氮收支核算的缺口、减缓全球温室气体的排放十分关键。

1.2 青藏高原的地理环境特征

作为世界屋脊的青藏高原是地球的“第三极”，其平均海拔超过4000m，面积约为$2.57\times10^6km^2$，超过我国国土面积的1/4。以青藏高原为中心的冰川群是整个亚洲高山冰冻圈的核心，是中低纬冰冻圈最发育的地区（姚檀栋等，2013），也是除南北极以外冰川、冻土储量最多的地区（Yang et al.，2019）。冰冻圈，顾名思义是指地球表层连续分布且具一定厚度的负温圈层，即由冰盖（冰川）、冻土、积雪、浮冰等固态水覆盖的高纬度和高山地区，包括南北两极、青藏高原、安第斯山脉、阿尔卑斯山脉等。冰冻圈是地球气候系统五大圈层之一，在受气候变化影响的诸多地球系统中，冰冻圈是全球变化最迅速、最显著、最具指示性的圈层，也是对气候系统影响最直接的圈层，被认为是气候系统多圈层相互作用的核心纽带（康世昌等，2020；秦大河等，2020）。位于冰冻圈的青藏高原，其高海拔和复杂的地形地貌形成了独特的大气环流格局，对区域和全球气候都产生了深远的影响；反过来，与高纬度地区一样，高海拔地区对气候变化的影响也异常敏感。

青藏高原还是世界上水资源最为丰富的地区之一，这里不仅有星罗棋布的湖塘、湿地等，而且孕育了长江、黄河、澜沧江—湄公河、雅鲁藏布江—布拉马普特拉河、狮泉河—印度河、怒江—萨尔温江、独龙江—伊洛瓦底江和恒河等13条世界大型江河（图1-1），为数十亿人口提供了淡水资源，因此被誉为“亚洲水塔”（Immerzeel and Bierkens，2012）。作为世界上平均海拔最高的江河，青藏高原诸河是反映山地冰冻圈气候变化最为显著的生态系统之一。然而相较于其他地区（包括南北两极），青藏高原极易受损的水生生态系统（Creed et al.，2017）却未曾受到关注。冰川、冻土和积雪对这些高山江河的形成与变化有十分重要的意义。青藏高原诸河的源头大多起源于冰雪融水，从雪山和冰川上流下来的淙淙融水逐渐形成遍布青藏高原的辫状河网（低等级河流），它们流经冰前湖泊、热融湖塘和泥炭湿地，汇聚为宽阔的江河（高等级河流）蜿蜒于重峦叠嶂之间，最后奔流入海（图1-2）。

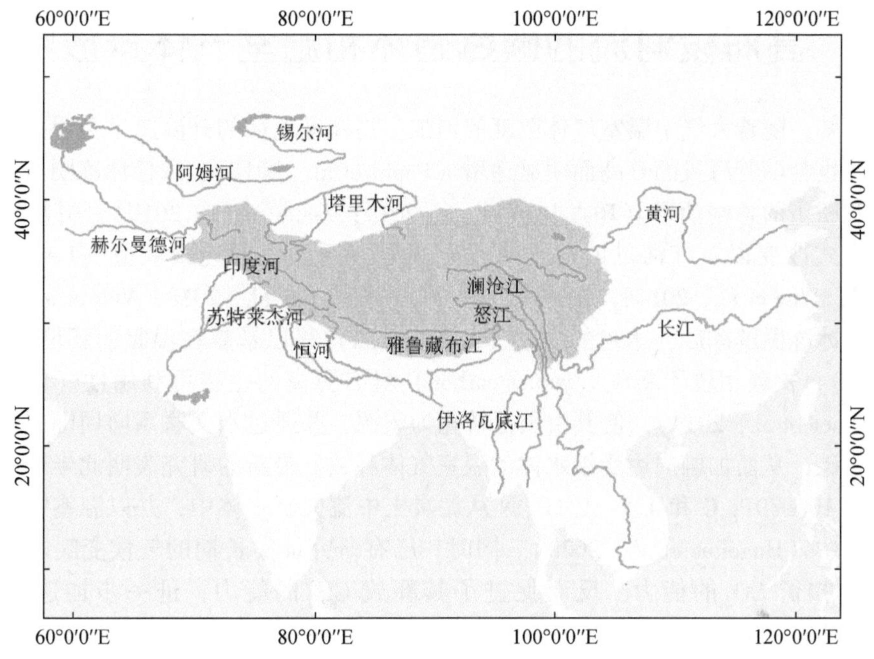

图 1-1　青藏高原江河分布

图 1-2　青藏高原江河源区地貌

1.3 高海拔河流的碳氮循环和温室气体排放特征

众所周知，随着大气中温室气体浓度的增加，高纬度地区的升温速率会明显增大。类似地，变暖也会随着海拔的升高而明显递增（Pepin et al., 2015），致使冰冻圈内冰盖、冰川、冻土和积雪的急剧消融（Biskaborn et al., 2019; Zemp et al., 2019），引起海平面上升、降水模式改变以及江河的时序与水量变更等一系列负面连锁效应（Lewkowicz and Way, 2019; Lutz et al., 2014; Milner et al., 2017; Swart et al., 2018; Veh et al., 2020）。

而且，冰冻圈解冻后，冰封的古碳（aged carbon）得以暴露在温暖的环境中（Koven et al., 2015），古碳相较于新碳（young carbon）具有更高的生物可利用性（Mann et al., 2015; Spencer et al., 2014），使其由碳汇转化为碳源，并通过水文联系向周围的淡水水体输出大量古碳，从而加剧周边受纳水体的温室气体释放。最新的研究表明北半球的冻土持续融化将使 10～30Pg C 和 0.4～1.1Pg N 从泥炭土中流失至水体中，并以温室气体的形式释放到大气中（Hugelius et al., 2020）。同时，已有研究证实长期的气候变暖非但没有增加淡水水体扣留 CO_2 的能力，反而促进了其释放 CH_4 的能力，进一步加速气候变暖（Yvon-Durocher et al., 2017）。由此可见，内陆水系的碳氮循环和温室气体的排放与气候变暖存在直接的互馈关系。

然而，相较于南北两极及其他冰冻圈，有关青藏高原江河碳氮循环和温室气体排放的研究相当薄弱，极大地限制了对高山冰冻圈江河碳氮循环和温室气体排放动力学的认知。青藏高原除具有气压低、年平均气温低且昼夜温差大、太阳和紫外辐射强烈等气候特征外，还具有独特的水文和地形地貌等特征，这些特征将显著影响青藏高原江河的碳氮循环和温室气体排放。因此，探明青藏高原江河碳氮循环规律和量化温室气体排放量，并识别其关键影响因素具有重大的研究价值，不仅是揭示全球碳氮生物地球化学循环的重要环节，也是完善内陆水系温室气体评估体系的客观需要，而且对减小气候系统模拟和预估的不确定性具有重要的科学意义。

参考文献

康世昌，黄杰，牟翠翠，等. 2020. 冰冻圈化学：解密气候环境和人类活动的指纹. 中国科学院院刊，35（4）：456-465.

秦大河，姚檀栋，丁永建，等. 2020. 冰冻圈科学体系的建立及其意义. 中国科学院院刊，35（4）：394-406.

姚檀栋，秦大河，沈永平，等. 2013. 青藏高原冰冻圈变化及其对区域水循环和生态条件的影响. 自然杂志，35（3）：179-186.

Barnes R T, Butman D E, Wilson H F, et al. 2018. Riverine export of aged carbon driven by flow path depth and residence time. Environmental Science & Technology, 52 (3): 1028-1035.

Bastviken D, Tranvik L J, Downing J A, et al. 2011. Freshwater methane emissions offset the continental carbon sink. Science, 331 (6013): 50.

Birgand F, Skaggs R W, Chescheir G M, et al. 2007. Nitrogen removal in streams of agricultural catchments—a literature review. Critical Reviews in Environmental Science & Technology, 37 (5): 381-487.

Biskaborn B K, Smith S L, Noetzli J, et al. 2019. Permafrost is warming at a global scale. Nature Communications, 10 (1): 264.

Canfield D E, Glazer A N, Falkowski P G. 2010. The evolution and future of earth's nitrogen cycle. Science, 330 (6001): 192-196.

Creed I, Lane C, Serran J, et al. 2017. Enhancing protection for vulnerable waters. Nature Geoscience, 10 (11): 809-815.

Galloway J N, Dentener F J, Capone D G, et al. 2004. Nitrogen cycles: past, present, and future. Biogeochemistry, 70 (2): 153-226.

Gao Y, Jia Y L, Yu G R, et al. 2019. Anthropogenic reactive nitrogen deposition and associated nutrient limitation effect on gross primary productivity in inland water of China. Journal of Cleaner Production, 208: 530-540.

Grant S B, Azizian M, Cook P, et al. 2018. Factoring stream turbulence into global assessments of nitrogen pollution. Science, 359 (6381): 1266-1268.

Gruber N, Galloway J N. 2008. An earth-system perspective of the global nitrogen cycle. Nature, 451: 293-296.

Helton A M, Hall R O, Bertuzzo E. 2018. How network structure can affect nitrogen removal by streams. Freshwater Biology, 63 (1), 128-140.

Hugelius G, Loisel J, Chadburn S, et al. 2020. Large stocks of peatland carbon and nitrogen are vulnerable to permafrost thaw. Proceedings of the National Academy of Sciences, 117 (34): 20438-20446.

Immerzeel W W, Bierkens M F P. 2012. Asia's water balance. Nature Geoscience, 5 (12): 841-842.

IPCC. 2022. Climate Change 2022: Impacts, Adaptation, and Vulnerability. Cambridge and New York: Cambridge University Press.

Koven C D, Lawrence D M, Riley W J. 2015. Permafrost carbon-climate feedback is sensitive to deep soil carbon decomposability but not deep soil nitrogen dynamics. Proceedings of the National Academy of Sciences, 112 (12): 3752-3757.

Lewkowicz A G, Way R G. 2019. Extremes of summer climate trigger thousands of thermokarst landslides in a high arctic environment. Nature Communications, 10 (1): 1329.

Li Y, Shang J H, Zhang C, et al. 2021. The role of freshwater eutrophication in greenhouse gas emissions: a review. Science of the Total Environment, 768: 144582.

Lutz A , Immerzeel W, Shrestha A, et al. 2014. Consistent increase in high Asia's runoff due to increasing glacier melt and precipitation. Nature Climate Change, 4 (7): 587-592.

Maavara T, Chen Q W, van Meter K, et al. 2020. River dam impacts on biogeochemical cycling. Nature Reviews Earth and Environment, 1 (2): 103-116.

Mann P, Eglinton T, McIntyre C, et al. 2015. Utilization of ancient permafrost carbon in headwaters of Arctic fluvial networks. Nature Communications, 6 (1): 7856.

McGinnis D F, Bilsley N, Schmidt M, et al. 2016. Deconstructing methane emissions from a small northern European river: hydrodynamics and temperature as key drivers. Environmental Science & Technology, 50 (21): 11680-11687.

Milner A M, Khamis K, Battin T J, et al. 2017. Glacier shrinkage driving global changes in downstream systems. Proceedings of the National Academy of Sciences, 114 (37): 9770-9778.

Montzka S A, Dlugokencky E J, Butler J H. 2011. Non-CO_2 greenhouse gases and climate change. Nature, 476: 43-50.

Pepin N, Bradley R S, Diaz H F, et al. 2015. Elevation-dependent warming in mountain regions of the world. Nature Climate Change，5（5）：424-430.

Raymond P A，Hartmann J，Lauerwald R，et al. 2014. Global carbon dioxide emissions from inland waters. Nature，503：355-359.

Regnier P，Friedlingstein P，Ciais P，et al. 2013. Anthropogenic perturbation of the carbon fluxes from land to ocean. Nature Geoscience，6（8）：597-607.

Rosentreter J A，Borges A V，Deemer B R，et al. 2021. Half of global methane emissions come from highly variable aquatic ecosystem sources. Nature Geoscience，14（4）：225-230.

Schlesinger W H. 2009. On the fate of anthropogenic nitrogen. Proceedings of the National Academy of Sciences of the United States of America，106（1）：203-208.

Spencer R G，Guo W，Raymond P A，et al. 2014. Source and biolability of ancient dissolved organic matter in glacier and lake ecosystems on the Tibetan Plateau. Geochimica et Cosmochimica Acta，142：64-74.

Swart N C，Gille S T，Fyfe J C，et al. 2018. Recent southern ocean warming and freshening driven by greenhouse gas emissions and ozone depletion. Nature Geoscience，11（11）：836-841.

Thornton P E，Lamarque J F，Rosenbloom N A，et al. 2007. Influence of carbon-nitrogen cycle coupling on land model response to CO_2 fertilization and climate variability. Global Biogeochemical Cycles，21（4）：GB4018.

Tian H，Xu R，Canadell J G，et al. 2020. A comprehensive quantification of global nitrous oxide sources and sinks. Nature，586：248-256.

Veh G，Korup O，Walz A. 2020. Hazard from Himalayan glacier lake outburst floods. Proceedings of the National Academy of Sciences，117（2）：907-912.

West W E，Creamer K P，Jones S E. 2016. Productivity and depth regulate lake contributions to atmospheric methane. Limnology and Oceanography，61：S51-S61.

Yang M，Wang X，Pang G，et al. 2019. The Tibetan Plateau cryosphere：observations and model simulations for current status and recent changes. Earth-Science Reviews，190：353-369.

Yao Y Z，Tian H Q，Shi H，et al. 2020. Increased global nitrous oxide emissions from streams and rivers in the anthropocene. Nature Climate Change，10（2）：138-142.

Yvon-Durocher G，Hulatt C，Woodward G，et al. 2017. Long-term warming amplifies shifts in the carbon cycle of experimental ponds. Nature Climate Change，7（3）：209-213.

Zemp M，Huss M，Thibert E，et al. 2019. Global glacier mass changes and their contributions to sea-level rise from 1961 to 2016. Nature，568（7752）：382-386.

Zhang L，Xia X，Liu S，et al. 2020b. Significant methane ebullition from alpine permafrost rivers on the east Qinghai-Tibet Plateau. Nature Geoscience，13（5）：349-354.

Zhang X N，Ward B B，Sigman D M. 2020a. Global nitrogen cycle：critical enzymes，organisms，and processes for nitrogen budgets and dynamics. Chemical Reviews，120（12）：5308-5351.

第2章 黄河源区主要水化学特征及化学风化过程

2.1 引　言

水化学研究对于水环境保护和管理具有重要意义，河流的主要离子化学特征是影响海洋-陆地-大气系统中元素循环的重要因素（Chen et al.，2002；Zhang et al.，1995）。河流中的主要离子 Ca^{2+}、Na^{+}、K^{+}、Mg^{2+}、Cl^{-}、SO_4^{2-}、HCO_3^{-}和 CO_3^{2-}主要来源于陆地岩石的化学风化作用。岩石的化学侵蚀包含溶解和水解过程，它们的主要反应过程如下。

（1）硅酸岩风化：

钠长石　$2NaAlSi_3O_8+2CO_2+11H_2O \Longrightarrow 2Na^{+}+2HCO_3^{-}+Al_2Si_2O_5(OH)_4+4H_4SiO_4$　(2-1)

钾长石　$2KAlSi_3O_8+2CO_2+6H_2O \Longrightarrow 2K^{+}+2HCO_3^{-}+Al_2Si_4O_{10}(OH)_2+2H_4SiO_4$　(2-2)

钙长石　$CaAlSi_2O_8+2CO_2+3H_2O \Longrightarrow Ca^{2+}+2HCO_3^{-}+Al_2Si_2O_5(OH)_4$　(2-3)

橄榄石　$Mg_2SiO_4+4CO_2+4H_2O \Longrightarrow 2Mg^{2+}+4HCO_3^{-}+H_4SiO_4$　(2-4)

（2）碳酸岩风化：

方解石　$CaCO_3+CO_2+H_2O \Longrightarrow Ca^{2+}+2HCO_3^{-}$　(2-5)

白云石　$CaMg(CO_3)_2+2CO_2+2H_2O \Longrightarrow Mg^{2+}+4HCO_3^{-}+Ca^{2+}$　(2-6)

（3）蒸发岩风化：

岩盐　$NaCl(s) \Longrightarrow Na^{+}(aq)+Cl^{-}(aq)$　(2-7)

芒硝　$Na_2SO_4(s) \Longrightarrow 2Na^{+}(aq)+SO_4^{2-}(aq)$　(2-8)

石膏　$CaSO_4(s) \Longrightarrow Ca^{2+}(aq)+SO_4^{2-}(aq)$　(2-9)

其中硅酸岩和碳酸岩风化需要 CO_2参与反应，并为河流提供碱度，因此是大气 CO_2的一个重要汇（Gaillardet et al.，1999；Mortatti and Probst，2003）。但从整个碳循环过程来看，由于在海洋中碳酸盐的重结晶作用会向大气中释放出 CO_2，抵消了碳酸岩风化的影响，因此本质上只有硅酸岩风化会影响大气 CO_2的浓度。由于 CO_2的温室效应，硅酸岩风化会影响全球气候变化，因此它相比于其他风化更引起人们的关注。同时，流域风化过程又受气候影响，如温度和湿度等（Grosbois et al.，2000）。因而关注河流主要离子化学对研究全球气候变化与陆地风化过程的相互作用很有帮助（Walker et al.，1981；Garrels，1983；Berner，1994，2006）。

河流主要离子的含量和组成与流域地质环境和侵蚀条件密切相关（Zhang et al.，1990），其中河流水分的来源和迁移过程对主要离子的含量有重要影响。由于氢氧稳定同位素构成了完整的水分子，所以氢氧稳定同位素（D 和^{18}O）是追踪水源及其迁移的完美指示剂。不同的水源通常具有独特的氢氧同位素值，使得相互区分成为可能（Kendall，

1998）。通常大气降水的 δD 和 $\delta^{18}O$ 之间具有稳定的关系（图 2-1），这种关系可以表示为：$\delta D = 8\times\delta^{18}O+10$。全球大气降水线（GMWL）方程的斜率和截距与大气水和海水之间的动力学分馏有关。对于受降水来源控制的水域，水体的氢氧同位素组成与当地降水相似。此外，影响水体氢氧同位素组成的很多过程可以通过 δD-$\delta^{18}O$ 图进行识别。在特定流域中控制水氢氧同位素组成的主要过程包括：①影响地表水和近地面水的相变过程（蒸发、凝结、融化）；②发生在地表或者近地面的简单混合过程。

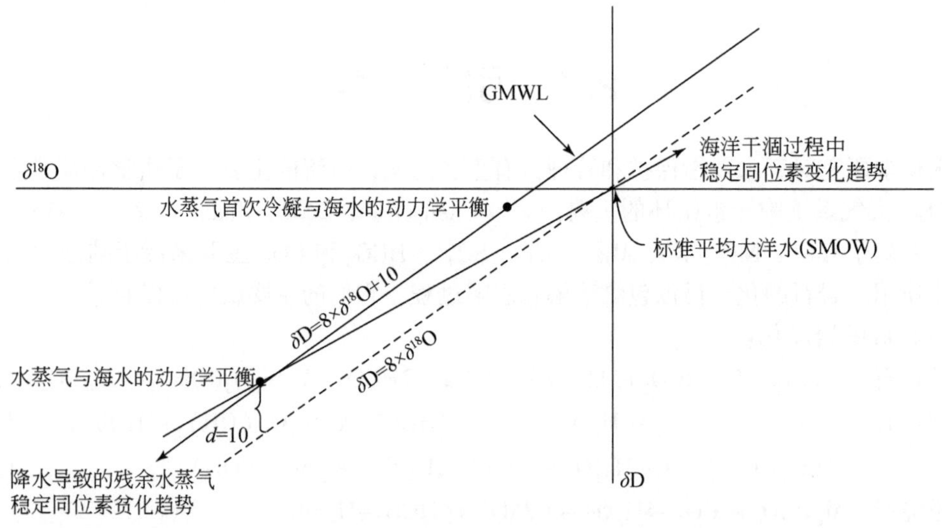

图 2-1　大气降水中 δD 和 $\delta^{18}O$ 的关系（Kendall，1998）

青藏高原对全球气候变化十分敏感，吸引了众多学者关注其地球化学过程。青藏高原是亚洲众多河流的发源地，其中关于长江源区（Jiang et al.，2015）、雅鲁藏布江（Huang et al.，2009）、亚穆纳河（Dalai et al.，2002）、恒河（Galy and France-Lanord，1999；Singh et al.，2006），澜沧江（Wu et al.，2008）等河流的主要离子化学已有研究。目前有关黄河水化学研究的区域集中在中下游（Chen et al.，2005；Hu et al.，1982；Li and Zhang，2005；Zhang et al.，1995，2015；孙永寿等，2015），部分研究（Wang et al.，2016；Wu et al.，2005）对黄河源区流域略微涉及，但在黄河源区布设的点位较少，不足以全面反映源区河水的水化学特征。同时有很多研究报道了青藏高原西部和南部地区河水的氢氧同位素组成及其控制因素，但对青藏高原东北部地区如黄河源区的研究较少。

本章的主要研究内容如下：

（1）阐明黄河源区河水的氢氧稳定同位素特征及其时空变异性；

（2）阐明黄河源区的主要离子组成及其变化特征；

（3）分析控制离子组成的主要因素；

（4）定量主要离子各个来源的相对贡献；

（5）计算黄河源区河流的 CO_2 消耗速率、化学风化速率和主要离子的通量。

2.2 研究方法

结合黄河源区河流走向，水沙条件，水文站、气象站和水电站分布情况，在黄河源区布设了具有代表性的采样站点，采集了黄河源区干流和主要支流的样品，并选择玛多、久治、河南和兴海 4 个气象站采集雨水样品（图 2-2）。

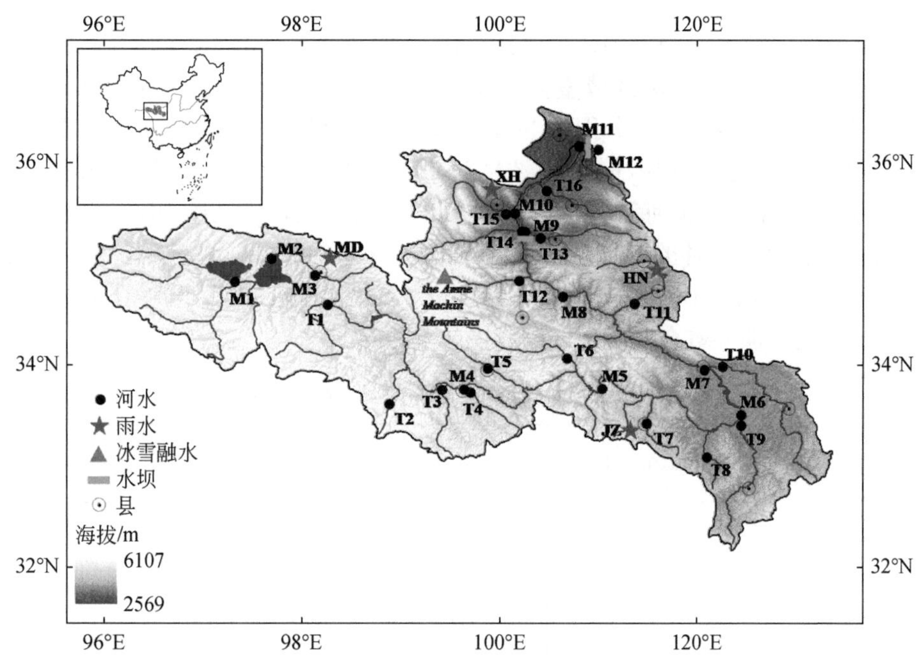

图 2-2　黄河源区海拔条件和采样点分布

M 和 T 分别代表干流和支流。M1：扎陵湖（ZLH）；M2：鄂陵湖（ELH）；M3：玛多（MD）；M4：达日（DR）；M5：门堂（MT）；M6：唐克（TK）；M7：玛曲（MQ）；M8：军功（JG）；M9：班多（BD）；M10：唐乃亥（TNH）；M11：龙羊峡上游（LYXS）；M12：龙羊峡下游（LYXX）；T1：热曲（RQ）；T2：柯曲（KQ）；T3：吉迈河（JMR）；T4：达日河（DRR）；T5：西科曲（XKQ）；T6：东科曲（DKQ）；T7：沙曲（SQ）；T8：贾曲（JQ）；T9：白河（BH）；T10：黑水（HS）；T11：泽曲（ZQ）；T12：切木曲（QMQ）；T13：巴曲（BQ）；T14：曲什安河（QSAR）；T15：大河坝河（DHBR）；T16：茫拉河（MLR）。四个气象站点：玛多（MD）、达日（DR）、河南（HN）、兴海（XH）

在每个采样点原位测定河水的水温、溶解氧（DO）、pH 和电导率（EC）。采集水面 20cm 以下的水体样品，采集的水样一部分用 0.45μm 聚醚砜滤膜过滤，过滤后收集滤液于干净的塑料瓶中用于无机离子分析；一部分水样装满 50mL 蓝盖玻璃瓶密封保存，用于后续氢氧稳定同位素分析。另外采集表层 1 ~ 2cm 的沉积物，装入自封袋内密封保存，所有样品尽快运回实验室，在-20℃条件下冷冻保存直至分析。

无机离子采用离子色谱（ICS1100，Dionex）法测试，测试的阴离子包括 Cl^- 和 SO_4^{2-}，测试的阳离子包括 Ca^{2+}、Na^+、K^+、Mg^{2+}。碱度（用 HCO_3^- 表示）使用 TOC 分析仪测定。水样中的可溶性硅采用硅钼蓝分光光度法测定。为了分析岩石矿物中的金属元素，取适量样品在 1mol/L 盐酸溶液中浸泡 4h 以除去碳酸盐矿物，之后弃去上清液，残余物用去离子水多次冲洗直至上清液的 pH 为中性，最后用 HNO_3+HF+$HClO_4$混酸消解后定容，定容后的溶液用电感耦合等离子体原子发射光谱仪 ICP-AES（SPECTRO ARCOS，USA）测定。$\delta^{18}O$-H_2O 和 δD-H_2O 采用超高精度液态水和水汽同位素分析仪（Isoprime-100，UK）测定。

2.3 河水理化性质

如表 2-1 所示，春季和夏季河水的 pH 范围分别为 7.77 ~ 9.87 和 8.09 ~ 8.85，说明黄河源区河流呈弱碱性，这与该区域整体偏碱性的土壤环境有关。DO 浓度分别为 5.5 ~ 9.3mg/L 和 5.8 ~ 7.4mg/L；EC 分别为 104 ~ 1204μS/cm 和 86 ~ 678μS/cm。与黄河中下游 [pH 均值为 9.2，EC 为 963μS/cm，DO 浓度为 9.2mg/L，氧化还原电位（ORP）178mV]（Xia et al.，2013）相比，黄河源区的 pH、DO 和 EC 相对较低。其中 DO 浓度较低是受黄河源区高海拔和低气压条件的影响，而 EC 较低反映了黄河源区与中下游溶质载荷的差异。黄河源区春季和夏季河水 ORP 分别为 101 ~ 256mV 和 127 ~ 216mV，与中下游接近。除水温和 DO 外，其他水质参数在两次采样期间无显著差异。

表 2-1 黄河源区春季和夏季河水样品的理化参数

站点	高程/m	季节	T/℃	EC/mV	DO/(mg/L)	pH	ORP/(μS/cm)	泥沙含量/(g/L)	$\delta^{18}O$/‰	δD/‰	过量氘/‰
玛多	4221	春	11.3	1204	5.9	9.58	202	0.004	-4.5	-37.3	-1.3
		夏	16.5	678	6.1	8.85	193	0.007	-4.6	-36.7	0.1
达日	3918	春	10.9	327	6.0	8.26	184	0.019	-10.5	-75.5	8.5
		夏	15.8	465	5.8	8.42	160	0.014	-10.7	-79.0	6.6
门堂	3642	春	10.7	299	7.5	8.15	186	0.042	-11.2	-81.4	8.2
		夏	15.7	418	6.0	8.54	198	0.020	-11.6	-85.1	7.7
玛曲	3423	春	12.6	265	7.1	7.77	155	0.196	-11.6	-82.2	10.6
		夏	17.3	315	6.1	8.49	173	0.053	-12.1	-86.7	10.1
军功	3100	春	12.5	197	9.3	9.28	101	0.520	-11.6	-81.2	11.6
		夏	19.9	328	7.4	8.46	127	0.111	-12.2	-88.8	8.8
班多	2726	春	12.9	327	7.4	8.98	206	1.104	-11.1	-78.3	10.5
		夏	19.3	358	6.4	8.51	168	0.152	-12.2	-87.7	9.9
唐乃亥	2687	春	13.1	370	7.3	8.30	181	0.253	-11.2	-77.2	12.4
		夏	18.3	358	6.6	8.34	152	0.220	-12.3	-87.5	10.9
龙羊峡上游	2564	春	17.1	347	6.1	9.72	174	—	-11.4	-77.7	13.5
		夏	22.0	398	7.1	8.73	160	—	-10.8	-77.1	9.3
龙羊峡下游	2456	春	17.6	339	5.7	9.42	145	—	-11.0	-77.6	10.4
		夏	20.6	416	7.1	8.59	151	—	-10.9	-78.3	8.9

续表

站点	高程/m	季节	T/℃	EC/mV	DO/(mg/L)	pH	ORP/(μS/cm)	泥沙含量/(g/L)	$\delta^{18}O$/‰	δD/‰	过量氘/‰
热曲	4223	春	12.9	319	5.7	9.87	189	0.036	−10.3	−72.8	9.6
		夏	13.3	442	6.0	—	215	0.003	−10.9	−79.3	7.9
沙曲	3539	春	8.1	202	8.4	8.59	239	0.042	−12.0	−86.1	9.9
		夏	12.0	396	7.2	8.33	206	0.056	−12.6	−88.3	12.5
白河	3391	春	13.5	104	5.5	8.01	256	0.048	−12.0	−86.2	9.8
		夏	15.3	86	6.2	8.09	216	0.064	−12.9	−95.7	7.5

春季黄河源区泥沙含量为0.004～1.104g/L，夏季泥沙含量为0.003～0.220g/L（表2-1）。该结果与2015年实测泥沙浓度（唐乃亥，0.24g/L，《黄河水资源公报2015》）接近。与黄河中下游多年平均含沙量28g/L（Xia et al.，2009）相比，黄河源区的泥沙含量很低，黄河源区的植被覆盖率相对较高，水土流失相对较轻，而且降水集中在夏季，降水历时较长但强度较低，降水直接产流少，土壤冲刷较轻。另外，境内土壤颗粒较粗，不易悬浮。相关性分析表明悬浮泥沙含量与径流量呈显著正相关（$P<0.05$）。除班多站点外，两次采样期间泥沙含量均表现为沿程增大的趋势。在班多站点采样时出现的降水过程直接影响水体的瞬时泥沙含量，导致泥沙含量偏高。采样点位自门堂站点以下，悬浮泥沙含量明显增加，唐乃亥站点的悬浮泥沙含量与门堂站点相比增加了5～11倍，故门堂—唐乃亥段是黄河源区主要的产沙区。春季融雪期河流的悬浮泥沙含量大于夏季，这是因为黄河源区的河水主要有两个来源，即冰雪融水和雨水。在春季，降水量增加和冰雪融化导致河流径流量显著增大，挟沙能力增强。

2.4 河水的来源

黄河源区夏季雨水δD和$\delta^{18}O$的范围分别为−197.3‰～5.8‰和−24.2‰～−2.1‰。雨水的δD和$\delta^{18}O$呈显著正相关（$P<0.01$），得到当地大气降水线（LMWL）方程为$\delta D=9.13\delta^{18}O+26.29$，其斜率和截距均高于全球大气降水线（图2-3），表明该区域的大气水循环过程可能不同于其他地区。黄河源区的雨季降水受西南印度洋季风、东南太平洋季风和西风环流共同控制。其中印度洋季风受到喜马拉雅山脉的阻挡，太平洋季风带来的水汽受到距离的限制，而西风环流由于当地显著的水汽再循环过程可能会产生具有较高氢氧同位素组成的降水（Numaguti，1999），这解释了黄河源区的当地大气降水线方程截距很高的原因。众多的影响因素增加了青藏高原地区降水气团来源的复杂性。

河水的$\delta^{18}O$为−12.9‰～−4.5‰，δD为−95.7‰～−36.7‰（表2-1）。本研究结果与（Gao et al.，2011；Fan et al.，2014）报道的黄河源区的氢氧稳定同位素值具有可比性。夏季河水的δD与$\delta^{18}O$比春季分别低4.73‰、0.45‰，这可能是因为夏季雨水较多，支流流量增大，对干流的补给作用增强，同位素贫化的支流汇入干流，降低了干流的氢氧同位素值。说明在夏季支流对干流的补给作用大于春季。由图2-4可以看出，支流的氢氧同位素

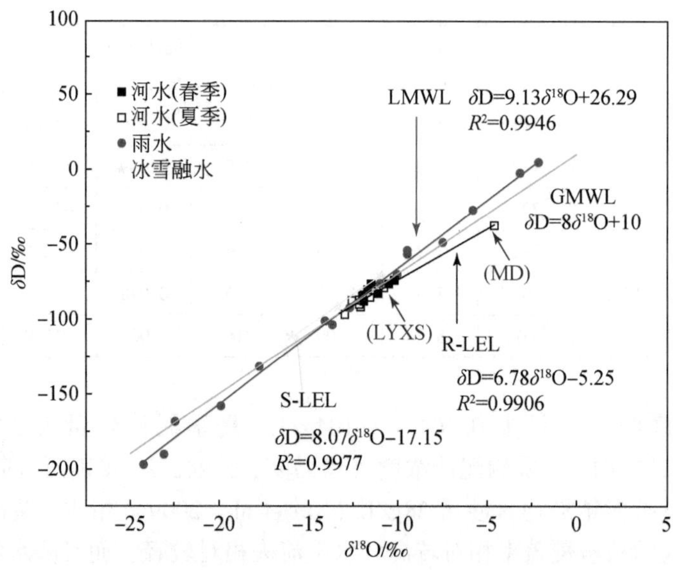

图 2-3　各个类型水体中 δD 与 δ^{18}O 的关系

GMWL：全球大气降水线；LMWL：当地大气降水线；R-LEL：当地河水蒸发线；S-LEL：冰雪融水蒸发线

值小于干流，有两个可能的原因：一是支流的补给来源为同位素相对贫化的降水、浅层地下水或者冰雪融水；二是干流河水在向下游流动过程中经历蒸发作用，导致同位素富集，从图 2-3 可以看出当地河水蒸发线方程的斜率低于当地大气降水线方程。

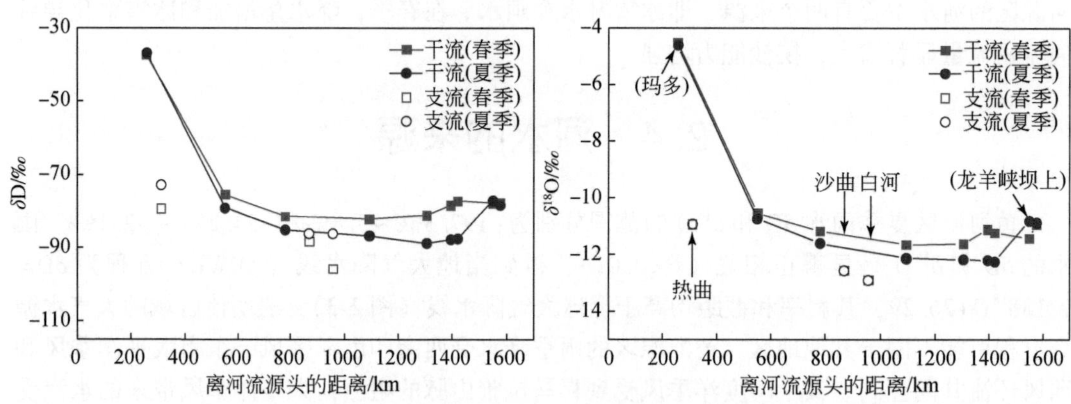

图 2-4　黄河源区河水 δD 和 δ^{18}O 的时空变异性

值得提出的是，玛多站点的 H_2O 比下游站点的 δD 和 δ^{18}O 高（图 2-3，图 2-4），这是由于该区域经历强烈的蒸发作用导致水体富集 D 和 ^{18}O。有研究（Ding et al.，2009）指出对于藏北地区，除受水汽来源和水汽循环方式的影响外，藏北地区海拔 4500m 以上河流的氧同位素普遍受蒸发作用的影响，存在向正值方向偏移的趋势，这与本研究的结果一致。玛多站点以下，河流的氢氧同位素值迅速降低并达到相对稳定的值（图 2-4）。但由于水库的修建增大了水–气接触面积，延长了水体的滞留时间，提高了蒸发量，长期的蒸发作用会使水库水的 D 和^{18}O 发生富集，最终改变河流的原始氢氧同位素特征。而梯级水库的修建对河水氢氧同位素的综合影响还不清楚，这需要进一步研究。

在区域水文学调查中，河水样品的氢氧同位素值与当地大气降水线的比较对于确定水源帮助很大（Clark and Fritz，1997；Kendall and McDonnell，2012）。由图 2-3 可以看出，河水的 δD 和 δ^{18}O 几乎都落在当地河水蒸发线与当地大气降水线的交汇点处，说明大气降水是河水的重要来源。黄河源区当地河水蒸发线（R-LEL，$\delta D=6.78\times\delta^{18}O-5.25$）的斜率低于当地大气降水线，与 Cui 和 Li（2015）的研究结果接近，但大于青海湖湖水蒸发线的斜率（5.88，Wu et al.，2015），表明河水受到蒸发作用的制约，但与湖水相比影响较小。黄河源区当地河水蒸发线的斜率与截距均大于整个黄河流域的河水蒸发线方程（$\delta D=4.67\times\delta^{18}O-22.75$）（Su et al.，2004），表明黄河中下游经历很强的蒸发作用导致斜率与截距进一步降低，这可能与黄河流经黄土高原以及中下游农业灌溉活动有关。过量氘（*d*-excess）可以用来反映动力学分馏造成的同位素变异，它的表达式为 $d\text{-excess}=\delta D-8\times\delta^{18}O$（Dansgaard，1964）。由表 2-1 可以看出，黄河源区河水过量氘值为−1.3‰～13.5‰，平均值为 8.9‰。该均值落在印度洋季风（8‰，Karim and Veizer，2002）和地中海季风（22‰，Gat et al.，2003）的均值之间，表明这两种水汽来源的混合作用。在夏季黄河源区的水汽受印度洋季风控制，导致降水和河水较低的过量氘值。此外，黄河源区河水的过量氘值高于中下游地区（Gao et al.，2011），这可能是因为中下游地区人类活动的干扰，包括灌溉活动和梯级水库的建设等，促进了河水的蒸发作用，进而影响到河水的氢氧同位素组成。

2.5 河水主要离子化学

河水的主要离子浓度、溶解固体总量（TDS）、无机离子电荷平衡（normalized inorganic charge balance，NICB）指数和方解石饱和指数（calcite saturation index，CSI）如表 2-2 所示。大多数样品的 NICB 在±15% 以内，几乎所有样品的 CSI 为正值，说明河水中碳酸盐处于过饱和状态。干流河水阳离子浓度的中位值分别为 Na^+ 15.9mg/L、K^+ 1.4mg/L、Mg^{2+} 17.8mg/L、Ca^{2+} 36.8mg/L；阴离子浓度的中位值分别为 HCO_3^- 184.6mg/L、Cl^- 8.9mg/L、SO_4^{2-} 13.8mg/L。可溶性硅的浓度范围为 1.7 ～ 14.0mg/L，中位值为 6.0mg/L，这与 Gaillardet 等（1999）报道的世界其他大河具有可比性。黄河源区干流河水的 TDS 总量为 212.4～563.1mg/L，中位值为 307.3mg/L，与黄河中下游（452mg/L，Chen et al.，2005）相比相对较低，这也导致黄河源区的 EC 与中下游相比偏低。黄河源区的 TDS 含量与长江源区（778mg/L，Jiang et al.，2015）相比相对较低，与发源于喜马拉雅山脉的其他河流澜沧江（381mg/L）、金沙江（411mg/L）、怒江（263mg/L）等具有可比性（Wu et al.，2008）。黄河源区内玛多站点的 TDS 含量显著高于下游站点（表 2-2），这可能是因为玛多站点河水的主要离子组成和 TDS 受到扎陵湖和鄂陵湖湖水的直接影响。玛多站点与其上游的扎陵湖和鄂陵湖地理位置接近，中间无大型支流汇入，而玛多境内属于半干旱区，年降水量少，蒸发量大，玛多县的湖泊湿地经长期的蒸发作用，水体 TDS 含量较高（扎陵湖和鄂陵湖 TDS 分别为 678.6mg/L 和 320.1mg/L）。玛多站点以下，干流的 TDS 含量迅速降低，表明支流的汇入对干流河水的主要离子含量起到了稀释作用。值得提出的是，黄河源区与长江源区的地理位置接近，而 TDS 含量差别较大，这可能是由区域的地质环境和气候条件差异引起的。长江源区河流的离子组成特点与干流玛多站点的情况类似，通天河以北的长江支流降水量少和区域蒸发量大，导致河水中盐类的富集，反映了典型的蒸发岩溶解作用（如岩盐和石膏），对干流的离子组成影响很大（Jiang et al., 2015）。

表 2-2 黄河源区河水的主要离子组成

站点	季节	Na^+/(mg/L)	K^+/(mg/L)	Mg^{2+}/(mg/L)	Ca^{2+}/(mg/L)	Cl^-/(mg/L)	SO_4^{2-}/(mg/L)	HCO_3^-/(mg/L)	SiO_2/(mg/L)	TDS[a]/(mg/L)	NICB[b]/%	CSI
玛多	春	59.5	2.7	29.9	34.1	88.6	26.0	209.9	1.7	474.8	5.4	2.19
	夏	73.5	3.6	34.7	29.4	59.9	11.1	319.2	1.8	563.1	6.4	1.64
达日	春	22.7	1.6	21.9	44.1	26.1	30.9	201.8	5.0	376.6	7.3	1.04
	夏	24.2	1.8	24.8	40.3	16.9	11.4	242.1	5.5	397.5	9.6	1.24
门堂	春	15.2	1.3	19.1	48.7	15.0	19.8	198.3	5.9	362.0	13.4	0.97
	夏	18.1	1.6	18.5	34.5	10.9	11.3	204.4	5.5	317.1	4.9	1.22
唐克	春	6.7	0.9	9.6	32.5	5.7	13.8	131.0	5.9	214.9	5.3	—
玛曲	春	7.1	1.0	13.6	29.6	5.2	10.0	140.0	6.1	230.5	10.1	0.22
	夏	23.7	1.9	14.1	35.5	6.3	7.1	229.0	5.8	320.7	-1.2	1.23
军功	春	7.2	1.0	17.6	25.2	5.6	10.4	151.7	7.2	238.2	6.5	1.65
	夏	19.8	1.9	15.2	38.8	4.9	7.5	198.5	6.0	327.8	14.0	1.18
班多	春	7.1	1.0	21.7	28.4	5.5	10.2	163.8	6.4	275.7	14.4	1.46
	夏	9.7	1.3	16.8	39.4	4.8	14.5	167.6	6.3	300.0	16.9	1.16
唐乃亥	春	9.6	1.1	23.0	29.3	8.9	13.7	165.0	7.4	294.0	15.4	0.82
	夏	9.5	1.3	16.4	39.7	5.1	16.4	166.0	6.4	296.8	15.5	0.99
龙羊峡上游	春	18.5	1.5	16.9	48.0	13.9	18.7	184.6	6.4	359.7	18.1	2.39
	夏	13.0	1.3	16.6	36.8	8.5	18.0	174.8	6.7	296.9	9.0	1.36
龙羊峡下游	春	18.9	1.4	17.8	47.0	16.7	21.4	186.1	7.0	360.7	15.5	2.14
	夏	15.9	1.5	18.6	43.2	9.6	17.8	234.6	5.1	343.4	-1.1	1.42
热曲	春	19.7	1.5	18.6	46.2	16.5	21.2	214.5	5.0	363.9	7.1	2.55
	夏	28.7	2.1	22.5	43.6	12.7	6.3	261.3	5.0	417.4	10.8	2.61
柯曲	春	4.0	0.7	12.9	36.5	1.3	18.6	155.2	4.6	241.3	3.9	—
吉迈河	春	6.3	1.1	14.1	52.1	2.3	16.2	208.6	7.6	323.9	6.3	—
达日河	春	4.7	0.8	12.5	38.5	1.7	21.4	155.3	6.2	250.4	4.9	—
西科曲	春	10.8	1.6	28.8	60.8	4.5	43.8	272.0	6.9	457.0	7.7	—
东科曲	春	4.7	1.2	15.4	63.0	2.9	45.6	205.8	6.6	361.1	5.6	—
沙曲	春	0.1	0.0	0.5	8.9	0.7	5.5	22.1	5.5	42.9	-1.7	0.56
	夏	16.8	1.4	4.8	33.7	1.0	0.5	161.5	7.8	237.6	5.8	1.01
贾曲	春	3.0	0.7	4.8	28.1	1.2	2.4	112.2	8.0	162.5	1.6	0.20

续表

站点	季节	Na^+ /(mg/L)	K^+ /(mg/L)	Mg^{2+} /(mg/L)	Ca^{2+} /(mg/L)	Cl^- /(mg/L)	SO_4^{2-} /(mg/L)	HCO_3^- /(mg/L)	SiO_2 /(mg/L)	TDS[a] /(mg/L)	NICB[b] /%	CSI
白河	春	2.6	0.6	2.8	14.7	0.7	5.5	64.2	6.7	91.9	-8.7	0.54
	夏	12.0	1.3	3.6	15.4	0.9	0.4	79.1	7.9	138.3	17.9	—
黑水	春	4.5	0.9	13.0	47.1	1.8	4.3	199.7	7.7	293.9	6.7	—
泽曲	春	7.3	1.6	15.9	59.8	6.3	20.2	233.2	10.1	369.8	5.4	—
切木曲	春	5.4	1.0	17.6	50.7	2.9	62.7	159.8	6.1	321.5	5.9	—
巴曲	春	12.3	2.3	15.0	58.6	1.0	14.3	273.3	14.0	388.5	-0.8	—
曲什安河	春	88.0	4.8	35.8	89.9	97.2	215.0	266.6	5.6	792.8	-1.4	—
大河坝河	春	20.0	2.0	10.6	50.0	1.2	2.4	259.0	9.7	352.5	-0.8	—
茫拉河	春	25.5	2.4	19.4	54.0	10.1	10.4	261.2	12.3	438.2	12.8	—

a. $TDS=Cl^-+SO_4^{2-}+HCO_3^-+Mg^{2+}+Ca^{2+}+Na^++K^++SiO_2$。

b. $NICB=(TZ^+-TZ^-)/TZ^+$（当量单位）。

2.6 控制河流水化学的主要机制

控制河水主要离子化学的机制包括人为输入、大气降水、岩石风化和蒸发结晶等过程（Gibbs，1970；Meybeck，1983）。其中，黄河源区人类活动较少，人为输入可以忽略。在不考虑人为输入的情况下，利用 Gibbs 图可以定性地了解大气降水、岩石风化和蒸发结晶三种机制对河水主要离子化学的相对贡献（Gibbs，1970；Chen et al.，2005）。由图 2-5 可以看出，大部分干流和支流样品位于 Gibbs 图左中部，其特点是 TDS 浓度较高，并且 $Na^+/(Na^++Ca^{2+})$ 在 0.5 以下，这说明岩石风化是影响河流主要离子化学的主导因素。但干流玛多站点和支流曲什安河样品的 $Na^+/(Na^++Ca^{2+})$ 大于 0.6 但小于 0.8，可能是受岩石风化和蒸发结晶的共同作用。黄河源区大气降水经降水量加权的 TDS 浓度均值为 10.4mg/L，远低于河水的 TDS 浓度（沙曲、贾曲和白河站点除外），因此可以认为大气降水对河水化学离子组成的贡献很小。由于黄河绕流于阿尼玛卿山南侧，东南和西南方向输入的水汽被山阻挡，因此门堂至玛曲段在黄河源区内的降水量最大（600 ~ 800mm，Li and Wu，1999），降水的稀释作用导致贾曲、沙曲和白河春季样品的 TDS 浓度在 46 ~ 162mg/L。尤其是春季白河站点的样品 TDS 浓度非常低，这是采样时出现降水的缘故。

利用 Na^+ 标化的离子摩尔比例混合图可以直观地判断岩石风化的类型（Gaillardet et al.，1999；Jiang et al.，2015）。由图 2-6 可以看出，大部分河流样品位于碳酸岩和硅酸岩的典型范围之间，Mg^{2+}/Na^+ 与 Ca^{2+}/Na^+ 以及 HCO_3^-/Na^+ 与 Ca^{2+}/Na^+ 间的显著正相关性（$P<0.01$）说明碳酸岩和硅酸岩风化是水中离子的主要来源。但两类岩石的混合不能解释所有的变异性，这部分变异性可以用其他来源的存在来解释，如蒸发岩和降水等。

三角图（图 2-7）反映了水中主要化学离子的相对丰度，可进一步判断不同风化类型的相对重要性（Chen et al.，2002；Hu et al.，1982）。可以看出，黄河源区大部分河水中溶解性硅的当量比例低于 0.1，说明硅酸岩风化对河水中主要离子的贡献很低。大部分河

水的 HCO_3^- 当量比例在 0.7 以上，Ca^{2+} 当量比例在 0.4 ~0.8，大部分样品（Ca^{2+}+Mg^{2+}）的当量比例大于 0.7，说明主要离子化学受碳酸岩风化控制。大部分样品的 Cl^- 和 SO_4^{2-} 当量比例低于 0.2，只有玛多站点和曲什安河样品中 Cl^- 和 SO_4^{2-} 当量比例相对较高，说明这些站点受碳酸岩风化和蒸发岩溶解的共同作用。

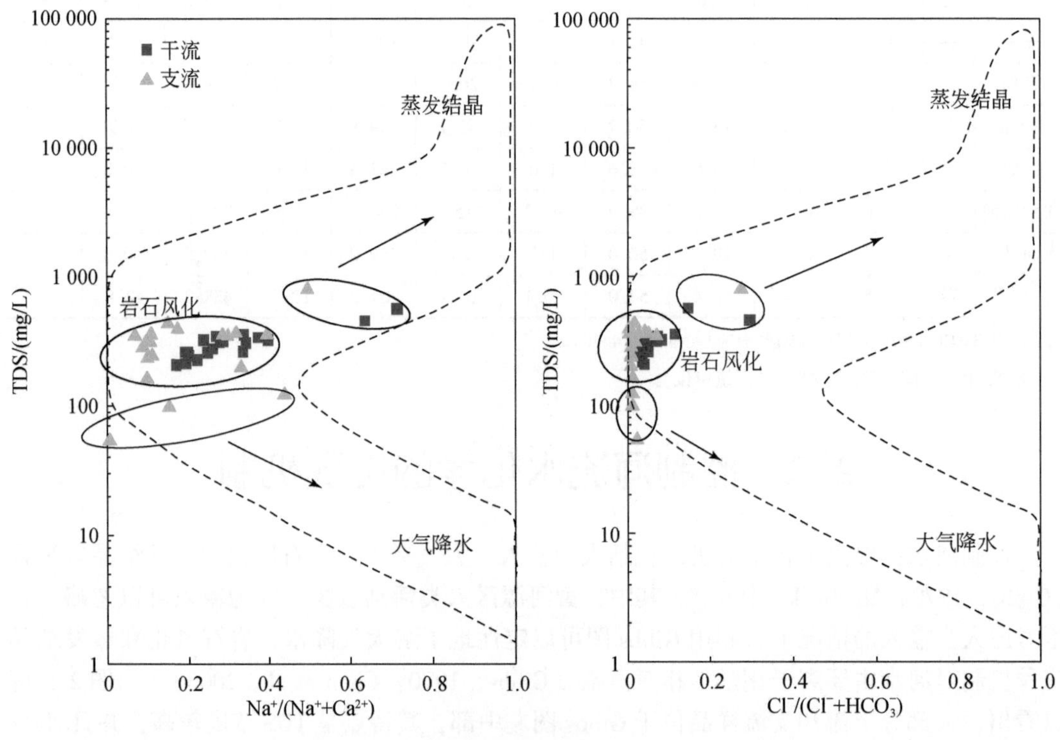

图 2-5　黄河源区河水的 Gibbs 图

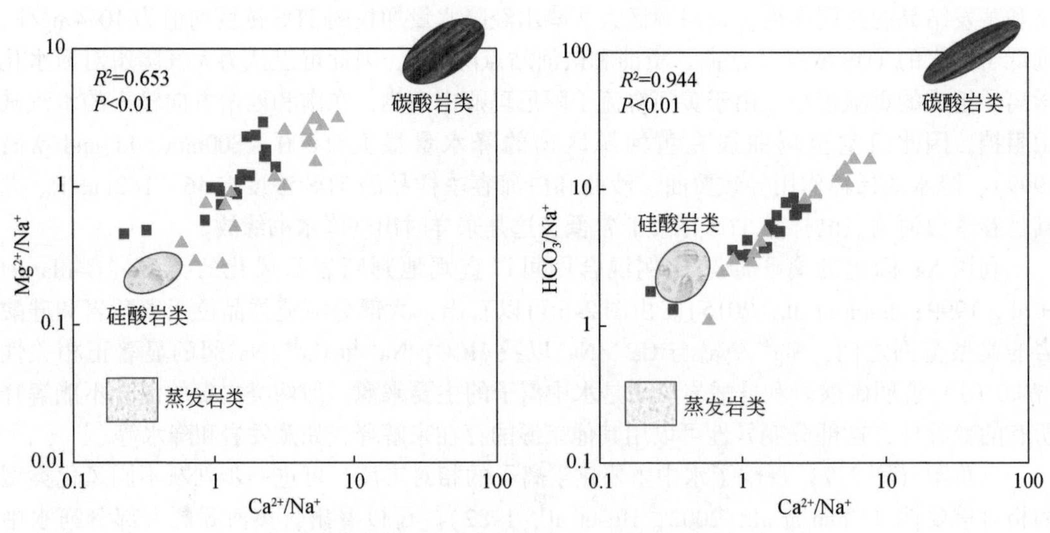

图 2-6　黄河源区河水离子混合图（Na^+ 标化的摩尔比例）

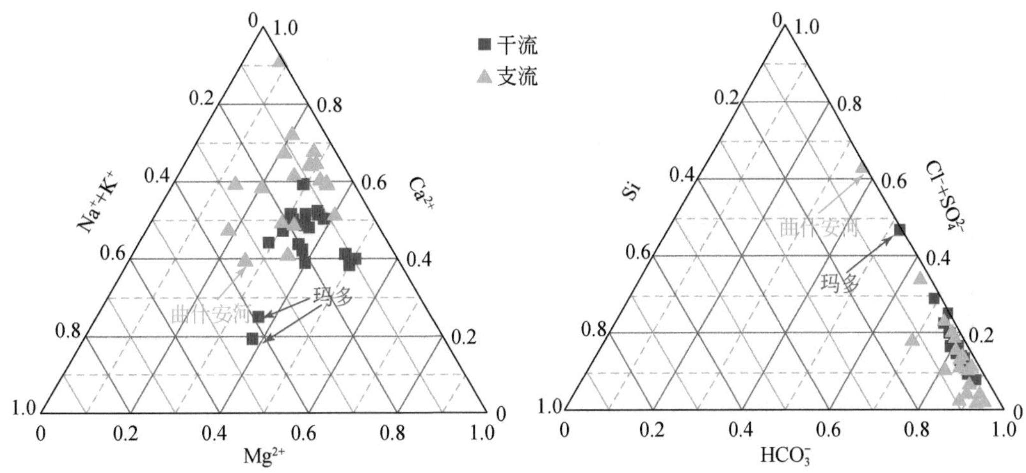

图 2-7　黄河源区河水主要离子丰度混合图

一般来说，Cl^-来自岩盐（NaCl）的溶解，而 Na^+/Cl^-摩尔比约为1.22［图2-8（a）］，表明过量的 Na^+即 Na^+-Cl^-可能来自硅酸岩风化，K^+与 Na^+-Cl^-显著的相关性［图 2-8（b）］证明了这一点。（$Ca^{2+}+Mg^{2+}$）/HCO_3^-摩尔比接近 0.5［图 2-8（c）］，表明水中的 Ca^{2+}和 Mg^{2+}主要来自碳酸岩风化。SO_4^{2-}的来源可能有两种情况：一种是来自硫酸盐矿物（如石膏 $CaSO_4$或者芒硝 Na_2SO_4）的溶解，另一种是来自硫化物（如黄铁矿 FeS_2）的氧化。

如果 SO_4^{2-}来自硫化物的氧化，产生的硫酸会通过以下反应参与碳酸岩风化：

$$2CaMg(CO_3)_2+2H_2CO_3+H_2SO_4 = 2Ca^{2+}+2Mg^{2+}+6HCO_3^-+SO_4^{2-} \quad (2\text{-}10)$$

如果 SO_4^{2-}来自硫酸盐矿物的溶解，碳酸岩风化将不会受到硫酸的影响：

$$CaMg(CO_3)_2+2H_2CO_3 = Ca^{2+}+Mg^{2+}+4HCO_3^- \quad (2\text{-}11)$$

在北部的祁连山造山带存在大量的火山硫化物矿，但不在本研究区域内。另外，Cl^-和 SO_4^{2-}浓度的显著相关性（$P<0.01$）表明它们具有共同的蒸发岩来源。且 SO_4^{2-}与 Ca^{2+}呈极显著相关性［图 2-8（d）］，而与 Na^+-Cl^-无显著相关性，表明 SO_4^{2-}可能主要来自石膏的溶解，而非芒硝。

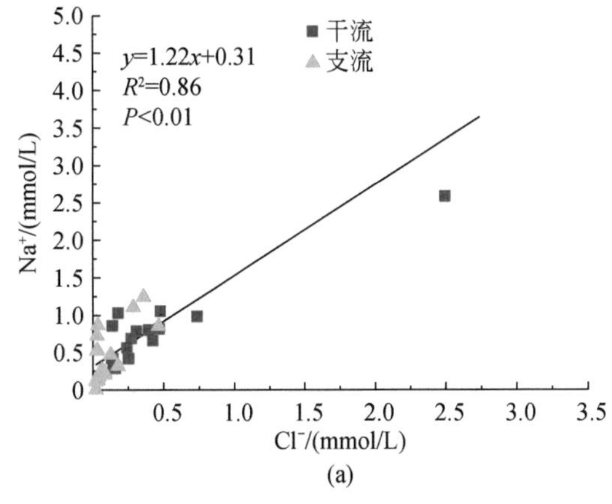

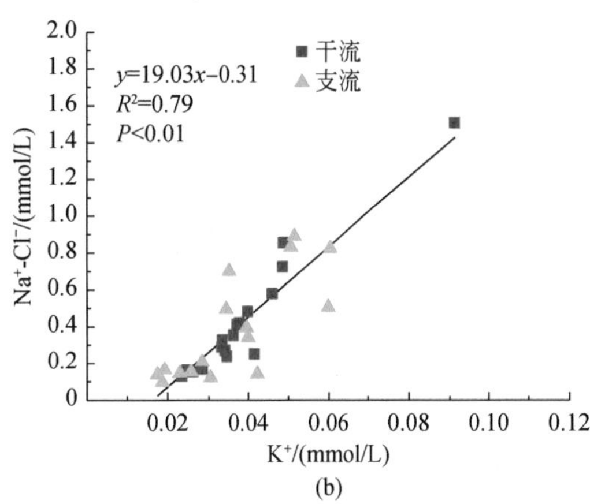

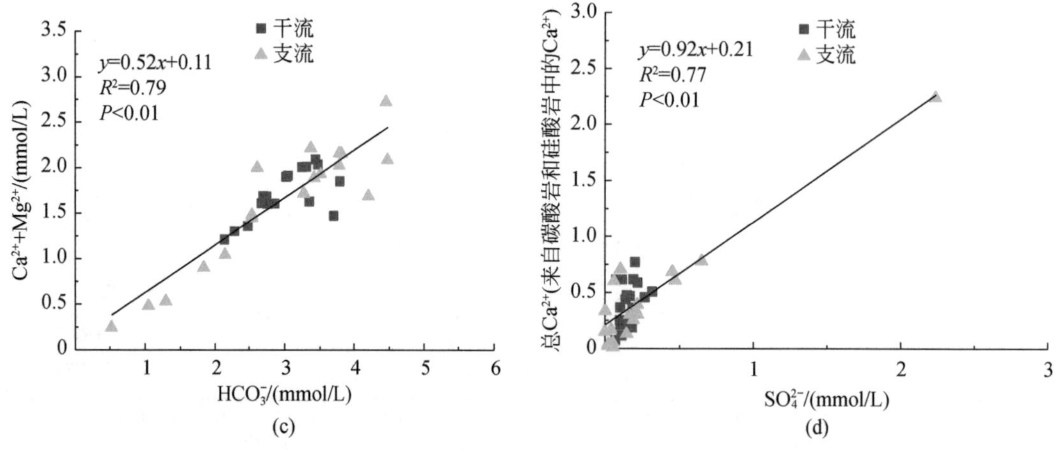

图 2-8 黄河源区河水主要阴阳离子浓度的相关性

2.7 河水主要离子来源贡献计算

2.7.1 大气输入校正

一般来说，河流中的离子总量可以采用如下公式计算（Meybeck，1983；Grosbois et al.，2000）：

离子总量=岩石风化+大气输入+人为干预

其中，黄河源区人类活动较少，人为干预可以忽略。因此可以认为黄河源区河流的溶质载荷主要有两个来源，即大气输入和岩石风化。岩石风化主要分为三种类型：硅酸岩类、碳酸岩类和蒸发岩类。在确定不同岩石风化类型来源的贡献之前，首先要对河水的离子进行大气输入校正，即对经由雨水输入到河水的主要离子的比例进行量化和扣除（Meybeck，1983；Grosbois et al.，2000；Zhang et al.，2015）。本研究采集了青海省 4 个气象站点 4～10 月的雨水样品，覆盖了河水采样的时段，因此能充分代表黄河源区春季和夏季雨水的水化学特征（雨水的离子数据经降雨覆盖面积比例加权平均）。黄河源区雨水中各离子的质量浓度如表 2-3 所示。对于河水中的元素 Z（K、Ca、Na 和 Mg），其来自大气输入的浓度（Z_{ref}，mmol/L）和贡献比（R_{atm}）可采用下面的方程进行计算：

$$Z_{ref} = Z_{rain} \times \sum (F_{fra} \times Q_{fra}/Q_{basin}) \tag{2-12}$$

$$R_{atm} = \frac{(\sum cat)_{ref}}{(\sum cat)_r} = \frac{Na_{ref} + Ca_{ref} + 2Mg_{ref} + 2Ca_{ref}}{Na_r + K_r + 2Mg_r + 2Ca_r} \tag{2-13}$$

式中，Z_{rain}为雨水中元素 Z 的浓度，mmol/L；$(\sum cat)_{ref}$为河水中来自雨水的阳离子（K^+、Ca^{2+}、Na^+和 Mg^{2+}）浓度的总和，mmol/L；$(\sum cat)_r$为河水中阳离子（K^+、Ca^{2+}、Na^+和 Mg^{2+}）浓度的总和，mmol/L；Q_{basin}和 Q_{fra}分别为黄河源区流域及其子流域的面积，km²，

F_{fra}为每个子流域的校正因子，定义（Grosbois et al.，2000；Zhang et al.，2015）如下：

$$F = P/(P - E) \tag{2-14}$$

式中，P 为流域的降水量，mm；E 为流域的蒸发量，mm。该定义式适用于降水量大于蒸发量的地区，但不适用于蒸发量大于降水量的青藏高原黄河源区。若套用该式 F 为负值，导致无法计算。本研究假设雨水中的离子最多可以全部进入河流，最少可以是通过降雨产生的直接径流进入河流的部分，故有以下的校正公式：

$$F = \alpha \times \frac{P}{R} \tag{2-15}$$

式中，$\alpha \leqslant 1$，并且不小于该流域的直接径流系数；P 为流域的降水量，m^3/a；R 为流域的径流量，m^3/a。参考 Chen 等（2006）中流域划分方法，将黄河源区划分为三个子流域，并根据 1956～2000 年各子流域径流系数多年平均值计算出各个子流域的校正系数 F_{fra}，各子流域的信息和校正系数 F_{fra}如表 2-4 所示。

表 2-3　冰雪融水以及各气象站点雨水的主要离子浓度　（单位：mg/L）

站点	Cl^-	SO_4^{2-}	Na^+	K^+	Mg^{2+}	Ca^{2+}
玛多	1.0	1.9	0.4	0.4	0.5	6.2
久治	0.7	1.2	0.3	0.4	0.1	1.5
河南	1.4	4.4	0.7	0.6	0.7	4.4
兴海	0.6	2.1	0.2	0.4	0.2	2.8
冰雪融水	1.0	0.9	0.4	0.2	0.3	3.8

表 2-4　黄河源区各子流域的校正因子

子流域	面积/$10^4 km^2$	年降水量/$10^8 m^3$	年径流量/$10^8 m^3$	直接径流系数	F_{fra}
玛多—达日	4.64	82.426	18.629	0.098	0.421-2.865
达日—玛曲	4.06	267.371	103.673	0.139	0.358-2.579
玛曲—龙羊峡	4.44	124.574	48.108	0.136	0.352-2.589

2.7.2　岩石风化

根据前面的讨论结果可知，主要有三种类型的岩石风化，分别是硅酸岩、碳酸岩和蒸发岩。在确定岩石风化的贡献之前，首先应该进行大气输入校正，以扣除河水中来自雨水部分的离子。校正后河流中元素 Z 的浓度（Z_{cor}，mmol/L）采用式（2-16）计算：

$$Z_{cor} = Z_r - Z_{ref} \tag{2-16}$$

式中，Z_r为河流中元素 Z 的浓度，mmol/L；Z_{ref}为河水离子中经由大气降水输入的部分，mmol/L。

1）蒸发岩来源

因为已经排除了大气输入和人为干预的影响，可以认为河水中的 Cl^-全部来自岩盐

（halite）的溶解，而 SO_4^{2-} 则全部来自石膏（gypsum）和芒硝（mirabilite），分析了 SO_4^{2-} 与 Na^+-Cl^- 的相关性，发现无显著相关性（$R^2<0.1$），故可以认为水中的 SO_4^{2-} 主要来自石膏。蒸发岩溶解对河水的贡献比例（R_{eva}）可采用以下公式计算：

$$Na_e = Cl_e = Cl_{cor} \tag{2-17}$$

$$Ca_e = SO_{4_e} = SO_{4_{cor}} \tag{2-18}$$

$$R_{eva} = \frac{(\sum cat)_{eva}}{(\sum cat)_r} = \frac{Na_e + Ca_e}{Na_r + K_r + 2Mg_r + 2Ca_r} \tag{2-19}$$

式中，Na_e、Cl_e、Ca_e 和 SO_{4e} 分别为河水离子中来自蒸发岩溶解的部分。

2）硅酸岩来源

由于不考虑人为干预，而碳酸岩风化几乎不产生 Na^+ 和 K^+，经大气输入校正后的 K^+ 可以认为全部来源于硅酸岩，即 $K_s = K_{cor}$，河水中的 Na^+ 主要来自岩盐溶解和硅酸岩类岩石风化，即 $Na_s = Na_{cor} - Cl_{cor}$。河流中的 Ca^{2+} 和 Mg^{2+} 可以来自硅酸岩或者碳酸岩，来自硅酸岩中的 Ca^{2+} 和 Mg^{2+} 可以用 Na_s 进行标化。因此有以下方程：

$$K_s = K_{cor} \tag{2-20}$$

$$Na_s = Na_{cor} - Cl_{cor} \tag{2-21}$$

$$Ca_s = Na_s \times \left(\frac{Ca}{Na}\right)_s \tag{2-22}$$

$$Mg_s = Na_s \times \left(\frac{Mg}{Na}\right)_s \tag{2-23}$$

式中，Na_s、K_s、Ca_s 和 Mg_s 分别为河水离子中来自硅酸岩风化的部分；$\left(\frac{Ca}{Na}\right)_s$、$\left(\frac{Mg}{Na}\right)_s$ 分别为 Ca/Na 的摩尔比、Mg/Na 的摩尔比。Blum 等（1998）认为河床砂样品可以代表该流域未风化的岩床情况，于是本研究测定了唐克和龙羊峡下游的河床砂数据估计黄河源区硅酸岩的组成，得到 Ca/Na 的摩尔比为 0.19，Mg/Na 的摩尔比为 0.29，则硅酸岩风化对河水的贡献比例（R_{sil}）可采用式（2-24）计算：

$$R_{sil} = \frac{(\sum cat)_{sil}}{(\sum cat)_r} = \frac{Na_s + K_s + 2Mg_s + 2Ca_s}{Na_r + K_r + 2Mg_r + 2Ca_r} \tag{2-24}$$

3）碳酸岩来源

碳酸岩风化产生的主要离子为 Ca^{2+} 和 Mg^{2+}，因此碳酸岩风化对河水的贡献比例（R_{car}）可采用以下公式计算：

$$Ca_c = Ca_{cor} - Ca_e - Ca_s \tag{2-25}$$

$$Mg_c = Mg_{cor} - Mg_s \tag{2-26}$$

$$R_{car} = \frac{(\sum cat)_c}{(\sum cat)_r} = \frac{2Mg_c + 2Ca_c}{Na_r + K_r + 2Mg_r + 2Ca_r} \tag{2-27}$$

式中，Ca_c 和 Mg_c 分别为河水离子中来自碳酸岩风化的部分。

2.7.3 各个来源的讨论

值得注意的是，冰雪融水和地下水也可以向河水贡献一定的无机离子。本质上冰雪仍属于大气降水，且冰雪融水的离子组成接近雨水样品的离子组成，因此将冰雪融水的贡献并入到大气输入中。同时，地下水中的主要离子来源于岩石风化产生的土壤，因此地下水的贡献并入到岩石风化中。

黄河源区各站点主要离子来源的相对贡献如表 2-5 所示，大气降水、蒸发岩、硅酸岩和碳酸岩来源的相对贡献均值分别为 1.8%～12.5%、12.4%～15.9%、18.1%～18.4% 和 56.7%～64.3%，表明黄河源区离子组成主要受碳酸岩风化控制。可以看出关于大气降水的假设对大气降水相对贡献的计算结果影响较大，但对岩石风化的影响相对较小。由表 2-5 可以看出，对于大部分河水样品，大气降水的相对贡献在 1%～15%。但在黄河源区的东南部支流沙曲、白河和贾曲以及干流唐克站点，大气降水的相对贡献分别为 14.2%～94.7%、6.6%～45.7%、3.7%～25.2% 和 2.6%～18.8%，说明东南部降水较多，大气降水对河水主要离子的贡献不能忽略。黄河源区的降水量从东南向西北递减，河水主要离子的大气降水的相对贡献与降水量分布一致。另外，可以看出无论是春季还是夏季，玛多站点蒸发岩的相对贡献要高于下游站点，这与同位素和主要离子化学的分析结果一致。本研究结果与 Wu 等（2008）的研究结果具有可比性。另外，虽然 Zhang 等（2015）对大气降水的校正方式与本研究有差别，但其结果同样反映了大气降水的相对贡献较小。

表 2-5　黄河源区河水主要离子来源的相对贡献　（单位：%）

站点	季节	大气降水	蒸发岩	硅酸岩	碳酸岩
玛多	春	1.1～7.5	41.9～44.0	3.6～3.8	46.7～51.3
	夏	0.9～6.7	22.9～24.8	39.8～40.0	30.3～34.4
达日	春	1.4～10.2	24.0～26.8	10.6～10.9	55.0～61.2
	夏	1.4～9.9	10.6～13.3	22.8～23.1	56.4～62.5
门堂	春	1.5～10.9	14.2～17.2	10.7～11.0	63.9～70.6
	夏	1.8～12.6	9.1～12.7	24.1～24.5	53.8～61.5
唐克	春	2.6～18.8	10.2～15.4	10.2～10.8	60.2～71.7
玛曲	春	2.4～17.5	6.3～11.2	11.7～12.2	64.0～74.7
	夏	1.8～12.8	3.9～7.5	42.8～43.2	40.1～47.9
军功	春	2.4～16.8	6.8～11.5	10.7～11.2	65.2～75.5
	夏	1.7～12.5	3.1～6.6	35.7～36.0	48.4～56.0
班多	春	2.0～14.4	5.6～9.6	9.4～9.8	70.2～79.0
	夏	1.9～13.4	7.0～10.8	15.7～16.1	63.4～71.6
唐乃亥	春	1.9～13.4	9.6～13.4	9.4～9.8	67.2～75.4
	夏	1.9～13.5	8.4～12.2	14.9～15.3	62.8～71.0
龙羊峡上游	春	1.6～11.1	13.2～16.3	18.2～18.5	57.2～64.0
	夏	1.9～13.4	11.7～15.5	17.7～18.1	56.7～64.9
龙羊峡下游	春	1.5～11.0	15.9～19.0	15.5～15.9	57.2～63.9
	夏	1.6～11.6	10.7～13.9	19.4～19.8	58.0～65.0
热曲	春	1.5～10.8	15.5～18.5	17.1～17.4	56.2～62.8
	夏	1.3～9.6	6.0～8.7	33.6～33.9	50.6～56.4
柯曲	春	2.3～16.6	8.3～13.0	9.5～9.9	65.1～75.2

续表

站点	季节	大气降水	蒸发岩	硅酸岩	碳酸岩
吉迈河	春	1.8 ~ 12.6	5.8 ~ 9.3	10.8 ~ 11.1	70.5 ~ 78.2
达日河	春	2.3 ~ 16.1	10.0 ~ 14.5	10.8 ~ 11.3	62.6 ~ 72.4
西科曲	春	1.2 ~ 8.6	14.6 ~ 17.0	12 ~ 12.2	64.5 ~ 69.8
东科曲	春	1.5 ~ 11.0	18.6 ~ 21.6	5.8 ~ 6.1	64.3 ~ 71.0
沙曲	春	14.2 ~ 94.7	0.0 ~ 22.0	0.0 ~ 0.0	5.3 ~ 63.8
	夏	2.5 ~ 17.3	0.0 ~ 0.5	49.5 ~ 47.9	34.9 ~ 47.4
贾曲	春	3.7 ~ 25.2	0.0 ~ 3.1	10.8 ~ 11.1	63.6 ~ 82.4
白河	春	6.6 ~ 45.7	0.0 ~ 10.2	18.4 ~ 19.3	35.0 ~ 64.8
	夏	4.4 ~ 29.3	0.0 ~ 0.6	62.1 ~ 58.2	12.5 ~ 32.8
黑水	春	2.0 ~ 14.0	0.0 ~ 3.2	8.5 ~ 8.9	77.2 ~ 86.3
泽曲	春	1.5 ~ 11.0	9.2 ~ 12.3	6.9 ~ 7.2	72.6 ~ 79.3
切木曲	春	1.7 ~ 12.1	28.7 ~ 32.1	7.6 ~ 8.0	51.2 ~ 58.6
巴曲	春	1.5 ~ 10.8	3.4 ~ 6.4	22.0 ~ 22.3	63.5 ~ 70.1
曲什安河	春	0.6 ~ 4.5	61.7 ~ 63.0	19.7 ~ 19.9	13.9 ~ 16.7
大河坝河	春	1.7 ~ 11.7	0.0 ~ 1.4	39.2 ~ 38.8	49.5 ~ 57.8
茫拉河	春	1.3 ~ 9.4	6.1 ~ 8.7	30.6 ~ 30.9	53.7 ~ 59.4

2.7.4 不确定性分析

本研究中主要离子来源相对贡献的计算是基于蒸发岩主要包括岩盐和石膏的假设，但仅仅相关性分析不能提供充分的证据，这可能会对蒸发岩的相对贡献高估5%~7%，相应地会低估碳酸岩的相对贡献。另外，黄土高原和干旱区沙漠分别分布在研究区的东北部和西部，在春季会形成向东传输风尘的通道并覆盖青藏高原北坡和东部部分，因此风尘沉降可能会影响黄河源区河水的主要离子组成。但本研究的采样时段主要是春末和仲夏，因此风尘的影响可能不显著。此外，亚洲风尘的主要组成为蒸发岩和碳酸岩，假如在夏季一部分风尘进入河流，由于溶解的蒸发岩不能与基岩风化相区分，这可能会增加蒸发岩的相对贡献。但 SO_4^{2-} 与 Na^+ 相关性差，表明芒硝的引入对蒸发岩相对贡献的计算结果影响不大。另外，碳酸岩的溶解会导致过饱和的河水发生碳酸岩再沉积过程，可能会使 Ca^{2+} 和 HCO_3^- 的浓度降低，低估碳酸岩的相对贡献，而这种影响在质量平衡计算中无法消除，造成一定的不确定性。

另外，黄河源区人类活动较少，人为干扰的相对贡献可以忽略。但从长期来看，考虑到未来黄河源区人类活动的增加，应将人为干扰带来的不确定性考虑在内。农田灌溉会选择性地沉降低溶解度的溶质离子（Ca^{2+}、Mg^{2+}、HCO_3^-），进而会导致灌溉回水的离子组成发生改变，如黄河中上游灌溉回水就导致河水各离子的相对含量发生了改变（Chen et al., 2005）。

2.8 岩石风化速率、CO_2 消耗速率和 TDS 通量

硅酸岩和碳酸岩风化过程会消耗大气中的 CO_2，利用河流中的离子组成数据可以估算该区域岩石风化速率及其对大气 CO_2的消耗速率，根据各离子摩尔浓度的计算公式如下：

$$SWR=(Na_s+K_s+Mg_s+Ca_s+SiO_2)\times Q/A \tag{2-28}$$

$$CWR=(Mg_c+Ca_c+1/2HCO_3)\times Q/A \tag{2-29}$$

$$\Phi CO_{2_{sil}}=(Na_s+K_s+2Mg_s+2Ca_s)\times Q/A \tag{2-30}$$

$$\Phi CO_{2_{car}}=(Mg_c+Ca_c)\times Q/A \tag{2-31}$$

式中，SWR 和 CWR 分别为硅酸岩和碳酸岩风化速率，t/(km² · a)；$\Phi CO_{2_{sil}}$和 $\Phi CO_{2_{car}}$分别为硅酸盐和碳酸岩风化消耗大气 CO_2的速率，mol/(km² · a)；Q 和 A 分别为该流域的径流量（m³/a）和面积（km²）。

黄河源区的年平均径流量为 199.4 亿 m³，流域面积为 13.14 万 km²，以黄河源区干流的平均离子组成估算整个黄河源区岩石风化消耗大气 CO_2的速率以及 TDS 通量，计算出 SWR 为 2.3 ~ 2.5t/(km² · a)，CWR 为 17.4 ~ 19.6t/(km² · a)。本研究的计算结果与 Wu 等（2008）的研究结果具有可比性，与相同纬度的密西西比河的计算结果接近。本研究计算的化学溶蚀速率为 22.7 ~ 26.5t/(km² · a)，该值与青藏高原的长江［65t/(km² · a)］、湄公河［91t/(km² · a)］和雅鲁藏布江［46t/(km² · a)］相比相对较低，但与密西西比河［24t/(km² · a)］、亚马孙河［25t/(km² · a)］和全球平均化学溶蚀速率［24t/(km² · a)］(Gaillardet et al., 1999）具有可比性。虽然黄河源区气温较低，但其陡峭的地形和冻融效应导致较高的机械溶蚀速率，进而造成化学风化通量的增加。

黄河源区的 $\Phi CO_{2_{sil}}$ 和 $\Phi CO_{2_{car}}$ 分别为 9.1×10^4 ~ 9.4×10^4 mol/(km² · a)、1.85×10^5 ~ 2.08×10^5 mol/(km² · a)（表 2-6）。黄河源区的 $\Phi CO_{2_{sil}}$与上游（Wu et al., 2008）和中游（Zhang et al., 2015）的计算结果接近，表明黄河流域 $\Phi CO_{2_{sil}}$变化不大。$\Phi CO_{2_{sil}}$与青藏高原其他大河相比相对偏小，这与黄河源区相对较低的硅酸岩风化速率一致，但该值大于亚马孙河和处于相同纬度的莱茵河、密西西比河与圣劳伦斯河等河流（Gaillardet et al., 1999）。本研究计算的 $\Phi CO_{2_{sil}}$是中游（Zhang et al., 2015）的 3.1 ~ 3.5 倍，表明与中游相比，黄河源区河流贡献了更高的碱度。与发源于喜马拉雅山脉的恒河、雅鲁藏布江、湄公河相比，黄河源区的 $\Phi CO_{2_{car}}$计算结果相对较低，说明在喜马拉雅山脉南麓的河流具有更高的化学风化速率，这可能与南麓具有更高温度和湿度的气候有关，但 $\Phi CO_{2_{car}}$高于亚马孙河和密西西比河。

表 2-6　黄河源区以及其他河流的 CO_2 消耗速率和 TDS 通量

河流	面积 /10⁴ km²	径流量 /(10⁹ m³/a)	TDS /(10⁹ kg/a)	$\Phi CO_{2_{sil}}$ /[10³ mol/(km² · a)]	$\Phi CO_{2_{car}}$ /[10³ mol/(km² · a)]	参考文献
黄河源区	13.14	19.94	6.1	91 ~ 94	185 ~ 208	本研究
黄河	75	32.9	13.1	—	—	Chen et al., 2005

续表

河流	面积 /$10^4 km^2$	径流量 /($10^9 m^3/a$)	TDS /($10^9 kg/a$)	$\Phi CO_{2_{sil}}$ /[$10^3 mol/(km^2 \cdot a)$]	$\Phi CO_{2_{car}}$ /[$10^3 mol/(km^2 \cdot a)$]	参考文献
黄河	75.2	41	11	82	40	Gaillardet et al., 1999
黄河上游（兰州以上）	22.3	38.0	11.3	14	304	Fan et al., 2014
黄河上游（兰州以上）	23.2	33.6	12.9	6～120		Wu et al., 2005
黄河上游（大河家以上）	14.6	23.2	8	90	230	Wu et al., 2008
黄河中游	—	—	13～26	93.4	59.2	Zhang et al., 2015
长江	180	900	153.9	—	—	Chen et al., 2002
长江	180.8	928	205	60	551	Gaillardet et al., 1999
恒河—雅鲁藏布江	166	1071	129.5	164	—	Galy and France-Lanord, 1999
恒河—雅鲁藏布江	—	—	328	228～304	20～900	Hren et al., 2007
雅鲁藏布江	58	510	52	150	340	Gaillardet et al., 1999
恒河	105	493	90	450	230	Gaillardet et al., 1999
湄公河	79.5	467	123	244	514	Gaillardet et al., 1999
亚穆纳河	0.96	10.8	0.3～6.7	400～700	—	Dalai et al., 2002
澜沧江	8.9	29	9～13	70	520	Wu et al., 2008
怒江	11.0	53.1	13～15	110	590	Wu et al., 2008
雅砻江	12.9	55.3	12	240	380	Wu et al., 2008
亚马孙河	611.2	6590	290	52	105	Gaillardet et al., 1999
密西西比河	298	580	125	67	146	Gaillardet et al., 1999
圣劳伦斯河	102	337	57	27	246	Gaillardet et al., 1999
莱茵河	22.4	69.4	42	63	482	Gaillardet et al., 1999

2.9 本章小结

本章研究了黄河源区河流的氢氧同位素特征和主要离子化学过程和机理，主要有以下结论。

（1）支流河水的 $\delta^{18}O$ 和 δD 低于干流，且水库的修建导致了 D 和 ^{18}O 的富集。河水与当地大气降水线的关系表明大气降水是河水的重要来源，而当地河水蒸发线较低的斜率和截距表明黄河源区河流受到蒸发作用的制约，体现了黄河源区大气湿度低的特点。

（2）黄河源区的主要产沙区为门堂—唐乃亥段，悬浮泥沙浓度沿程增大，春季河流的悬浮泥沙浓度大于夏季，但黄河源区悬浮泥沙含量与中下游相比显著偏低。黄河源区干流主要阴阳离子分别为 HCO_3^-和 Ca^{2+}，TDS 总量为世界河流 TDS 中位值的 2.4 倍，但与黄河中下游相比偏低；黄河源区 TDS 通量占黄河流域 TDS 入海通量的 38%~47%。

（3）大气降水、蒸发岩、硅酸岩和碳酸岩对黄河源区河水主要离子的相对贡献均值分别为 1.8%~12.5%、12.4%~15.9%、18.1%~18.4% 和 56.7%~64.3%，表明黄河源区河水的主要离子化学受碳酸岩风化控制。黄河源区的降水量从东南向西北递减，河水主要离子大气降水的相对贡献的空间分布与降水量分布相一致。

（4）黄河源区的化学溶蚀速率低于青藏高原南部地区的河流，这可能与南麓具有更高温度和湿度的气候有关。作为典型的高寒旱区域，黄河源区的化学溶蚀速率与全球平均值相当，且硅酸岩和碳酸岩风化产生的 CO_2 消耗速率甚至高于世界上的一些大型河流。

参考文献

杜加强，舒俭民，熊珊珊. 2015. 黄河源区气候、植被变化与水源涵养功能评估研究. 北京：科学出版社.

高建飞，丁悌平，罗续荣，等. 2011. 黄河水氢、氧同位素组成的空间变化特征及其环境意义. 地质学报，(4)：596-602.

李海荣，曹廷立，唐梅英. 2011. 黄河源区水源涵养保护与治理开发研究. 郑州：黄河水利出版社.

水利部黄河水利委员会. 2015. 黄河水资源公报. http://www.yrcc.gov.cn/zwzc/gzgb/gb/szygb/[2018-10-01].

孙永寿，段水强，李燕，等. 2015. 近年来青海三江源区河川径流变化特征及趋势分析. 水资源与水工程学报，(1)：6.

Berner R A，Lasaga A C，Garrels R M. 1983. The carbonate silicate geochemical cycle and its effect on atmospheric carbon dioxide over the past 100 millions years. American Journal of Science，283：641-683.

Berner R A. 1994. GEOCARB Ⅱ：a revised model of atmospheric CO_2 over phanerozoic time. American Journal of Science，294：56-91.

Berner R A. 2006. GEOCARBSULF：a combined model for phanerozoic atmospheric O_2 and CO_2. Geochimica et Cosmochimica Acta，70：5653-5664.

Blum J D，Gazis C A，Jacobson A D，et al. 1998. Carbonate versus silicate weathering in the Raikhot watershed within the high Himalayan crystalline series. Geology，26：411-414.

Chen J，Wang F，Meybeck M，et al. 2005. Spatial and temporal analysis of water chemistry records (1958-2000) in the Huanghe (Yellow River) Basin. Global Biogeochemical Cycles，19 (3)：GB3016.

Chen J，Wang F，Xia X，et al. 2002. Major element chemistry of the Changjiang (Yangtze River). Chemical Geology，187：231-255.

Chen L Q，Liu C M，Hao F H，et al. 2006. Impact of climate on runoff in the source regions of the Yellow River. Earth Science Frontiers，13：321-329.

Clark I D，Fritz P. 1997. Environmental Isotopes in Hydrogeology. Boca Raton：CRC Press.

Cui B L and Li X Y. 2015. Characteristics of stable isotopes and hydrochemistry of river water in the Qinghai Lake Basin，northeast Qinghai-Tibet Plateau，China. Environmental Earth Sciences，73：4251-4263.

Dalai T，Krishnaswami S，Sarin M. 2002. Major ion chemistry in the headwaters of the Yamuna river system：chemical weathering，its temperature dependence and CO_2 consumption in the Himalaya. Geochimica et Cosmochimica Acta，66：3397-3416.

Dansgaard W. 1964. Stable isotopes in precipitation. Tellus, 16: 436-468.

Ding L, Xu Q, Zhang L Y, et al. 2009. Regional variation of river water oxygen isotope and empirical elevation prediction models in Tibetan Plateau. Quaternary Science, 29: 1-12.

Fan B L, Zhao Z Q, Tao F X, et al. 2014. Characteristics of carbonate, evaporite and silicate weathering in Huanghe River Basin: a comparison among the upstream, midstream and downstream. Journal of Asian Earth Sciences, 96: 17-26.

Gaillardet J, Dupré B, Louvat P, et al. 1999. Global silicate weathering and CO_2 consumption rates deduced from the chemistry of large rivers. Chemical Geology, 159: 3-30.

Galy A, France-Lanord C. 1999. Weathering processes in the Ganges-Brahmaputra Basin and the riverine alkalinity budget. Chemical Geology, 159: 31-60.

Garrels R M. 1983. The carbonate-silicate geochemical cycle and its effect on atmospheric carbon dioxide over the past 100 million years. American Journal of Science, 283: 641-683.

Gat J, Klein B, Kushnir Y, et al. 2003. Isotope composition of air moisture over the mediterranean sea: an index of the air-sea interaction pattern. Tellus B: Chemical and Physical Meteorology, 55: 953-965.

Gibbs R J. 1970. Mechanisms controlling world water chemistry. Science, 170: 1088-1090.

Grosbois C, Négrel P, Fouillac C, et al. 2000. Dissolved load of the Loire River: chemical and isotopic characterization. Chemical Geology, 170: 179-201.

Hren M T, Bookhagen B, Blisniuk P M, et al. 2009. $\delta^{18}O$ and δD of streamwaters across the Himalaya and Tibetan Plateau: implications for moisture sources and paleoelevation reconstructions. Earth and Planetary Science Letters, 288: 20-32.

Hren M T, Chamberlain C P, Hilley G E, et al. 2007. Major ion chemistry of the Yarlung Tsangpo-Brahmaputra River: chemical weathering, erosion, and CO_2 consumption in the southern Tibetan Plateau and eastern Syntaxis of the Himalaya. Geochimica et Cosmochimica Acta, 71: 2907-2935.

Hu M H, Stallard R, Edmond J. 1982. Major ion chemistry of some large Chinese rivers. Nature, 298: 550-553.

Hu Y, Maskey S and Uhlenbrook S. 2012. Trends in temperature and rainfall extremes in the Yellow River source region, China. Climatic Change, 110: 403-429.

Huang X, Sillanpää M, Gjessing E T, et al. 2009. Water quality in the Tibetan Plateau: major ions and trace elements in the headwaters of four major Asian rivers. Science of the Total Environment, 407: 6242-6254.

Jiang L, Yao Z, Liu Z, et al. 2015. Hydrochemistry and its controlling factors of rivers in the source region of the Yangtze River on the Tibetan Plateau. Journal of Geochemical Exploration, 155: 76-83.

Jin Z, You C F, Yu J, et al. 2011. Seasonal contributions of catchment weathering and eolian dust to river water chemistry, northeastern Tibetan Plateau: chemical and Sr isotopic constraints. Journal of Geophysical Research: Earth Surface, 116, F04006.

Karim A, Veizer J. 2002. Water balance of the Indus River Basin and moisture source in the Karakoram and western Himalayas: implications from hydrogen and oxygen isotopes in river water. Journal of Geophysical Research: Atmospheres, 107: ACH9-1-ACH9-2.

Kendall C, Mcdonnell J. 2012. Isotope Tracers in Catchment Hydrology. Amsterdam: Elsevier.

Kendall C. 1998. Isotope Tracers in Catchment Hydrogeology. Amsterdam: Elsevier.

Li J Y, Zhang J. 2005. Chemical weathering processes and atmospheric CO_2 consumption of Huanghe River and Changjiang River Basins. Chinese Geographical Science, 15: 16-21.

Li S L, Yue F J, Liu CQ, et al. 2015. The O and H isotope characteristics of water from major rivers in China. Chinese Journal of Geochemistry, 34: 28-37.

Li W, Wu G. 1999. Source and composition of water and sediment in upper reaches of the Yellow River in Qinghai Province. Bulletin of Soil and Water Conservation, 19: 6-10.

Liu Z, Liu D, Huang J, et al. 2008. Airborne dust distributions over the Tibetan Plateau and surrounding areas derived from the first year of CALIPSO lidar observations. Atmospheric Chemistry and Physics, 8: 5045-5060.

Meybeck M. 1983. Atmospheric inputs and river transport of dissolved substances. Dissolved Loads of Rivers and Surface Water Quantity/Quality Relationships, 141: 173-192.

Meybeck M. 2003. Global occurrence of major elements in rivers. Treatise on Geochemistry, 5: 207-223.

Michener R, Lajtha K. 2007. Stable Isotopes in Ecology and Environmental Science. 2nd ed. Oxford: Blackwell Publishing.

Mortatti J and Probst J L. 2003. Silicate rock weathering and atmospheric/soil CO_2 uptake in the Amazon Basin estimated from river water geochemistry: seasonal and spatial variations. Chemical Geology, 197: 177-196.

Numaguti A. 1999. Origin and recycling processes of precipitating water over the Eurasian Continent: experiments using an atmospheric general circulation model. Journal of Geophysical Research: Atmospheres, 104: 1957-1972.

Rozanski K, Araguás-Araguás L, Gonfiantini R. 1993. Isotopic patterns in modern global precipitation. Climate Change in Continental Isotopic Records, 78: 1-36.

Sheikh J A, Jeelani G, Gavali R, et al. 2014. Weathering and anthropogenic influences on the water and sediment chemistry of Wular Lake, Kashmir Himalaya. Environmental Earth Sciences, 71: 2837-2846.

Singh S K, Kumar A, France-Lanord C. 2006. Sr and $^{87}Sr/^{86}Sr$ in waters and sediments of the Brahmaputra River System: silicate weathering, CO_2 consumption and Sr flux. Chemical Geology, 234: 308-320.

Su X, Lin X, Liao Z, et al. 2004. The main factors affecting isotopes of Yellow River water in China. Water International, 29: 475-482.

Sun H. 1992. A general review of volcanogenic massive sulphide deposits in China. Ore Geology Reviews, 7: 43-71.

Tian L, Masson-Delmotte V, Stievenard M, et al. 2001. Tibetan Plateau summer monsoon northward extent revealed by measurements of water stable isotopes. Journal of Geophysical Research: Atmospheres, 106: 28081-28088.

Walker J C G, Hays P B, Kasting J F. 1981. A negative feedback mechanism for the long-term stabilization of Earth's surface temperature. Journal of Geophysical Research: Oceans, 86: 9776-9782.

Wang L, Zhang L, Cai W, et al. 2016. Consumption of atmospheric CO_2 via chemical weathering in the Yellow River Basin: the Qinghai-Tibet Plateau is the main contributor to the high dissolved inorganic carbon in the Yellow River. Chemical Geology, 430: 34-44.

Wen R, Tian L, Weng Y, et al. 2012. The altitude effect of $\delta^{18}O$ in precipitation and river water in the southern Himalayas. Chinese Science Bulletin, 57: 1693-1698.

Wu H, Li X, Li J, et al. 2015. Evaporative enrichment of stable isotopes ($\Delta^{18}O$ and ΔD) in lake water and the relation to lake-level change of Lake Qinghai, Northeast Tibetan Plateau of China. Journal of Arid Land, 7: 623-635.

Wu L, Huh Y, Qin J, et al. 2005. Chemical weathering in the upper Huang He (Yellow River) draining the eastern Qinghai-Tibet Plateau. Geochimica et Cosmochimica Acta, 69: 5279-5294.

Wu W, Xu S, Yang J, et al. 2008. Silicate weathering and CO_2 consumption deduced from the seven Chinese Rivers originating in the Qinghai-Tibet Plateau. Chemical Geology, 249: 307-320.

Xia X, Liu T, Yang Z, et al. 2013. Dissolved organic nitrogen transformation in river water: effects of suspended sediment and organic nitrogen concentration. Journal of Hydrology, 484: 96-104.

Xia X, Yang Z, Zhang X. 2009. Effect of suspended- sediment concentration on nitrification in river water: importance of suspended sediment-water interface. Environmental Science & Technology, 43: 3681-3687.

Yang Y, Fang X, Galy A, et al. 2015. Carbonate composition and its impact on fluvial geochemistry in the NE Tibetan Plateau Region. Chemical Geology, 410: 138-148.

Yao T, Zhou H, Yang X. 2009. Indian monsoon influences altitude effect of $\Delta^{18}O$ in precipitation/river water on the Tibetan Plateau. Chinese Science Bulletin, 54: 2724-2731.

Yokoo Y, Nakano T, Nishikawa M, et al. 2004. Mineralogical variation of Sr-Nd isotopic and elemental compositions in loess and desert sand from the central Loess Plateau in China as a provenance tracer of wet and dry deposition in the northwestern Pacific. Chemical Geology, 204: 45-62.

Zhang J, Huang W W, Liu M G, et al. 1990. Drainage basin weathering and major element transport of two large Chinese rivers (Huanghe and Changjiang). Journal of Geophysical Research: Oceans, 95: 13277-13288.

Zhang J, Huang W, Letolle R, et al. 1995. Major element chemistry of the Huanghe (Yellow River), China-weathering processes and chemical fluxes. Journal of Hydrology, 168: 173-203.

Zhang Q, Jin Z, Zhang F, et al. 2015. Seasonal variation in river water chemistry of the middle reaches of the Yellow River and its controlling factors. Journal of Geochemical Exploration, 156: 101-113.

Zheng H, Zhang L, Liu C, et al. 2007. Changes in stream flow regime in headwater catchments of the Yellow River Basin since the 1950s. Hydrological Processes, 21: 886-893.

Zheng M. 1997. An Introduction to Saline Lakes on the Qinghai-Tibet Plateau. Dordrecht: Springer.

第3章　黄河源区河流悬浮颗粒物和沉积物中有机质的来源解析

3.1 引　　言

作为连接陆地和海洋的重要通道，河流每年从陆地向海洋输送大量有机质，包括溶解性有机质和颗粒态有机质（Cole et al., 2007）。在区域和全球尺度上，河流为有机质循环和降解的重要场所，也是温室气体（CH_4、CO_2和N_2O）的重要排放源（Lauerwald et al., 2012；Worrall et al., 2014；Zhang et al., 2020）。河流中的有机质主要有三个来源，即地表径流、内源产生以及人为排放。地表径流将来自邻近陆地系统的大量陆源植物残体和土壤有机碳带入河流。另外，河流中存在自养的细菌、藻类和水生植物等，这些生物分泌或其死亡后分解释放的有机碳进入水体形成内源有机质。除此之外，河流也接纳了人类生产和生活所排放的含有机质的污水和废水。由于河流有机质是流域内不同来源有机质的储存库，河流有机质的产量和通量还受到水文条件的影响（Battin et al., 2016；Bergamino et al., 2014；Graf, 1992；Tao et al., 2018），且有机质的来源将影响其在河流中的迁移转化过程（Lin et al., 2019），因此识别有机质的来源可以更好地理解有机质在河流中的归趋；而且对河流有机质来源的分析可以反推流域内土地利用以及水文环境变化等相关信息。

水体有机质来源的解析已经受到了很多学者的关注（Castañeda and Schouten, 2011；Meyers, 1997；Xia et al., 2015），但已有研究集中在河口（Bergamino et al., 2014；Mccallister et al., 2006）、陆架边缘（Carreira et al., 2016；Dubois et al., 2012）或者湖泊生态系统（Meyers, 2003；Wang and Liu, 2012），而关于河流研究报道相对较少，尤其是有关高海拔河流的研究短缺。青藏高原是众多亚洲河流的发源地，长期以来是全球碳循环和气候变化研究的热点区域（Ma et al., 2018；Zhang et al., 2020）。而目前关于青藏高原有机质来源的研究集中在湖泊沉积物（Xu et al., 2006；Aichner et al., 2010；Wang and Liu, 2012；Liu H and Liu W, 2017），对河流系统研究较少。由于青藏高原具有独特的高原气候，且受人类活动干扰较少，因此本研究推测青藏高原源区河流有机质的来源和通量可能不同于其他河流，并且陆地来源的有机质可能占主要份额。

目前分析水体有机质来源的方法主要包括3种：①元素分析法：通过测定有机质中C%、N%以及C/N等确定有机质的来源，其中C/N与有机质的降解速率密切相关，是用于确定有机质来源的综合指标（Berg, 2000；Lu, 2016）。②同位素分析法：不同来源有机质的$\delta^{13}C$和$\delta^{15}N$表现出独特的指纹值，据此可以通过测定有机质中的$\delta^{13}C$和$\delta^{15}N$追踪不同有机质来源的贡献（Thornton and Mcmanus, 1994；Kao and Liu, 2000；Gireeshkumar et al., 2013; Xia et al., 2015)。总结来看，对于 $\delta^{13}C$，一般来说陆地来源有机质的特征值：C_3 植物为 -30‰ ~ -25‰，C_4 植物为 -16‰ ~ -9‰；海洋来源的特征值为 -23‰ ~ -18‰；对于 $\delta^{15}N$，土壤有机质为 0‰ ~ +5‰，陆地植物为 -6‰ ~ +5‰，海洋来源为 +3‰ ~ +12‰（Fry and Sherr, 1984; Muzuka, 1999; Finlay and Carol, 2008; Gao et al., 2012; Gireeshkumar et al., 2013）。③生物标志物法：生物标志物是指在沉降埋藏过程中相对稳定的一类有机化合物，这类有机化合物经历降解之后仍保存着碳骨架，且都具有一定的来源特异性，因而被广泛应用于识别物质的来源（Glendell et al., 2018; Meyers, 1997）。目前常用的示踪陆源有机质的生物标志物主要包括脂肪酸、正构烷烃和木质素等。以往研究大多采用上述 3 种方法中的一种或者两种，但都存在一定的不确定性，如氮循环中 $\delta^{15}N$ 特征值的范围太宽以及同位素分馏效应限制了 $\delta^{15}N$ 在有机质来源解析中的应用。另外，生物标志物法在定性识别时效果很好，但因为自然环境中不同分子量的有机质具有不同的分解速率，单独采用生物标志物法来定量时存在不确定性。因此，上述 3 种方法的结合可能有助于提高有机质来源解析的准确度，这在一些最新的研究中已经得到验证（Glendell et al., 2018; Karlsson et al., 2016; Kaiser et al., 2017; Li et al., 2018b; Pradhan et al., 2019）。

本章以黄河源区为例，采用元素、同位素和生物标志物 3 种手段相结合的方法来识别高海拔河流有机质的来源。主要的研究内容包括：①分析黄河源区河流悬浮颗粒物和沉积物中有机质的 $\delta^{15}N$、$\delta^{13}C$ 和 C/N；②阐明黄河源区河流有机质的来源，量化各个来源对河流有机质的相对贡献；③计算黄河源区溶解性有机碳和颗粒态有机碳的通量和产量。

3.2 研究方法

黄河源区主要植被为高寒草甸，主要土地利用类型为草地，占研究区面积的 72%，其次是未利用地占 11%，水源占 10%，林地占 6%，耕地占 1%（Song et al., 2009）。主要农作物是小麦。得益于大面积的天然牧场，畜牧业是黄河源区人类从事的主要活动。牲畜主要由当地牧民（藏族）饲养而非规模化集约化的养殖场养殖。牲畜排放的大量粪便未经任何处理直接暴露在野外环境中，可能是河流有机质的重要来源。因此，黄河源区河流有机质的主要外来源可能不仅包括陆生植物和土壤有机质，还可能包括畜禽粪便。根据之前的研究（Gan and Hu, 2016），青海省 80% 的牲畜粪便来自牛粪。此外，考虑到黄河源区很低的人口密度（Xia et al., 2019），因此本研究忽略了生活污水对河流有机质的贡献。

在 2016 年春季（5 月 28 日 ~6 月 15 日）和夏季（7 月 28 日 ~8 月 15 日）进行了两次采样活动，分别在干流的 9 个地点和大型支流的 4 个地点采集了河水、悬浮颗粒物和沉积物样品（图 3-1）。现场采集水面 20cm 以下的水体样品，采集的水样一部分用 0.45μm 聚醚砜滤膜过滤，过滤后收集滤膜和滤液，滤膜用于测定悬浮颗粒物浓度，滤液用于分析溶解性有机质浓度；另取一部分水样经 0.7μm 玻璃纤维滤膜过滤后，收集滤膜用于稳定同位素分析。采集表层 1 ~ 2cm 的沉积物，装入自封袋内密封，尽快运回实验室，在 -20℃ 条件下冷冻保存直至分析。此外，在夏季采样期间收集了 18 个土壤样品、8 个植物样品和 6 个动物粪便样品。土壤样品均采自河水取样点附近距离河道 1km 以内的位置，现场用铁铲除去土壤表层的植被，然后采集表层 20cm 的土壤样品，用自封袋装好密封保存。

植物样品覆盖了研究区的主要植物类型，包括草本和木本植物；动物粪便样品以牛粪为主。

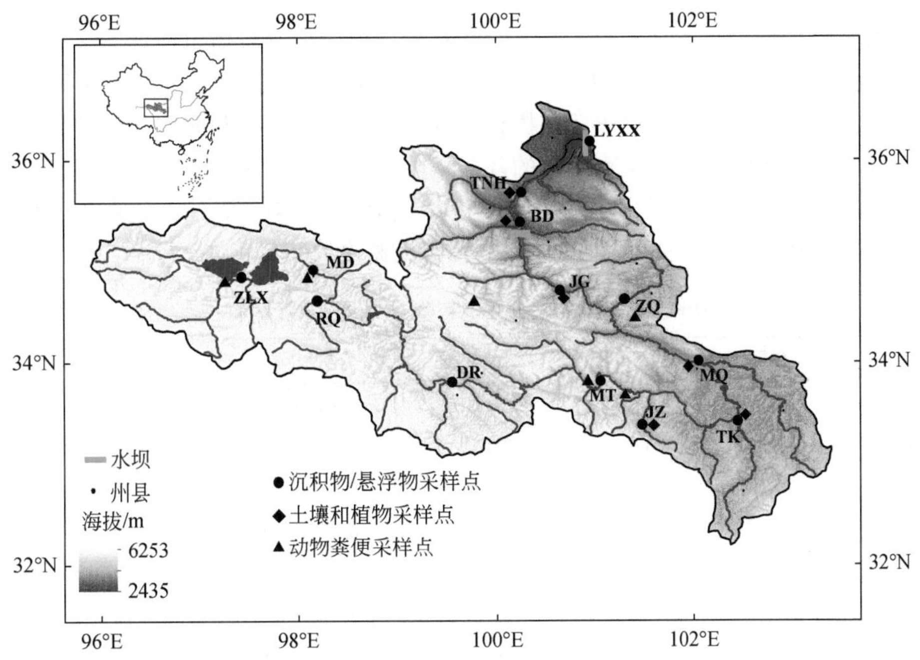

图 3-1　黄河源区地面高程及采样点设置

黄河干流站点包括：扎陵湖下游（ZLX），玛多（MD），达日（DR），门堂（MT），玛曲（MQ），军功（JG），班多（BD），唐乃亥（TNH），龙羊峡下游（LYXX）；支流站点包括：热曲（RQ），久治（JZ），唐克（TK），泽曲（ZQ）

在实验室，得到的聚醚砜滤膜在 105℃下烘干至恒重，采用差量法计算悬浮颗粒物浓度。小心地将悬浮颗粒物从玻璃纤维滤膜上刮下，然后将其与沉积物和土壤样品一同进行冷干处理，研磨过 160 目筛后装入自封袋内保存。植物样品和粪便样品在 65℃下烘干至恒重，然后粉碎、均匀混合后装入自封袋内保存。

水相溶解性有机碳（DOC）利用 TOC 分析仪（TOC-L，岛津）进行测定，固体碳氮含量使用元素分析仪（EA3000，Euro Vector）测定。固体 $\delta^{15}N$ 和 $\delta^{13}C$ 采用 EA-IRMS 联用方法测定，分别利用 IAEA-N1、IAEA-N3 和 USGS-24、USGS-41 等标准样品对结果进行校正。沉积物和土壤样品中正构烷烃的分析采用 Dai 等（2018）所述方法：冻干后的样品依次用二氯甲烷、二氯甲烷∶甲醇（1∶1，v∶v）和甲醇进行萃取。提取液过滤后使用旋转蒸发仪浓缩，得到的浓缩液再用硅胶柱净化，然后用己烷和甲醇连续洗脱。洗脱液中加入 C_{18} 正构烷烃作为内标物，使用氮吹仪吹干后通过与 N，O-双(三甲基硅烷基)三氟乙酰胺、吡啶和二氯甲烷反应转化为三甲基硅烷基衍生物，得到的产物使用气相色谱-质谱法（GC-MS）进行分析。

3.3 有机质的元素组成特征

黄河源区沉积物、悬浮颗粒物以及各潜在有机质来源的有机质组成如表3-1所示。农田土壤的C/N与河岸带土壤相比无显著差异，但有机碳和有机氮含量略有下降，这可能是因为农田土壤主要分布在黄河源区海拔较低的下游区域，温度和光照条件较好，同时由于长期的施肥和耕作活动，土壤有机质的降解程度与非农田土壤相比相对较高。动物粪便的有机质组成与植物接近，但由于作为食物的植物在动物体内经历一定的同化和矿化过程，有机碳含量和C/N有一定程度的降低，而有机氮含量变化较少。

表3-1　黄河源区悬浮颗粒物、沉积物及其潜在来源的有机质组成

组别	样品数目/个	$\delta^{15}N$/‰	$\delta^{13}C$/‰	有机氮/%	有机碳/%	C/N
SOM（春季）	11	4.56±0.75	−24.70±1.30	0.08±0.06	0.74±0.68	7.70±2.25
SOM（夏季）	12	4.66±1.34	−25.42±0.71	0.13±0.10	1.21±1.10	8.30±2.51
POM（春季）	6	1.19±1.20	−25.78±1.12	0.27±0.06	2.79±0.70	10.15±0.72
POM（夏季）	5	−0.24±1.40	−25.73±0.36	0.26±0.08	2.58±1.02	9.67±1.10
河岸带土壤	12	4.98±1.11	−24.85±1.30	0.24±0.18	2.12±1.84	8.11±1.87
农田土壤	6	5.79±1.02	−25.02±0.51	0.19±0.09	1.59±0.82	8.36±0.81
植物	8	2.96±2.49	−26.74±1.82	2.10±0.60	45.91±2.85	23.30±5.53
动物粪便	6	2.84±2.30	−27.67±0.24	1.96±0.36	38.20±3.10	20.07±3.97

注：SOM：沉积物有机质；POM：悬浮颗粒物有机质。

沉积物有机质和悬浮颗粒物有机质在两次采样期间均无显著差异（$P>0.05$），表明在不同季节有机质的来源相似；但沉积物有机质与悬浮颗粒物有机质间存在显著差异（$P<0.05$），主要表现在：①悬浮颗粒物有机质的有机碳、有机氮与C/N均值高于沉积物有机质（表3-1，图3-2）；②沉积物有机质的C/N方差明显大于悬浮颗粒物；③沉积物有机质的C/N与河岸带土壤有机质C/N呈显著正相关（图3-3，$P<0.05$），而悬浮颗粒物有机质的C/N与土壤有机质C/N的关系不明显。二者的差异主要由以下原因导致：首先，悬浮颗粒物的粒径较小，比表面积较大，可能吸附了较多的营养盐和有机质。由图3-4可以看出，粉砂粒径（2～20μm）比例与有机碳和有机氮的含量呈显著正相关（$P<0.01$），表明该粒径范围是吸附有机质的主要部分。其次，与沉积物相比，悬浮颗粒物与上覆水体接触面积大，溶解氧条件好，受太阳照射的机会更多，为藻类和浮游植物的生长繁殖提供了相对有利的条件。再次，受区域地质条件和水力条件的共同作用，沉积物的移动性差，受当地土壤组成的影响较大，其有机质组成具有较大的空间变异性，而悬浮颗粒物的移动性更强，可能主要来自上游输送，具有河流连续体的特征，空间变异性较小。最后，与沉积物相比，悬浮颗粒物的有机质来自具有高C/N的植物贡献较大。未分解的陆地植物残体密度较轻，在河水中更容易悬浮，使得悬浮颗粒物有机质的C/N略微高于沉积物有机质。由表3-1可以看出，悬浮颗粒物有机质的C/N介于土壤有机质和植物有机质之间，而沉积物有机质的C/N更接近土壤有机质。

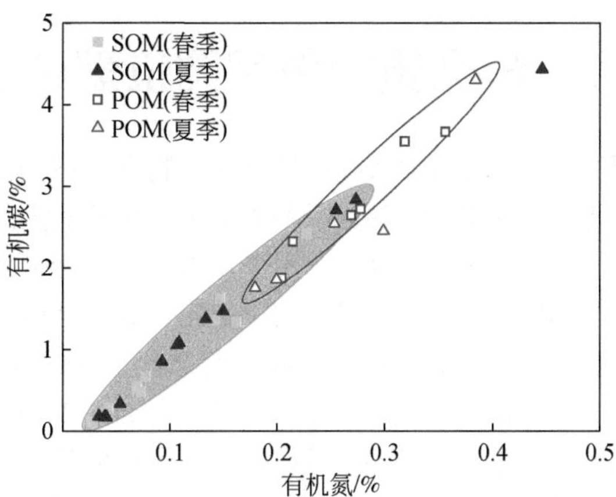

图 3-2　黄河源区悬浮颗粒物和沉积物的有机碳和有机氮含量

SOM：沉积物有机质；POM：悬浮颗粒物有机质

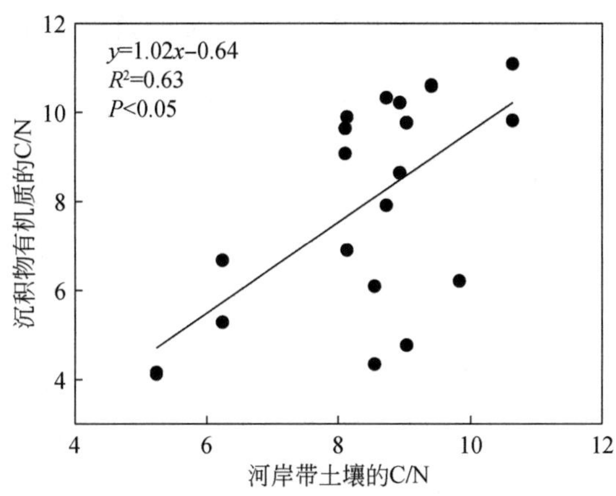

图 3-3　黄河源区沉积物有机质 C/N 与河岸带土壤 C/N 的相关性

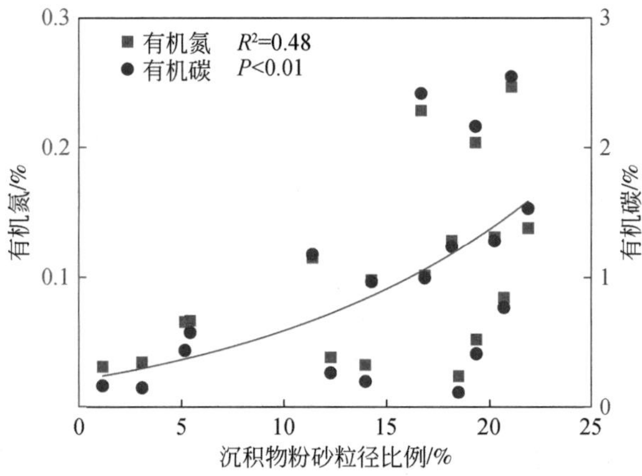

图 3-4　黄河源区沉积物有机碳和有机氮含量与沉积物粉砂粒比例的关系

3.4 有机质的稳定同位素特征

除唐乃亥站点外，两次采样期间黄河源区悬浮颗粒物和沉积物的有机质同位素值沿程变化不明显（图 3-5）。支流沉积物的有机质同位素值略低于干流，这可能是河流有机质在向下游输运过程中发生的生化反应导致的。图 3-6 展示了黄河源区悬浮颗粒物、沉积物以及潜在有机质来源的同位素值范围。本研究测得的土壤 $\delta^{13}C$ 与 Lu 等（2004）报道的青藏高原草甸土壤的 $\delta^{13}C$（−23.6‰±0.7‰）接近。大部分土壤的 $\delta^{15}N$ 在 2‰～5‰，这与文献报道的范围接近（Finlay and Carol，2008；Kendall et al.，2001）。农田土壤的 $\delta^{13}C$ 与河岸带土壤相比无显著差异，而 $\delta^{15}N$ 较高，这可能是因为农田土壤中发生的有机质的矿化和同化作用导致了 ^{15}N 的富集。此外，农田土壤中粪肥的施用也可能导致更高的 $\delta^{15}N$（Senbayram et al.，2008）。通常土壤的 $\delta^{13}C$ 和 $\delta^{15}N$ 会随着有机质的逐步降解而增加，但 $\delta^{13}C$ 存在相对较小的波动（Kendall et al.，2001）。黄河源区河岸带植物的 $\delta^{13}C$ 处于 C_3 植物的典型范围内，表明该区域的植物类型以 C_3 植物为主，这与以往的研究一致（Wang et al.，2008；Zhang et al.，2008）。总体来说，动物粪便的同位素值与植物接近。

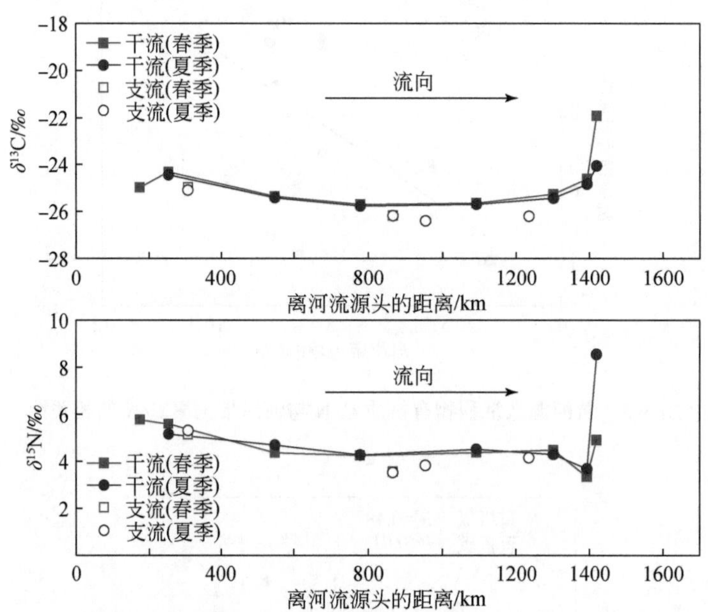

图 3-5 黄河源区沉积物有机质同位素值的时空分布特征

黄河源区悬浮颗粒物与沉积物有机质的 $\delta^{13}C$ 差异不大，而 $\delta^{15}N$ 差异明显，沉积物中有机质的 $\delta^{15}N$ 大于悬浮颗粒物［图 3-6（a）］。主要有以下可能的解释：①植物或者浮游生物来源的影响。悬浮颗粒物中有机质的 $\delta^{15}N$ 较低，更接近植物或者浮游生物来源，这主要是因为悬浮颗粒物有机质受植物或者浮游生物来源的影响更大。②脱氨基作用。在淡水生态系统中，浮游动物和鱼类主要排泄 NH_4^+（作为含氮废物），所以脱氨基反应在氮同位素核算中扮演了重要作用。与被异化的基质相比，脱氨基反应会产生 ^{15}N 同位素贫化的

NH_4^+，这会导致$^{14}NH_4^+$的流失以及残余氮库$^{15}NH_4^+$的逐步富集。动物粪便和死亡动物残体的沉降作用最终导致上层水柱中有机质的$\delta^{15}N$低于沉积物有机质（Finlay and Carol，2008），这种脱氨基作用在深海中尤为常见（Finlay and Carol，2008；Gaye et al.，2005；Montoya et al.，2002）。③河床沉积物中有机质的降解会导致^{15}N的富集。由图 3-6（a）、（b）可以看出，尽管利用$\delta^{15}N$可以很好地区分悬浮颗粒物与沉积物，但其他来源的$\delta^{15}N$范围存在重叠，削弱了利用$\delta^{15}N$进行源解析的能力；且由于指纹值的相互重叠，利用$\delta^{13}C$和$\delta^{15}N$也不能很好地区分沉积物、悬浮颗粒物以及各个来源；而利用$\delta^{13}C$和 C/N 可以较好地区分各个潜在来源的特征指纹值［图 3-6（c）］。

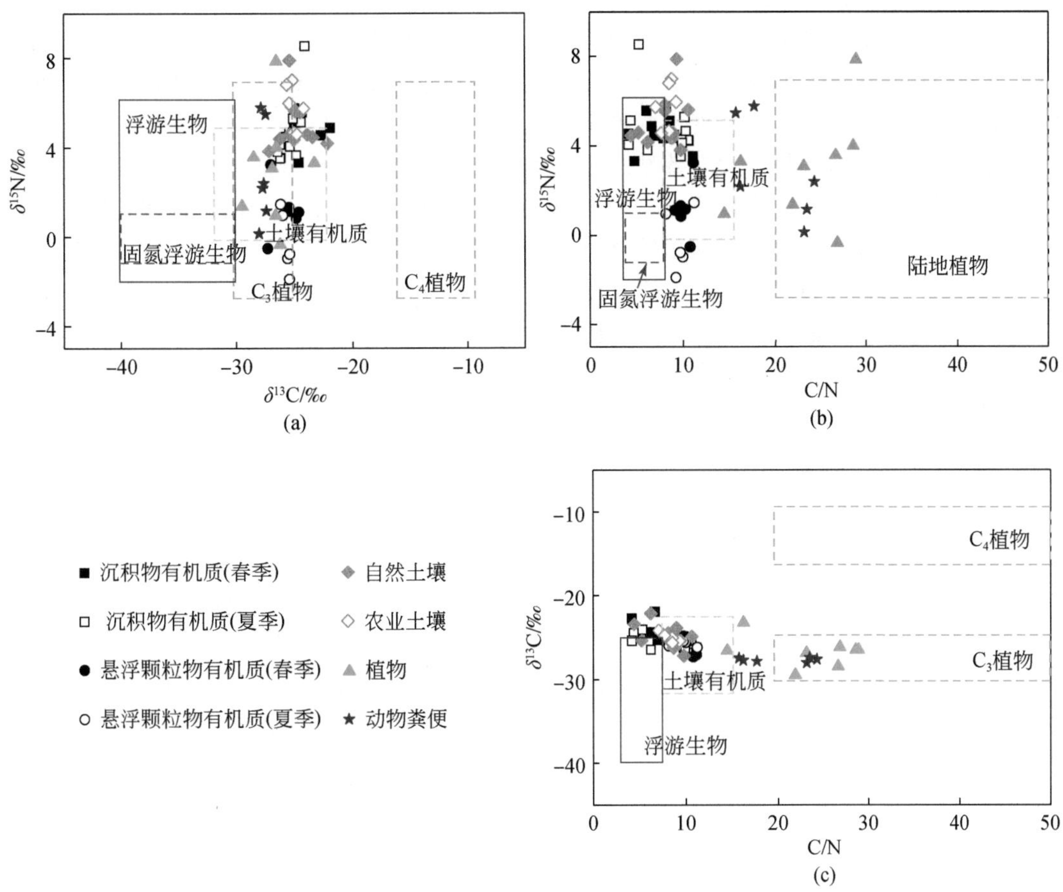

图 3-6　黄河源区悬浮颗粒物及沉积物有机质的同位素值及 C/N 的分布特征

3.5　沉积物中有机质的生物标志物特征

稳定同位素技术的成功应用依赖于获得各个来源的同位素值。除了植物和动物粪便外，浮游生物也可能是河流有机质来源的贡献者，因此在定量各来源的贡献之前需要判断浮游生物对沉积物有机质的相对重要性。由于浮游生物与悬浮颗粒物难以分离以及采样条件的限制，本研究未能得到浮游生物的同位素值，但分析了部分土壤和沉积物有机质的正构烷烃（*n*-alkanes），以期从分子水平了解沉积物有机质的特征及其可能的来源。不同生物来源的正构烷烃一般具有不同的碳链长度范围及其相关的奇偶优势分布。其中 C_{15} ~ C_{20} 主要受低等浮游生物（如藻类和水生浮游植物等）控制，通常以 C_{15} 或 C_{17} 为主峰，被认为是 C_{16} 或 C_{18} 通过脱羧作用产生的（Aichner et al.，2010；Collister et al.，1994；Ficken et al.，2000）；C_{20} ~ C_{25} 主要受细菌和水生植物控制，而 C_{27} ~ C_{33} 主要受陆地植物控制。许多生物的正构烷烃分布表现出特定的奇偶优势，例如细菌的正构烷烃分布通常在 C_{14} ~ C_{22} 出现一个或两个偶碳数主峰，而维管植物在 C_{23} ~ C_{35} 具有很强的奇碳数优势（Aichner et al.，2010；Liu H and Liu W，2017）。

本研究分别分析了夏季和部分春季沉积物样品的正构烷烃，结果表明，不同季节的沉积物正构烷烃分布没有明显的差异（图 3-7），这与同位素结果具有一致性。另外，沉积物样品的正构烷烃分布主要表现出两种类型，其中一种表现出单峰分布，且在高碳链处均表现出明显的奇碳数优势，大多数站点的正构烷烃具有这种分布特征。另一种表现出双峰分布，分别在 C_{19} 和 C_{27} 处出现主峰，但 C_{19} 处的峰值要低于 C_{27} 处的峰值，且在高碳链处仍然具有很强的奇碳数优势，而在短碳链处奇偶优势不明显，其中玛多和唐乃亥站点的正构烷烃尤其具有这种分布特征。这说明黄河源区沉积物有机质的主要来源是维管植物，而浮游生物的贡献相对较低。此外，土壤有机质的正构烷烃的平均分布表现出很强的长链奇碳数优势，反映了陆地维管植物来源的特征（图 3-8）。

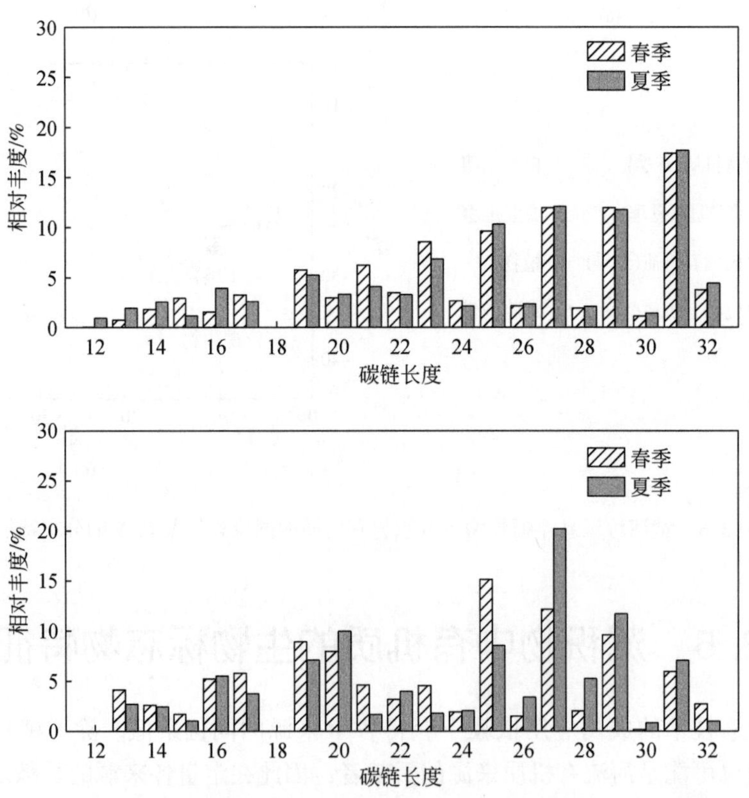

图 3-7　黄河源区沉积物正构烷烃的典型分布特征（以玛曲和唐乃亥站点为例）

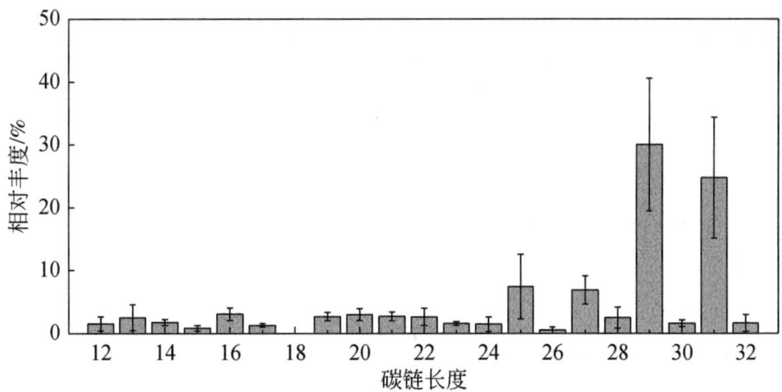

图 3-8　黄河源区河岸带土壤正构烷烃的分布特征

根据有机质正构烷烃的分布特征，碳偏好指数（carbon preference index，CPI）、陆源/水生比例（terrigenous/aquatic ratio，TAR）等指标被用于判断有机质的可能来源及其相对重要性，它们的定义如下：

$$CPI_{25\sim31}=0.5\times[(C_{23}-C_{31})_{odd}/(C_{22}-C_{30})_{even}+(C_{23}-C_{31})_{odd}/(C_{24}-C_{32})_{even}] \tag{3-1}$$

$$TAR=(C_{27}+C_{29}+C_{31})/(C_{21}+C_{23}+C_{25}) \tag{3-2}$$

CPI 反映了碳链的奇偶优势分布情况（Collister et al.，1994），一般认为，当 CPI 约为 1 时，正构烷烃主要来源于微生物；当 CPI 在 2～5 时，正构烷烃以陆源为主，有部分微生物的贡献（Collister et al.，1994；Cooper et al.，2015；Wang and Liu，2012）；当 CPI 为 5～10 时，正构烷烃主要来源于陆地植物。TAR 可以用来评价水生浮游生物和陆地维管植物来源的相对贡献（Bourbonniere and Meyers，1996），通常 TAR 越大反映了更多的陆地来源的贡献。当有机质来源受陆地来源控制时，正构烷烃分布倾向于更大的 $CPI_{25\sim31}$ 和 TAR，而当有机质来源受微生物来源控制时，正构烷烃的分布表现出相反的特征（图 3-9）。黄河源区沉积物正构烷烃的 $CPI_{25\sim31}$ 范围在 4.2～10.1，表现出明显的奇碳数优势；TAR 范围为 1.0～10.9，除个别站点外，大部分站点的 TAR 大于 2（表 3-2），说明陆地来源有机质的贡献较大。进一步由图 3-9 可以看出，黄河源区沉积物有机质的正构烷烃组成与土壤有机质接近，主要来源于陆地，自生来源较少。

表 3-2　黄河源区沉积物和土壤有机质的正构烷烃分布特征

站点	TAR	$CPI_{25\sim31}$
MD1	1.0	5.5
MT1	5.7	6.8
MQ1	3.5	6.0
TNH1	1.7	7.2
MD2	1.9	4.2
RQ2	3.9	10.1
DR2	10.9	6.4
MT2	2.6	5.5

续表

站点	TAR	$CPI_{25\sim31}$
JZ2	4.4	7.5
MQ2	4.6	5.8
JG2	10.1	9.4
BD2	4.9	6.9
TNH2	3.3	4.3
MD-S	13.3	7.9
MT-S	27.3	11.4
MQ-S	12.0	16.1
TNH-S	7.3	20.8
土壤均值	13.0	11.3

注：站点名末尾数字 1 和 2 分别表示春季和夏季；站点名末尾字母 S 表示土壤样品。

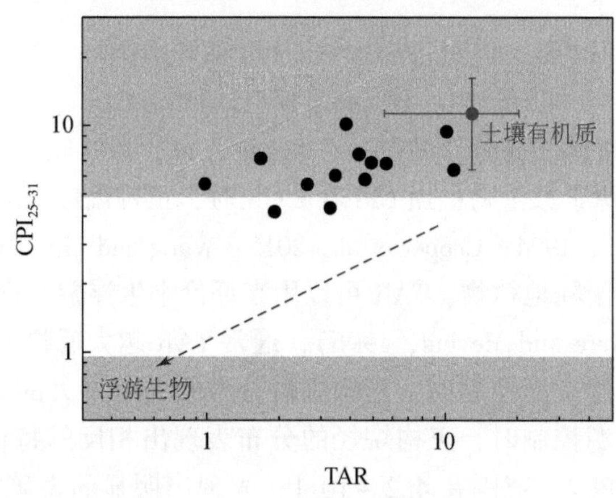

图 3-9　黄河源区沉积物正构烷烃的 $CPI_{25\sim31}$ 与 TAR 的分布

3.6　定量解析不同来源对河流有机质的相对贡献

3.6.1　不同来源的相对贡献

根据上述的分析与讨论，可以判断黄河源区河流有机质主要有以下来源：植物、土壤有机质、动物粪便以及浮游生物等。本研究利用混合物及其各个来源的同位素值和 C/N 来定量各个来源的相对贡献。通过推导可以得到，在多元线性混合模型中，对于每个来源，C/N 的混合比例系数与 δ^{15}N 相同，而 N/C 的混合比例系数与 δ^{13}C 相同（Li et al., 2020）。浮游生物的 δ^{15}N 与其利用的基质有关，当 N 的可获得性受限时，浮游植物和藻类会利用水中的硝酸根作为 N 源，范围很宽，与其他来源相互重叠，将其用于源解析会产生很大的不确定性，因此将各个来源的 $\delta^{13}C$ 和 N/C 代入 SIAR 模型进行计算。由于本研究未能得到研究区浮游生物的同位素值，因此对综述文献（表 3-3）中的数据得到的均值和方差进行估算（浮游生物 $\delta^{13}C$：-28.2‰±2.6‰，N/C：0.162±0.014）。该结果在理论上是合理的，因为浮游植物的碳利用途径主要是 C_3 途径，所以其同位素值与 C_3 植物接近。此外，河流溶解的 CO_2 主要来源于大气溶解（-8‰～-7‰）和岩石风化产生的碳酸盐（-15‰～-5‰），浮游植物利用 CO_2 会产生 -20‰的分馏（Finlay and Carol，2008；Meyers，2003），这与估算得到的浮游生物 $\delta^{13}C$ 是一致的。

表 3-3　浮游生物来源有机质的元素和同位素值

来源	$\delta^{13}C$/‰	参考文献	$\delta^{15}N$/‰	参考文献	C/N	参考文献
固氮蓝藻	-29.4±3.9	Xia et al.，2015	0～2	Kendall et al.，2007	5.9～9.7	Cloern et al.，2002
			-3～1	Finlay and Carol，2008；Fogel and Cifuentes，1993	5.5±2.7	Xia et al.，2015
			-1.2±2.9	Xia et al.，2015		
浮游植物	-27.4～-19.6	Cloern et al.，2002	4.7±0.5	Kendall et al.，2007	3.7～8.9	Cloern et al.，2002
	-29.4±3.9	Xia et al.，2015	8.1±2.2	Xia et al.，2015	5.5±2.7	Xia et al.，2015
	-32～-23	Finlay and Carol，2008			5～8	Finlay and Carol，2008
	-28.6±1.0	Li et al.，2017	5.0	Cloern et al.，2002；Li et al.，2017	6.6±2.6	Li et al.，2017
	-30～-24	Mccallister et al.，2004	6.5	Mccallister et al.，2004	5.9～7.7	Goni et al.，2003
	-35～-25	Boutton，1991	6.83±0.93	Ock and Takemon，2014		
	-40～-30	Onstad et al.，2000				
	-30～-23	Goni et al.，2003				
浮游生物	-30	Ogrinc et al.，2008	5	Ogrinc et al.，2008	5～8	Ogrinc et al.，2008
	-42～-24	Kendall et al.，2001	-1～7	Finlay and Carol，2008		
	-30±2	Ye et al.，2017	5.3±2.4	Chanton and Lewis，1999		

利用 SIAR 模型（具体方法可参见第 4 章）得出的各个来源的贡献如表 3-4 和图 3-10 所示。对于沉积物有机质，各个来源的平均贡献分别为土壤有机质 70.7%、植物 10.1%、动物粪便 8.1%、浮游生物 11.1%。实际上土壤有机质来源于腐烂的或者经过再循环的陆地植物；动物粪便中有机质也来源于陆地植物，但相比于新鲜的陆地植物更容易被降水冲刷进入河流。在黄河源区土地利用以草地为主，考虑到该地区过度放牧的趋势（Dong et al.，2015），放牧活动产生的大量粪便可能是河流系统重要的有机质来源。因此，沉积物有机质主要受陆地来源（88.9%）控制，其进入河流主要通过 3 种形式：植物残体、动物粪便和土壤有机质。该结果与前述正构烷烃的分析结果一致。此外，土壤来源的有机质

对沉积物有机质的相对贡献表现为春季>夏季，这可能是因为春季温度升高，地表冻土融化，融雪和降雨事件增多，且植被尚未充分生长，导致土壤侵蚀作用增强，更多的土壤来源有机质进入河流。对于悬浮颗粒物，各个来源的贡献分别为土壤有机质 33.2%、植物 25.2%、动物粪便 20.4%、浮游生物 21.2%，其中以土壤和植物的贡献较大。与沉积物相比，悬浮颗粒物中的有机质来自土壤侵蚀的贡献明显降低，而来自植物残体、动物粪便和浮游生物的贡献明显增加，这可能是由于：①土壤受侵蚀作用进入河流以后，较大的土壤颗粒经重力沉降到河床，因此大量被土壤颗粒吸附或者与土壤颗粒结合的有机质也随之进入河床，导致对悬浮颗粒物的贡献减小；②植物残体和动物粪便形成的微颗粒因其密度较小而悬浮在上覆水体中，贡献了较多的有机质；③悬浮颗粒物较大的比表面积和较高的氧气条件为浮游生物生长提供了更好的条件，所以贡献了较高比例的有机质（21.2%）。动物粪便中的有机质实际上来自植物，但与植物有机质相比移动性更强，更易流失进入河流，而且黄河源区的天然牧场条件使得该地区的牲畜数量很高，大量的动物粪便暴露于野外环境，增加了进入河流的机会，进而对悬浮颗粒物有机质贡献了较大的比例。

表 3-4　黄河源区各个来源对悬浮颗粒物和沉积物有机质的相对贡献　（单位：%）

组别	季节	土壤有机质	植物	动物粪便	浮游生物
沉积物有机质	春	74.4±14.5	8.0±7.5	6.4±6.0	11.2±10.2
沉积物有机质	夏	67.0±9.6	12.1±9.1	9.8±7.1	11.0±7.6
悬浮颗粒物有机质	春	27.3±11.9	27.5±11.3	21.3±11.6	23.8±9.7
悬浮颗粒物有机质	夏	39.2±11.6	22.9±11.4	19.4±11.1	18.6±10.0

在一些与黄河源区具有相似流域面积的河流中，包括科罗拉多河、密苏里河、密西西比河、萨克拉门托河和里奥格兰德河（Finlay and Carol，2008；Kendall et al.，2001），悬浮颗粒物中有机质主要来源于浮游生物，但在黄河源区，浮游生物的贡献低于25%。这可能是因为在黄河源区，尽管光照不是浮游植物生长的限制因子，但升高的水体浊度影响了藻类生长，这与 Tao 等（2018）关于黄河中下游的研究结论一致。此外，高海拔导致的低水温可能抑制了微生物的活性，水体中较低的营养水平（Wang et al.，2018）以及较短的水力停留时间，也造成了水体较低的初级生产力。与中国东北部的阿布沁河（浮游生物对悬浮颗粒物有机质的贡献为 25%～52%，对沉积物有机质的贡献为 11%～41%）（Lu，2016）相比，浮游生物对黄河源区有机质的贡献也相对较低，这一方面与黄河源区的低温和高浊度有关，另一方面可能是因为阿布沁河受纳了人类排放的高营养盐污水，所以初级生产力较高。因此可以看出，黄河源区特殊的气候条件，升高的浊度和较低的营养水平共同导致了浮游生物对河流有机质较低的贡献比例。

3.6.2 不确定性分析

本研究中浮游生物的同位素值采用的是文献的统计值，导致源解析结果存在一定的不确定性；有机质的分解过程可能会造成同位素分馏，通常认为异养代谢带来的^{13}C 的分馏很小（1‰~2‰），而^{15}N的分馏在 N 源充分时较为明显，因此对细菌$\delta^{15}N$的解释容易受到大量潜在 N 源的影响（Mccallister et al.，2004；Xu et al.，2006；Finlay and Carol，2008）。本研究选用了$\delta^{13}C$和 C/N 进行溯源，避免了$\delta^{15}N$分馏带来的不确定性，但忽略了$\delta^{13}C$的分馏可能会带来一定的不确定性。另外，由于黄河源区人口密度相对较低，生活污水中的有机质相比于其他来源很少，因而在本研究中忽略了污水的贡献，但考虑到未来人类活动强度的增加，该不确定性需要引起关注。

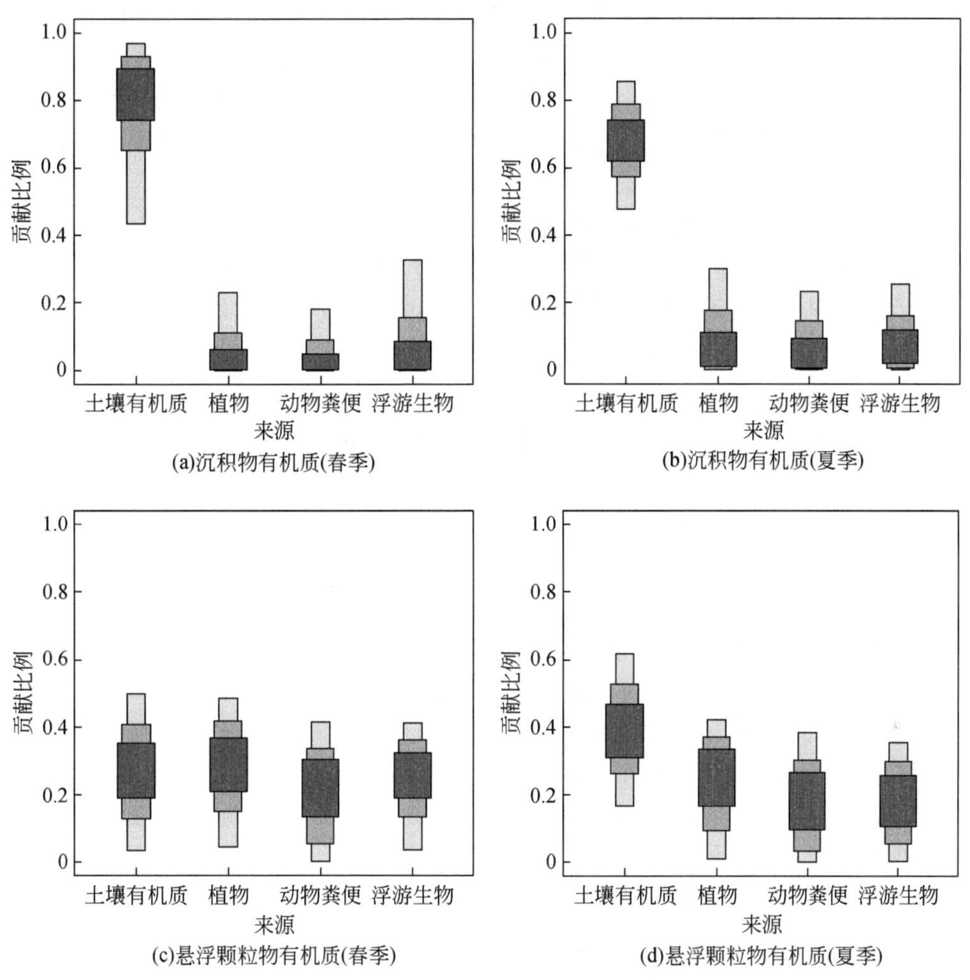

图 3-10　黄河源区沉积物有机质及悬浮颗粒物的各个来源的贡献比例

3.7　河流溶解性有机碳和颗粒态有机碳的通量计算

河流溶解性有机碳和颗粒态有机碳的通量和产量采用以下公式计算：

$$F_{\mathrm{DOC}} = C_{\mathrm{DOC}} \times Q \tag{3-3}$$

$$F_{\mathrm{POC}} = C_{\mathrm{TSS}} \times \mathrm{OC\%}_{\mathrm{POC}} \times Q \tag{3-4}$$

$$Y = F/A \tag{3-5}$$

式中，F 和 Y 分别为颗粒态有机碳（POC）或溶解性有机碳（DOC）的通量和产量；C 为 DOC 或总悬浮固体（TSS）的浓度；$OC\%_{POC}$ 为 POC 中有机碳的百分含量；A 和 Q 分别为研究区域的流域面积和河流流量。选择位于黄河源区下游的唐乃亥站点计算黄河源区河流 DOC 和 POC 的通量，其中黄河源区的径流量为 $1.994\times10^{10}\ m^3/a$，DOC 的平均浓度为 3.6mg C/L，悬浮颗粒物的平均浓度及其 OC% 分别为 0.24g/L 和 3.46%。计算得到 DOC 和 POC 的通量分别为 7×10^{10} g/a 和 1.7×10^{11} g/a，分别占总有机碳通量的 30% 和 70%。黄河源区 DOC 通量与黄河入海通量（6×10^{10} g/a）具有可比性，而 POC 通量明显低于入海通量（4.1×10^{11} ~ 5.5×10^{11} g/a）(Ran et al., 2013；Xia et al., 2016)。这是因为黄河中游流经黄土高原，该区域植被稀少，水土流失较为严重，大量的 POC 进入河流，增加了 POC 的入海通量。

黄河源区 DOC 和 POC 的产量分别为 0.53t/(km^2 · a) 和 1.29t/(km^2 · a)。本研究区 DOC 的产量远低于许多全球大型河流的产量 [1.0 ~ 5.9t/(km^2 · a), Xia et al., 2016]。这可能是因为黄河源区气温较低，土壤有机质的降解速度较慢，低分子量溶解性有机质的释放受到抑制。相比之下，黄河源区 POC 的产量与世界其他地区的大河相近。

3.8 本章小结

本章结合元素、同位素和生物标志物分析 3 种方法，分析和定量不同来源有机质对黄河源区河流悬浮颗粒物和沉积物有机质的相对贡献。主要结论如下。

悬浮颗粒物有机质和沉积物有机质的季节性变动不明显，而悬浮颗粒物有机质和沉积物有机质之间具有显著差异。沉积物的有机质组成具有较大的空间变异性，而悬浮颗粒物的有机质组成具有河流连续体的特征，空间变异性较小。整体来说，悬浮颗粒物和沉积物的有机质组成与土壤比较接近，反映了很强的土壤来源。沉积物的 C/N 与河岸带土壤呈显著正相关，而悬浮颗粒物的 C/N 与河岸带土壤的关系不明显。由于受植物或者浮游植物的影响，黄河源区悬浮颗粒物与沉积物有机质的 $\delta^{13}C$ 差异不大，而 $\delta^{15}N$ 差异明显。

对夏季和部分春季沉积物样品的正构烷烃分析表明，不同季节沉积物正构烷烃分布没有明显的差异，这与同位素结果具有一致性。沉积物样品的正构烷烃分布特征表明黄河源区沉积物有机质的主要来源是维管植物，而浮游生物的贡献相对较低。

利用 $\delta^{13}C$ 和 C/N，结合 SIAR 模型计算各个来源的贡献，得到各个来源对沉积物有机质的平均贡献分别为土壤有机质 70.7%、植物 10.1%、动物粪便 8.1% 和浮游生物 11.1%，表明沉积物有机质来源主要受土壤侵蚀控制。土壤来源的有机质对沉积物有机质的贡献表现为春季>夏季，而植物和动物粪便的贡献则表现为夏季>春季。对于悬浮颗粒物，各个来源的贡献分别为土壤有机质 33.2%、植物 25.2%、动物粪便 20.4% 和浮游生物 21.2%。各个来源对悬浮颗粒物有机质的相对贡献具有可比性，其中以植物和土壤的贡献较大。与沉积物相比，悬浮颗粒物中的有机质来自土壤侵蚀的贡献明显降低，而来自植物残体、动物粪便和浮游生物的贡献明显增加。

黄河源区河流溶解性有机碳和颗粒态有机碳的通量估算值分别为 7×10^{10} g/a 和 $1.7\times$

10^{11}g/a，分别占总有机碳通量的 30% 和 70%。溶解性有机碳通量与黄河入海通量（6×10^{10}g/a）具有可比性，而颗粒态有机碳通量明显低于入海通量。

参 考 文 献

杜加强，舒俭民，熊珊珊．2015．黄河源区气候、植被变化与水源涵养功能评估研究．北京：科学出版社．

Aichner B，Herzschuh U，Wilkes H. 2010. Influence of aquatic macrophytes on the stable carbon isotopic signatures of sedimentary organic matter in lakes on the Tibetan Plateau. Organic Geochemistry，41：706-718.

Battin T J，Kaplan L A，Findlay S，et al. 2016. Biophysical controls on organic carbon fluxes in fluvial networks. Nature Geoscience，1：95-100.

Berg B. 2000. Litter decomposition and organic matter turnover in northern forest soils. Forest Ecology and Managemen，133：13-22.

Bergamino L，Dalu T，Richoux N B. 2014. Evidence of spatial and temporal changes in sources of organic matter in estuarine sediments：stable isotope and fatty acid analyses. Hydrobiologia，732：133-145.

Bourbonniere R A，Meyers P A. 1996. Sedimentary geolipid records of historical changes in the watersheds and productivities of lakes ontario and erie. Limnology and Oceanography，41：352-359.

Boutton T W. 1991. Stable carbon isotope ratios of natural materials：Ⅱ. Atmospheric，terrestrial，marine，and freshwater environments. Carbon Isotope Techniques，1：173.

Carreira R，Cordeiro L，Bernardes M，et al. 2016. Distribution and characterization of organic matter using lipid biomarkers：a case study in a Pristine Tropical Bay in NE Brazil. Estuarine，Coastal and Shelf Science，168：1-9.

Castañeda I S，Schouten S. 2011. A review of molecular organic proxies for examining modern and ancient lacustrine environments. Quaternary Science Reviews，30：2851-2891.

Chanton J P，Lewis F G. 1999. Plankton and dissolved inorganic carbon isotopic composition in a river-dominated estuary：Apalachicola Bay，Florida. Estuaries，22：575-583.

Cloern J E，Canuel E A，Harris D. 2002. Stable carbon and nitrogen isotope composition of aquatic and terrestrial plants of the San Francisco Bay Estuarine System. Limnology and Oceanography，47：713-729.

Cole J J，Prairie Y T，Caraco N F，et al. 2007. Plumbing the global carbon cycle：integrating inland waters into the terrestrial carbon budget. Ecosystems，10：171-184.

Collister J W，Lichtfouse E，Hieshima G，et al. 1994. Partial resolution of sources of *n*-alkanes in the saline portion of the Parachute Creek Member，Green River Formation（Piceance Creek Basin，Colorado）. Organic Geochemistry，21：645-659.

Cooper R J，Pedentchouk N，Hiscock K M，et al. 2015. Apportioning sources of organic matter in streambed sediments：an integrated molecular and compound-specific stable isotope approach. Science of the Total Environment，520：187-197.

Cuo L，Zhang Y，Gao Z，et al. 2013. The impacts of climate change and land cover/use transition on the hydrology in the upper Yellow River Basin，China. Journal of Hydrology，502：37-52.

Dai G，Ma T，Zhu S. 2018. Large-scale distribution of molecular components in Chinese grassland soils：the influence of input and decomposition processes. Journal of Geophysical Research：Biogeosciences，123：239-255.

Dong Q M，Zhao X Q，Wu G L，et al. 2015. Optimization yak grazing stocking rate in an alpine grassland of Qinghai-Tibetan Plateau，China. Environmental Earth Sciences，73：2497-2503.

Dubois S, Savoye N, Gremare A, et al. 2012. Origin and composition of sediment organic matter in a coastal semi-enclosed ecosystem: an elemental and isotopic study at the ecosystem space scale. Journal of Marine Systems, 94: 64-73.

Ficken K J, Li B, Swain D L, et al. 2000. An n-alkane proxy for the sedimentary input of submerged/floating freshwater aquatic macrophytes. Organic Geochemistry, 31 (7-8): 745-749.

Finlay J C, Carol K. 2008. Stable isotope tracing of temporal and spatial variability in organic matter sources to freshwater ecosystems. Emergency Medicine Journal, 26: 183-186.

Fogel M L, Cifuentes L A. 1993. Isotope fractionation during primary production//Engel M H, Macko S A. Organic Geochemistry: Principles and Applications. New York: Springer.

Fry B, Sherr E B. 1984. $\delta^{13}C$ measurements as indicators of carbon flow in marine and freshwater Ecosystems// Rundel P W, Ehleringer J R, Nagy K A. Stable Isotopes in Ecological Research. New York: Springer.

Gan L, Hu X, 2016. The pollutants from livestock and poultry farming in China—geographic distribution and drivers. Environmental Science and Pollution Research, 23: 8470-8483.

Gao X, Yang Y, Wang C. 2012. Geochemistry of organic carbon and nitrogen in surface sediments of coastal Bohai Bay inferred from their ratios and stable isotopic signatures. Marine Pollution Bulletin, 64: 1148-1155.

Gaye H B, Lahajnar N, Emeis K C, et al. 2005. Stable nitrogen isotopic ratios of sinking particles and sediments from the northern Indian Ocean. Marine Chemistry, 96: 243-255.

Gireeshkumar T R, Deepulal P M, Chandramohanakumar N. 2013. Distribution and sources of sedimentary organic matter in a tropical estuary, south west coast of India (Cochin estuary): a baseline study. Marine Pollution Bulletin, 66: 239-245.

Glendell M, Jones R, Dungait J A J, et al. 2018. Tracing of particulate organic C sources across the terrestrial-aquatic continuum, a case study at the catchment scale (Carminowe Creek, Southwest England). Science of the Total Environment, 616: 1077-1088.

Goni M A, Teixeira M J, Perkey D W. 2003. Sources and distribution of organic matter in a river-dominated estuary (Winyah Bay, SC, USA). Estuarine Coastal and Shelf Science, 57: 1023-1048.

Graf G. 1992. Benthic-pelagic coupling: a benthic view. Oceanography and Marine Biology Annual Review, 30: 149-190.

Hopmans E C, Weijers J W H, Schefus E, et al. 2004. A novel proxy for terrestrial organic matter in sediments based on branched and isoprenoid tetraether lipids. Earth and Planetary Science Letters, 224: 107-116.

Kaiser K, Canedo-Oropeza M, Mcmahon R, et al. 2017. Origins and transformations of dissolved organic matter in large arctic rivers. Scitific Report, 7: 13064.

Kao S J, Liu K K. 2000. Stable carbon and nitrogen isotope systematics in a human-disturbed watershed (Lanyang-Hsi) in Taiwan and the estimation of biogenic particulate organic carbon and nitrogen fluxes. Global Biogeochemical Cycles, 14: 189-198.

Karlsson E, Gelting J, Tesi T, et al. 2016. Different sources and degradation state of dissolved, particulate, and sedimentary organic matter along the Eurasian Arctic Coastal Margin. Global Biogeochemical Cycles, 30: 898-919.

Kendall C, Elliott E M, Wankel S D. 2007. Tracing anthropogenic inputs of nitrogen to ecosystems. Stable Isotopes in Ecology and Environmental Science, 2: 375-449.

Kendall C, Silva S R, Kelly V J. 2001. Carbon and nitrogen isotopic compositions of particulate organic matter in four large river systems across the United States. Hydrological Processes, 15: 1301-1346.

Kendall C, Young M B, Silva S R, et al. 2015. Tracing Nutrient and Organic Matter Sources and Biogeochemical

Processes in the Sacramento River and Northern Delta: Proof of Concept Using Stable Isotope Data. U. S. Geological Survey, Data Release.

Lauerwald R, Hartmann J, Ludwig W, et al. 2012. Scale effects of the dissolved organic carbon fluxes through the fluvial system of north America. Journal of Geophysical Research, 117: G01027.

Li S, Xia X, Zhang S, et al. 2020. Source identification of suspended and deposited organic matter in an alpine river with elemental, stable isotopic, and molecular proxies. Journal of Hydrology, 590: 125492.

Li S, Xia X, Zhou B, et al. 2018a. Chemical balance of the Yellow River source region, the northeastern Qinghai-Tibetan Plateau: insights about critical zone reactivity. Applied Geochemistry, 90: 1-12.

Li X, Zhang Z, Wade T L, et al. 2017. Sources and compositional distribution of organic carbon in surface sediments from the lower Pearl River to the coastal south China sea. Journal of Geophysical Research, 122: 2104-2117.

Li Z, Xu X, Ji M, et al. 2018b. Estimating sedimentary organic matter sources by multi-combined proxies for spatial heterogeneity in a large and shallow eutrophic lake. Journal of Environmental Management, 224: 147-155.

Lin B, Liu Z, Eglinton T I, et al. 2019. Perspectives on provenance and alteration f suspended and sedimentary organic matter in the subtropical Pearl River system, South China. Geochimica et Cosmochimica Acta, 259: 270-287.

Liu H, Liu W. 2017. Concentration and distributions of fatty acids in algae, submerged plants and terrestrial plants from the northeastern Tibetan Plateau. Organic Geochemistry, 113: 17-26.

Lu H, Wu N, Gu Z, et al. 2004. Distribution of carbon isotope composition of modern soils on the Qinghai-Tibetan Plateau. Biogeochemistry, 70: 275-299.

Lu L. 2016. Identifying organic matter sources using isotopic ratios in a watershed impacted by intensive agricultural activities in northeast China. Agriculture Ecosystems and Environment, 222: 48-59.

Ma X, Liu G, Wu X, et al. 2018. Influence of land cover on riverine dissolved organic carbon concentrations and export in the three rivers headwater region of the Qinghai-Tibetan Plateau. Science of the Total Environment, 630: 314-322.

Mccallister S L, Bauer J E, Cherrier J E, et al. 2004. Assessing sources and ages of organic matter supporting river and estuarine bacterial production: a multiple-Isotope ($\Delta^{14}C$, $\delta^{13}C$, and $\delta^{15}N$) Approach. Limnology and Oceanography, 49: 1687-1702.

Mccallister S L, Bauer J E, Ducklow H W, et al. 2006. Sources of estuarine dissolved and particulate organic matter: a multi-tracer approach. Organic Geochemistry, 37: 454-468.

Meyers P A. 1997. Organic geochemical proxies of paleoceanographic, paleolimnologic, and paleoclimatic processes. Organic Geochemistry, 27: 213-250.

Meyers P A. 2003. Applications of organic geochemistry to paleolimnological reconstructions: a summary of examples from the Laurentian Great Lakes. Organic Geochemistry, 34: 261-289.

Montoya J P, Carpenter E J, Capone D G. 2002. Nitrogen fixation and nitrogen isotope abundances in zooplankton of the oligotrophic North Atlantic. Limnology and Oceanography, 47: 1617-1628.

Muzuka A N N. 1999. Isotopic compositions of tropical East African flora and their potential as source indicators of organic matter in coastal marine sediments. Journal of African Earth Sciences, 28: 757-766.

Mügler I, Sachse D, Werner M, et al. 2008. Effect of lake evaporation on ΔD values of lacustrine *n*-alkanes: a comparison of Nam Co (Tibetan Plateau) and Holzmaar (Germany). Organic Geochemistry, 39: 711-729.

Ock G, Takemon Y. 2014. Effect of reservoir-derived plankton released from dams on particulate organic matter composition in a Tailwater River（Uji River，Japan）：source partitioning using stable isotopes of carbon and nitrogen. Ecohydrology，7：1172-1186.

Ogrinc N，Markovics R，Kanduc T，et al. 2008. Sources and transport of carbon and nitrogen in the River Sava watershed，a major tributary of the River Danube. Applied Geochemistry，23：3685-3698.

Onstad G D，Canfield D E，Quay P D，et al. 2000. Sources of particulate organic matter in rivers from the continental USA：lignin phenol and stable carbon isotope compositions. Geochimica et Cosmochimica Acta，64：3539-3546.

Parnell A. 2008. SIAR：stable isotope analysis in R. http：//cran. r- project. org/web/packages/siar/index. html［2018-10-01］.

Pradhan U K，Wu Y，Shirodkar P V. 2019. Carbon isotopic and biochemical fingerprints of sedimentary organic matter in lower Narmada and Tapi rivers，north-west coast of India. Chemical and Ecology，35：1-16.

Ran L，Lu X X，Sun H，et al. 2013. Spatial and seasonal variability of organic carbon transport in the Yellow River，China. Journal of Hydrology，498：76-88.

Senbayram M，Dixon L，Goulding K W，et al. 2008. Long- term influence of manure and mineral nitrogen applications on plant and soil ^{15}N and ^{13}C values from the Broadbalk Wheat Experiment. Rapid Communications in Mass Spectrometry，22：1735-1740.

Slattery M C，Burt T P. 1997. Particle size characteristics of suspended sediment in hillslope runoff and stream flow. Earth Surface Processes and Landforms，22：705-719.

Song X，Yang G，Yan C，et al. 2009. Driving forces behind land use and cover change in the Qinghai- Tibetan Plateau：a case study of the source region of the Yellow River，Qinghai Province，China. Environmental Earth Sciences，59：793-801.

Tao S，Eglinton T I，Zhang L，et al. 2018. Temporal variability in composition and fluxes of Yellow River particulate organic matter. Limnology and Oceanography，63：S119-S141.

Thornton S F，Mcmanus J. 1994. Application of organic carbon and nitrogen stable isotope and C/N ratios as source indicators of organic matter provenance in estuarine systems：evidence from the Tay Estuary，Scotland. Estuarine Coastal and Shelf Science，38：219-233.

Wang G，Wang J，Xia X，et al. 2018. Nitrogen removal rates in a frigid high-altitude river estimated by measuring dissolved N_2 and N_2O. Science of the Total Environment，645：318-328.

Wang Y，Kromhout E，Zhang C，et al. 2008. Stable isotopic variations in modern herbivore tooth enamel，plants and water on the Tibetan Plateau：implications for paleoclimate and paleoelevation peconstructions. Palaeogeography，Palaeoclimatology，Palaeoecology，260：359-374.

Wang Z，Liu W. 2012. Carbon Chain length distribution in n-alkyl lipids：a process for evaluating source inputs to Lake Qinghai. Organic Geochemistry，50：36-43.

Woodward G U Y，Hildrew A G. 2002. Food web structure in riverine landscapes. Freshwater Biology，47：777-798.

Worrall F，Burt T P，Howden N J K. 2014. The fluvial flux of particulate organic matter from the UK：quantifying in-stream losses and carbon sinks. Journal of Hydrology，519：611-625.

Xia X，Dong J，Wang M，et al. 2016. Effect of water-sediment regulation of the Xiaolangdi Reservoir on the concentrations，characteristics，and fluxes of suspended sediment and organic carbon in the Yellow River. Science of the Total Environment，571：487-497.

Xia X，Li S，Wang F，et al. 2019. Triple oxygen isotopic evidence for atmospheric nitrate and its application in source identification for river systems in the Qinghai- Tibetan Plateau. Science of the Total Environment，688：

270-280.

Xia X, Wu Q, Zhu B, et al. 2015. Analyzing the contribution of climate change to long-term variations in sediment nitrogen sources for reservoirs/lakes. Science of the Total Environment, 523: 64-73.

Xu H, Ai L, Tan L, et al. 2006. Stable isotopes in bulk carbonates and organic matter in recent sediments of Lake Qinghai and their climatic implications. Chemical Geology, 235: 262-275.

Ye F, Guo W, Shi Z, et al. 2017. Seasonal dynamics of particulate organic matter and its response to flooding in the Pearl River Estuary, China, revealed by stable isotope (Δ^{13}C and Δ^{15}N) analyses. Journal of Geophysical Research Oceans, 122: 6835-6856.

Zhang L, Xia X, Liu S, et al. 2020. Significant methane ebullition from alpine permafrost rivers on the East Qinghai-Tibet Plateau. Nature Geoscience, 13: 349-354.

Zhang Y, Yu Q, Jiang J, et al. 2008. Calibration of Terra/MODIS gross primary production over an irrigated cropland on the North China Plain and an alpine meadow on the Tibetan Plateau. Global Change Biology, 14: 757-767.

第4章 黄河长江源区河流硝酸盐来源解析

4.1 引 言

硝酸盐（NO_3^-）是河流无机氮存在的主要形态，目前有关青藏高原河流硝酸盐的源/汇机制尚未见报道，河流硝酸盐的来源不明确。在河流硝酸盐溯源方法中，稳定同位素技术具有分析结果稳定可靠的特点，在氮源解析中得到广泛应用。对于不同来源的硝酸盐，它们的 $\delta^{15}N$ 和 $\delta^{18}O$ 表现出独有的特征指纹值（Kendall，1998；Xue et al.，2009）。尽管如此，由于大气来源的硝酸盐具有很宽的 $\delta^{18}O$ 范围，以及硝化过程端元的氧同位素分馏动力学限制了 $\delta^{18}O$ 的应用，使用 $\delta^{18}O$ 进行氮源解析具有很大的不确定性。近年来，利用 $\Delta^{17}O$进行氮源解析的研究逐渐增加，利用硝酸盐的 $\Delta^{17}O$ 不仅避免了 $\delta^{18}O$ 的时空变异性，可以准确区分大气沉降和其他硝酸盐来源（Kendall et al.，2007；Michalski et al.，2003），而且可以精确定量大气沉降对河流硝酸盐的贡献（Liu et al.，2013）。利用 $\Delta^{17}O$ 进行源解析的准确度很大程度上依赖于获得具有代表性的大气硝酸盐的 $\Delta^{17}O$ [$\Delta^{17}O$（$NO_{3\,atm}$）]。青藏高原的独特条件使得区域大气光化学环境与过程可能异于同纬度的其他地区，进而导致大气硝酸盐中的 $\Delta^{17}O$ 相比于同纬度其他地区有显著差异。目前关于青藏高原地区大气硝酸盐中 $\Delta^{17}O$ 的时空变异性尚未见报道。除大气沉降外，黄河源区河流还存在着其他潜在的氮素来源，包括污水废水、动物粪便、冰雪融水、土壤有机氮和合成化肥等，其中人类活动向黄河中排放的污水废水对河流氮素有着直接的贡献。根据《2015 年青海省生态环境状况公报》的数据，青海省排入黄河干支流的废水总量为 13 595 万 t，其中废水中排放的氨氮为 7046t，占全省排放总量的 70.8%。目前黄河源区的城镇基础设施较差，大部分的污水废水未经处理直接排入河流。其中城镇生活污染物排放量占区域污染物排放总量的 70%左右（Li et al.，2010）。尽管如此，人为来源的氮素对黄河源区河流的氮素水平的相对贡献仍不清楚。

本章的主要研究内容如下：

（1）概述河流硝酸盐来源解析方法的研究进展；

（2）分析黄河源区湿沉降中硝酸盐的 $\delta^{15}N$、$\delta^{18}O$ 和 $\Delta^{17}O$，探讨其时空变化特征；

（3）阐明黄河源区存在的其他来源及其稳定同位素值；

（4）揭示河流中氮素的时空分布特征；

（5）分析水体硝酸盐的 $\delta^{15}N$、$\delta^{18}O$ 和 $\Delta^{17}O$；结合各个来源以及河流硝酸盐的氮氧同位素值，利用 SIAR 模型量化各个来源的相对贡献。

4.2 河流硝酸盐源解析方法概述

4.2.1 稳定同位素技术

早期一般利用水化学特征结合土地利用类型调查识别污染源，该方法相对简便，但结果的准确度差。因此，人们致力于寻找更加准确可靠的污染源识别方法和技术。稳定同位素技术是 20 世纪 60 年代开始定型并逐渐发展的一门技术，该技术利用同位素的分馏效应区分和识别不同的污染源，目前在河流系统的氮源解析中得到了广泛应用。利用稳定同位素示踪技术追溯水体氮源的研究进展，大致可分为 3 个阶段：双同位素示踪、多同位素示踪，以及同位素技术结合其他技术手段溯源。

1）双同位素示踪

20 世纪 70 年代，人们开始利用稳定同位素技术识别水体硝酸盐的来源，通过测定和对比水体的硝酸盐及其潜在来源的 $\delta^{15}N$ 进行源解析，该方法对于识别二元混合过程较为准确。根据已有的研究报道，不同来源硝酸盐的 $\delta^{15}N$ 具有特定的值域。总结来看，大多数陆地物质的 $\delta^{15}N$ 在 $-20‰\sim+30‰$（Kendall，1998），其中合成化肥 $-6‰\sim+6‰$，动物粪便 $+5‰\sim+25‰$，污水 $+4‰\sim+19‰$，土壤有机氮硝化产生的硝酸盐为 $0‰\sim+8‰$，植物 $-5‰\sim+2‰$；大气来源的典型值域为 $-15‰\sim+15‰$（Kendall，1998；Xue et al.，2009）。地表水或地下水中的硝酸盐通常来自上述的一个或者多个来源的混合，其 $\delta^{15}N$ 在 $-10‰\sim+20‰$ 范围内变动（Xue et al.，2009）。

硝酸盐中 $\delta^{18}O$ 的分析方法在 20 世纪 80 年代建立起来并作为一种新的工具用于硝酸盐溯源研究（Kendall，1998）。不同来源硝酸盐的 $\delta^{18}O$ 的值域总结如下：大气沉降 $+23‰\sim+75‰$，合成化肥 $+17‰\sim+25‰$，土壤有机氮硝化 $-10‰\sim+10‰$（Kendall，1998；Xue et al.，2009；Ohte，2013）。尽管大气硝酸盐源的 $\delta^{18}O$ 值域较广，但与土壤相比仍然存在显著差异，与硝酸盐的 $\delta^{15}N$ 相比，$\delta^{18}O$ 更有利于区分大气沉降和土壤硝化两种污染源。

2）多同位素示踪

多种同位素示踪方法是指除了 $\delta^{15}N\text{-}NO_3$ 和 $\delta^{18}O\text{-}NO_3$ 之外，还利用其他的多种同位素包括 $\Delta^{17}O$、$\delta D\text{-}H_2O$、$\delta^{18}O\text{-}H_2O$ 和 $\delta^{11}B$ 等来示踪氮的来源和循环过程，可以作为额外的工具弥补双同位素示踪方法的不足，使结果更加精确。

A. $\Delta^{17}O$ 的应用

由于硝化作用来源的 $\delta^{18}O$ 具有较宽的范围，河水中硝酸盐的 $\delta^{18}O$ 往往处于这一范围内。同位素值域的重叠使得识别大气来源的硝酸盐相当困难，在一些研究中为了简化直接忽略大气来源的硝酸盐，这对源解析结果造成一定的不确定性。近年来，O 的同位素异常（$\Delta^{17}O$）由于能准确识别大气来源的硝酸盐而在水体硝酸盐溯源中得到了应用。环境中的 O 有 3 种同位素，分别是 ^{16}O、^{17}O 和 ^{18}O。对于陆源的含 O 物质，其同位素分馏都依赖于原子质量的相对差异，$\delta^{18}O$ 和 $\delta^{17}O$ 在分馏过程中具有稳定的关系，即

$$\delta^{17}O=0.52\delta^{18}O \tag{4-1}$$

而大气中的 O_3 是光化学反应产物，其形成有独特的动力学同位素分馏效应，使得 O_3 的 $\delta^{17}O$ 显著高于基于 $\delta^{18}O$ 得到的预测值，这种“同位素异常”可以表示（Michalski et al., 2003）如下：

$$\Delta^{17}O=\delta^{17}O-0.52\delta^{18}O \tag{4-2}$$

O_3 由于能够参与大气中其他的化学反应，进而能够迁移到大气中的其他化合物中，如大气硝酸盐的形成过程。目前的理论是，由于对流层臭氧（$\Delta^{17}O$=+35‰）的存在，大气中的硝酸盐会获得很高的 $\Delta^{17}O$。即对于质量依赖型分馏，$\Delta^{17}O$=0，而对于非质量依赖型分馏，$\Delta^{17}O$>0，不受其他过程如反硝化和同化过程的影响，因此利用硝酸盐的 $\Delta^{17}O$ 可以区分大气沉降和其他硝酸盐来源（Michalski et al., 2003；Kendall et al., 2007）。Dejwakh 等（2012）利用 ^{17}O 分析了半干旱地区地下水系统硝酸盐的来源，发现 ^{17}O 在检测硝酸盐的大气来源时显示了更高的敏感度。Liu 等（2013）利用 $\delta^{15}N$、$\delta^{18}O$ 和 $\Delta^{17}O$ 解析了黄河水体的硝酸盐来源，发现大气来源对河流硝酸盐的贡献占 0 ~7%。Hundey 等（2016）定量研究了美国犹他州东北部尤因塔山区径流和湖泊水体中硝酸盐的来源，发现尽管研究区域很少受到直接的人为活动的干扰，然而水体中的硝酸盐至少有 70% 是经由大气输运的人为来源。

为了将 $\Delta^{17}O$ 更好地应用于河流硝酸盐溯源，需要对大气来源的硝酸盐及其同位素特征进行研究。大气中的氮主要包括 N_2 和活性氮。相对于惰性气体 N_2，活性氮因其具有的生物活性和化学反应性而备受人们关注（Galloway et al., 2004, 2008）。其中 NO_x 是对流层中控制大气光化学反应的一种重要的痕量气体。NO_x 能影响低层大气的化学组成和氧化性能，包括臭氧、气溶胶、自由基以及痕量气体等，进而影响区域的空气质量和辐射平衡，并最终影响整个自然生态系统和人类健康（Alexander et al., 2009；Galloway et al., 2008；Morin et al., 2008；Walters et al., 2015a）。NO_x 的释放主要包括自然和人为两种来源（图 4-1），其中自然来源包括生物质燃烧、土壤排放、雷电固氮和平流层注入等（Alexander et al., 2009；Galloway et al., 2004；Shi et al., 2015），而人为来源主要包括燃煤电厂、机动车尾气和工业废物等。自工业革命以来，大气 NO_x 的人为排放显著增加并且已经超过自然排放（Galloway et al., 2004；Shi et al., 2015；Walters et al., 2015a）。考虑到人口增长的趋势，人类对粮食、农业实践和能源利用的需求增加，人类氮通量还会增加（Galloway et al., 2008）。

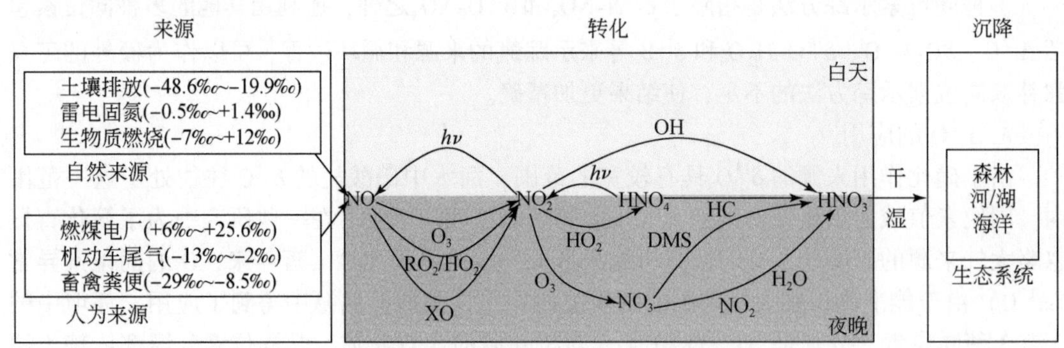

图 4-1　大气 NO_x 的循环过程和归趋

参考 Alexander 等（2009）进行改进，数据来自 Elliott 等（2007）、Walters 等（2015a，2015b）及其引用的文献

大气 NO_x 的主要汇是经历一些光化学反应途径生成 HNO_3，最终通过干湿沉降进入地表（Galloway et al.，2008；Walters et al.，2015a），这是区域生态系统活性氮的主要来源（Morin et al.，2008）。从全球看，大气输送和氮沉降过程已经成为 NO_x 的主要分配过程，预计在 21 世纪中叶，平均氮沉降速率将超过对生态系统产生不利影响的临界荷载（Galloway et al.，2008），导致酸沉降、饮用水水质变差、生态系统氮饱和、土壤酸化、湖泊河口富营养化等问题。考虑到大气氮沉降的增加，对氮汇的理解需要进一步加强。

大气氮沉降模式一般是 NO_x 经大气光化学反应转化成 HNO_3，再通过干湿沉降的形式从大气中去除，因此识别大气 NO_x 的光化学转化过程很重要。如图 4-1 所示，NO_x 转化为 HNO_3 的过程经历以下光化学反应。

在白天，NO 和 NO_2 循环很快，反应（Shi et al.，2015）如下：

$$NO+O_3(\text{或}HO_2,RO_2,XO)\longrightarrow NO_2+O_2 \tag{R1}$$

$$NO_2+O_2\xrightarrow{h\nu}NO+O_3 \tag{R2}$$

在白天光照条件下，发生 OH 氧化反应：

$$NO_2+OH+M\xrightarrow{h\nu}HNO_3+M \tag{R3}$$

NO_2 还可以与大气过氧自由基（$HO_2\cdot$）反应生成 HNO_4，HNO_4 发生水解反应生成 HNO_3：

$$HNO_4+H_2O\longrightarrow HNO_3+H_2O_2 \tag{R4}$$

在晚上，无光照，温度低，发生 NO_3 抽氢反应和 N_2O_5 多相水解反应：

$$NO_2+O_3\longrightarrow NO_3+O_2 \tag{R5}$$

$$NO_3+DMS\text{ 或 }HC\longrightarrow HNO_3+\text{其他产物} \tag{R6}$$

$$NO_2+NO_3+M\cdot\rightleftharpoons N_2O_5(g)+M \tag{R7}$$

$$N_2O_5(g)+H_2O(l)\longrightarrow 2HNO_3(aq) \tag{R8}$$

与日变化过程相似，季节变化带来的温度和光照条件的变化也会造成大气 HNO_3 形成途径的变化。

在过去的几十年里，人们对大气过程的研究主要包括浓度观测和同位素观测两种，已经证实同位素对于揭示光化学反应的机制是一种有力的工具（Morin et al.，2011）。一般来说，大气沉降中氮稳定同位素可以反映大气 NO_x 的来源，因为氮原子在 NO_x 氧化为硝酸盐的过程中被保留；而大气硝酸盐中的氧稳定同位素可以反映硝酸盐的转化途径（Fang et al.，2011；Hastings et al.，2003；Savarino et al.，2016；Wankel et al.，2010）。运用硝酸盐中的双同位素研究 NO_x 的来源及其转化途径已有很多报道。研究表明大气 NO_x 有众多的自然来源和人为来源，这些来源的 $\delta^{15}N$ 覆盖了相当大的同位素范围（图 4-1）。简言之，雷电−0.5‰～+1.4‰，生物释放−48.6‰～−19.9‰，生物质燃烧−0.5‰～+1.4‰，火电厂+6‰～+25.6‰，机动车尾气−13‰～−2‰，畜禽粪便−29‰～−8.5‰等（Elliott et al.，2007；Fang et al.，2011；Walters et al.，2015a，2015b）。早期的研究主要利用 $\Delta^{17}O$ 的同位素异常来解释对流层中光化学反应的机制（Lyons，2001；Röckmann et al.，2001），近年来的许多研究，包括模型研究（Alexander et al.，2009；Morin et al.，2011）和野外实测研究（Guha et al.，2017；Morin et al.，2008；Shi et al.，2015；Tsunogai et al.，2010）等，对大气中硝酸盐的产生机制、影响因素和时空变异性进行了报道。

B. 其他同位素

水是硝酸盐的载体，在硝酸盐溯源时将河水的^{18}O与硝酸盐同位素联用具有以下优点：首先，$\delta^{18}O$-H_2O被视为水源解析中的保守示踪物，而水的迁移途径一定程度上反映了硝酸盐的来源，因此利用水的$\delta^{18}O$可以判断河水的混合、补给和蒸发情况，通过识别水的来源更好地判断硝酸盐的来源（Kendall and McDonnell，2012）。其次，硝化作用产生的硝酸盐有2/3的O原子来自水分子，1/3的O原子来自O_2。一旦河水中发生了硝化作用，可以通过河水的$\delta^{18}O$以及大气O_2的$\delta^{18}O$估算硝酸盐中$\delta^{18}O$的值域，反之亦然。Buda和de Walle（2009）利用$\delta^{15}N$-NO_3、$\delta^{18}O$-NO_3以及$\delta^{18}O$-H_2O阐明了暴雨季节一个复杂水域中硝酸盐的流动途径和输运机制。Zhang等（2014）测定了水中的δD和$\delta^{18}O$，分析了河水的主要来源，为硝酸盐的来源解析提供了依据。Yang和Toor（2017）利用河水和大气O_2的$\delta^{18}O$来估算河水硝酸盐中$\delta^{18}O$的值域，支持了土壤来源的硝酸盐经由街道径流输入到河流的结论。

水体中的硝酸盐和硼（B）存在共同迁移的现象（Leenhouts and Basset，1998），硼在水中高度可溶并且在几乎所有类型水体中均存在。硼有两种同位素（^{11}B和^{10}B），是一种微量或痕量元素。不同NO_3^-来源显示特定的$\delta^{11}B$，且^{11}B在迁移过程中不受反硝化作用的影响，稳定同位素分馏仅发生在黏土吸附过程中（Widory et al.，2005），因此$\delta^{11}B$可以作为示踪物用于硝酸盐来源的识别。关于$\delta^{11}B$的值域和应用可以参考相关文献（Chetelat et al.，2009；Widory et al.，2004，2005；Xue et al.，2009）。总结来看，$\delta^{11}B$的特征值：粪便+6.9‰～+42.1‰，化肥+8‰～+17‰，污水-7.7‰～+12.9‰，雨水+13‰～+48‰。$\delta^{11}B$在追踪硝酸盐来源时是一个非常有力的工具，有很多文献（Leenhouts and Basset，1998；Seiler，2005；Widory et al.，2004）将其应用于溯源研究。

3）同位素技术结合其他技术

由于水体硝酸盐的来源复杂和影响氮循环的过程众多，污染源的同位素组成也有相当大的时空变异性，导致双同位素示踪方法也未必能够准确识别实际水体环境中的硝酸盐来源。而氮循环过程往往与一些地球化学生物过程相联系，因此伴随硝酸盐迁移的一些元素、离子或者分子甚至微生物的特征均能额外提供一些硝酸盐的迁移途径或者污染源的信息。近年来同位素技术与其他技术联用甚至多技术联用减少了源识别的不确定性，得到了越来越广泛的应用。

稳定同位素技术结合土地利用类型或者水化学特征数据，如pH、EC、氨氮和硝氮浓度等，能够使污染源的识别更加精确。其中水质指标可以定性判断水体是否受到污染；无机氮的浓度结合质量衡算可以定量计算不同来源的贡献，与同位素技术相互验证。Mayer等（2002）和Voss等（2006）建立了农业和城市河流硝酸盐浓度与$\delta^{15}N$-NO_3^-的线性关系。Mueller等（2016）发现流域农业区的比例与河流相应的$\delta^{15}N$具有相关性。此外，Cl^-是水体中指示污水来源的重要示踪物，因为污水通常具有较高的Cl^-浓度，而合成化肥中的Cl^-浓度很低，且Cl^-不参与土壤有机质的矿化，用NO_3^-/Cl^-比值可以区分出不同的稀释和反硝化过程，提供混合过程的信息（Koba et al.，1997；Mengis et al.，1999；Widory et al.，2005；Yue et al.，2013，2014）。在某些情况下污水和粪便的同位素值相互重叠，导致区分困难（Fenech et al.，2012），因此很多研究将其作为一个综合的来源进行源解析。实际上，粪便和污水中的化学物质或者微生物具有独有的特征并能从其他污染源中区分出来，利用这些特征可以区分一些粪便和污水的来源，称为化学标志物或者生物标志物。研究者致力于寻找更加可靠、准确的化学标志物或者生物标志物，关于化学指示物或者指示生物进行源解析的综述可以参考 Fenech 等（2012）及 Field 和 Samadpour（2007）。多技术联合的溯源方法可以从更多的角度来识别硝酸盐的来源和迁移过程，使得结果更加准确可信，但相应地，也使溯源的成本增加。近年来出现了一些多技术联用的研究文章，但相对较少（Briand et al.，2013，2017；Kim et al.，2015）。

4）氮转化过程对同位素分馏的影响

水体中的氮转化过程很多，这些过程通常会伴随稳定同位素的分馏，引起反应物富集重同位素而产物贫化重同位素值。反应物与反应产物稳定同位素的差异可以用富集因子 ε 来表示。ε 定义为

$$\varepsilon_{p-s}=\delta_p-\delta_s \tag{4-3}$$

式中，p 和 s 分别为反应产物和反应物；δ 为对应的同位素值。富集因子的存在改变了硝酸盐最初的 $\delta^{15}N$ 和 $\delta^{18}O$，因此在识别污染源的过程中，对引起同位素分馏的氮循环过程也需要正确地识别。关于这些过程的讨论可以参考 Heaton（1986）、Kendall（1998）、Kendall 等（2007）、Nestler 等（2011）、Xue 等（2009）。在大多数研究文献中，反硝化是经常被重点讨论的过程之一。

反硝化过程的识别和判断有很多方法，主要包括：① ^{15}N 的富集：反硝化过程中，残余硝酸盐 $\delta^{15}N$ 的变化可以用经典的瑞利分馏方程来表示，残余硝酸盐的 $\delta^{15}N$ 与硝酸盐反硝化比例的对数值呈线性相关，因此通过 $\delta^{15}N$ 与 ln NO_3的相关图可以判断反硝化过程是否发生。②过量的 N_2（N_2-excess）：反硝化的主要产物是氮气，河水或者地下水中的溶解性 N_2包含了大气来源的 N_2以及反硝化过程产生的 N_2，因此可以通过测定溶解性 N_2的量来判断反硝化是否发生以及发生的程度。通过分析计算 N_2-excess 的量以及 N_2-excess 的 $\delta^{15}N$ 可以得到反硝化产生 N_2 的贡献（Kellman and Hillaire-Marcel，1998；Smith et al.，2006）。N_2-excess可以通过假定大气来源的溶解性 N_2 的量只是温度的函数或者通过测定溶解性 N_2 与样品中溶解的惰性气体的比值得到（Laursen and Seitzinger，2002，2005）。③ ^{15}N 和 ^{18}O 的富集：当硝酸盐发生反硝化作用时，残余硝酸盐富集 ^{15}N 和 ^{18}O 的大致比例为 2∶1（Kendall，1998），也有一些研究将富集的比例在 1.3∶1～2.1∶1 作为发生反硝化的证据（Aravena and Robertson，1998；Fukada et al.，2003；Xue et al.，2009）。④电子供体的同位素值：地下水反硝化过程经常伴随有机质或硫化物的氧化，所以利用 $\delta^{13}C$ 和 $\delta^{34}S$ 可以识别反硝化的发生。例如，反硝化与硫化物氧化耦合时，水体中 SO_4^{2-} 的浓度通常与其 $\delta^{34}S$ 和 $\delta^{18}O$ 呈负相关（McCallum et al.，2008）。由于氮转化过程中存在同位素的分馏效应，因此采用同位素进行源解析时需要考虑氮转化过程对同位素分馏的影响。

4.2.2 同位素混合模型

利用稳定同位素技术确定混合物中各个来源的比例最先应用于生态学和地球化学研究

中，如动物的饮食行为。标准的双同位素三元线性混合模型基本公式为

$$\delta^{15}N = \sum_{i=1}^{n} f_i \times \delta^{15}N_i \tag{4-4}$$

$$\delta^{18}O = \sum_{i=1}^{n} f_i \times \delta^{18}O_i \tag{4-5}$$

$$1 = \sum_{i=1}^{n} f_i \tag{4-6}$$

式中，i 为硝酸盐的各个来源；f_i 为各个来源的贡献比例；$\delta^{15}N$ 和 $\delta^{18}O$ 分别为混合物中稳定同位素值，$\delta^{15}N_i$和 $\delta^{18}O_i$分别为来源 i 的稳定同位素值。但这种简单的线性模型存在一些不确定性：一是同位素比值的时空变异性；二是同位素分馏的变异性；三是当最终的汇含有超过 3 种来源时，该模型无确定的解。近年来，一些其他的模型被开发出来整合这些不确定性。在这些模型中，IsoError 模型（Phillips and Gregg，2001）可以反映出同位素的变异性，但无法解决多源的情况；IsoSource 模型（Phillips and Gregg，2003）可以处理多源的情况，但无法体现变异性和不确定性。Moore 和 Semmens（2008）提出了 MixSIR 模型，该模型利用贝叶斯框架来确定混合物中不同来源贡献比例的概率分布。Parnell（2008）开发了 SIAR 模型，该模型与 MixSIR 模型有很多相似之处，只是在拟合算法上有轻微差异，即 SIAR 模型采用的是马尔可夫蒙特卡罗（MCMC）方法，而 MixSIR 模型采用的是样本重要性重采样。SIAR 模型可以表示为

$$X_{ij} = \sum_{k=1}^{K} P_k(S_{jk} + c_{jk}) + \varepsilon_{ij} \tag{4-7}$$

$$S_{jk} \sim N(\mu_{jk}, \omega_{jk}^2) \tag{4-8}$$

$$c_{jk} \sim N(\lambda_{jk}, \tau_{jk}^2) \tag{4-9}$$

$$\varepsilon_{ij} \sim N(0, \sigma_j^2) \tag{4-10}$$

式中，X_{ij}为混合物 i 中的同位素 j 的特征值；P_k为来源 k 的贡献比例；S_{jk}和 c_{jk}分别为来源 k 中稳定同位素 j 的指纹值和富集因子；ε_{ij}为残差，它们都服从正态分布。目前，SIAR 模型在地表水和地下水氮源解析中的应用较为广泛。此外，Davis 等（2015）提出了一种新的 SIRS 模型，可以用来处理多源以及不确定性来源较多的问题。对于一个双同位素问题，该模型将一个 n 源的问题进行降维处理，将其转化为一个三源的问题（包括 2 个实际来源和 1 个参考来源）。

4.2.3 稳定同位素测试的样品预处理方法

水体硝酸盐 $\delta^{15}N$ 和 $\delta^{18}O$ 同步分析的预处理方法主要包括阴离子交换法、细菌反硝化法以及化学还原法等。

阴离子交换法由 Silva 等（2000）建立，该方法的基本流程为：对阴离子交换树脂进行预处理以排除背景干扰；阴离子交换树脂吸附样品中的 NO_3^-；NO_3^-的洗脱；向洗脱液中加入 Ag_2O，然后进行过滤和冷干处理将 NO_3^-转化为无水 $AgNO_3$；无水 $AgNO_3$分为两部分，一部分经高温催化分解生成 N_2，另一部分在高温条件下经石墨还原生成 CO_2，最后接入稳

定同位素比值质谱仪（IRMS）分别测定 $\delta^{15}N$ 和 $\delta^{18}O$。该方法产生的稳定同位素分馏较小，方便了野外样品的采集和运输过程。但由于阴离子交换法包含相对复杂的纯化步骤，不适用于处理海水样品，另外该方法也不适合处理有机质含量高的样品，因为燃烧过程中产生的氧同位素交换会导致分析的不确定性。

细菌反硝化法由 Sigman 等（2001）和 Casciotti 等（2002）建立，该方法的基本流程为：反硝化细菌（主要利用 *Pseudomonas aureofaciens*）的活化和预培养；在水样中加入富集反硝化细菌的培养液，在适当温度下培养；反硝化细菌将样品中的 NO_3^-转化为 N_2O，然后利用 IRMS 测定 N_2O 的 $\delta^{15}N$ 和 $\delta^{18}O$。该方法样品用量少，前处理相对简单。但是细菌培养周期较长，样品中含有的其他物质可能会影响细菌的培养。另外，培养过程的中间产物与水之间会发生氧原子交换，这可能会减少或消除样品本身的氧同位素信号。

化学还原法由 McIlvin 和 Altabet（2005）建立，该方法的基本流程为：样品中的 NO_3^- 被镉还原为 NO_2^-，NO_2^-在酸性条件下与 NaN_3反应生成 N_2O；利用 IRMS 测定 N_2O 的 $\delta^{15}N$ 和 $\delta^{18}O$。该方法的前处理简单，样品用量较少，实验周期短。但当样品浓度很低时，空白校正对最终结果的影响很大。另外，当样品成分相对复杂时，还原反应不完全可能会造成同位素分馏。

4.2.4 研究方法

根据黄河源区的气候条件，在 2016 年进行了三次采样活动，分别为春季（5 月 28 日 ~ 6 月15 日）、夏季（7 月 28 日 ~8 月 15 日）和秋季（9 月 25 日 ~10 月 12 日）3 个时段。采样点设置如图 4-2 所示。在预设的采样点采集水样，水样过滤后装入洁净的聚乙烯瓶中，尽快运回实验室，在-20℃条件下密封冷冻保存备用。

为了追溯黄河长江源区河流硝酸盐的来源，同时采集雨水、冰雪融水、土壤、生活污水、动物粪便、植物、合成化肥样品等，测定各个潜在污染源的同位素值，用于确定各个潜在来源的相对贡献。雨水样品在预设的 4 个气象站点用集雨器进行采集，降水量用自动雨量计测量。采样频次为每个月采集 2 ~4 次，采样时间为 2016 年 4 ~10 月。2016 年各个站点的日变化环境温度和降水量如图 4-3 所示。4 ~10 月降水量约占全年降水量的 94%，因此 4 ~10 月雨水中硝酸盐浓度和稳定同位素（$\delta^{15}N$、$\delta^{18}O$ 和 $\Delta^{17}O$）的平均值可以很好地代表它们在雨水中的年平均值。

另外，2016 年 8 月采集了 13 个土壤样品（0 ~10cm）（图 4-2），采样点主要植被类型为草地。采集了 6 个畜禽粪便样品（图 4-2），2 份合成肥料样品（尿素和磷酸二铵，中国中化集团有限公司）从当地市场获得。分别从 3 条主要排污沟收集了 3 个生活污水样品（图 4-2）。

因为土壤样品以有机氮为主，且动物粪便、合成化肥和生活污水中的氮以氨氮为主，因此用土壤有机氮以及动物粪便、合成化肥和生活污水中氨氮的 $\delta^{15}N$ 代表河水硝酸盐各个来源的指纹值。雨水、冰雪融水、市政污水的前处理和保存方法与河流样品相同，土壤样品冷冻干燥后，研磨，过 100 目筛，装入自封袋，待测。采集的动物粪便样品装入自封袋内在-20℃下冷冻保存。样品的具体分析方法如下。

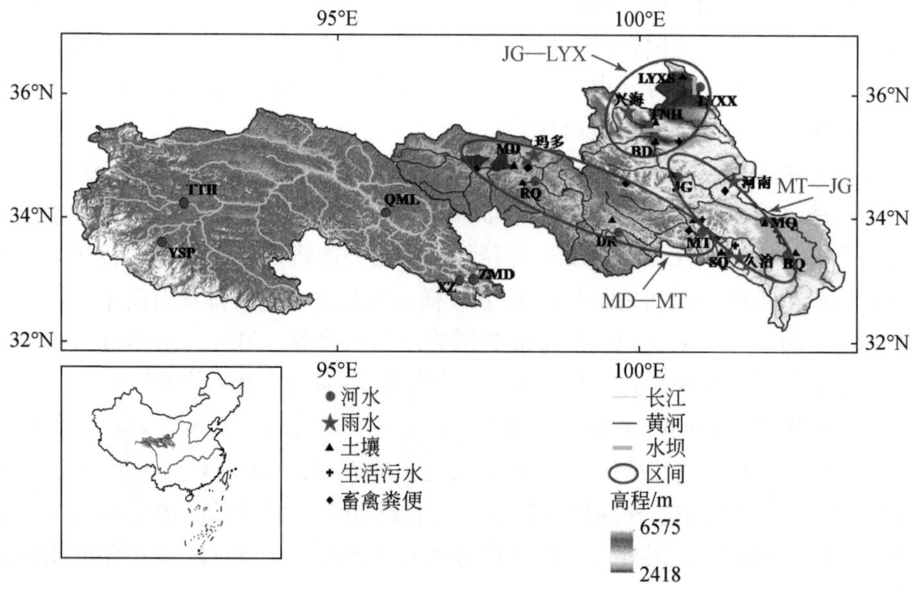

图 4-2　黄河长江源区地面高程及采样点设置

黄河站点包括：玛多（MD）、达日（DR）、门堂（MT）、玛曲（MQ）、军功（JG）、班多（BD）、唐乃亥（TNH）、龙羊峡上游（LYXS）、龙羊峡下游（LYXX）、热曲（RQ）、沙曲（SQ）。长江站点包括：雁石坪（YSP）、沱沱河（TTH）、曲麻莱（QML）、新寨（XZ）和直门达（ZMD）。4 个气象站点：玛多、久治、河南和兴海

水相三氮分析：使用连续流动分析仪（AutoAnalysis 3；德国）测试。

沉积相三氮分析：沉积物用 KCl 浸提液浸提过滤后，使用 AutoAnalysis3 流动分析仪（德国 Bran+Luebbe 公司）测试。

水样 $\delta^{15}N\text{-}NO_3$、$\delta^{18}O\text{-}NO_3$和$\Delta^{17}O\text{-}NO_3$：采用细菌反硝化法，其中 $\delta^{15}N$ 和 $\delta^{18}O$ 用国际标准样品 USGS-32、USGS-34、USGS-35 和 IAEA-N3 进行校正；USGS-34 和 USGS-35 用于 $\delta^{17}O$ 的校正。$\delta^{15}N$、$\delta^{18}O$ 和 $\Delta^{17}O$ 的分析精度分别为 0.4‰、1.0‰和 0.4‰。

水样 $\delta^{15}N\text{-}NH_4$：采用扩散法收集滤液中的 NH_4^+，然后利用 EA-IRMS 联用方法测试，分析精度为 0.4‰。

考虑到区域气候条件、土地利用类型和人类活动强度的差异，可以将黄河源区划分为 3 个区间：玛多—门堂、门堂—军功、军功—龙羊峡（图 4-2）。其中，玛多—门堂区间的平均海拔大于 4000m，该区域的主要植被为高寒草甸，由于人口稀少，生活污水排放较少。门堂—军功区间位于黄河源区东南部，该区域地势较为平缓，河道落差小，沿途有较多支流汇入，水资源丰富，土地利用类型多为草原和湿地，在地势平缓的河岸处有中小城镇分布。军功—龙羊峡区间海拔在 3000m 以下，该河段以高山峡谷地貌为主，河谷狭窄，比降较大，是黄河源区干流梯级水电开发的重点河段；由于气候相对温暖，河岸低谷分布有农田；该区域经济较上游发达，有较多的城镇分布。因为在不同的区域内可能存在不同类型污染源占主导的情况，所以利用 SIAR 模型对黄河源区的 3 个区间分别进行氮源解析。由于玛多—门堂和门堂—军功两个区间不存在农田，因此在溯源时忽略潜在的化肥来源。

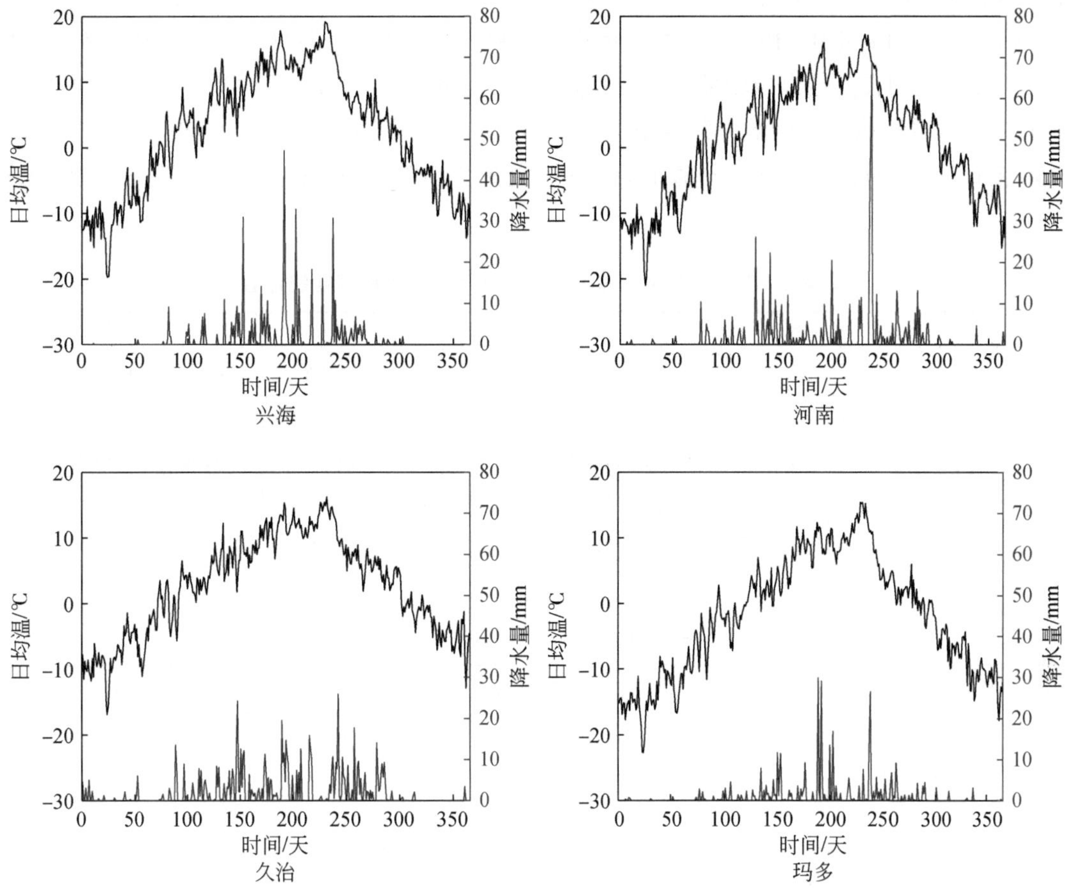

图4-3　2016年四个气象站点的气温和降水量

4.3　河流硝酸盐来源的同位素特征

4.3.1　大气降水硝酸盐的氮稳定同位素特征

如表4-1和图4-4所示，黄河源区大气降水 NO_3^-的 $\delta^{15}N$ 为-10.2‰～16.4‰，经降水量加权的平均值为-0.6‰。黄河源区大气 NO_3^-的 $\delta^{15}N$ 处于 Xue 等（2009）和 Xia 等（2018）总结的-15‰～15‰内。除了 NO_x 氧化成 NO_3^-过程中N原子的同位素分馏外，N同位素的变化还受 NO_x 来源的影响。通常如果固定污染源（如燃煤电厂）是大气 NO_x 的主要来源，$\delta^{15}N$ 应与 NO_x 排放量或 NO_3^-浓度相关（Elliott et al.，2007）。然而，尽管研究区附近有两个大城市（兰州和西宁），本研究中大气 NO_3^-的 $\delta^{15}N$ 与 NO_3^-浓度并没有显著相关性（表4-2），因此大城市的固定污染源可能不是主导因素。此外，$\delta^{15}N$ 与环境温度呈显著负相关（$P<0.05$，表4-2），这与 Freyer 等（1993）和 Tsunogai 等（2010）报道的结

果一致，这可能是较低的温度促进了 NO 和 NO_2之间的同位素交换反应，从而导致 NO_3^-中^{15}N 的富集（Kendall，1998）。这可能解释了在海拔较高、气温较低的玛多站点 $\delta^{15}N$ 大部分为正值，而在其他海拔较低、气温较高的站点，$\delta^{15}N$ 大部分为负值的现象（表 4-1 和图 4-4）。但这一机制不能解释其他站点间 $\delta^{15}N$ 的差异，这可能是由于其他因素如 NO_3^-来源影响了 $\delta^{15}N$。此外，由于采样季节为暖季，这种负相关性是否适用于寒季还需要进一步研究。

表 4-1　黄河源区各气象站点信息和大气降水硝酸盐统计值

站点	高程/m	经度/(°E)	纬度/(°N)	$\delta^{15}N$/‰	$\delta^{18}O$/‰	$\Delta^{17}O$/‰	NO_3^-(mgN/L)	NH_4^+/(mg N/L)	NO_2^-/(mg N/L)
久治	3623	101.5	33.4	−2.90±3.36	49.81±8.09	20.36±2.97	0.19±0.07	0.59±0.26	0.02±0.02
玛多	4271	98.2	34.9	3.11±6.89	22.77±12.54	12.91±3.18	0.28±0.24	0.32±0.18	0.07±0.06
兴海	3307	100.0	35.6	−0.86±3.31	33.95±11.29	16.54±2.98	0.33±0.28	0.40±0.13	0.02±0.04
河南	3519	101.6	34.7	−3.19±3.41	36.53±14.36	16.20±3.42	0.18±0.15	0.58±0.22	0.01±0.01

表 4-2　黄河源区各指标的 Pearson 相关性分析

指标	$\delta^{15}N$	$\delta^{18}O$	$\Delta^{17}O$	Na^+	K^+	Mg^{2+}	Ca^{2+}	Cl^-	SO_4^{2-}	NO_3^-	T
$\delta^{15}N$	1										
$\delta^{18}O$	−0.477**	1									
$\Delta^{17}O$	−0.458**	0.708**	1								
Na^+	−0.049	0.043	0.087	1							
K^+	−0.108	0.114	0.183	0.841**	1						
Mg^{2+}	−0.063	−0.031	−0.004	0.844**	0.740**	1					
Ca^{2+}	−0.051	0.002	−0.031	0.748**	0.683**	0.880**	1				
Cl^-	−0.149	0.135	0.154	0.903**	0.700**	0.818**	0.799**	1			
SO_4^{2-}	−0.130	0.046	0.070	0.822**	0.753**	0.878**	0.760**	0.839**	1		
NO_3^-	0.074	0.089	0.033	0.459**	0.141	0.397**	0.449**	0.620**	0.421**	1	
T	−0.284*	0.062	0.262*	−0.072	0.006	−0.039	−0.048	0.033	−0.052	−0.006	1

** 在 0.01 水平（双侧）上显著相关。

* 在 0.05 水平（双侧）上显著相关。

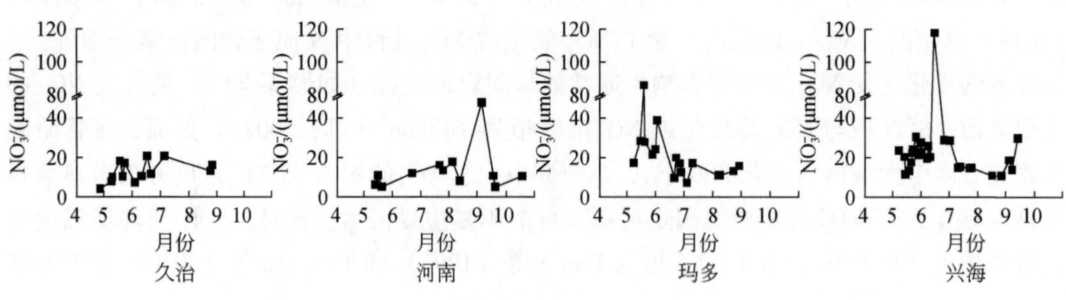

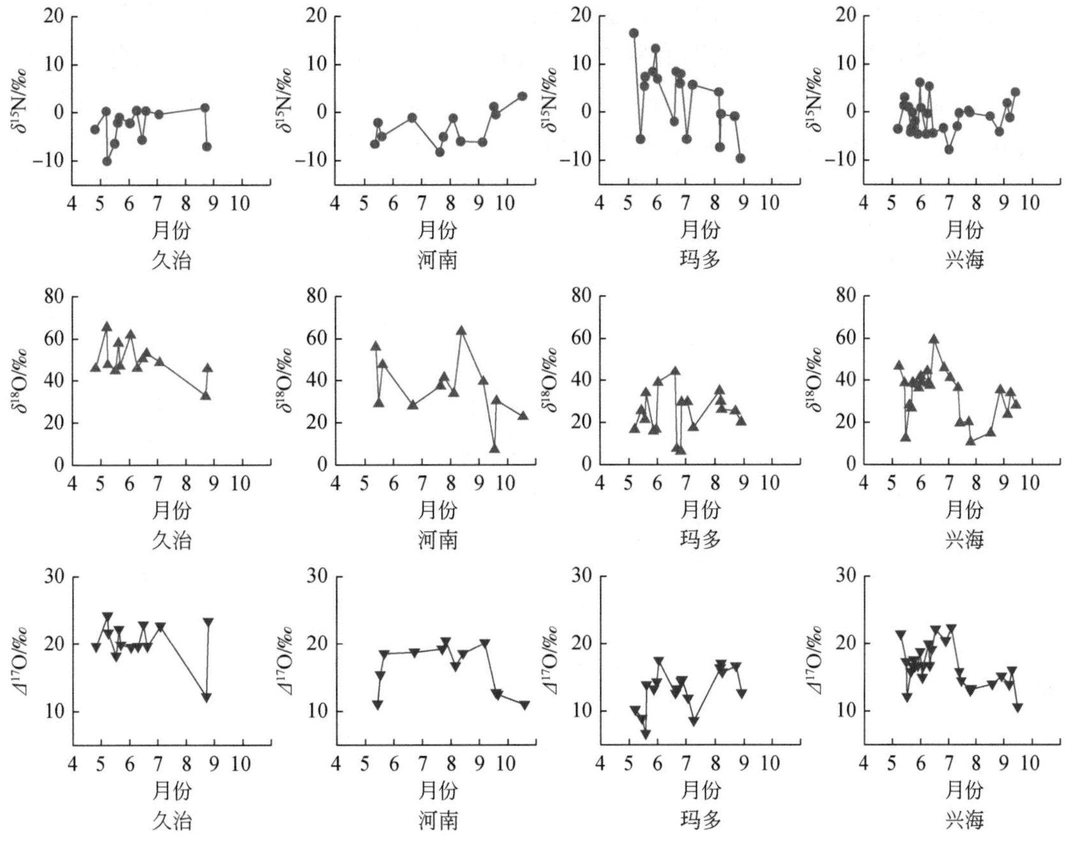

图 4-4　黄河源区雨水中硝酸盐浓度和稳定同位素的变化特征

4.3.2　大气降水硝酸盐的氧稳定同位素特征

黄河源区大气硝酸盐的 $\delta^{18}O$ 范围为 7.5‰～65.6‰，经降水量加权的平均值为 35.0‰；大气硝酸盐的 $\Delta^{17}O$（$\Delta^{17}O_{atm}$）范围为 6.6‰～24.1‰，算术平均值为 16.3‰±3.9‰，经降水量加权的平均值为 16.4‰（表 4-1 和图 4-4）。本研究得到的 $\delta^{18}O$ 观测值基本处于以往研究报道关于全球雨水的典型范围（25‰～75‰，Kendall et al.，2007；Xue et al.，2009）内，但低于 Fang 等（2011）报道的中国华南地区（23°N）的雨水 $\delta^{18}O$（33.4‰～86.2‰），并且与同纬度的百慕大地区（32°N，Hastings et al.，2003）相比偏低。大气硝酸盐的 $\Delta^{17}O$（均值 16.4‰）也低于以往研究报道的典型范围（20‰～30‰）（Kendall et al.，2007；Michalski et al.，2003，2004；Nelson et al.，2018；Savarino et al.，2008；Sofen et al.，2014）。

由于在大气硝酸盐形成过程中氧稳定同位素在反应物和产物之间产生巨大的分馏作用，利用氧稳定同位素可以反映硝酸盐的转化途径（Fang et al.，2011；Hastings et al.，2003）。根据大气硝酸盐的形成途径（图 4-1），大气硝酸盐中的氧原子可能来自大气 O_2、O_3、OH 自由基以及过氧自由基。对流层 O_2 的 $\delta^{18}O$ 均值为 23.5‰（Kendall，1998），O_3的

$\delta^{18}O$ 范围值在 90‰ ~ 120‰（Johnston and Thiemens，1997），OH 自由基由于与水蒸气的快速同位素交换作用，其 $\delta^{18}O$ 范围值为-30‰ ~ 2‰，而过氧自由基中的氧原子来自大气 O_2，其 $\delta^{18}O$ 范围值理论上接近 O_2（Fang et al.，2011；Hastings et al.，2003）。因此大气硝酸盐中的 $\delta^{18}O$ 偏高反映了大气 O_3 在大气硝酸盐形成中的贡献，而偏低反映了大气 OH 自由基以及过氧自由基的贡献。除大气 O_3 外，其他氧化剂中的 $\Delta^{17}O$ 在 0 左右，因此大气硝酸盐的 $\Delta^{17}O$ 非零是大气 O_3 参与光化学反应的结果（Alexander et al.，2009；Lyons，2001；Morin et al.，2008；Morin et al.，2011），且对流层 O_3 的 $\Delta^{17}O$ 大小以及 O_3 参与大气硝酸盐形成的比例决定了大气硝酸盐的 $\Delta^{17}O$ 大小。当 OH 途径（R3）控制了硝酸盐的形成时会使 $\Delta^{17}O$ 偏低，而当 N_2O_5 途径（R8）控制了硝酸盐的形成时会使 $\Delta^{17}O$ 偏高。

鉴于大气硝酸盐的形成机理，本研究推测黄河源区降水 $\Delta^{17}O$ 偏低的结果与青藏高原特殊的气候条件有关。首先，青藏高原大气透明度高，太阳辐射十分强烈，低层大气具有强的氧化性（Lin et al.，2008）。其次，Zhou 和 Luo（1994）报道了青藏高原夏季存在平流层臭氧低值中心，与同纬度地区相比较低。一般认为平流层臭氧会影响进入对流层的紫外辐射通量，并导致对流层的光化学性质的改变。对流层紫外辐射控制着影响 OH 自由基产生的光化学反应链，而 OH 自由基反过来又会影响臭氧的产生和损失（Huang et al.，2009）。Lin 等（2008）的模型计算结果表明，青藏高原地区 OH 自由基的产生速率较高，OH 自由基的平均浓度为 $3\times10^6 \sim 8\times10^6 cm^{-3}$，高于 Alexander 等（2009）研究中用于模拟大气 $\Delta^{17}O$ 的参数值（$1.07\times10^6 cm^{-3}$）。另外，青藏高原大气环境洁净，对流层臭氧浓度相对于污染严重的地区较低，而与中国其他区域相比，青藏高原对流层臭氧浓度在所有季节均表现为较低的水平，尤其是夏季，比周围地区要低 40% ~ 50%（Huang et al.，2009）。忽略平流层输入的影响，对流层 NO_2 和 HNO_3 中的 $\Delta^{17}O$ 可以通过以下公式得到（Alexander et al.，2009；Michalski et al.，2003；Morin et al.，2011）：

$$\Delta^{17}O(NO_2) = \alpha\Delta^{17}O(O_3^*) \tag{4-11}$$

$$\Delta^{17}O(HNO_3)_{R3} = 2/3\alpha_{day}\Delta^{17}O(O_3^*) \tag{4-12}$$

$$\Delta^{17}O(HNO_3)_{R4} = 1/2\alpha_{day}\Delta^{17}O(O_3^*) \tag{4-13}$$

$$\Delta^{17}O(HNO_3)_{R5,R6} = (2/3\alpha_{night}+1/6)\Delta^{17}O(O_3^*) \tag{4-14}$$

$$\Delta^{17}O(HNO_3)_{R5,R7,R8} = (2/3\alpha_{night}+1/6)\Delta^{17}O(O_3^*) \tag{4-15}$$

式中，α 为在 NO_2 的各个产生途径中，NO 被 O_3 氧化反应途径所占的比例；$\Delta^{17}O$（O_3^*）为可以从 O_3 传递给其他含氧化合物的 $\Delta^{17}O$，它与 O_3 本身的 $\Delta^{17}O$ 存在一个近似关系 $\Delta^{17}O$（O_3^*）= $1.5\Delta^{17}O$（O_3）。α 在白天和夜间的差异很大，定义为

$$\alpha = \frac{k_{NO+O_3}[O_3]}{k_{NO+O_3}[O_3]+k_{NO+HO_2}[HO_2]+k_{NO+RO_2}[RO_2]} \tag{4-16}$$

而大气硝酸盐的 $\Delta^{17}O$ 实际上是 3 种途径产生的 HNO_3 的混合值。假设青藏高原夏季对流层大气中 O_3、HO_2 和 RO_2 的浓度分别为 55ppbv①、22.5pptv② 和 18.9pptv（Xue et al.，

① 1ppb = 10^{-9}。

② 1ppt = 10^{-12}。

2013；Zhu et al.，2016），它们在 288K 时的反应速率常数分别为 $1.6\times10^{-14}cm^3/s$、$8.3\times10^{-12}cm^3/s$ 和 $7.9\times10^{-12}cm^3/s$（Sander et al.，2006），据此计算得出的 α 可以达到 0.72，这要比文献中的设定值低（Michalski et al.，2005）。假定 $\Delta^{17}O$（O_3^*）为 35‰～40‰（Kendall et al.，2007），根据这个结果可以判断 NO_2 通过 OH 途径和 HNO_4 水解途径产生的 HNO_3 的 $\Delta^{17}O$ 的最低值可以分别达到 16.8‰～19.2‰和 12.6‰～14.4‰。4 种途径中 OH 途径和 HNO_4 水解途径产生的 HNO_3 的比例决定了最终 HNO_3 的 $\Delta^{17}O$。在 Michalski 等（2003）的研究中白天的 OH 途径所占比例可以达到 0.7 左右，而 Alexander 等（2009）的模拟结果表明，在热带地区 OH 途径可以达到 87%。可以预测到尽管青藏高原地区的平均温度低于同纬度其他地区，但由于白天增加的太阳辐射和 OH 自由基浓度，使得青藏高原地区的大气氧化性与低纬度地区相近，导致 4 种途径中 OH 途径和 HNO_4 水解途径的比例偏高，假设这两种途径的比例分别占了 80% 和 5%，计算得到最终 HNO_3 的 $\Delta^{17}O$ 值为 17‰～21‰，这与 Alexander 等（2009）中预测的关于青藏高原地区夏季（6～8 月）地表 0～200m 的 $\Delta^{17}O$ 在 15‰～20‰具有可比性。这说明在青藏高原地区夏季大气环境中的 OH 自由基和过氧自由基在大气硝酸盐形成过程中扮演了重要角色。因此，大气硝酸盐的 $\Delta^{17}O$ 偏低可能有如下解释：青藏高原海拔较高，日照时间相对较长；青藏高原平流层夏季臭氧低谷引起对流层大气辐射增强，且更多的紫外线可以穿过平流层，影响了对流层痕量气体和活性自由基的含量分布，导致大气 OH 自由基增加，O_3 减少，改变了大气 NO_x 氧化形成大气 HNO_3 的途径，最终导致雨水中 NO_3^- 的 $\Delta^{17}O$ 与同纬度地区相比偏低。但考虑到玛多站点的很多雨水样品的 $\Delta^{17}O$ 低于 15‰，这种机制可能不足以解释所有的变异性。另外一种可能的解释是，西风环流气团经过干旱区和沙漠地带，风尘将来自地表的硝酸盐带入大气，与通过大气 NO_x 循环产生的 NO_3^- 相互混合并通过湿沉降落在地表，在一定程度上降低了雨水中 $\Delta^{17}O$ 的观测值。不同作用方式的共同影响使得青藏高原黄河源区大气 $\Delta^{17}O$ 表现出偏低、时空变异大的特点。

与本研究结果相似，大气硝酸盐 $\Delta^{17}O$ 偏低的现象在其他研究中也被发现。例如，Brothers 等（2008）报道热带地区（3°S）雾水中硝酸盐的 $\Delta^{17}O$ 多年平均值在 13‰～22‰。Alexander 等（2009）使用 GEOS-Chem 光化学模型模拟全球大气中硝酸盐的 $\Delta^{17}O$，解释了大气中硝酸盐的产生途径和季节变异性；根据其预测结果，全球对流层大气硝酸盐的 $\Delta^{17}O$ 变化范围为 7‰～41‰，且随纬度增加呈现升高的趋势，这种趋势是不同纬度的温度和太阳辐射条件下，大气 O_3、过氧自由基和 OH 自由基与 NO_x 综合反应的结果。此外，Guha 等（2017）关于中国台湾高海拔地区气溶胶的 NO_3^- 的研究发现夏季样品 $\Delta^{17}O$ 主要在 5‰～15‰，与典型范围值相比显著偏低，作者提出了合理的解释并采用光化学模型进行了模拟，认为是夏季过氧自由基控制了 NO 氧化为 NO_2 的反应导致了较低的 $\delta^{18}O$ 和 $\Delta^{17}O$，因为台湾地区在夏季受太平洋季风的影响，水汽和 OH 自由基丰富，同时纬度较低，光照强烈，这些条件为作者的解释提供了可能的依据。

4.3.3 其他来源的稳定同位素特征

在黄河源区采集了土壤、动物粪便、生活污水和农业化肥等样品，代表了河流硝酸盐的陆地来源。表 4-3 列出了河流硝酸盐不同来源的 $\delta^{15}N$ 和 $\Delta^{17}O$ 的范围值。从 $\delta^{15}N$ 来看，陆地来源样品的 $\delta^{15}N$ 均值分别为土壤有机氮 5. 6‰、生活污水 6. 2‰、动物粪便 13. 6‰和合成化肥 0. 4‰。分析结果处于文献报道的典型范围内，但样品的指纹值范围相对较窄，减小了源解析的不确定性。其中合成化肥和土壤有机氮的 $\delta^{15}N$ 范围尤其较窄，这是因为铵态化肥中的氮来自大气 N_2（0‰）的人工固定，氨合成反应中氮出现很小的分馏，而土壤是一个巨大的氮库，具有相对稳定的 $\delta^{15}N$。生活污水具有来源复杂的特点，排放到环境之后经历的氨挥发、同化和硝化过程以及相关的环境条件等因素导致其 $\delta^{15}N$ 范围很宽。野外采集的动物粪便提取液中的氮以氨氮为主，氨挥发过程导致了粪便中残余的氨氮显著富集 ^{15}N，这使得动物粪便明显区别于其他来源。大气来源的 $\delta^{15}N$ 为-10. 2‰～16. 4‰，均值为-0. 6‰。大气降水的 $\delta^{15}N$ 均值与合成化肥十分接近，因此仅通过 $\delta^{15}N$ 无法区分雨水和合成化肥。理论上陆地来源的 $\Delta^{17}O$ 在 0 左右，为了便于计算，将 $\Delta^{17}O$ 分析精度的两倍值（-0. 8‰～0. 8‰）作为陆地来源的 $\Delta^{17}O$ 的范围。大气降水来源的 $\Delta^{17}O$ 均值为 16. 3‰，具有明显区别于陆地来源的特征。

表 4-3　黄河源区各个硝酸盐来源的同位素值　（单位：‰）

来源	$\delta^{15}N$		$\Delta^{17}O$	
	范围	均值±标准偏差	范围	均值±标准偏差
合成化肥	-0. 6～1. 4	0. 4±1. 0	-0. 8～0. 8	0±0. 8
动物粪便	10. 2～20. 2	13. 6±4. 7	-0. 8～0. 8	0±0. 8
生活污水	4. 7～10. 6	6. 2±4. 2	-0. 8～0. 8	0±0. 8
土壤有机氮	3. 8～7. 9	5. 6±1. 0	-0. 8～0. 8	0±0. 8
大气降水	-10. 2～16. 4	-0. 6±5. 3	7. 8～23. 3	16. 3±3. 9

4. 4　河流硝酸盐的时空分布特征

黄河源区 NH_4^+浓度范围为 1. 3～11. 2μmol N/L，均值为 5. 0μmol N/L；硝酸盐浓度范围为 0. 5～51. 2μmol N/L，均值为 28. 2μmol N/L，占溶解性无机氮（DIN）总量的 85%。NH_4^+浓度沿程变化不明显且处于低浓度范围，不同季节之间无显著差异（图 4-5）。而各个季节的硝酸盐浓度均呈沿程增大的趋势，这可能是沿程硝酸盐的来源增加以及 NH_4^+发生硝化作用导致的。从黄河源区上游至下游，水温和溶解氧均呈增大的趋势（Li et al.，2018），为硝化反应的发生提供了有利条件。长江源区河流硝酸盐浓度范围为 32. 2～50. 1μmol/L，平均值为 43. 7μmol/L。

黄河和长江源区河水硝酸盐浓度水平稍高于研究报道的未受污染的世界主要河流的平均水平（7μmol/L，Meybeck，1982；Turner et al.，2003），表明源区河流的氮负荷已经受到逐渐增加的人类活动的影响。但源区的硝酸盐浓度明显高于黄河中下游（均值为 309μmol N/L，Liu et al.，2013）和长江中下游（均值为 60μmol/L，Li et al.，2010），这是因为黄河中下游日益加剧的城市化进程以及高强度的农业生产活动带来了大量的污染源，而黄河源区的人口密度相对较小（2 ~ 16 人/km^2，表 4-4），人类活动在黄河源区相对较少，因此污染水平相对较低。

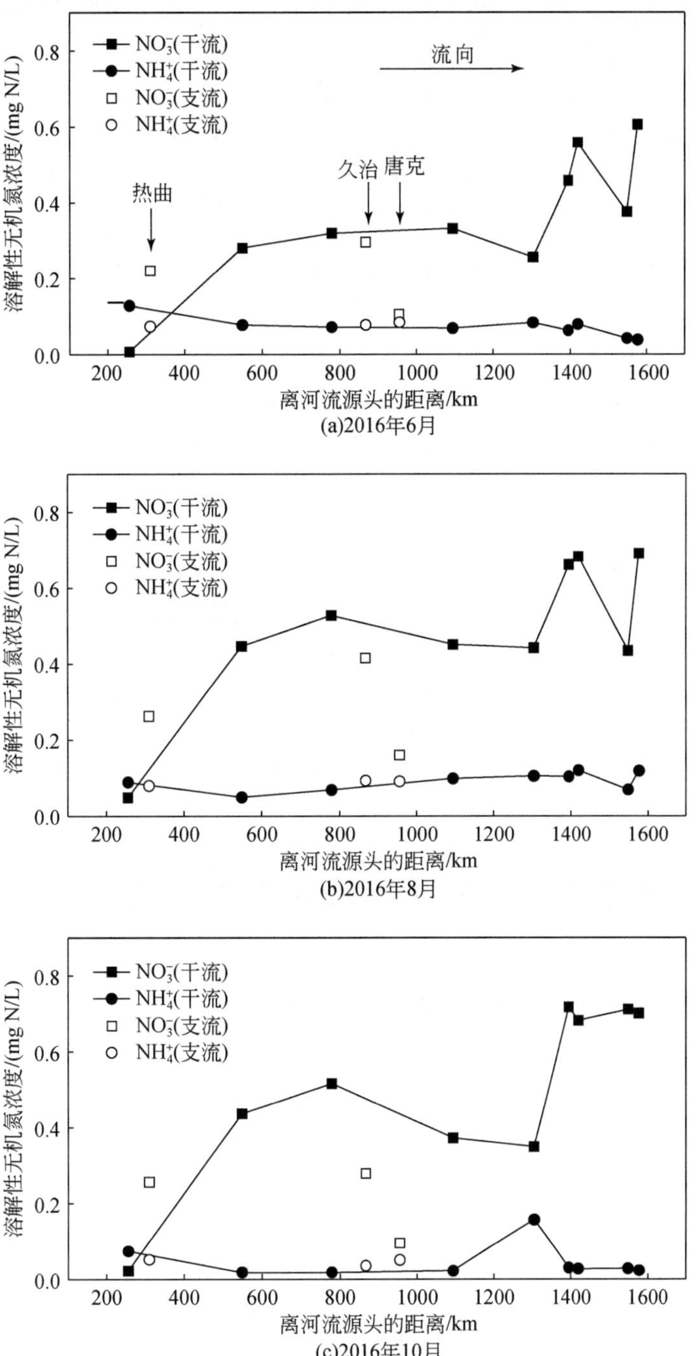

图 4-5　黄河源区河流溶解性无机氮浓度的时空变异性

表 4-4　黄河源区畜禽养殖业信息和 N 排放量估算[a]

自治州	人口 /10^4人	面积 /$10^4 km^2$	人口密度 /(人/km^2)	研究区面积 /$10^4 km^2$	面积占比	牛 /10^4头	马 /10^4匹	羊 /10^4只	粪便产生量[b] /10^4t	粪便 N 排放量[c] /10^4t N	化肥 N 使用量[d] /t N	污水 N 排放量[e] /t N
玉树藏族自治州	40.37	26.7	2	1.25	0.047	8.6	0.1	3.1	100.7	0.7	—	13.7
果洛藏族自治州	20.4	7.63	3	5.95	0.780	67.8	1.7	35.0	806.8	6.0	—	113.3
阿坝藏族羌族自治州	93.5	8.42	11	1.71	0.203	35.8	2.5	21.0	437.2	3.3	—	137.5
甘南藏族自治州	71.02	4.5	16	0.94	0.209	26.3	1.3	44.6	335.3	2.6	—	107.4
黄南藏族自治州	27.15	1.8	15	0.94	0.522	28.8	1.4	68.2	379.5	3.0	464.3	102.7
海南藏族自治州	46.83	4.6	10	2.35	0.511	32.3	1.4	175.5	486.1	4.0	4346.4	173.3
合计	—	—	—	13.14	—	199.6	8.4	347.4	2545.6	19.6	4810.7	647.9

a. 数据来自 2016 年青海省、四川省和甘肃省统计年鉴以及本研究的计算结果。

b. 参考 Gan 和 Hu（2016），牛、马和羊的排污系数分别为 31.3kg/d、16.0kg/d 和 1.7kg/d。

c. 参考 Fulhage 等（2002），牛、马和羊的粪便中 N 的产生量分别为 0.227kg/d、0.227kg/d 和 0.019kg/d。

d. 假定所有的氮肥均为尿素，且氮肥使用量占化肥总使用量的 60%。

e. 假定黄河源区的人均 N 排放量是一定的，并根据 2016 年果洛藏族自治州的 N 排放量进行标化。

4.5　定量解析不同来源对河流硝酸盐的相对贡献

4.5.1　河水硝酸盐的稳定同位素特征

黄河源区河水硝酸盐的 $\delta^{15}N$ 为 3.6‰～19.8‰，均值为 10.1‰；$\delta^{18}O$ 为−15.3‰～21.9‰，均值为 0.3‰；$\Delta^{17}O$ 为−1.3‰～5.9‰，均值为 1.6‰（图 4-6）。这些均值与黄河中下游（$\delta^{15}N$ 均值为 7.1‰，$\delta^{18}O$ 均值为−1.2‰，$\Delta^{17}O$ 均值为 0.3‰）相比相对较高，这可能与黄河源区硝酸盐不同来源的特征值和相对贡献以及相关的迁移转化过程有关。长江源区河水硝酸盐的 $\delta^{15}N$ 为 4.2‰～13.5‰，均值为 8.3‰；$\delta^{18}O$ 为 2.7‰～10.2‰，均值为 6.0‰；$\Delta^{17}O$ 为 2.5‰～3.7‰，均值为 3.1‰（图 4-6）。大多数河流水样的 $\delta^{15}N$ 分布介于化肥和土壤有机氮/污水之间，表明这些来源对河流硝酸盐的贡献较大。另外，大部分河流水样的 $\delta^{15}N$ 和 $\Delta^{17}O$ 处于大气降水和陆地来源之间，表明大气降水对硝酸盐也有一定的贡献。

由图 4-7 可以看出，河水样品分布在图 4-7 的左下部，具有接近零的 $\Delta^{17}O$ 正值，而雨

水样品的 $\Delta^{17}O$ 和 $\delta^{18}O$ 相对较高。另外，与 $\Delta^{17}O$ 相比，雨水和河水样品的 $\delta^{18}O$ 具有更宽的范围，因此 $\Delta^{17}O$ 更适合用来确定河流硝酸盐的大气来源以减少不确定性。因此，本研究使用 $\delta^{15}N$ 和 $\Delta^{17}O$ 结合 SIAR 模型量化各种来源对河流硝酸盐的贡献比例。

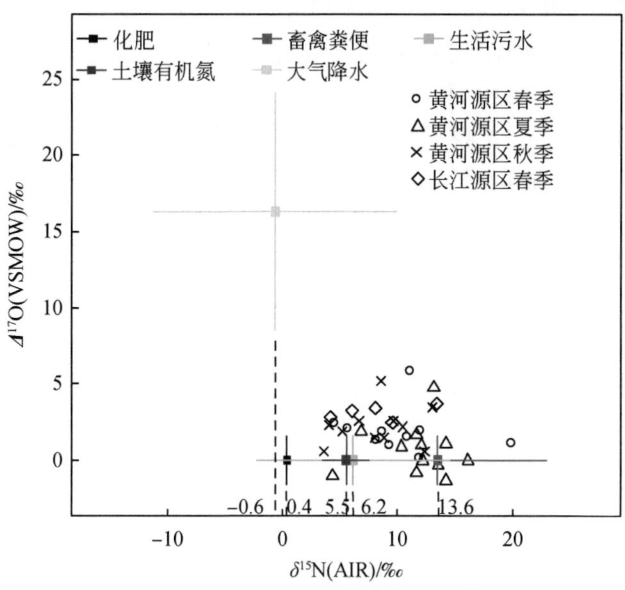

图 4-6　河水硝酸盐及其潜在来源的同位素值

VSMOW 表示维也纳标准平均海水（Vienna standard mean ocean water）；^{15}N 在空气中的相对丰度十分稳定，以 AIR 为标准值

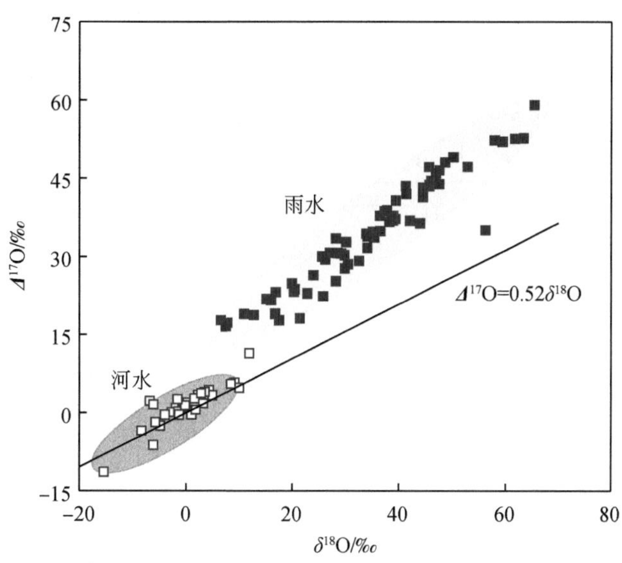

图 4-7　黄河源区河水和雨水硝酸盐 $\delta^{18}O$ 和 $\Delta^{17}O$ 的关系

4.5.2 黄河源区河水各个来源的相对贡献

通过 SIAR 模型得到的不同来源对河流硝酸盐的相对贡献如表 4-5 和图 4-8 所示。在观测的 3 个季度中，污水对河流硝酸盐的贡献比例几乎等于黄河源区土壤有机氮的贡献比例，这可能是由于生活污水和土壤有机氮具有相似的稳定同位素值。为了区分这两个来源的贡献比例，本研究使用 SIAR 模型的输出结果来估算污水和 SON 的贡献比例之和，而用生活污水中的氮排放量（表 4-4）与河流硝酸盐负荷的比值来确定污水的贡献。土壤有机氮的贡献通过差减法得到。经校正之后各个来源对黄河源区河流硝酸盐的相对贡献如表 4-6 所示。可以看出，各个区间的硝酸盐来源的贡献均表现为动物粪便>生活污水>土壤有机氮>大气降水≈合成化肥，反映了黄河源区以牧区为主要土地利用类型的特征。若将生活污水和合成化肥带来的贡献之和视为人类活动的干扰，则人为贡献表现为军功—龙羊峡（15%）>门堂—军功（6%）>玛多—门堂（3%），表明人类活动对黄河源区河流氮输入的贡献沿程增大（图 4-8）。大气降水对河流硝酸盐的贡献表现为门堂—军功（12%）>军功—龙羊峡（8%）≈玛多—门堂（8%），这与黄河源区降水量从西北到东南方向逐渐增加的趋势一致。

表 4-5 黄河、长江源区各个来源对河流硝酸盐的相对贡献（SIAR 模型结果）

（单位:%）

组别	合成化肥	动物粪便	生活污水	土壤有机氮	大气降水
玛多—门堂	—	57.0±11.7	19.2±12.4	16.4±11.3	7.4±3.2
门堂—军功	—	45.1±13.8	22.5±13.6	20.8±13.1	11.6±3.8
军功—龙羊峡	10.5±8.1	42.0±11.3	21.3±12.9	18.3±12.0	7.9±2.0
春季	10.5±8.5	41.6±14.1	19.1±12.1	17.4±11.5	11.4±3.3
夏季	6.8±5.7	62.2±12.2	13.8±10.6	13.2±10.0	4.0±2.4
秋季	10.6±7.9	37.9±10.3	20.2±12.1	18.0±11.4	13.3±2.7

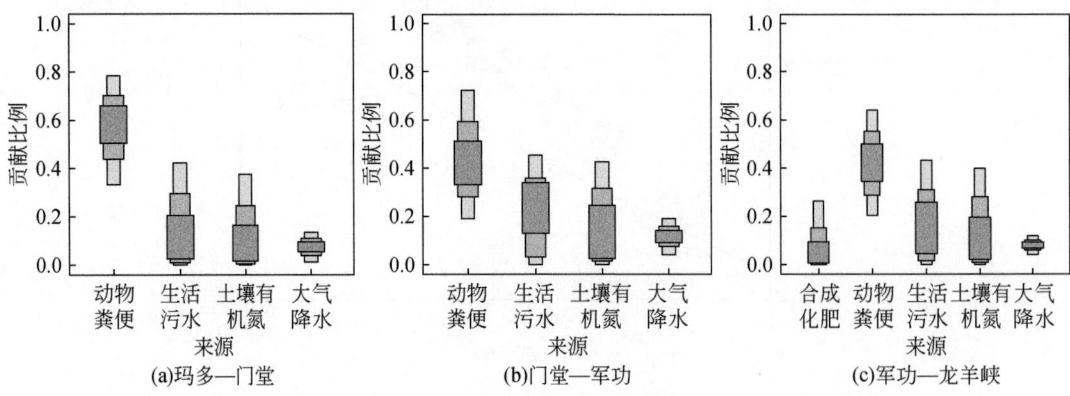

图 4-8 不同区间各个来源对黄河源区河水硝酸盐的贡献比例的概率分布

颜色由深到浅分别表示 50%、75% 和 95% 的置信区间

表 4-6 黄河、长江源区各个来源对河流硝酸盐的相对贡献（校正后结果）

（单位:%）

组别	合成化肥	动物粪便	生活污水	土壤有机氮	大气降水
玛多—门堂	—	57	3	32	8
门堂—军功	—	45	6	37	12
军功—龙羊峡	11	42	4	35	8
春季	10	42	5	32	11
夏季	7	62	4	23	4
秋季	11	38	4	34	13
长江源区	—	33	1	47	19

不同季节各个来源对河水硝酸盐的贡献比例如图 4-9 所示。各个污染源对河流硝酸盐的贡献平均值分别为合成化肥 9%、动物粪便 47%、生活污水 4%、土壤有机氮 30% 和大气降水 10%。在不同季节，动物粪便对河流硝酸盐的贡献最大，分别达到了 42%（春季）、62%（夏季）和 38%（秋季）（表 4-6）。大气降水对河流硝酸盐的贡献相对较低，在各个季节的贡献分别为春季 11%、夏季 4% 和秋季 13%，平均值为 9%。根据 Liu 等（2013）的研究，本研究也可以利用雨水和河水样品的 $\Delta^{17}O\text{-}NO_3$ 均值估算大气降水的贡献，将其代入公式 $\Delta^{17}O_{river}=f_{atm}\times\Delta^{17}O_{atm}$ 可以得到大气降水的贡献分别为春季 12.1%、夏季 4.1% 和秋季 13.7%，均值为 10%。可以看出，利用 SIAR 模型计算的大气降水的贡献比例与线性模型的计算结果具有可比性。

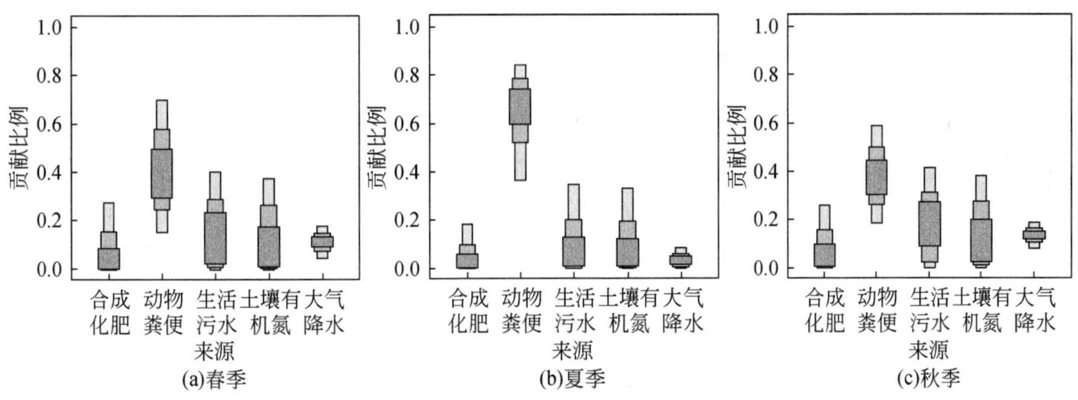

图 4-9 不同季节各个来源对黄河源区河水硝酸盐的贡献比例的概率分布

颜色由深到浅分别表示 50%、75% 和 95% 的置信区间

根据 Gan 和 Hu（2016）的研究结果，青海省畜禽养殖业产生的粪便主要由牛粪和羊粪构成，两者分别占总排放量的 80% 和 15%。2016 年黄河源区的牲畜量（牛、羊和马）约为 5.554×10^6 头（表 4-4），占青海省牲畜总量的 28.7%。基于本研究的计算，黄河源区畜禽养殖业的粪便产生量达到了 2.5456×10^7 t（表 4-4）。相比于东部的发达地区，青海省的畜牧业受益于大面积的天然牧场条件，同时又受到恶劣天气、人口稀少、缺少基础设施

和技术的限制，其养殖模式相当粗放。在这种情况下，牲畜产生的大量粪便未经处理直接暴露于野外环境。大量被植物固定的不易移动的有机氮经动物的消化作用变成了易于移动的形式，如氨氮。动物粪便的氮产生量经计算为 1.96×10^5t N/a（表 4-4），这对河流系统来说是一个巨大的潜在氮源，而且考虑到黄河源区存在过度放牧的趋势，该值可能还会增加。粪便中的氮素一部分经 NH_3挥发流失，另一部分经地表径流进入河流系统。

另一个重要来源是生活污水。黄河源区的人口密度（表 4-4）明显低于中国东部地区，且人口主要分布在地势相对平缓的河岸地带，城镇经济发展水平较低，无大型工业，污水主要来自居民生活污水排放。生活污水氮排放量的计算值为 647.9t N/a（表 4-4），该值远小于动物粪便的氮排放量，但该地区缺少污水处理设施，大量的生活污水直接排入河流，因而是一个不可忽视的来源。

大气降水对河流硝酸盐的贡献相对较低。利用黄河源区大气降水的硝酸盐的平均浓度和年降水量可以估算大气氮沉降总量为 1.3×10^4t N/a，该值明显低于动物粪便的氮排放量。另外，黄河源区的耕地面积仅占源区总面积的 5%，且主要分布在龙羊峡水库东南部的贵南县境内。黄河源区的化肥氮使用量的估算值为 4810.7t N/a（表 4-4），仅占青海省化肥氮使用量的 1.8%，因此化肥对河流硝酸盐的贡献（9%）较低。

与黄河中下游相比，黄河源区合成化肥和生活污水对河流硝酸盐的贡献比例较小，而大气降水的贡献相对较高。黄河源区人口稀少，农田和城镇分布较少，化肥施用和生活污水排放贡献了相对较少的氮负荷。此外，在黄河源区分布的冰川融水可能提高了大气降水的贡献，而且融雪事件短期内将冬季积累的大气硝酸盐大量输入河流中，导致大气来源的贡献相对较高，尤其以春季融雪期更为显著。

4.5.3 长江源区河水各个来源的相对贡献

考虑到长江源区与黄河源区空间邻近性以及两个流域之间自然和社会条件的相似性，本研究假设长江源区河流硝酸盐的来源（大气降水、土壤有机氮、生活污水和动物粪便）与黄河源区相似且它们的 δ^{15}N 和 Δ^{17}O 指纹值相同。通过 SIAR 模型结合数据校正得到各种来源对长江源区河流硝酸盐的贡献比例表现为：土壤有机氮（47%）>粪便（33%）>大气降水（19%）>污水（1%）（图 4-10 和表 4-6）。这一结果与黄河源区的结果相当。此外，长江源区大气降水的贡献略高于黄河源区，这可能是春季该地区融雪事件加剧所致。这与圣劳伦斯河的结果一致（Thibodeau et al.，2013），反映了融雪对河流硝酸盐负荷的影响。

4.5.4 不确定性分析

反硝化是控制硝酸盐汇的重要过程之一，当河水中的硝酸盐发生反硝化时，剩余的硝酸盐会富集 ^{15}N 和 ^{18}O，富集比例接近 2∶1（Kendall，1998）。这种分析方法在很多关于地表水和地下水的研究中得到应用（Li et al.，2010；Kaushal et al.，2011；Dejwakh et al.，2012；Liu et al.，2013；Lu et al.，2015）。而在本研究中，富集现象并不显著，因此说明由

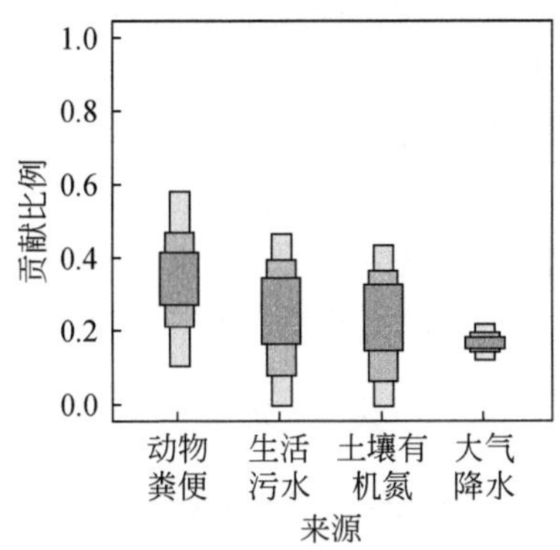

图 4-10　不同区间各个来源对长江源区河水硝酸盐的贡献比例的概率分布

颜色由深到浅分别表示 50%、75% 和 95% 的置信区间

反硝化带来的同位素分馏效应也不显著，而且 $\Delta^{17}O$ 的应用排除了同位素分馏对氮源解析的干扰。考虑到混合物的时空变异性，将河水样品划分为不同组分别进行分析，降低了源解析的不确定性。另外，来源的不确定性以及来源个数较多的不确定性则通过 SIAR 模型进行了整合。然而，仍然有一些不确定性需要注意。首先，用于代表氮源样品的氮的形式包括土壤样品的有机氮，以及粪便和污水样品中的铵态氮，因硝化作用会产生一定的分馏作用，造成一定的不确定性。其次，由于采样条件的限制，冬季的降水和河水样品未能收集，这可能给源解析结果带来一定的不确定性。另外，基于 $\Delta^{17}O$ 的计算可以解释进入河流的大气硝酸盐中未发生再循环的部分，但不能解释发生再循环的部分，以及后沉降过程由大气铵根转化为硝酸盐的部分，因此可能会低估大气沉降对河流硝酸盐的贡献。尽管如此，源解析结果与各个来源的氮产生量的相对大小一致，这可以为黄河、长江源区的氮素管理和污染控制提供一定的参考价值。

4.6　本章小结

源区大气降水的 $\delta^{15}N$ 基本处于文献总结的典型范围内，且 $\delta^{15}N$ 与温度呈显著负相关，这可能是 NO 和 NO_2 之间的交换反应导致生成的硝酸盐富集 ^{15}N，而低温更有利于交换反应的进行。但 $\delta^{18}O$ 和 $\Delta^{17}O$ 与典型范围值相比偏低。这是由于青藏高原海拔较高，日照时间相对较长；青藏高原夏季臭氧低谷引起对流层大气辐射增强，且更多的紫外线可以穿过平流层，影响对流层痕量气体和活性自由基的含量分布，导致大气 OH 自由基增加，O_3 减少，而大气中 OH 自由基和 O_3 的浓度决定了 NO_x 循环和 HNO_3 形成途径变化，使得青藏高原黄河源区大气 $\Delta^{17}O$ 表现出偏低的特点。

黄河和长江源区河水硝酸盐平均浓度占总溶解性无机氮的 85%，该浓度稍高于未受污染的世界河流的平均值，但明显低于黄河和长江中下游地区。各个来源对河流硝酸盐的相对贡献表现为动物粪便>生活污水>土壤有机氮>大气降水≈合成化肥。人类活动对黄河源区河流的干扰程度表现为沿程增加的趋势，而大气降水的相对贡献表现为门堂—军功>玛多—门堂≈军功—龙羊峡，这与黄河源区降水量的空间分布一致。在不同季节，动物粪便对河流硝酸盐的相对贡献最大，这是因为青藏高原相对粗放的畜禽养殖模式使得大量的动物粪便未经处理直接暴露于野外环境中，导致大量移动性强的氮经地表径流进入河流，增加了河流的氮负荷。考虑到青藏高原过度放牧的趋势，可以预见动物粪便的相对贡献还会增加。与中下游相比，黄河和长江源区合成化肥和生活污水对河流硝酸盐的相对贡献较低，而大气降水的相对贡献较高，这是因为源区人口稀少、农田分布少、化肥施用或生活污水排放等人类活动强度较低，对河流氮负荷的贡献较小。

参 考 文 献

杜加强，舒俭民，熊珊珊. 2015. 黄河源区气候、植被变化与水源涵养功能评估研究. 北京：科学出版社.

Alexander B，Hastings M，Allman D，et al. 2009. Quantifying atmospheric nitrate formation pathways based on a global model of the oxygen isotopic composition（$\Delta^{17}O$）of atmospheric nitrate. Atmospheric Chemistry and Physics，9：5043-5056.

Alexander R B，Smith R A，Schwarz G E，et al. 2007. Differences in phosphorus and nitrogen delivery to the Gulf of Mexico from the Mississippi River Basin. Environmental Science & Technology，42：822-830.

Aravena R，Robertson W D. 1998. Use of multiple isotope tracers to evaluate denitrification in ground water：study of nitrate from a large-flux septic system plume. Ground Water，36（6）：975-982.

Briand C，Plagnes V，Sebilo M，et al. 2013. Combination of nitrate（N，O）and boron isotopic ratios with microbiological indicators for the determination of nitrate sources in karstic groundwater. Environmental Chemistry，10（5）：365-369.

Briand C，Sebilo M，Louvat P，et al. 2017. Legacy of contaminant N sources to the NO_3^- signature in rivers：a combined isotopic（Delta N-15-NO_3^-，Delta O-18- NO_3^-，Delta B-11）and microbiological investigation. Scientific Reports，7：41703.

Brooks P D，Stark J M，McInteer B B，et al. 1989. Diffusion method to prepare soil extracts for automated nitrogen-15 analysis. Soil Science Society of America Journal，53：1707-1711.

Brothers L A，Dominguez G，Fabian P，et al. 2008. Using multi-isotope tracer methods to understand the sources of nitrate in aerosols，fog and river water in podocarpus national forest，ecuador. San Francisco：AGU Fall Meeting Abstracts.

Buda A R，de Walle D R. 2009. Dynamics of stream nitrate sources and flow pathways during stormflows on urban，forest and agricultural watersheds in central Pennsylvania，USA. Hydrological Processes，23（23）：3292-3305.

Casciotti K，Sigman D，Hastings M G，et al. 2002. Measurement of the oxygen isotopic composition of nitrate in seawater and freshwater using the denitrifier method. Analytical Chemistry，74：4905-4912.

Chameides W，Walker J C G. 1973. A photochemical theory of tropospheric ozone. Journal of Geophysical Research，78：8751-8760.

Chen B，Zhang X，Tao J，et al. 2014. The impact of climate change and anthropogenic activities on alpine grassland over the Qinghai-Tibet Plateau. Agricultural and Forest Meteorology，189：11-18.

Chetelat B，Gaillardet J，Freydier R. 2009. Use of B isotopes as a tracer of anthropogenic emissions in the atmosphere of Paris，France. Applied Geochemistry，24：810-820.

Crutzen P J，Lawrence M G，Pöschl U. 1999. On the background photochemistry of tropospheric ozone. Tellus B：Chemical and Physical Meteorology，51：123-146.

Davis P, Syme J, Heikoop J, et al. 2015. Quantifying uncertainty in stable isotope mixing models. Journal of Geophysical Research-Biogeosciences, 120 (5): 903-923.

Dejwakh N R, Meixner T, Michalski G, et al. 2012. Using ^{17}O to investigate nitrate sources and sinks in a semi-arid groundwater system. Environmental Science & Technology, 46: 745-751.

Dong Q M, Zhao X Q, Wu G L, et al. 2015. Optimization yak grazing stocking pate in an alpine grassland of Qinghai-Tibetan Plateau, China. Environmental Earth Sciences, 73: 2497-2503.

Du M, Kawashima S, Yonemura S, et al. 2004. Mutual influence between human activities and climate change in the Tibetan Plateau during recent years. Global and Planetary Change, 41: 241-249.

Elliott E M, Kendall C, Wankel S D, et al. 2007. Nitrogen isotopes as indicators of nox source contributions to atmospheric nitrate deposition across the midwestern and northeastern United States. Environmental Science & Technology, 41: 7661-7667.

Fang Y, Koba K, Wang X, et al. 2011. Anthropogenic imprints on nitrogen and oxygen isotopic composition of precipitation nitrate in a nitrogen-polluted city in southern China. Atmospheric Chemistry and Physics, 11: 1313-1325.

Fenech C, Rock L, Nolan K, et al. 2012. The potential for a suite of isotope and chemical markers to differentiate sources of nitrate contamination: a review. Water Research, 46 (7): 2023-2041.

Field K G, Samadpour M. 2007. Fecal source tracking, the indicator paradigm, and managing water quality. Water Research, 41 (16): 3517-3538.

Freyer H D, Kley D, Volz-Thomas A, et al. 1993. On the interaction of isotopic exchange processes with photochemical reactions in atmospheric oxides of nitrogen. Journal of Geophysical Research: Atmospheres, 98: 14791-14796.

Fukada T, Hiscock K M, Dennis P F, et al. 2003. A dual isotope approach to identify denitrification in groundwater at a river-bank infiltration site. Water Research, 37 (13): 3070-3078.

Fulhage C D, Pfost D L, Schuster D L. 2002. Fertilizer nutrients in livestock and poultry manure. EQ and EQM-Environmental Quality (MU Extension), 351: 1-8.

Galloway J N, Dentener F J, Capone D G, et al. 2004. Nitrogen cycles: past, present, and future. Biogeochemistry, 70 (2): 153-226.

Galloway J N, Townsend A R, Erisman J W, et al. 2008. Transformation of the nitrogen cycle: recent trends, questions, and potential solutions. Science, 320 (5878): 889-892.

Gan L, Hu X. 2016. The pollutants from livestock and poultry farming in China—geographic distribution and drivers. Environmental Science and Pollution Research, 23: 8470-8483.

Guha T, Lin C T, Bhattacharya S K, et al. 2017. Isotopic ratios of nitrate in aerosol samples from Mt. Lulin, a high-altitude station in central Taiwan. Atmospheric Environment, 154: 53-69.

Hale R L, Turnbull L, Earl S, et al. 2014. Sources and transport of nitrogen in arid urban watersheds. Environmental Science & Technology, 48: 6211-6219.

Hansen J, Sato M, Ruedy R. 1997. Radiative forcing and climate response. Journal of Geophysical Research, 102: 6831-6864.

Hastings M G, Sigman D M, Lipschultz F. 2003. Isotopic evidence for source changes of nitrate in rain at Bermuda. Journal of Geophysical Research: Atmospheres, 108: 4790.

Heaton T H. 1986. Isotopic studies of nitrogen pollution in the hydrosphere and atmosphere: a review. Chemical Geology: Isotope Geoscience Section 59: 87-102.

Holland E A, Dentener F J, Braswell B H, et al. 1999. Contemporary and pre-industrial global reactive nitrogen budgets. Biogeochemistry, 46: 7-43.

Hu Y, Maskey S, Uhlenbrook S. 2012. Trends in temperature and rainfall extremes in the Yellow River source region, China. Climatic Change, 110: 403-429.

Huang F X, Liu N Q, Zhao M X. 2009. Solar cycle signal of tropospheric ozone over the Tibetan Plateau. Chinese Journal of Geophysics, 52: 913-921.

Hundey E J, Russell S, Longstaffe F, et al. 2016. Agriculture causes nitrate fertilization of remote alpine lakes. Nature Communications, 7: 10571.

Jiang L, Yao Z, Liu Z, et al. 2015. Hydrochemistry and its controlling factors of rivers in the source region of the Yangtze River on the Tibetan Plateau. Journal of Geochemical Exploration, 155: 76-83.

Johnston J C, Thiemens M H. 1997. The isotopic composition of tropospheric ozone in three environments. Journal of Geophysical Research: Atmospheres, 102: 25395-25404.

Kaushal S S, Groffman P M, Band L E, et al. 2011. Tracking nonpoint source nitrogen pollution in human-impacted watersheds. Environmental Science & Technology, 45 (19): 8225-8232.

Kellman L, Hillaire-Marcel C. 1998. Nitrate cycling in streams: using natural abundances of NO_3^--Delta N-15 to measure in-situ denitrification. Biogeochemistry, 43 (3): 273-292.

Kendall C, Elliott E M, Wankel S D. 2007 Tracing anthropogenic inputs of nitrogen to ecosystems. Stable Isotopes in Ecology and Environmental Science, 2: 375-449.

Kendall C, Mcdonnell J J. 2012. Isotope Tracers in Catchment Hydrology. Amsterdam: Elsevier.

Kendall C. 1998. Isotope Tracers in Catchment Hydrogeology. Amsterdam: Elsevier.

Kim K H, Yun S T, Mayer B, et al. 2015. Quantification of nitrate sources in groundwater using hydrochemical and dual isotopic data combined with a bayesian mixing model. Agriculture Ecosystems and Environment, 199: 369-381.

Koba K, Tokuchi N, Wada E, et al. 1997. Intermittent denitrification: the application of a N-15 natural abundance method to a forested ecosystem. Geochimica et Cosmochimica Acta, 61 (23): 5043-5050.

Korth F, Deutsch B, Frey C, et al. 2014. Nitrate source identification in the baltic sea using its isotopic ratios in combination with a bayesian isotope mixing model. Biogeosciences, 11: 4913-4924.

Kunasek S A, Alexander B, Steig E J, et al. 2008. Measurements and modeling of $\Delta^{17}O$ of nitrate in snowpits from summit, greenland. Journal of Geophysical Research, 113: D24302.

Laursen A E, Seitzinger S P. 2002. Measurement of denitrification in rivers: an integrated, whole reach approach. Hydrobiologia, 485: 67-81.

Laursen A, Seitzinger S. 2005. Limitations to measuring riverine denitrification at the whole reach scale: effects of channel geometry, wind velocity, sampling interval, and temperature inputs of N_2-enriched groundwater. Hydrobiologia, 545: 225-236.

Leenhouts J M, Basset R. 1998. Utilization of intrinsic boron isotopes as co-migrating tracers for identifying potential nitrate contamination sources. Groundwater 36: 240-250.

Li C, Kang S, Zhang Q, et al. 2007. Major ionic composition of precipitation in the Nam Co region, central Tibetan Plateau. Atmospheric Research, 85: 351-360.

Li S L, Liu C Q, Li J, et al. 2010. Assessment of the sources of nitrate in the changjiang river, china using a nitrogen and oxygen isotopic approach. Environmental Science & Technology, 44: 1573-1578.

Li S, Xia X, Zhou B, et al. 2018. Chemical balance of the Yellow River source region, the northeastern Qinghai-Tibetan Plateau: insights about critical zone reactivity. Applied Geochemistry, 90: 1-12.

Lin W, Zhu T, Song Y, et al. 2008. Photolysis of surface O_3 and production potential of OH radicals in the atmosphere over the Tibetan Plateau. Journal of Geophysical Research: Atmospheres, 113: D02309.

Liu T, Wang F, Michalski G, et al. 2013. Using ^{15}N, ^{17}O, and ^{18}O to determine nitrate sources in the Yellow River, China. Environmental Science & Technology, 47: 13412-13421.

Lu L, Cheng H, Pu X, et al. 2015. Nitrate behaviors and source apportionment in an aquatic system from a watershed with intensive agricultural activities. Environmental Science Processes and Impacts, 17: 131.

Lyons J R. 2001. Transfer of mass-independent fractionation in ozone to other oxygen-containing radicals in the atmosphere. Geophysical Research Letters, 28: 3231-3234.

Mayer B, Bollwerk S M, Mansfeldt T, et al. 2001. The oxygen isotope composition of nitrate generated by nitrification in acid forest floors. Geochimica et Cosmochimica Acta, 65: 2743-2756.

Mayer B, Boyer E W, Goodale C, et al. 2002. Sources of nitrate in rivers draining sixteen watersheds in the northeastern US: isotopic constraints. Biogeochemistry, 57 (1): 171-197.

McCallum J E, Ryan M C, Mayer B, et al. 2008. Mixing-induced groundwater denitrification beneath a manured field in southern Alberta, Canada. Applied Geochemistry, 23 (8): 2146-2155.

McIlvin M R, Altabet M A. 2005. Chemical conversion of nitrate and nitrite to nitrous oxide for nitrogen and oxygen isotopic analysis in freshwater and seawater. Analytical Chemistry, 77 (17): 5589-5595.

Mengis M, Schiff S L, Harris M, et al. 1999. Multiple geochemical and isotopic approaches for assessing ground water NO_3^- elimination in a riparian zone. Ground Water, 37 (3): 448-457.

Meybeck M. 1982. Carbon, nitrogen, and phosphorus transport by world rivers. American Journal of Science, 282: 401-450.

Michalski G, Bhattacharya S K, Mase D. 2011. Oxygen isotope dynamics of atmospheric nitrate and its precursor molecules//Baskaran M. Handbook of Environmental Isotope Geochemistry. Berlin Heidelberg: Springer.

Michalski G, Kolanowski M and Riha K M. 2015. Oxygen and nitrogen isotopic composition of nitrate in commercial fertilizers, nitric acid, and reagent salts. Isotopes in Environmental and Health Studies, 51: 382-391.

Michalski G, Meixner T, Fenn M, et al. 2004. Tracing atmospheric nitrate deposition in a complex semiarid ecosystem using $\Delta^{17}O$. Environmental Science & Technology, 38: 2175-2181.

Michalski G, Scott Z, Kabiling M, et al. 2003. First measurements and modeling of $\Delta^{17}O$ in atmospheric nitrate. Geophysical Research Letters, 30 (16): 1870.

Moore J W, Semmens B X. 2008. Incorporating uncertainty and prior information into stable isotope mixing models. Ecology Letters, 11 (5): 470-480.

Morin S, Sander R, Savarino J. 2011. Simulation of the diurnal variations of the oxygen isotope anomaly ($\Delta^{17}O$) of reactive atmospheric species. Atmospheric Chemistry and Physics, 11: 3653-3671.

Morin S, Savarino J, Bekki S, et al. 2007. Signature of Arctic surface ozone depletion events in the isotope anomaly ($\Delta^{17}O$) of atmospheric nitrate. Atmospheric Chemistry and Physics, 7 (5): 1451-1469.

Morin S, Savarino J, Frey M M, et al. 2008. Tracing the origin and fate of NO_x in the Arctic atmosphere using stable isotopes in nitrate. Science, 322: 730-732.

Mueller C, Krieg R, Merz R, et al. 2016. Regional nitrogen dynamics in the TERENO Bode River catchment, Germany, as constrained by stable isotope patterns. Isotopes in Environmental and Health Studies, 52: 61-74.

Mulholland P J, Helton A M, Poole G C, et al. 2008. Stream denitrification across biomes and its response to anthropogenic nitrate loading. Nature, 452: 202-205.

Nelson D M, Tsunogai U, Ding D, et al. 2018. Triple Oxygen isotopes indicate urbanization affects sources of nitrate in wet and dry atmospheric deposition. Atmospheric Chemistry and Physics, 18: 6381-6392.

Nestler A, Berglund M, Accoe F, et al. 2011. Isotopes for improved management of nitrate pollution in aqueous resources: review of surface water field studies. Environmental Science and Pollution Research, 18: 519-533.

Ohte N. 2013. Tracing sources and pathways of dissolved nitrate in forest and river ecosystems using high-resolution isotopic techniques: a review. Ecological Research, 28: 749-757.

Parnell A C, Inger R, Bearhop S, et al. 2010. Source partitioning using stable isotopes: coping with too much variation. PLoS One, 5: E9672.

Parnell A. 2008. SIAR: Stable isotope analysis in R. http://cran. r- project. org/web/packages/siar/index. html [2018-10-01].

Patris N, Cliff S S, Quinn P K, et al. 2007. Isotopic analysis of aerosol sulfate and nitrate during ITCT-2k2: determination of different formation pathways as a function of particle size. Journal of Geophysical Research, 112: D23.

Phillips D L, Gregg J W. 2001. Uncertainty in source partitioning using stable isotopes. Oecologia, 127 (2): 171-179.

Phillips D L, Gregg J W. 2003. Source partitioning using stable isotopes: coping with too many sources. Oecologia, 136 (2): 261-269.

Rabalais N N. 2002. Nitrogen in aquatic ecosystems. AMBIO: A Journal of the Human Environment, 31: 102-112.

Röckmann T, Kaiser J, Crowley J N, et al. 2001. The origin of the anomalous or "Mass-independent" oxygen isotope fractionation in tropospheric N_2O. Geophysical Research Letters, 28: 503-506.

Sander S, Golden D, Kurylo M, et al. 2006. Chemical Kinetics and Photochemical Data for Use in Atmospheric Studies Evaluation Number 15. Pasadena: Jet Propulsion Laboratory, National Aeronautics and Space Administration.

Savarino J, Bhattacharya S K, Morin S, et al. 2008. The NO+O_3 reaction: a triple oxygen isotope perspective on the reaction dynamics and atmospheric implications for the transfer of the ozone isotope anomaly. Journal of Chemical Physics, 128: 194303.

Savarino J, Vicars W C, Legrand M, et al. 2016. Oxygen isotope mass balance of atmospheric nitrate at Dome C, East Antarctica, during the OPALE campaign. Atmospheric Chemistry and Physics, 16: 2659-2673.

Seiler R L. 2005. Combined use of ^{15}N and ^{18}O of nitrate and ^{11}B to evaluate nitrate contamination in groundwater. Applied Geochemistry, 20: 1626-1636.

Shi G, Buffen A, Hastings M, et al. 2015. Investigation of post-depositional processing of nitrate in East Antarctic snow: isotopic constraints on photolytic loss, re-oxidation, and source inputs. Atmospheric Chemistry and Physics, 15: 9435-9453.

Sigman D M, Casciotti K L, Andreani M, et al. 2001. A bacterial method for the nitrogen isotopic analysis of nitrate in seawater and freshwater. Analytical Chemistry, 73 (17): 4145-4153.

Silva S R, Kendall C, Wilkison D H, et al. 2000. A new method for collection of nitrate from fresh water and the analysis of nitrogen and oxygen isotope ratios. Journal of Hydrology, 228 (1-2): 22-36.

Smith L K, Voytek M A, Böhlke J K, et al. 2006. Denitrification in nitrate-rich streams: application of N_2: Ar and ^{15}N-tracer methods in intact cores. Ecological Applications, 16: 2191-2207.

Sofen E, Alexander B, Steig E, et al. 2014. WAIS divide ice core suggests sustained changes in the atmospheric formation pathways of sulfate and nitrate since the 19th century in the extratropical Southern Hemisphere. Atmospheric Chemistry and Physic, 14: 5749-5769.

Thibodeau B, Hélie J F, Lehmann M F. 2013. Variations of the nitrate isotopic composition in the St. Lawrence

River caused by seasonal changes in atmospheric nitrogen inputs. Biogeochemistry, 115: 287-298.

Thiemens M H. 1999. Mass-independent isotope effects in planetary atmospheres and the early solar system. Science, 283: 341-345.

Tsunogai U, Komatsu D D, Daita S, et al. 2010. Tracing the fate of atmospheric nitrate deposited onto a forest ecosystem in Eastern Asia using $\Delta^{17}O$. Atmospheric Chemistry and Physics, 10: 1809-1820.

Turner R E, Rabalais N N, Justic D, et al. 2003. Global patterns of dissolved N, P and Si in large rivers. Biogeochemistry, 64: 297-317.

Voss M, Deutsch B, Elmgren R, et al. 2006. Source identification of nitrate by means of isotopic tracers in the Baltic Sea catchments. Biogeosciences, 3 (4): 663-676.

Walters W W, Goodwin S R, Michalski G. 2015a Nitrogen stable isotope composition ($\delta^{15}N$) of vehicle-emitted NOx. Environmental Science & Technology, 49: 2278-2285.

Walters W W, Tharp B D. Fang H, et al. 2015b Nitrogen isotope composition of thermally produced NOx from various fossil-fuel combustion sources. Environmental Science & Technology, 49: 11363-11371.

Wankel S D, Chen Y, Kendallet C, et al. 2010. Sources of aerosol nitrate to the Gulf of Aqaba: evidence from $\delta^{15}N$ and $\delta^{18}O$ of nitrate and trace metal chemistry. Marine Chemistry, 120: 90-99.

Wasiuta V, Lafrenière M J, Norman A L. 2015. Atmospheric deposition of sulfur and inorganic nitrogen in the southern Canadian Rocky Mountains from seasonal snowpacks and bulk summer precipitation. Journal of Hydrology, 523: 563-573.

Widory D, Kloppmann W, Chery L, et al. 2004. Nitrate in groundwater: an isotopic multi- tracer approach. Journal of Contaminant Hydrology, 72 (1-4): 165-188.

Widory D, Petelet-Giraud E, Negrel P, et al. 2005. Tracking the sources of nitrate in groundwater using coupled nitrogen and boron isotopes: a synthesis. Environmental Science & Technology, 39 (2): 539-548.

Xia X, Jia Z, Liu T, et al. 2017. Coupled nitrification-denitrification caused by suspended sediment (SPS) in rivers: importance of SPS size and composition. Environmental Science & Technology, 51: 212-221.

Xia X, Yang Z and Zhang X. 2009. Effect of suspended-sediment concentration on nitrification in river water: importance of suspended sediment-water interface. Environmental Science & Technology, 43: 3681-3687.

Xia X, Zhang S, Li S, et al. 2018. The Cycle of Nitrogen in River Systems: Sources, Transformation, and Flux. Environmental Science: Processes and Impacts.

Xia X, Zhou J, Yang Z. 2002. Nitrogen contamination in the Yellow River Basin of China. Journal of Environmental Quality, 31: 917-925.

Xu Z X and He W L. 2006. Spatial and temporal characteristics and change trend of climatic elements in the headwater region of the Yellow River in recent 40 years. Plateau Meteorology, 5: 18.

Xue D, Botte J, de Baets B, et al. 2009. Present limitations and future prospects of stable isotope methods for nitrate source identification in surface and groundwater. Water Research, 43: 1159-1170.

Xue L, Wang T, Guo H, et al. 2013 Sources and photochemistry of volatile organic compounds in the remote atmosphere of western China: results from the Mt. Waliguan Observatory. Atmospheric Chemistry & Physics, 13: 8551-8567.

Yang K, Wu H, Qin J, et al. 2014. Recent climate changes over the Tibetan Plateau and their impacts on energy and water cycle: a review. Global and Planetary Change, 112: 79-91.

Yang Y and Toor G. 2017. Sources and mechanisms of nitrate and orthophosphate transport in urban stormwater runoff from residential catchments. Water Research, 112: 176-184.

You Q, Kang S, Flügel W A. 2010. From brightening to dimming in sunshine duration over the eastern and central

Tibetan Plateau (1961-2005). Theoretical and Applied Climatology, 101: 445-457.

Yue F, Li S, Liu C, et al. 2013. Using dual isotopes to evaluate sources and transformation of nitrogen in the Liao River, northeast China. Applied Geochemistry, 36: 1-9.

Yue F, Liu C, Li S, et al. 2014. Analysis of Delta N-15 and Delta O-18 to identify nitrate sources and transformations in Songhua River, Northeast China. Journal of Hydrology, 519: 329-339.

Zhang J, Liu S, Yang S. 2007. The classification and assessment of freeze-thaw erosion in Tibet. Journal of Geographical Sciences, 17: 165-174.

Zhang Y, Li F, Zhang Q, Li J, Liu Q. 2014. Tracing nitrate pollution sources and transformation in surface and ground-waters using environmental isotopes. Science of the Total Environment, 490: 213-222.

Zhang Y, Liu X J, Fangmeier A, et al. 2008. Nitrogen inputs and lsotopes in precipitation in the North China Plain. Atmospheric Environment, 42: 1436-1448.

Zheng H, Zhang L, Liu C, et al. 2007. Changes in stream flow regime in headwater catchments of the Yellow River Basin since the 1950s. Hydrological Processes, 21: 886-893.

Zhou X and Luo C. 1994. Ozone valley over Tibetan Plateau. Journal of Meteorological Research, 8: 505-550.

Zhu B, Hou X, Kang H. 2016 Analysis of the seasonal ozone budget and the impact of the summer monsoon on the northeastern Qinghai-Tibetan Plateau. Journal of Geophysical Research: Atmospheres, 121: 2029-2042.

第 5 章　青藏高原河流上覆水体中好氧氨氧化微生物的分布特征

5.1 引　言

硝化反应是微生物在好氧环境中将氨（NH_3）依次氧化为亚硝酸根（NO_2^-）、硝酸根（NO_3^-）的过程（$NH_3 \rightarrow NO_2^- \rightarrow NO_3^-$）（Stein，2019），其对河流氮素的迁移转化和温室气体 N_2O 的产生具有重要影响（Beaulieu et al.，2011）。好氧氨氧化（$NH_3 \rightarrow NO_2^-$）是硝化反应的第一步，也是硝化反应的限速步骤（Stein，2019）。长期以来，研究者认为好氧氨氧化仅能由 β 和 γ 变形菌纲的细菌（好氧氨氧化细菌，AOB）催化完成。然而随着研究的深入，研究者发现奇古菌门（Thaumarchaeota）的部分古菌（好氧氨氧化古菌，AOA）亦能催化好氧氨氧化反应（Konneke et al.，2005）。且 AOA 在陆地、海洋和地热等环境中广泛分布并对硝化过程具有重要贡献（de la Torre et al.，2008；Francis et al.，2005；Leininger et al.，2006；Martens-Habbena et al.，2015）。此外，近年来硝化螺菌属（*Nitrospira*）的许多传统"亚硝酸盐氧化细菌"（NOB）被发现是全程硝化菌（complete ammonia oxidizers，Comammox），即其能独立催化完整的硝化过程而不需要好氧氨氧化微生物的参与（Daims et al.，2015；van Kessel et al.，2015）。根据 Comammox *amoA* 基因的系统发育关系，该类微生物可分为 Clade A 和 Clade B 两大类（Pjevac et al.，2017）。

上覆水体被认为是高等级河流中硝化反应的重要乃至主要发生场所（Laanbroek and Bollmann，2011；Xia et al.，2009，2018）。现已有许多研究分析了河流上覆水体中好氧氨氧化微生物的丰度和群落结构特征（Liu et al.，2011；Zhang et al.，2015）。然而这些研究基本只关注低海拔河流，很少有研究去探究高海拔河流上覆水体中好氧氨氧化微生物的特征。高山是"世界水塔"所在地（Immerzeel et al.，2010），孕育了超过 50% 的世界河流（Beniston，2003）。与低海拔河流相比，高海拔地区河流的水温和 NH_4^+-N 浓度往往较低，但太阳辐射和紫外辐射强度相对较强。在低海拔河流和其他自然环境中，研究者已发现这些因素（水温、NH_4^+-N 浓度和太阳辐射）对好氧氨氧化微生物的分布和活性具有显著影响（Xia et al.，2018）。

温度对不同种类好氧氨氧化微生物的丰度、群落组成及结构具有差异性影响（Urakawa et al.，2008）。与 AOB 相比，AOA 对高温的耐受能力往往更高（Taylor et al.，2017），但在寒冷环境中 AOA 的表现却不总是优于 AOB。例如，在北极地区土壤中，AOA 是主要的好氧氨氧化微生物，并对土壤硝化具有重要贡献（Alves et al.，2013）。但在一个培养温度为 4～42℃ 的土壤微宇宙实验中，AOA 所催化硝化反应的最低反应温度却高于 AOB（Taylor et al.，2017）。对 AOB 而言，*Nitrosospira amoA* 基因 cluster 1 类（Clade 1）物种（即16S rRNA 基因的 *Nitrosospira* cluster 0 物种（Purkhold et al.，2000）在低温环境中数量占优，但它们在高温条件下完全消失（Avrahami et al.，2003）。在室内土壤培养试验中，AOA 群落各组分对温度变化（10～30℃）的响应截然不同，部分物种的响应甚至相反（Tourna et al.，2008）。NH_4^+-N 浓度也是导致好氧氨氧化微生物群落结构改变的重要因素（Avrahami et al.，2003；Verhamme et al.，2011）。例如，AOB *Nitrosospira amoA* cluster 9 和 *Nitrosomonas oligotropha* cluster 物种一般只出现在 NH_4^+-N 浓度较低的环境中（Avrahami et al.，2003）。此外，高强度太阳辐射和紫外辐射对 AOA 活性的抑制程度远高于 AOB（Merbt et al.，2012）。综上所述，本研究推测在低温、低 NH_4^+-N 浓度和强太阳辐射的综合影响下，高海拔河流上覆水体中的好氧氨氧化微生物会表现出不同于低海拔河流的独特分布特征。适应寒冷和贫营养环境的物种将会是好氧氨氧化微生物群落的主要组分；尽管低 NH_4^+-N 浓度条件更利于 AOA 的生存（Martens-Habbena et al.，2009），但在强烈太阳辐射条件的影响下，AOB 可能是主要的好氧氨氧化微生物。

青藏高原是世界上面积最广、平均海拔（>4000m）最高的高地（Kang et al.，2010）。为验证上文提出的假设，本研究选取了位于青藏高原的黄河源区、长江源区、怒江、澜沧江和雅鲁藏布江为研究区，探究好氧氨氧化微生物在高海拔河流上覆水体中的丰度、群落多样性、反应活性及其驱动因素。首先，本研究在原位温度、原位压力条件下测定了上覆水体的潜在硝化反应速率；其次，本研究分析了 AOA、AOB 和 Comammox *amoA* 基因丰度的时空分布特征及其群落结构；最后，本研究探究了温度、NH_4^+-N 浓度、太阳辐射强度和其他环境因子对这 5 条高海拔河流上覆水体中好氧氨氧化微生物丰度、群落多样性和反应活性的影响。

5.2 研究方法

5.2.1 样品采集及理化性质分析

本研究于2016年8月和2017年5月在黄河源区进行布点采样，而仅于2016年8月在另外4条河流（长江源区、怒江、澜沧江和雅鲁藏布江）进行样品采集（图5-1）。在黄河源区沿海拔梯度共布设10个采样点，其中7个采样点位于河流干流，分别为玛多（MD）、达日（DR）、门堂（MT）、玛曲（MQ）、军功（JG）、班多（BD）和唐乃亥（TNH）；其余3个采样点位于支流，分别为唐克（TK）、久治（JZ）和热曲（RQ）。在雅鲁藏布江和长江源区分别设置了4个［藏木水电站（ZM03，ZM04 和 ZM05）和羊村水电站（YC）］和2个采样点［曲麻莱（QML）和班玛（BM）］；在怒江（左贡，ZG）和澜沧江（香达，XD）分别设置了1个采样点。采样时，在每个采样点用经过灭菌处理的 Nalgene 瓶（Thermo，USA）于水面以下20cm 处按一式三份收集上覆水体样品（～2L/份）。此后，用孔径为0.20μm 的 Millipore 聚碳酸酯膜（美国）过滤部分上覆水体样品（400～1000mL）。采样期间，将滤水后的滤膜暂时储存于温度设为-15℃的车载冰箱中（FYL-YS-30L，福意联，中国）；待运回实验室后，转移至超低温冰箱内（-80℃，Thermo Fisher

Revco Value plus）储存，以待随后提取 DNA。将用于测定潜在硝化反应速率（PNRs）的上覆水体样品置于冰上储存、运输，力争在 72h 内将其运回实验室并进行分析。

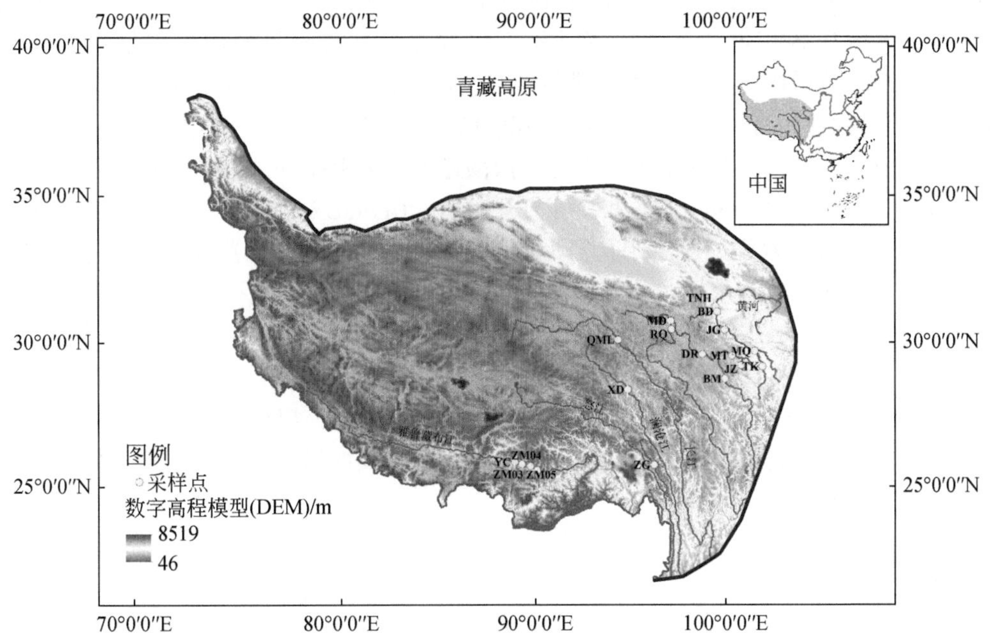

图 5-1　青藏高原 5 条高海拔河流采样点示意图

现场采样时记录每个采样点的海拔和经纬度信息。使用事先校正过的梅特勒便携式测量仪（SevenGo Duo SG23 and Seven2Go S4）现场测定河流上覆水体的水温、DO、pH、ORP 和 EC。基于中国气象局在青藏高原布设气象站的监测数据（http://data.cma.cn/data/cdcindex/cid/6d1b5efbdcbf9a58.html）直接获取或统计推测得到每个采样点的太阳辐射强度。回到实验室后，用孔径为 0.45μm 的 Millipore 聚碳酸酯膜（美国）过滤采集的上覆水体样品，记录过滤水样体积（V）。将过滤得到的滤膜置于冷冻干燥机内（LGJ-12，北京松源华兴科技发展有限公司）直至滤膜质量达到恒重，记录过滤前（m_1）和冷干后（m_2）滤膜的质量，从而计算得到河流上覆水体悬浮颗粒物的浓度[$C=(m_2-m_1)/V$]。用 AutoAnalyzer 3 连续流动分析仪（Bran and Luebbe，法国）测定上覆水体样品过滤液中 NH_3（若下文无进一步说明，本章中 NH_3 代指 $NH_3+NH_4^+$）和 NO_x^-（NO_2^- 和 NO_3^-）浓度。按照仪器操作说明提前配制分析所需要的缓冲溶液、显色剂等试剂，所需 N 标准液均购自国家有色金属及电子材料分析测试中心。

5.2.2　上覆水体潜在硝化反应速率的测定

置于冰上储存的上覆水体样品运达实验室后，立即开展相关试验测定河流上覆水体的潜在硝化反应速率。本研究采用改进的氯酸盐抑制法来测定潜在硝化反应速率（Kurola et al.，2005），即通过添加氯酸盐抑制 NO_2^- 转化为 NO_3^-，基于特定时段内 NO_2^- 的线性累积量来计算上覆水体的潜在硝化反应速率。首先向系列血清瓶中（容积300mL）加入100mL未过滤的原水样品，随后加入定量氯酸钾（$KClO_3$）使其瓶内最终浓度为10mmol/L（Berg and Rosswall，1985）。此后，用硅胶垫将血清瓶瓶口塞住，并用铝盖密封。为使培养瓶内气压与原位大气压相接近，首先根据理想气体方程计算需要从血清瓶中抽出的气体量（V）（图5-2），然后用200mL注射器进行抽取，抽取过程维持2～3min以保证充分的气体交换。此后，将血清瓶置于振荡培养箱（HZQ-F160，哈尔滨全新中联电子有限责任公司）内，在暗环境、原位温度条件下进行培养，振荡速度设为190r/min。整个培养过程共持续24h，分别在0.25h、4h、6h、12h和24h打开瓶塞，用5mL移液器（艾本德，Eppendorf）从血清瓶中抽取3mL水样。随后用孔径为0.45μm的水系针式过滤器（天津市津腾实验设备有限公司，中国）过滤水样。将水样滤液暂时储存于-20℃冰箱内，最后统一用连续流动分析仪（AutoAnalyzer 3）测定其内NO_2^-含量。每个采样时间点取样完成后，按照上述密封、控压步骤进行重复操作。所有样品按一式三份同时进行潜在硝化反应速率的测定试验。与此同时，以灭菌原水为对照组，按如上步骤进行处理，以此排除非生物氧化过程对潜在硝化反应速率测定的干扰。根据培养过程中NO_2^-的线性累计来计算上覆水体的潜在硝化反应速率（图5-3）。

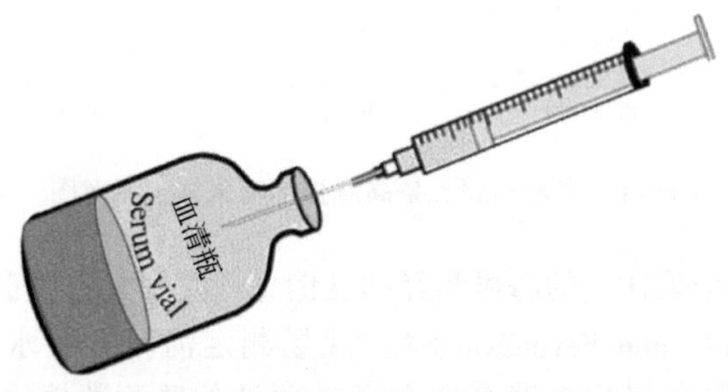

图5-2 上覆水体潜在硝化反应速率测定过程中血清瓶内气压调节示意图

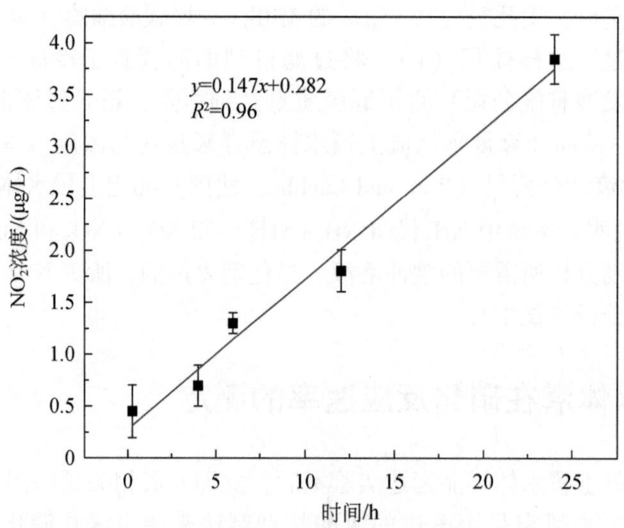

图5-3 唐克（5月）水样NO_2^-的净产生量（非灭菌组-灭菌组）随时间的变化

5.2.3 上覆水体 DNA 的提取和好氧氨氧化微生物序列分析

使用 FastDNA Spin kit for soil（MP Biomedicals，CA，美国）试剂盒提取每个采样点收集的三份滤膜上的基因组 DNA。提取滤膜 DNA 前，首先将滤膜置于冰上，用事先经 75% 乙醇消毒后的剪刀将其剪成小碎片后放入 DNA 提取裂解柱内，随后根据试剂盒制造商提供的方案提取滤膜上的基因组 DNA。用 75μLDES（无核酸酶水）淋洗提取到的 DNA，并使用微量紫外分光光度计（NanoDrop-2000，Thermo Scientific，美国）检测提取 DNA 的质量和浓度。将 DNA 样品储存于-20℃冰箱内以待后续分析。使用引物对 Arch-amoAF/Arch-amoAR（Francis et al.，2005）和 amoA-1F/amoA-1R（Rotthauwe et al.，1997）在 Biorad 牌普通 PCR 仪上（Mycycler Thermal Cycler System）分别扩增水样中 AOA 和 AOB 的 *amoA*（氨单加氧酶）基因片段。使用引物对 comaA-244F/comaA-659R 和 comaB-244F/comaB-659R 分别扩增水样中 Comammox *Nitrospira* Clade A（ComA）和 Clade B（ComB）的 *amoA* 基因片段。具体的引物信息、扩增体系和扩增条件详见表 5-1。在进行测序分析前，将按一式三份扩增得到的 PCR 产物进行混合以规避同一采样点平行样品间的差异。此后纯化扩增产物，并将其与 PMD19-T 载体相连接（Takara，日本），之后转化至 *E. coli DH*5α 感受态细胞中。利用蓝白菌筛选的方法挑选阳性克隆子（Li et al.，2011），并确认载体中插入片段是否正确。将验证后的阳性克隆子送至生工生物工程（上海）股份有限公司，使用 ABI3730 DNA 测序仪（Applied Biosystems，美国）进行测序。

表 5-1 PCR 扩增引物、扩增体系与扩增条件

扩增类型	引物	引物序列(5′—3′)	扩增条件	扩增体系（25μL）
AOA *amoA* (MPN) PCR	Arch-amoAF	STAATGGTCTGGCTTAGACG	5min at 95℃; 30 cycles consisting of 94℃ for 45s, 53℃ for 60s, and 72℃ for 60s; 72℃ for 15min	2.5μL 10×PCR buffer (Mg^{2+} plus), 2μL dNTPs (2.5mmol/L), 0.2μL Ex Taq polymerase (5U/μL, Takara, Dalian, China), 1μL of each primer (10mmol/L), 0.25μL BSA (20mg/mL), and 2μL DNA template
	Arch-amoAR	GCGGCCATCCATCTGTATGT		
AOB *amoA* (MPN) PCR	amoA-1F	GGGGTTTCTACTGGTGGT	5min at 95℃; 35 cycles consisting of 94℃ for 45s, 55℃ for 45s, and 72℃ for 60s; 72℃ for 10min	2.5μL 10×PCR buffer (Mg^{2+} plus), 2μL dNTPs (2.5mmol/L), 0.2μL Ex Taq polymerase (5U/μL, Takara, Dalian, China), 1μL of each primer (10mmol/L), 0.25μL BSA (20mg/mL), and 2μL DNA template
	amoA-2R	CCCCTCKGSAAAGCCTTCTTC		

续表

扩增类型	引物	引物序列(5′—3′)	扩增条件	扩增体系 (25μL)
Com A *amoA* (MPN) PCR	comaA-244F	TAYAAYTGGGTSAAYTA	5min at 95℃; 35 cycles consisting of 94℃ for 45s, 53℃ for 45s, and 72℃ for 60s; 72℃ for 10min	2.5μL 10×PCR buffer (Mg^{2+} plus), 2μL dNTPs (2.5mmol/L), 0.2μL Ex Taq polymerase (5U/μL, Takara, Dalian, China), 1μL of each primer (10mmol/L), 0.25μL BSA (20mg/mL) and 3μL DNA template
	comaA-659R	ARATCATSGTGCTRTG		
Com B *amoA* (MPN) PCR	comaB-244F	TAYTTCTGGACRTTYTA		
	comaB-659R	ARATCCARACDGTGTG		

5.2.4 上覆水体中好氧氨氧化微生物 *amoA* 基因丰度的测定

本研究使用实时荧光定量 PCR (qPCR) 技术，以上述 Arch-amoAF/Arch-amoA 和 amoA-1F/amoA-1R 为引物分别估算河流上覆水体中 AOA 和 AOB *amoA* 基因的丰度。使用 C1000 荧光定量 PCR 仪 (BioRad) 进行 qPCR 试验，每个样品按一式三份进行扩增。反应体系为 25μL 反应液，其中含 12.5μL Premix Ex Taq SYBR 荧光染料 (Takara，日本)，正反引物 (10μmlo/L) 各 1μL，0.25μL 牛血清蛋白 (BSA，20mg/mL，Takara，日本) (AOB 扩增时不添加)，3μL DNA (1~10ng，按需进行稀释) 作为扩增模板，最后用双蒸水 (ddH_2O) (北京博迈德基因技术有限公司，中国) 补充至 25μL。qPCR 扩增程序如下所示：95℃下进行预变性 3min，随后按 95℃，10s；AOA：53℃，30s 和 AOB：55℃，30s；72℃，1min 程序进行 40 个循环的扩增，在 83℃下进行读板 (read plate) (Kim et al., 2016；Zhang et al., 2012)。扩增结束后，进行熔解曲线分析，并结合琼脂糖凝胶电泳结果验证扩增产物的准确性和特异性。将用 ddH_2O 代替 DNA 模板的扩增试验作为阴性对照来排除和验证 qPCR 扩增过程中是否存在外来 DNA 污染。使用浓度已知、含有目的基因片段的质粒作为标准物质，按 10 倍梯度进行系列稀释，制作 qPCR 反应的标准曲线。其中，AOA qPCR 扩增的标准曲线范围为 1.05×10^2 ~ 1.05×10^7 copies per assay，AOB 扩增试验的标准曲线范围为 1.24×10^2 ~ 1.24×10^7 copies per assay。AOA qPCR 的扩增效率 (efficiency) 为 85.2%~90.3%，AOB qPCR 的扩增效率为 90.2%~90.4%。所有 qPCR 扩增试验标准曲线的线性效果良好，r^2 均大于 0.98。

本研究针对 Comammox (ComA 和 ComB) *amoA* 基因，前期尝试使用 comaA-244F/comaA-659R 和 comaB-244F/comaB-659R 引物对 (Pjevac et al., 2017) 进行 qPCR 扩增，但熔解曲线和琼脂糖凝胶电泳分析均发现该方法扩增特异性较差，按此进行分析得到的结果会存在很大误差。为此，本研究使用 MPN (最大概率数) -PCR 法对 Comammox *amoA* 基因进行定量，该方法能有效规避扩增特异性差所带来的计数误差。首先，将提取的基因组 DNA 按 10 倍梯度依次进行稀释 (10^{-1} ~ 10^{-5})，最终稀释倍数可根据试验结果进行调整。扩增引物序列、扩增条件和扩增体系等信息详见表 5-1。每个样品按一式三份进行扩增。PCR 扩增完成后，制作 1% 的琼脂糖凝胶电泳，添加 GoldView 核酸染料 (SBS Genetech，中国) 进行染色。将 6×Loading Buffer (Takara) 与 DNA 扩增产物按 1：5 比例混合后点样，并添加 DNA Marker（100bp Ladder DNA Marker，博迈德，中国）进行比对。电泳电压设为 120V，持续 30min；完成后将凝胶取出置于 Quantum CX5 凝胶成像仪（Vilber，France）内显色，观察并记录电泳结果。使用如上引物对，扩增得到的 ComA 和 ComB *amoA* 基因片段长约 415bp。根据 Marker 基因标准片段长度进行定位，若样品泳道在约 415bp 位置处出现了条带，即可认为该稀释梯度样品内存在 Comammox *amoA* 基因。为保证结果的准确性，在 PCR 扩增时将含有 Comammox *amoA* 基因的质粒代替 DNA 模板同时进行如上扩增试验，并同样进行跑胶、成像计数处理。此外，本研究将部分扩增产物送至生工生物工程（上海）股份有限公司进行克隆测序分析来确保扩增结果的特异性。试验过程中，使用 ddH_2O 代替 DNA 模板作为阴性对照来检验扩增过程中是否存在 DNA 污染。最后，根据 Cochran（1950）表格估算样品中 ComA 和 ComB *amoA* 基因的拷贝数。

为能大致判断上覆水体样品中 AOA 和 AOB 与 Comammox *amoA* 基因拷贝数的多寡，本研究首先需要尽量消除因测定方法不同（qPCR 和 MPN-PCR）所带来的误差。为此，本研究从采集的上覆水体样品中随机抽取 3 个样品，利用 MPN-PCR 法测定其内 AOA 和 AOB *amoA* 基因的丰度，扩增引物序列、扩增条件和扩增体系等信息详见表 5-1。按如上所述方法估算样品中 AOA 和 AOB *amoA* 基因丰度。本研究发现，通过 qPCR 测得的 AOA 和 AOB *amoA* 基因的丰度约是通过 MPN-PCR 法测定丰度的 100 倍。所以在下文中进行 AOA 和 AOB 与 Comammox *amoA* 基因丰度比较时，将 AOA 和 AOB *amoA* 基因丰度除以 100 以消除不同测定方法所造成的差异。

5.2.5 统计分析

利用 Mothur 软件（v1.41.3）（Schloss et al.，2009）在 95% 的核酸相似性水平上（Alves et al.，2018）计算 AOA 和 AOB *amoA* 基因克隆文库的分类操作单元（operational taxonomic unit，OTU）丰度、Chao1 和辛普森（Simpson）指数。计算各采样点克隆文库的覆盖率以评估构建文库是否完整。通过 Blast 检索获取国家生物技术信息中心（National Centre for Biotechnology Information，NCBI）数据库中好氧氨氧化微生物已知物种的 *amoA* 基因序列。将这些物种序列和本研究获得的 OTU 代表性序列混合后，使用 Clustal X（v 2.0）（Larkin et al.，2007）进行多重序列比对分析。使用 Mega（v7.0）软件（Kumar et al.，2016）按邻接法（neighbor-joining method）构建系统发育树，依此来判断上覆水体中好氧氨氧化微生物的种类信息，建树过程中用 Bootstrap 方法抽样 1000 次，计算相关统计量来评估构建系统发育树的可靠性。构建系统发育树时，按 85%（95%）的核酸序列相似性阈值对 AOA 和 AOB（Comammox）序列进行聚类，得到代表性 OTU 序列片段（Liu et al.，2013）。利用 Mothur 软件计算加权（非加权）UniFrac 距离，并据此进行主坐标分析（principal coordinate analysis，PCoA），识别采样点之间好氧氨氧化微生物的群落结构差异。使用 R 语言（R Core，2013）软件包 geosphere package（v1.5-7）（Hijmans et al.，2017）计算采样点之间的水平空间距离和垂直海拔距离。为排除无效环境因子的干扰，使用 vegan 包的 vif.cca 命令进行环境因子预筛选，排除方差扩大因子（variance inflation factor，vif）值大于 3 的环境因子（Zuur et al.，2010）。将筛选后的环境因子首先进行 *z*-分数标准化以去除环境因子量纲不同所带来的误差，此后基于欧氏距离计算样点间的环境因子矩阵。使用 vegan 包进行 Mantel 分析探究环境因子、空间因子矩阵和微生物群落相异性矩阵间的关系。进行偏 Mantel 分析，识别环境因子和空间因子对微生物群落相异性的相对影响。基于非加权 UniFrac 距离使用非加权组平均（UPGMA）法对黄河源区好氧氨氧化微生物群落进行聚类分析。

使用 SPSS 21.0 软件在显著性水平为 $P<0.05$ 的基础上进行 Pearson（Spearman）和偏相关分析、配对样本 t 检验与其他统计分析。进行部分统计分析前，将好氧氨氧化微生物 *amoA* 基因丰度、AOB/AOA 丰度比值（基于 *amoA* 基因丰度）和上覆水体悬浮颗粒物浓度进行自然对数转换，以满足数据须符合正态分布的要求。利用配对样本 t 检验识别黄河源区不同采样月份间好氧氨氧化微生物丰度、潜在硝化反应速率、α 多样性指数和环境因子差异的显著水平，并用其分析 AOA 和 AOB 与 Comammox（ComA 与 ComB）丰度（按 *amoA* 基因丰度比较）的差异水平。

利用 Amos（Amos Development Corporation，Meadville，PA，美国）20.0 软件进行结构方程模型（structural equation models，SEMs）分析，以此来进行路径分析识别控制上覆水体中 AOA、AOB 和 Comammox 基因丰度的直接和间接因素。根据本研究前期掌握的知识和相关性分析结果，将 DO、悬浮颗粒物含量、水温和太阳辐射强度纳入结构方程模型中。通过最大概率数对数据矩阵进行拟合。使用 Bootstrap 分析从现有数据中开展 1000 次有放回的重新取样，并重新计算标准误等统计量，从而克服本研究数据量偏小所导致的标准误偏差问题。此外，使用相关分析、偏相关分析等其他统计方法对结构方程模型结果进行验证。良好的结构方程模型拟合结果应符合 $P>0.05$、近似误差均方根（root mean square error of approximation）小于 0.10 和拟合优度指数（goodness-of-fit index）大于 0.90 等标准。

5.2.6 数据获取

本研究测得的好氧氨氧化微生物 *amoA* 基因序列已全部提交到 NCBI 数据库。其中，AOA 的 *amoA* 基因序列可以通过索引号 MH179343-MH179467 和 MK987213-MK987510 获得；AOB 的 *amoA* 基因序列可以通过索引号 MK987511-MK988028 获得；Comammox 的 *amoA* 基因序列可以通过索引号 MN011812-MN011865 获得。

5.3 上覆水体理化性质及潜在硝化反应速率

本研究选取采样点的海拔范围为 2687 ~ 4223m，纬度范围为 29.18°N ~ 35.50°N，具体信息详见表 5-2。青藏高原太阳辐射强度较高，研究区内其数值为 21.1 ~ 25.7MJ/(m^2 · d)，与海拔呈显著正相关（$P<0.01$，$n=28$）。DO 浓度（5.57 ~ 7.97mg/L）随纬度的升高而显著升高（$P<0.01$，表 5-3）。研究区内，河流水温（7.2 ~ 19.9℃）与海拔呈显著负相关（$P<0.05$，$n=28$）；水温随纬度的升高而降低，但该变化并不显著（$P=0.079$，$n=28$）。悬浮颗粒物浓度变化范围较大（0.001 ~ 0.711g/L），与海拔和纬度均呈显著负相关（$P<0.05$）。水温与 DO 浓度（$P<0.01$，$r=0.63$，$n=28$）和悬浮颗粒物浓度（$P<0.05$，$r=0.59$，

表 5-2　青藏高原 5 条河流上覆水体样品的理化性质（n=28）

采样点	海拔/m	纬度/(°N)	太阳辐射强度/[MJ/(m^2·d)]	DO 浓度/(mg/L)	水温/℃	ORP/mV	pH	EC/(μS/cm)	悬浮颗粒物浓度/(g/L)	NH_3-N 浓度/(mg/L)	NO_x^--N 浓度/(mg/L)
MD	4221	34.89	21.1/22.6	6.12/7.89	16.5/11.3	193.0/124.8	8.85/8.63	678.7/1007.0	0.0069/0.0010	0.089/0.042	0.050/0.231
RQ	4223	34.94	21.2/22.5	5.96/7.21	13.3/7.2	214.7/127.4	8.83/8.49	442.0/490.0	0.0032/0.0042	0.080/0.041	0.253/0.352
DR	3918	33.77	22.1/22.5	5.76/7.25	15.8/9.7	160.3/142.6	8.44/8.48	465.3/388.0	0.0136/0.2513	0.050/0.043	0.472/1.134
MT	3642	33.77	22.9/22.0	5.97/7.03	15.7/12.5	198.0/132.0	8.54/8.60	418.0/159.0	0.0198/0.0506	0.069/0.036	0.555/0.818
JZ	3539	33.43	22.8/21.3	7.20/7.95	12.0/8.13	205.7/139.3	8.32/8.31	395.7/210.5	0.0141/0.0046	0.094/0.033	0.437/0.401
TK	3391	33.41	23.2/21.9	6.22/6.83	15.4/14.4	216.0/116.1	8.09/7.87	127.0/97.8	0.0644/0.0531	0.091/0.032	0.152/0.167
MQ	3423	33.96	23.5/22.6	6.09/7.05	17.3/12.8	172.7/294.0	8.48/8.41	315.5/125.3	0.0534/0.0509	0.099/0.038	0.481/0.570
JG	3100	34.68	24.2/23.6	7.43/7.97	19.9/14.0	127.0/88.7	8.46/8.60	328.0/302.0	0.1107/0.1112	0.105/0.059	0.498/0.590
BD	2726	35.32	25.0/25.5	6.41/7.57	19.3/12.6	168.0/101.7	8.51/8.54	358.0/338.0	0.1517/0.1480	0.104/0.044	0.691/0.778
TNH	2687	35.50	24.9/25.7	6.57/7.74	18.3/14.6	152.0/139.3	8.34/8.53	358.0/350.2	0.2198/0.4446	0.120/0.047	0.664/0.910
ZM03	3229	29.19	22.43	5.88	19.5	110.2	9.08	261.1	0.7106	0.039	0.360
ZM04	3257	29.18	24.27	6.13	17.0	88.4	7.99	210.3	0.4010	0.033	0.217
ZM05	3432	29.21	22.94	5.57	19.2	152.0	8.14	273.3	0.5217	0.036	0.140
YC	3412	29.25	22.89	5.65	18.6	98.0	8.15	275.9	0.5681	0.034	0.390
QML	4065	34.06	24.55	5.91	16.4	97.5	8.23	1271.0	0.2337	0.036	0.517
BM	3513	32.93	23.15	6.57	15.9	143.5	8.53	590.0	0.2666	0.037	0.213
XD	3690	32.31	23.6	6.38	17.1	130.3	7.68	721.0	0.0917	0.026	0.517
ZG	3774	29.67	23.81	6.51	13.9	161.6	8.40	201.6	0.0381	0.099	0.522

注：“/”左右两边数值分别是黄河源区上覆水体 5 月与 8 月理化性质数值。
数值均为三个平行样品测定值的平均值。

表 5-3　上覆水体理化性质与好氧氨氧化微生物丰度及潜在硝化反应速率的相关关系（$n=28$）

理化性质	1	2	3	4	5	6	7	8	9	10	11	12	13	14	15	16	17
1 海拔	1.00																
2 纬度	-0.14	1.00															
3 水温	-0.38	-0.34	1.00										$P\leq0.01$				
4 太阳辐射强度	0.86	-0.03	-0.32	1.00									$0.01<P\leq0.05$				
5 EC	0.45	0.27	-0.01	0.60	1.00								$P>0.05$				
6 pH	0.03	0.28	-0.07	0.18	0.08	1.00											
7 ORP	0.09	0.23	-0.10	-0.03	-0.20	0.15	1.00										
8 DO 浓度	-0.23	0.51	-0.63	-0.15	-0.06	0.10	-0.15	1.00									
9 悬浮颗粒物浓度	-0.57	-0.43	0.59	-0.51	-0.23	-0.21	-0.36	-0.27	1.00								
10 NH_3-N	-0.26	0.32	0.29	-0.19	-0.13	0.24	0.39	-0.08	-0.14	1.00							
11 NO_x^--N 浓度	-0.41	0.33	-0.20	-0.32	-0.10	0.13	-0.09	0.39	0.30	0.03	1.00						
12 AOA	-0.60	-0.41	0.74	-0.51	-0.36	-0.04	-0.18	-0.42	0.86	0.22	0.19	1.00					
13 AOB	-0.50	-0.25	0.21	-0.45	-0.26	-0.15	-0.30	0.02	0.78	-0.13	0.53	0.65	1.00				
14 AOB：AOA	0.22	0.12	-0.64	0.05	0.12	-0.11	-0.09	0.45	-0.35	-0.33	0.09	-0.64	-0.08	1.00			
15 Comammox	-0.43	-0.25	-0.06	-0.41	-0.18	-0.34	-0.46	0.35	0.56	-0.44	0.33	0.32	0.66	0.14	1.00		
16 Comammox：（AOA+AOB）	0.28	0.14	-0.29	0.35	0.41	0.09	-0.14	0.39	-0.48	-0.18	-0.18	-0.49	-0.38	0.20	0.15	1.00	
17 潜在硝化反应速率	-0.72	0.45	0.12	-0.62	-0.31	0.22	0.17	0.34	0.19	0.44*	0.65	0.31	0.37	-0.10	0.17	-0.13	1.00

n=28）均存在显著相关性。在这 5 条高海拔河流中，NH_3-N 浓度为 0.026 ~ 0.120mg N/L，显著低于 NO_x^--N 浓度（0.050 ~ 1.134mg N/L）（P<0.05）。上覆水体为碱性环境，其 pH 为 7.68 ~ 9.08。

如图 5-4 所示，青藏高原河流上覆水体的潜在硝化反应速率为 5.4 ~ 38.4nmol N/(L · h)，随海拔升高而显著降低（P<0.05，表 5-3）。Pearson 相关分析结果表明，潜在硝化反应速率与 NH_3-N 和 NO_x^--N 浓度之间均呈显著正相关关系（P<0.05，表 5-3）。但潜在硝化反应速率与水温间无显著相关性（P>0.05）。此外，配对样本 t 检验结果显示，尽管黄河源区 8 月［23.4nmol N/(L · h)］潜在硝化反应速率高于 5 月［21.7nmol N/(L · h)］，但二者差异并不显著（P>0.05）。

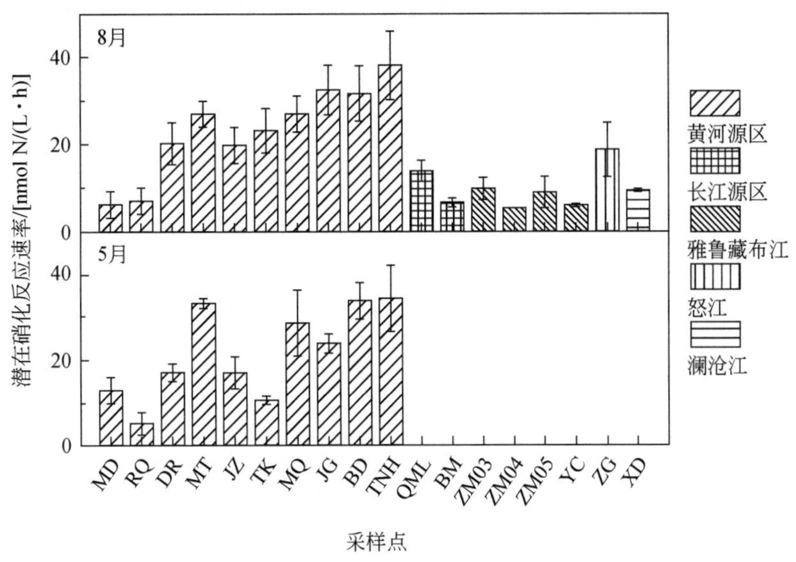

图 5-4 上覆水体样品的潜在硝化反应速率

5.4 上覆水体中好氧氨氧化微生物的丰度与群落变异特征

上覆水体中 AOA *amoA* 基因丰度为 3.34×10^3 ~ 2.18×10^7 copies/L，而 AOB *amoA* 基因丰度为 1.06×10^5 ~ 2.98×10^7 copies/L［图 5-5（a）］。在所有 28 个上覆水体样品中，AOB：AOA *amoA* 基因丰度比值为 0.2 ~ 96.4，其中 AOB *amoA* 基因丰度在 20 个样品中超过 AOA［图 5-5（c）］。AOB：AOA *amoA* 基因丰度比值与水温呈显著负相关（P<0.01），该比值在 8 月随海拔升高而显著增加（P<0.05，n=18）。与 AOA 和 AOB 不同，根据 MPN-PCR 结果，ComA 和 ComB 仅分别在 7 个和 25 个样品中检出，Comammox（ComA+ComB）*amoA* 基因丰度最高为 1.25×10^4 copies/L。根据 5.2.4 节所述，将 AOA 和 AOB *amoA* 基因丰度除以 100 来修正 qPCR 和 MPN-PCR 法之间的测量误差，发现 Comammox *amoA* 基因丰度在 3 个样品中超过了 AOA *amoA* 基因丰度。Comammox/(AOA+AOB)（基于 *amoA* 基因拷贝数）

丰度比值沿海拔和纬度均无显著的变化趋势（$P>0.05$）。

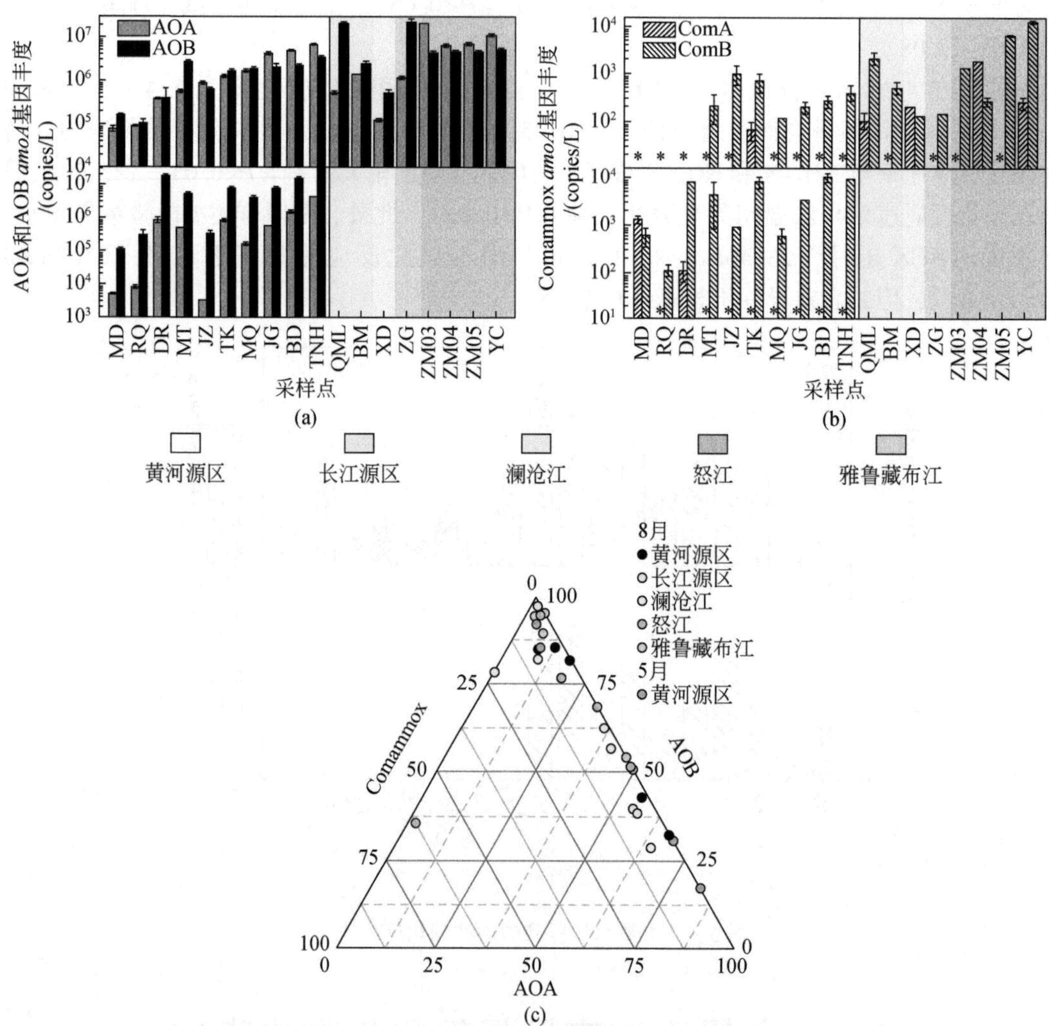

图 5-5　上覆水体样品中 AOA 和 AOB（a）与 Comammox（b）*amoA* 基因丰度及其各自所占比例（c）

* 此处微生物丰度低于检测限

构建结构方程模型分析环境因子对好氧氨氧化微生物丰度的直接和间接影响。Bootstrap 分析发现尽管本研究样本量偏小（$n=28$），但由此带来的统计误差可以忽略不计。结构方程模型显示悬浮颗粒物浓度、DO 浓度、水温和太阳辐射强度这 4 个环境因子总共分别解释了上覆水体中 AOA、AOB 和 Comammox *amoA* 基因丰度 82%、75% 和 75% 的变异［图 5-6（a）］。根据总标准化效应（total standardized effects），悬浮颗粒物含量对上覆水体中 AOA 和 AOB *amoA* 基因丰度的影响最高，水温次之，DO 浓度与太阳辐射强度的影响相对较小［图 5-6（b）］。对 Comammox 而言，悬浮颗粒物浓度和水温的影响相当，但水温对 Comammox *amoA* 基因丰度的影响主要通过 DO 浓度而间接体现，它的直接影响效应反而相对较小［图 5-6（b）］。上述结果与偏相关分析结果基本一致：在偏相关分析中控制悬浮颗粒物浓度影响后，好氧氨氧化微生物 *amoA* 基因丰度不再随海拔升高显著变化（P>0.1，表 5-4）；然而当同时或分别控制 DO 浓度、太阳辐射强度和水温的影响后，悬浮颗粒物浓度仍与好氧氨氧化微生物 *amoA* 基因丰度呈显著正相关（表 5-4）。此外，结构方程模型结果表明，水温升高显著抑制上覆水体 AOB *amoA* 基因丰度，这亦与偏相关分析结果相一致（表 5-4）。

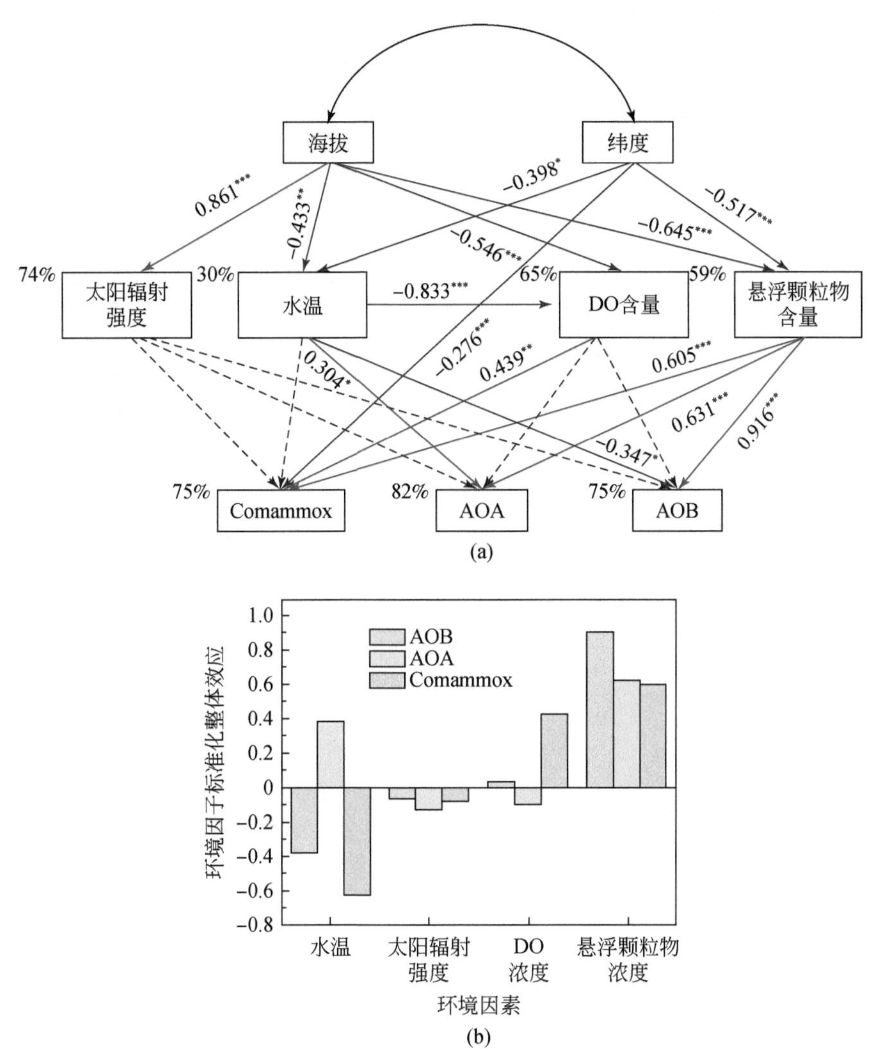

图 5-6 结构方程模型揭示控制上覆水体样品中好氧氨氧化微生物 *amoA* 基因丰度的环境因子（a）；（b）结构方程模型中每个环境因子对好氧氨氧化微生物 *amoA* 基因丰度影响的总标准化效应

蓝色和红色箭头分别代表显著负相关和正相关关系，灰色箭头代表影响不显著。箭头粗细代表相关关系的强弱。

* P<0.05；** P<0.01；*** P<0.001

利用 *amoA* 基因克隆文库技术，本研究分别在 19 个和 18 个采样点检测到 423 条 AOA 和 518 条 AOB 序列（表 5-5）。基于 95% 的相似性阈值，获得的 AOA 和 AOB 序列可分别划分为 52 个和 91 个 OTU。经计算，AOA 和 AOB *amoA* 基因克隆文库覆盖率分别为 70%~

表 5-4　好氧氨氧化微生物丰度与环境因子的偏相关关系（$n=28$）

控制变量		相关				
		DO 浓度	水温	太阳辐射强度	NH_3-N	悬浮颗粒物浓度
AOA	DO 浓度	—	0.68	-0.63	0.20	0.86
	水温	0.10	—	-0.42	0.01	0.78
	太阳辐射强度	-0.58	0.71	—	0.16	0.81
	NH_3-N	-0.41	0.73	-0.48	—	0.92
	DO 浓度、水温、太阳辐射强度、NH_3-N	—	—	—	—	0.83
	悬浮颗粒物浓度	-0.38	0.59	-0.16	0.68	—
AOB	DO 浓度	—	0.28	-0.45	-0.13	0.82
	水温	0.20	—	-0.41	-0.20	0.84
	太阳辐射强度	-0.05	0.07	—	-0.25	0.71
	NH_3-N	0.01	0.26	-0.49	—	0.78
	DO 浓度、水温、太阳辐射强度、NH_3-N	—	—	—	—	0.80
	悬浮颗粒物含量	0.38	-0.52	-0.10	-0.03	—
Comammox	DO 浓度	—	0.22	-0.38	-0.44	0.72
	水温	0.40	—	-0.45	-0.44	0.74
	太阳辐射强度	0.32	-0.22	—	-0.61	0.40
	NH_3-N	0.35	0.07	-0.55	—	0.55
	DO 浓度、水温、太阳辐射强度、NH_3-N	—	—	—	—	0.59
	悬浮颗粒物浓度	0.62	-0.59	-0.18	-0.43	—

$P>0.05$；$0.01<P\leq0.05$；$P\leq0.01$。

95%和67%~94%（表5-5）。黄河源区 AOA 和 AOB *amoA* 基因文库的 OTU 丰度在不同采样月份间无显著差异（$P>0.1$）。Spearman 相关分析结果表明，所有环境因子与 AOA 和 AOB 的 α 多样性指数（OTU 丰度和 Simpson 指数）之间均不存在显著相关性（$P>0.05$）。AOA 文库的 Simpson 指数随海拔的升高而显著增加（$P<0.01$）[图5-7（a）]，而 AOB 文库的 Simpson 指数沿海拔梯度呈单峰变化模式，其最大值出现在研究区内的中等海拔位置处[图5-7（b）]，而非单一线性变化。

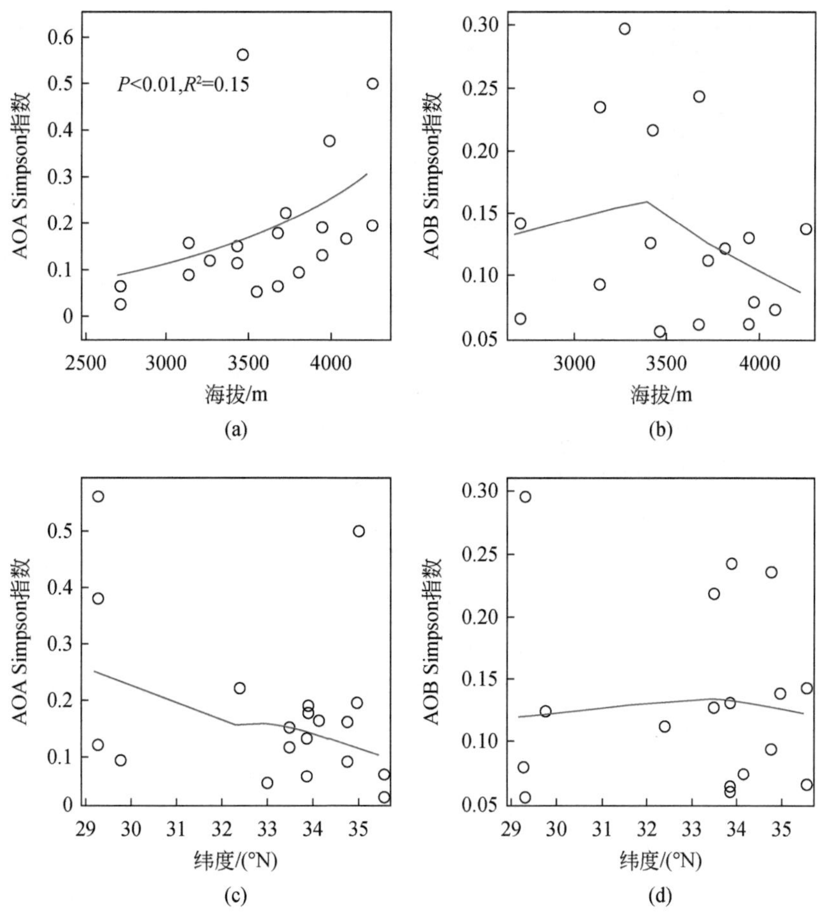

图 5-7 青藏高原 5 条高海拔河流 AOA[(a)和(c)]和 AOB[(b)和(d)]*amoA* 基因群落克隆文库 Simpson 指数随海拔和纬度的变化趋势

表 5-5 上覆水体样品中 AOA 和 AOB *amoA* 基因克隆文库的 α 多样性指数

采样月份	克隆文库	文库序列数	覆盖率/%	Chao1 指数	Simpson 指数
5	MD	31 (/)	74 (/)	21.3 (/)	0.2043 (/)
	DR	15 (30)	80 (77)	9.0 (24.5)	0.2000 (0.0667)
	MT	18 (33)	83 (76)	8.0 (26.0)	0.1895 (0.2462)
	TK	22 (34)	73 (91)	17.5 (10.5)	0.1255 (0.2210)
	JG	20 (32)	70 (84)	16.0 (15.0)	0.1684 (0.2379)
	TNH	19 (26)	79 (54)	11.2 (37.0)	0.0760 (0.1446)
8	MD	14 (27)	86 (85)	4.5 (12.0)	0.5055 (0.1396)
	DR	15 (35)	73 (86)	13.0 (14.0)	0.1429 (0.1345)
	MT	26 (33)	81 (73)	14.4 (28.0)	0.0738 (0.0625)
	TK	25 (33)	88 (76)	9.8 (22.3)	0.1600 (0.1307)

续表

采样月份	克隆文库	文库序列数	覆盖率/%	Chao1 指数	Simpson 指数
8	JG	35 (30)	83 (80)	17.5 (19.5)	0.0992 (0.0873)
	TNH	27 (31)	74 (81)	18.6 (17.0)	0.0370 (0.0688)
	ZM03	21 (18)	95 (67)	7.0 (15.5)	0.1286 (0.3007)
	ZM04	24 (32)	78 (94)	11.3 (12.2)	0.3877 (0.0827)
	ZM05	21 (28)	76 (71)	16.0 (22.0)	0.5714 (0.0582)
	XD	22 (33)	91 (76)	7.3 (27.0)	0.2294 (0.1155)
	ZG	23 (34)	83 (76)	11.5 (28.0)	0.1028 (0.1266)
	QML	23 (29)	91 (79)	7.5 (18.0)	0.1739 (0.0764)
	BM	22 (/)	82 (/)	12.5 (/)	0.0649 (/)

注：括号内外数值分别代表 AOB 和 AOA 克隆文库的 α 多样性指标数值。
(/) 表示该样点未进行测序分析。

系统发育分析［图 5-8（a）］表明，青藏高原河流绝大多数 AOA *amoA* 基因序列（308 条）与 *Nitrososphaera* 类物种亲缘关系相近，108 条 AOA 序列亲缘关系与 *Nitrosopumilus* 类物种相近，剩下 7 条序列与 *Nitrosotalea* 类物种较为相似。对于 AOB 群落，其序列与 β 变形菌纲的 *Nitrosomonas* 和 *Nitrosospira* 属物种序列有较近的亲缘关系［图 5-8（b）］。其中，隶属 *Nitrosospira amoA* cluster 1［相当于 *Nitrosospira* cluster 0（Purkhold et al., 2000）］类物种的序列数量最多（33.6%）；与 *N. oligotropha*（*amoA* cluster 6）系物种相似的次之（31.7%）；此外与 *N. europaea/Nc. mobilis*（*amoA* cluster 7）系物种相似的序列占 AOB *amoA* 基因序列总量的 3.3%。在黄河源区，AOB 群落某些组分在不同采样月份间的差异明显，其中 *Nitrosospira amoA* cluster 1 类序列在温度更低的 5 月的含量（49.7%）高于其在 8 月的含量（33.3%）。对于 Comammox，本研究共获得 39 条 ComA 和 15 条 ComB *amoA* 基因序列［图 5-8（c）］，这些序列与已知的 Comammox 物种相似度高。此外，这些 Comammox *amoA* 基因序列与已知的 α、β 和 γ 变形菌纲 *amoA* 序列之间存在明显的系统发育差异。

PCoA 发现，上覆水体中好氧氨氧化微生物 *amoA* 基因群落结构存在明显的空间差异。此外，与 AOA *amoA* 基因群落相比，AOB 群落在黄河源区不同采样月份间的差异更为明显（图 5-9）。PCoA 的前两主轴总共分别解释了 AOA 和 AOB 群落结构 57.7% 和 56.9% 的变化量（图 5-9）。将前两轴坐标值与环境因子做 Pearson 相关分析，结果显示所有测定环境因子与 AOA PCoA 前两轴数值均无显著相关性（$P>0.05$）。Mantel 分析也发现了类似的规律：所有环境变量矩阵与 AOA 群落结构差异矩阵（基于加权 UniFrac 距离）均无显著相关性（$P>0.05$）（表 5-6）。但水平空间距离矩阵与 AOA 群落结构差异矩阵呈显著正相关（$r=0.24$，$P=0.02$），这意味着研究区内河流上覆水体中 AOA *amoA* 基因群落相似性与空间距离间存在明显的距离-衰减关系。经度、纬度与 AOB PCoA 前两轴的坐标数值均显著正相关（$r=0.72$ 和 0.71，$P=0.001$）。Mantel 分析发现水平空间距离矩阵与 AOB 群落结构差异矩阵（加权 UniFrac）呈显著正相关（$r=0.28$，$P=0.04$）。此外，与 AOA 不同，环境因子（DO 浓度、水温、悬浮颗粒物浓度、pH、ORP、EC 和 NH_3-N）矩阵与 AOB 群落

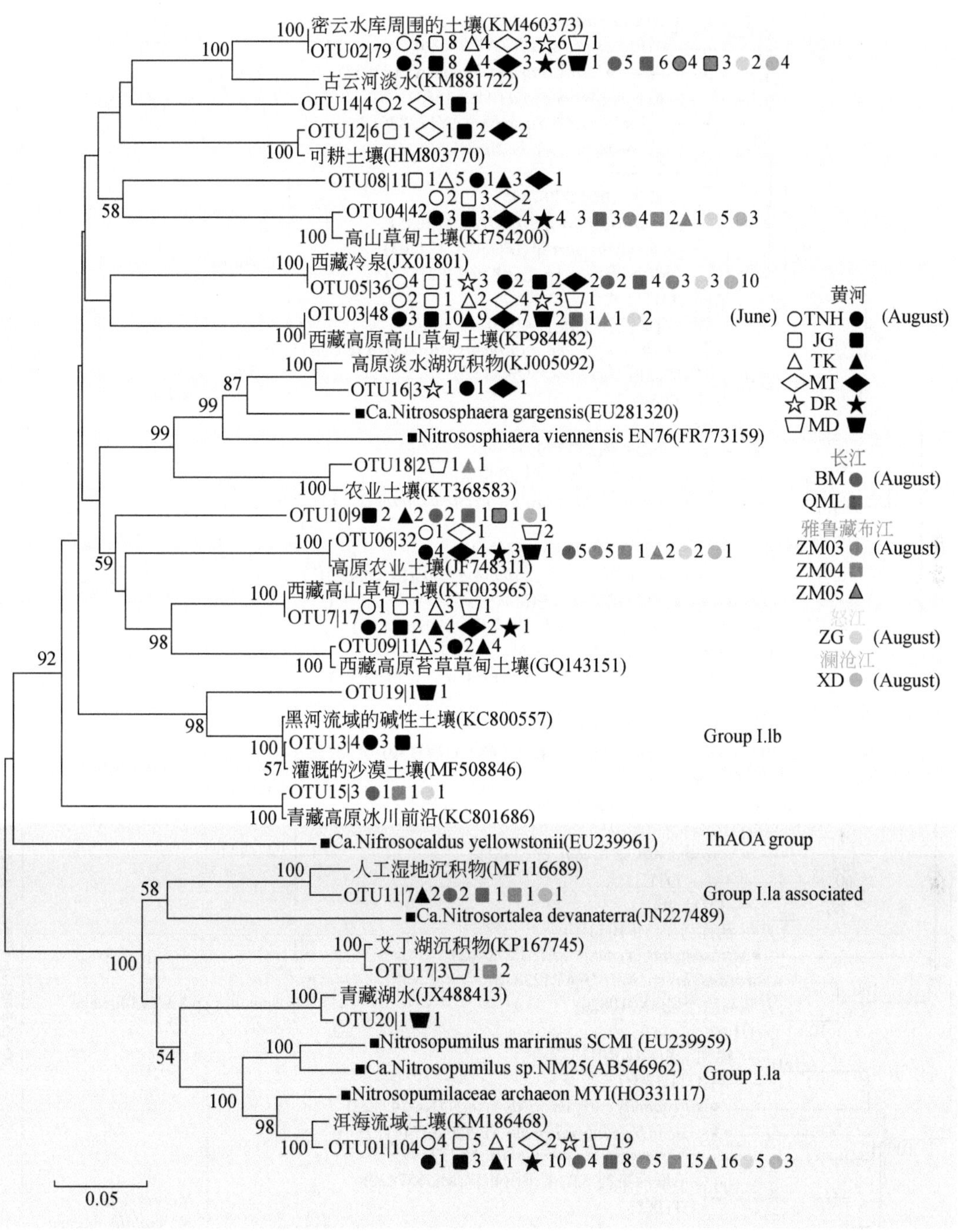

密云水库周围的土壤(KM460373)
OTU02|79
古云河淡水(KM881722)
OTU14|4
OTU12|6
可耕土壤(HM803770)
OTU08|11
OTU04|42
高山草甸土壤(Kf754200)
西藏冷泉(JX01801)
OTU05|36
OTU03|48
西藏高原高山草甸土壤(KP984482)
高原淡水湖沉积物(KJ005092)
OTU16|3
Ca.Nitrososphaera gargensis(EU281320)
Nitrososphiaera viennensis EN76(FR773159)
OTU18|2
农业土壤(KT368583)
OTU10|9
OTU06|32
高原农业土壤(JF748311)
西藏高山草甸土壤(KF003965)
OTU7|17
OTU09|11
西藏高原苔草草甸土壤(GQ143151)
OTU19|1
黑河流域的碱性土壤(KC800557)
OTU13|4
灌溉的沙漠土壤(MF508846)
OTU15|3
青藏高原冰川前沿(KC801686)
Group I.lb
Ca.Nifrosocaldus yellowstonii(EU239961)
ThAOA group
人工湿地沉积物(MF116689)
OTU11|7
Ca.Nitrosortalea devanaterra(JN227489)
Group I.la associated
艾丁湖沉积物(KP167745)
OTU17|3
青藏湖水(JX488413)
OTU20|1
Nitrosopumilus maririmus SCMI (EU239959)
Ca.Nitrosopumilus sp.NM25(AB546962)
Group I.la
Nitrosopumilaceae archaeon MYI(HO331117)
洱海流域土壤(KM186468)
OTU01|104
0.05
黄河
(June) TNH (August)
JG
TK
MT
DR
MD
长江
BM (August)
QML
雅鲁藏布江
ZM03 (August)
ZM04
ZM05
怒江
ZG (August)
澜沧江
XD (August)

(a)

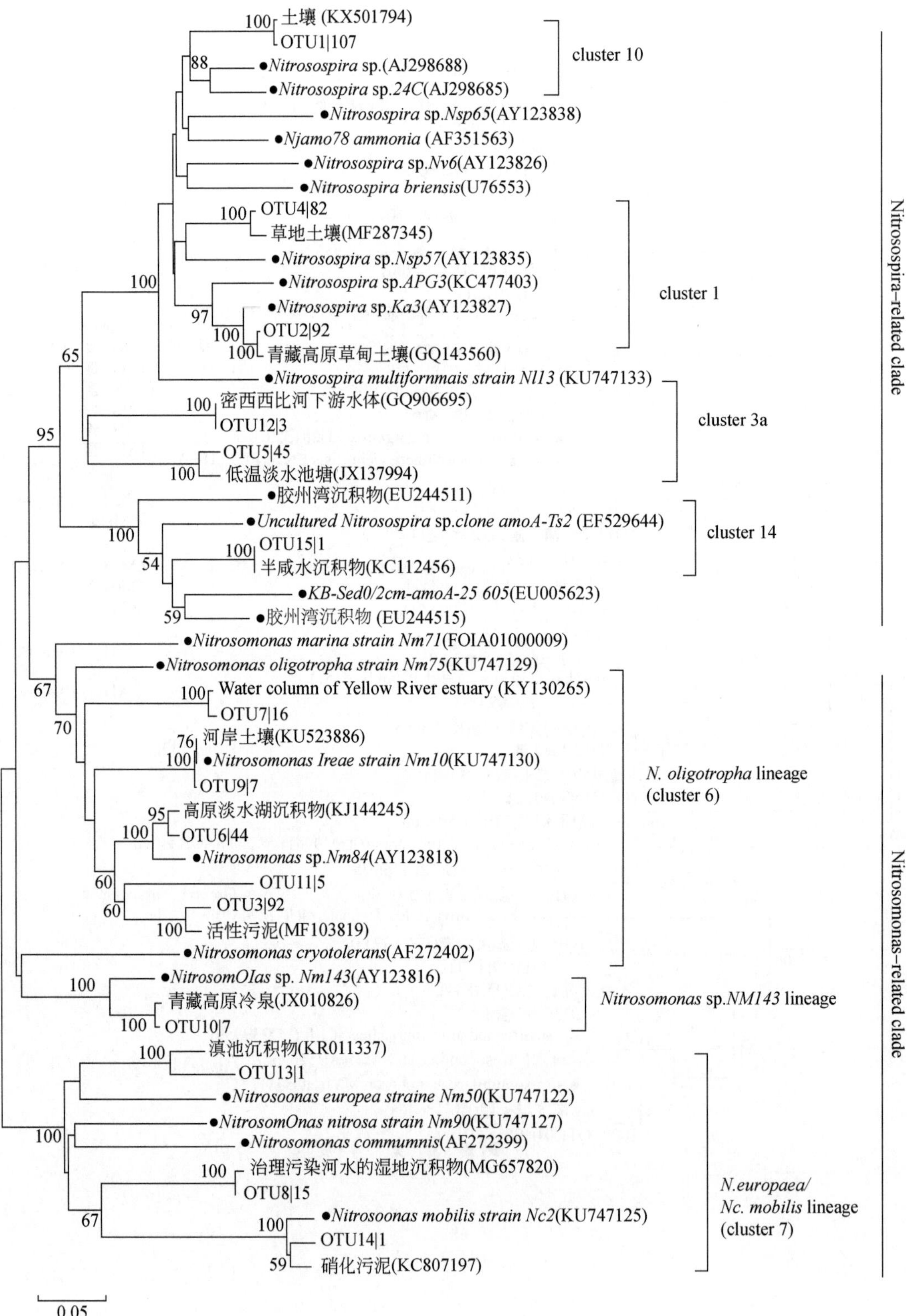
土壤 (KX501794)
OTU1|107
•Nitrosospira sp.(AJ298688)
•Nitrosospira sp.24C(AJ298685)
cluster 10
•Nitrosospira sp.Nsp65(AY123838)
•Njamo78 ammonia (AF351563)
•Nitrosospira sp.Nv6(AY123826)
•Nitrosospira briensis(U76553)
OTU4|82
草地土壤(MF287345)
•Nitrosospira sp.Nsp57(AY123835)
•Nitrosospira sp.APG3(KC477403)
•Nitrosospira sp.Ka3(AY123827)
OTU2|92
青藏高原草甸土壤(GQ143560)
cluster 1
•Nitrosospira multifornmais strain Nl13 (KU747133)
密西西比河下游水体(GQ906695)
OTU12|3
OTU5|45
低温淡水池塘(JX137994)
cluster 3a
•胶州湾沉积物(EU244511)
•Uncultured Nitrosospira sp.clone amoA-Ts2 (EF529644)
OTU15|1
半咸水沉积物(KC112456)
cluster 14
•KB-Sed0/2cm-amoA-25 605(EU005623)
•胶州湾沉积物 (EU244515)
Nitrosospira–related clade
•Nitrosomonas marina strain Nm71(FOIA01000009)
•Nitrosomonas oligotropha strain Nm75(KU747129)
Water column of Yellow River estuary (KY130265)
OTU7|16
河岸土壤(KU523886)
•Nitrosomonas Ireae strain Nm10(KU747130)
OTU9|7
高原淡水湖沉积物(KJ144245)
OTU6|44
•Nitrosomonas sp.Nm84(AY123818)
OTU11|5
OTU3|92
活性污泥(MF103819)
•Nitrosomonas cryotolerans(AF272402)
N. oligotropha lineage
(cluster 6)
•NitrosomOIas sp. Nm143(AY123816)
青藏高原冷泉(JX010826)
OTU10|7
Nitrosomonas sp.NM143 lineage
滇池沉积物(KR011337)
OTU13|1
•Nitrosoonas europea straine Nm50(KU747122)
•NitrosomOnas nitrosa strain Nm90(KU747127)
•Nitrosomonas communnis(AF272399)
治理污染河水的湿地沉积物(MG657820)
OTU8|15
•Nitrosoonas mobilis strain Nc2(KU747125)
OTU14|1
硝化污泥(KC807197)
N.europaea/
Nc. mobilis lineage
(cluster 7)
Nitrosomonas–related clade
100
88
100
100
97
100
100
65
100
95
100
100
54
100
59
67
70
100
76
100
95
100
60
60
100
100
100
100
100
67
100
59
0.05

(b)

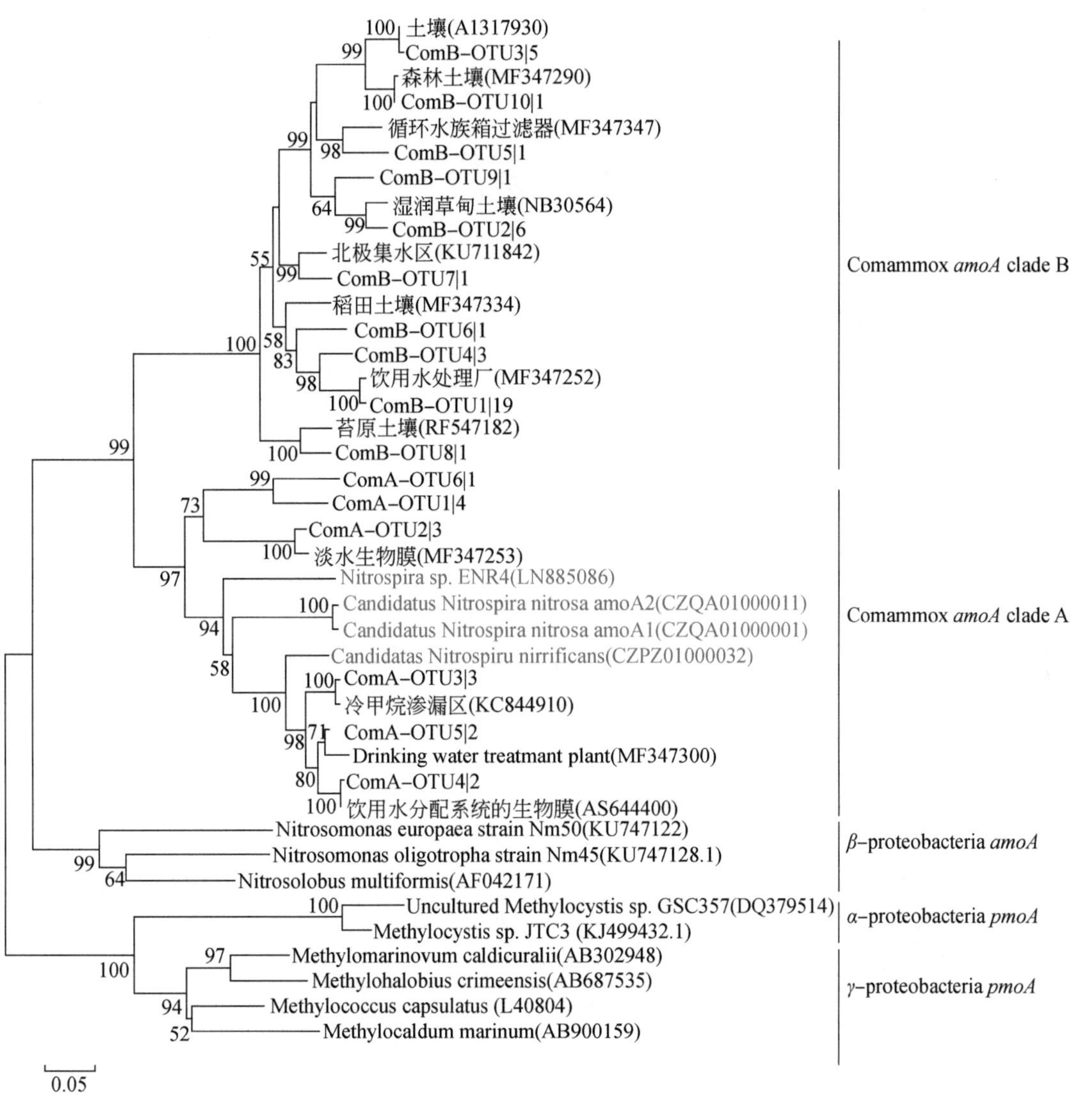

图 5-8　上覆水体样品 AOA（a）、AOB（b）和 Comammox *Nitrosospira*（c）*amoA* 基因序列的系统发育关系

矩阵亦呈显著正相关（$r=0.27$，$P=0.029$）。通过偏 Mantel 分析识别环境因子和水平空间距离矩阵对 AOB 群落结构差异矩阵的相对影响。结果表明在控制了环境变量或水平空间距离矩阵后，另一方均不会再与 AOB 群落矩阵存在显著相关性（$P>0.05$）。

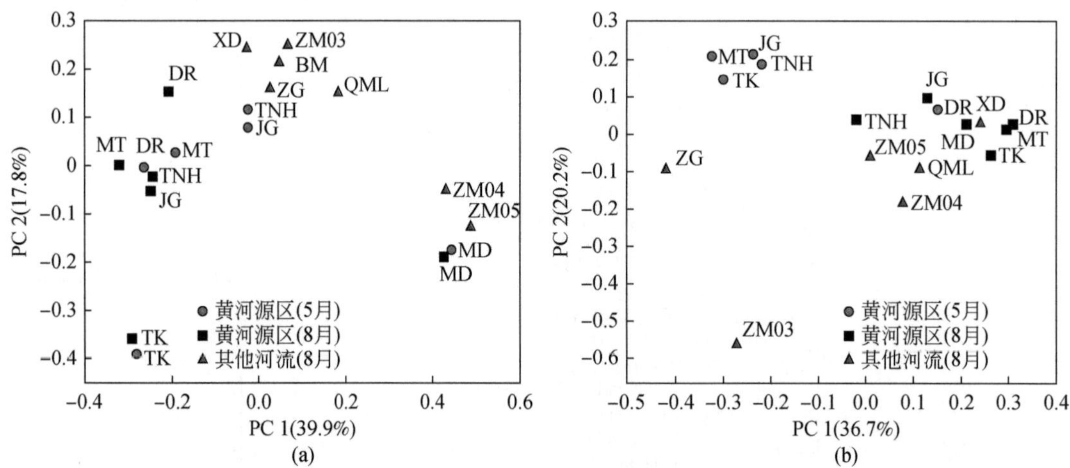

图 5-9 青藏高原 5 条河流采样点间 AOA（a）或 AOB（b）群落差异的主坐标分析双序图（基于加权 UniFrac）

表 5-6 Mantel 分析[a] 下 AOA（AOB）群落差异矩阵与空间和环境变量矩阵的 Pearson 相关关系

变量	Pearson 相关系数（r）	P
海拔	0.02（0.10）	0.361（0.762）
纬度	0.03（0.26）	0.326（0.041）
经度	0.34（0.21）	0.004（0.068）
水温	−0.01（0.08）	0.480（0.243）
pH	0.08（0.22）	0.237（0.094）
悬浮颗粒物浓度	−0.04（0.29）	0.601（0.06）
EC	0.04（0.05）	0.322（0.245）
ORP	0.08（0.05）	0.209（0.335）
NH_3-N	0.01（−0.07）	0.422（0.653）
DO 浓度	−0.04（0.06）	0.641（0.289）
全部环境因子[b]	0.05（0.27）	0.296（0.03）

注：括号内外分别指代 AOB 和 AOA 群落的统计数值。

a. 进行 Mantel 分析时选择了 9999 次随机置换进行统计分析。基于欧式距离计算环境因子和空间距离矩阵。

b. 全部环境因子包括水温、pH、悬浮颗粒物浓度、EC、ORP、NH_3-N 和 DO 浓度。

5.5 高、低海拔河流上覆水体中 AOA 和 AOB 的群落组成差异及驱动因素

青藏高原河流水温低、NH_3-N 浓度低和太阳辐射强的环境特征塑造了其好氧氨氧化微生物独特的群落结构。此外，本研究收集低海拔河流数据，对高、低海拔河流间好氧氨氧化微生物（AOA 和 AOB）群落结构进行主坐标分析，结果表明两者之间存在较大差异

(图 5-10)。研究区内 AOA 和 AOB *amoA* 基因序列只有数条与低海拔河流具有较高相似度(图 5-8)。此外，高海拔河流 AOA 群落与北极湖泊中 AOA 群落亦存在显著差异［图 5-10(a)］。这些现象均表明，青藏高原特殊的生境条件导致其好氧氨氧化微生物呈现出独特的进化特征。

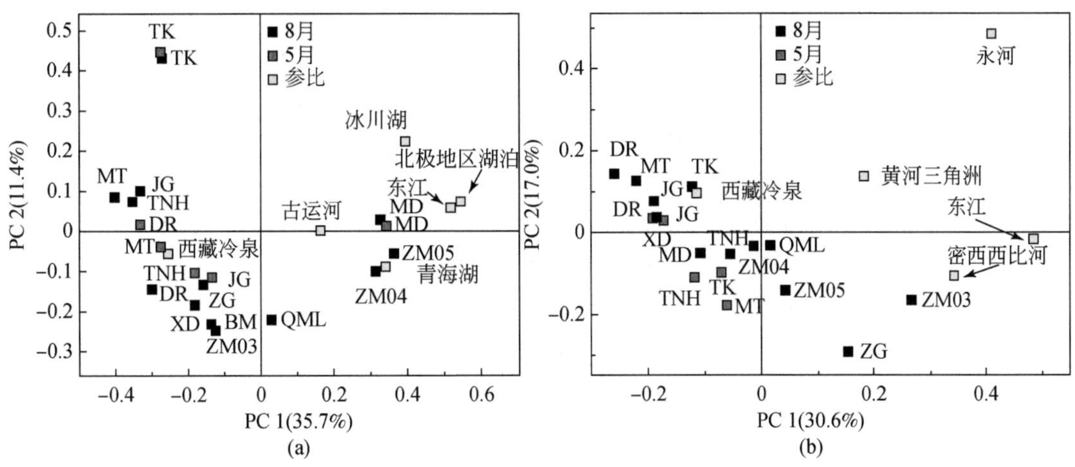

图 5-10　本研究河流与低海拔河流间 AOA (a) 或 AOB (b) *amoA* 基因群落差异的主坐标分析双序图 (基于加权 UniFrac)

温度对青藏高原河流 AOB *amoA* 基因群落组成具有重要影响。*Nitrosospira amoA* cluster 1 类 (C1) 物种是 AOB 群落的主要组分，其占比平均为 32.7%，远高于 *Nitrosospira* cluster 3a (C3a) 的含量 (9.3%) (表 5-7)。系统发育分析结果表明，本研究的 *Nitrosospira amoA* cluster 1 类 AOB 序列与物种 *Nitrosospira lacus* 亲缘关系紧密［图 5-8(b)］。据报道 *Nitrosospira lacus* 仅能在低温环境下 (4℃) 生长，在高温条件下 (35℃) 其活性丧失 (Urakawa et al., 2015)。与该结果相类似，某土壤培养实验发现 *Nitrosospira amoA* cluster 1 类 AOB 物种在低温环境下 (4～10℃) 含量更高 (Avrahami et al., 2003)；与此不同，cluster 3a 类物种是高温条件下 AOB 群落的主要组分，但其在低温环境下含量很低 (Avrahami et al., 2003)。此外，在珠穆朗玛峰土壤中，*Nitrosospira amoA* cluster 3a 类物种的含量随海拔升高而大幅降低 (Zhang et al., 2009)。除温度外，高海拔生境 NH_4^+-N 浓度低的环境特征也对青藏高原河流 AOB 群落组成具有重要影响。在这些高海拔河流内，耐受贫营养环境的 *Nitrosomonas amoA* cluster 6 类物种所占比例是 *N. europaea* lineage 的 10 倍 (表 5-7)，而据研究，*N. europaea* lineage 一般只存在于富营养化淡水水体和污水处理厂中 (Koops and Pommerening-Röser, 2005)。在某条低海拔河流中 (永河，中国)，绝大多数 AOB *amoA* 序列与物种 *Nitrosomonas communis* 亲缘关系密切 (Zhang et al., 2015)，而据报道 *Nitrosomonas communis* 一般只存在于中等富营养化环境中 (Koops and Pommerening-Röser, 2005)。

Nitrososphaera［也被称作 group Ⅰ.1b 系，(Pester et al., 2012)］类 AOA 物种是高海拔河流上覆水体中 AOA *amoA* 基因群落的主要组分，其占比平均为 72.8%。而在某条低海拔河流 (东江，中国) 中，*Nitrosopumilus* (也被称作 group Ⅰ.1a) 类 AOA 物种占据主导

表 5-7 青藏高原河流上覆水体样品中 AOB *amoA* 基因群落的物种组成（单位:%）

月份	采样点	*Nitrosospira* 谱系				*Nitrosomonas* 谱系		
		C1	C3a	C10	C14	C6	C7	Nm143
5	TNH	57.69	7.69	7.69	0	23.08	0	3.85
	JG	59.37	12.50	6.25	0	21.88	0	0
	TK	50.00	14.71	2.94	0	32.35	0	0
	MT	63.64	0	6.06	0	30.30	0	0
	DR	16.67	23.33	6.67	0	53.33	0	0
8	TNH	19.35	9.68	6.45	0	61.29	3.23	0
	JG	70.00	6.67	10.00	0	13.33	0	0
	TK	6.06	6.06	54.55	0	27.27	6.06	0
	MT	48.48	6.07	18.18	0	27.27	0	0
	DR	22.86	2.86	42.86	0	31.42	0	0
	MD	3.70	18.52	22.22	0	55.56	0	0
	QML	10.34	3.45	44.83	3.45	37.93	0	0
	XD	57.58	27.27	3.03	0	12.12	0	0
	ZG	20.59	0	2.94	0	64.71	0	11.76
	ZM03	5.55	5.55	11.11	0	16.67	55.56	5.56
	ZM04	21.87	6.24	53.13	0	6.25	9.38	3.13
	ZM05	21.43	7.14	50.00	0	17.86	3.57	0

地位（Liu et al., 2011）。在某土壤培养实验中，研究者亦发现 *Nitrosopumilus* 类 AOA *amoA* 基因序列的比例随温度升高而增加（Tourna et al., 2008）。与 AOB 相比，温度对上覆水体 AOA *amoA* 群落组成的影响相对较小［图 5-9（b）和表 5-6］。这可能是因为本研究中 AOA 群落的主要组分（*Nitrososphaera* 类物种）对温度变化（10～30℃）不敏感（Tourna et al., 2008）。

5.6 高、低海拔河流间好氧氨氧化微生物的丰度及反应活性差异

青藏高原河流上覆水体中 AOA 和 AOB *amoA* 基因的平均丰度分别为 1.42×10^6 copies/L 和 3.04×10^6 copies/L；尽管 AOA 丰度整体偏低，但两者均与低海拔河流具有可比性（图 5-11）。本研究 qPCR 试验使用微量紫外分光光度计（Nanodrop 2000）测定标准质粒浓度。因此与低海拔河流进行丰度比较时，若 *amoA* 基因丰度相差在一个数量级（10×）以内，认为二者的差异不显著。与大多数低海拔河流不同（Xia et al., 2018），高海拔河流上覆水体中 AOB *amoA* 基因的平均丰度显著高于 AOA（$P<0.05$）。上覆水体中 AOB 数量占优部分得益于其独特的群落组成。如上所述，大量 AOB 已经适应了高海拔河流的贫营

养环境（NH_3浓度低）。这些 AOB 物种（*Nitrosomonas amoA* cluster 6）活性的 NH_3抑制浓度与 AOA *Nitrososphaera viennensis* EN76 接近（Sedlacek et al.，2019），而本研究的 AOA *amoA* 基因序列大多与 *Nitrososphaera viennensis* EN76 亲缘关系紧密。高海拔河流上覆水体中 AOB：AOA *amoA* 丰度比值随温度的降低而显著升高（P<0. 05），且与 8 月相比，黄河源区嗜冷物种（*Nitrosospira amoA* cluster 1）的比例在温度更低的 5 月更高。这表明低温也是促使高海拔河流中 AOB 数量占优的因素之一，结构方程模型结果也支持这一推测［图 5-6（b）］。在珠穆朗玛峰土壤（Zhang et al.，2009）和云南高原湖泊（Yang et al.，2016）中，研究者还发现低温有利于促进 AOB 的主导地位。此外，在一个温度低且富营养化程度相对较低的湖泊沉积物中，AOB 的 *amoA* 基因丰度也高于 AOA（Wu et al.，2019）。与本研究和其他高海拔环境研究结果相反，北极土壤中 AOA 是主要的好氧氨氧化微生物（Alves et al.，2013），其 *amoA* 基因丰度远高于 AOB。这种差异可能与高原地区强烈的太阳辐射相关。据研究，强太阳辐射对 AOA 活性的抑制强度远高于 AOB，且 AOA 活性在暗环境中只能部分恢复，但 AOB 活性可以完全恢复（Merbt et al.，2012）。结构方程模型结果表明在青藏高原河流中太阳辐射对 AOA *amoA* 基因丰度的总抑制效应超过 AOB［图 5-6（b）］。

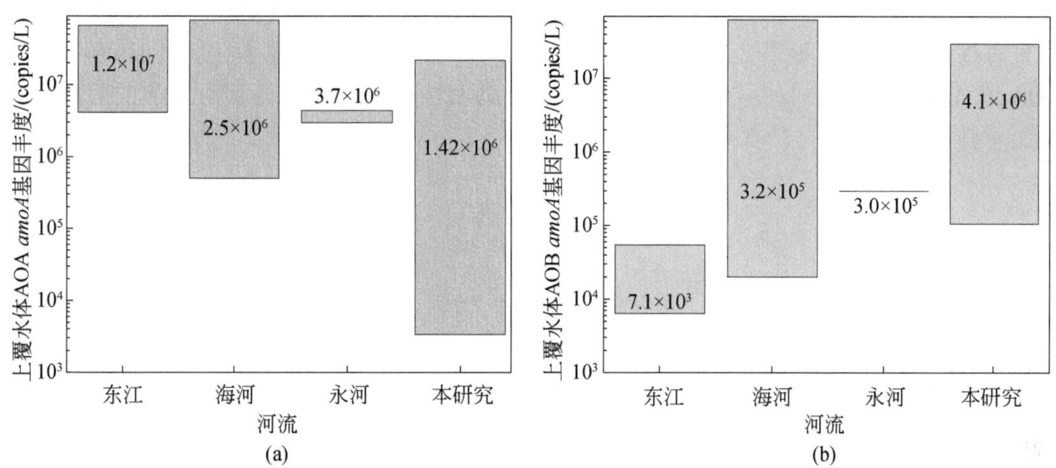

图 5-11　高、低海拔河流间上覆水体 AOA（a）和 AOB（b）*amoA* 基因丰度的差异

本研究使用氯酸盐抑制法测定了高海拔河流上覆水体的 PNRs。考虑到该方法的局限性（Belser and Mays，1980），后续分析中只将其与采用相同分析方法的研究结果相比较。低海拔河流甬江上覆水体的 PNRs 为 642 ~ 1428nmol N/(L · h)（Zhang et al.，2015），其 PNRs 平均值［1100nmol N/(L · h)］约是本研究［19nmol N/(L · h)］的 60 倍。实际环境中两者 PNRs 差距可能更大（>60 倍），因为本研究的 PNRs 是在暗环境下测得的，而青藏高原的强烈光照会抑制好氧氨氧化微生物的细胞活性，所以其原位 PNRs 平均值要低于 19nmol N/(L · h)。但这种偏差应该不会超过 14%，因为目前强烈光照对 AOA 和 AOB 活性 14% 的抑制效果是在纯培养体系中测定的，且即便进入暗环境受到抑制的 AOA 活性也不能完全恢复（Merbt et al.，2012）。在这 5 条高海拔河流中，上覆水体的 PNRs 与 NH_3-N 浓度呈显著正相关（P<0. 05），但其与水温不存在显著相关性（P>0. 05），这意味着在高海拔河流中 NH_3-N 浓度比水温对 PNRs 的影响更显著。本研究上覆水体中 NH_3-N 浓度不

高于 120μg/L，而永河上覆水体中 NH_3-N 浓度为 1490～9850μg/L（Zhang et al.，2015），两者之间 NH_3-N 浓度差距与其 PNRs 差值处于同一范围内。与此相比，实验期间永河的平均水温（25℃）仅是青藏高原河流平均水温（14.9℃）的 2 倍左右。为此，本研究推测高、低海拔河流间 PNRs 差值主要由 NH_3-N 浓度所导致，温度的影响相对较小，亟待开展相关研究以验证推测。此外，与青藏高原河流不同，AOA 丰度对甬江硝化反应速率的影响高于反应底物铵根，体现了高、低海拔河流间硝化反应速率驱动因素的差异。

5.7 悬浮颗粒物对黄河源区上覆水体中 AOA 和 AOB 群落的影响

与沉积物和土壤不同，河流上覆水体具有很高的连通性。一般而言，同一条河流上覆水体邻近采样点的微生物群落应具有较高的相似度。然而，本研究在黄河源区上覆水体的 AOA 和 AOB 群落中均未观察到此类现象（图 5-12）。但 AOA 群落矩阵（基于加权 UniFrac）与其对应的水平空间距离矩阵之间存在显著相关性（$r=0.69$，$P<0.001$）。此外，在偏 Mantel 分析中控制水平空间距离影响后，AOB 群落矩阵（基于加权 UniFrac）与垂直海拔距离矩阵呈显著正相关（$r=0.47$，$P=0.05$）。这意味着黄河源区上覆水体中 AOA 或 AOB 群落的相似性与采样点地理空间距离密切相关，各采样点沿河道的距离远近反而对其无显著影响（$P>0.05$）。

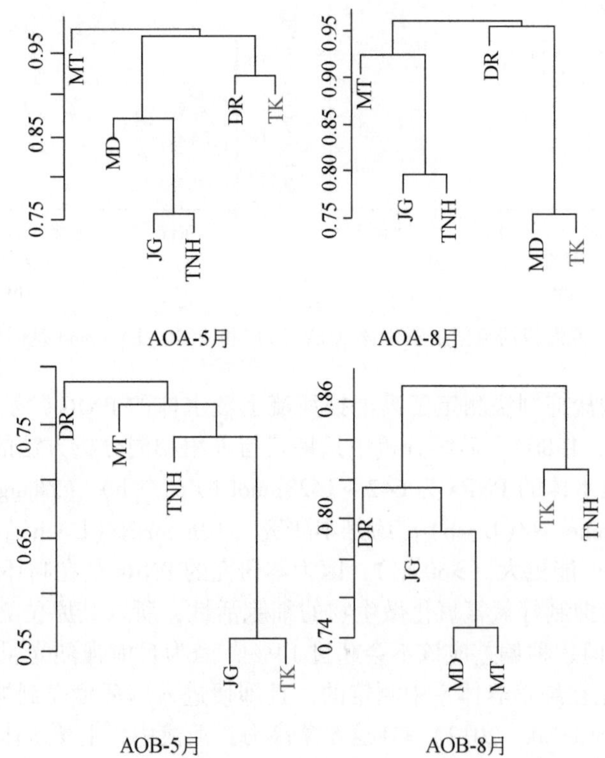

图 5-12　5 月和 8 月黄河源区上覆水体样品中 AOA 和 AOB 群落的 UPGMA（非加权组平均法，基于非加权 UniFrac 距离）聚类图

这种现象的发生可能与河流体系微生物的“群落合并”（community coalescence）（Mansour et al.，2018）有关。即周围环境介质如土壤、地下水中的微生物通过颗粒物的输移会不断进入河流上覆水体中，导致河流上覆水体的微生物群落特征不仅取决于其内环境条件的筛选，同时受外源微生物输入的影响，两者共同决定了河流上覆水体的微生物特征（Hermans et al.，2020；Leibold et al.，2004；Savio et al.，2015）。如上所述，上覆水体中 AOA 和 AOB *amoA* 基因丰度受悬浮颗粒物浓度控制，而黄河源区悬浮颗粒物浓度随海拔的降低（河流流动方向）而显著升高（$P<0.01$）。这意味着沉积物再悬浮和岸边土壤侵蚀等引发的外源好氧氨氧化微生物输入强度沿程不断增加。AOA 和 AOB 的世代时间相对较长，对 AOA 而言，*Nitrososphaera viennensis* 的世代时间为 27.5 ~ 46h（Sauder et al.，2017）；AOB 的最短世代时间通常是几小时到几天（Webster et al.，2005）。较长的世代时间导致进入河流上覆水体的外源 AOA 和 AOB 在短期内仍保持其原有的微生物群落特征。根据作者团队之前的研究（Li et al.，2020），陆源输入对黄河源区悬浮颗粒物的贡献为 79%，是其主要来源。这种情况下，本研究测得的好氧氨氧化微生物群落特征更多地反映了其在周边土壤环境中的特征。与作者团队研究结果相似，研究者在中国水稻田中发现 AOA 和 AOB 的群落相似性随着水平空间距离的增加而显著降低（Hu et al.，2015；Jiang et al.，2014）。此外，在珠穆朗玛峰土壤中，AOA 和 AOB *amoA* 基因群落组成随海拔升高而显著变化（Zhang et al.，2009）。在这些因素的综合影响下，外源微生物的输入使黄河源区上覆水体中 AOA 和 AOB 的群落相似性与空间距离之间呈现显著的距离-衰减关系。

与本研究相似（图 5-6），作者团队之前的研究也发现悬浮颗粒物浓度是控制河流上覆水体中氮循环微生物（好氧氨氧化和厌氧氨氧化微生物）丰度的关键因素（Xia et al.，2018；Zhang et al.，2017）。但除此之外，本研究发现悬浮颗粒物的存在使河流上覆水体中 AOA 和 AOB 的群落相似性随空间距离的增加而显著降低，改变了上覆水体中好氧氨氧化微生物的群落结构。这可能会影响 AOA 和 AOB 在上覆水体硝化过程中所发挥的作用。研究者已在众多自然环境中发现微生物的群落结构与其对应的催化功能之间存在显著相关性（Bier et al.，2015），且不同类型的 AOA 对北极土壤硝化过程的影响明显不同（Alves et al.，2013）。

5.8 本章小结

本研究分析了青藏高原 5 条高海拔河流上覆水体中好氧氨氧化微生物的丰度、群落结构和反应活性。高海拔河流特殊的环境条件（低温、低 NH_3-N 浓度和强太阳辐射）塑造了 AOA 和 AOB 的独特群落特征。AOB 群落主要由嗜冷物种（*Nitrososphaera amoA* cluster1，33.6%）和耐受贫营养环境物种（*Nitrososphaera amoA* cluster 6a，31.7%）组成。AOA 群落主要由耐受温度变化的物种组成。青藏高原的低温和强太阳辐射环境导致 AOB 成为高海拔河流上覆水体中主要的好氧氨氧化微生物。高海拔河流上覆水体的潜在硝化反应速率远小于低海拔河流，本研究推测这主要是因为高海拔河流的 NH_3-N 浓度较低，而温度的影响相对较小。悬浮颗粒物浓度是控制高海拔河流上覆水体中好氧氨氧化微生物丰度的关键因素。此外，悬浮颗粒物的存在使得黄河源区上覆水体中 AOA 和 AOB *amoA* 基因群落的相似性随着地理空间距离的增加而显著降低。未来应开展相关研究分析好氧氨氧化微生物及其催化的硝化过程对高海拔河流氮循环的贡献。此外，在全球升温的大背景下，高海拔河流好氧氨氧化微生物的群落组成尤其是嗜冷物种的比例可能会发生明显变化，进而会对河流氮转化产生影响，未来应对此开展相关研究。

参 考 文 献

Alves R J E, Minh B Q, Urich T, et al. 2018. Unifying the global phylogeny and environmental distribution of ammonia-oxidising archaea based on *Amoa* Genes. Nature Communications, 9 (1): 1517.

Alves R J E, Wanek W, Zappe A, et al. 2013. Nitrification rates in Arctic soils are associated with functionally distinct populations of ammonia-oxidizing archaea. The ISME Journal, 7 (8): 1620-1631.

Avrahami S, Liesack W, Conrad R. 2003. Effects of temperature and fertilizer on activity and community structure of soil ammonia oxidizers. Environmental Microbiology, 5 (8): 691-705.

Beaulieu J J, Tank J L, Hamilton S K, et al. 2011. Nitrous oxide emission from denitrification in stream and river networks. Proceedings of the National Academy of Sciences, 108 (1): 214-219.

Belser L, Mays E. 1980. Specific inhibition of nitrite oxidation by chlorate and its use in assessing nitrification in soils and sediments. Applied and Environmental Microbiology, 39 (3): 505-510.

Beniston M. 2003. Climatic change in mountain regions: a review of possible impacts. Climatic Change, 59 (1): 5-31.

Berg P, Rosswall T. 1985. Ammonium oxidizer numbers, potential and actual oxidation rates in two swedish arable soils. Biology and Fertility of Soils, 1 (3): 131-140.

Bier R L, Bernhardt E S, Boot C M, et al. 2015. Linking microbial community structure and microbial processes: an empirical and conceptual overview. FEMS Microbiology Ecology, 91 (10): fiv113.

Cochran W G. 1950. Estimation of bacterial densities by means of the "Most Probable Number". Biometrics, 6 (2): 105-116.

Daims H, Lebedeva E V, Pjevac P, et al. 2015. Complete nitrification by nitrospira bacteria. Nature, 528 (7583): 504-509.

de la Torre J R, Walker C B, Ingalls A E, et al. 2008. Cultivation of a thermophilic ammonia oxidizing archaeon synthesizing crenarchaeol. Environmental Microbiology, 10 (3): 810-818.

Francis C A, Roberts K J, Beman J M, et al. 2005. Ubiquity and diversity of ammonia-oxidizing archaea in water columns and sediments of the ocean. Proceedings of the National Academy of Sciences of the United States of America, 102 (41): 14683-14688.

Hermans S M, Buckley H L, Case B S, et al. 2020. Connecting through space and time: catchment-scale distributions of bacteria in soil, stream water and sediment. Environmental Microbiology, 22 (3): 1000-1010.

Hijmans R J, Williams E, Vennes C, et al. 2017. Package 'Geosphere'. Spherical Trigonometry, 1 (7): 1-45.

Hu H, Zhang L-M, Yuan C, et al. 2015. The large-scale distribution of ammonia oxidizers in paddy soils is driven by soil pH, geographic distance, and climatic factors. Frontiers in Microbiology, 6: 938.

Immerzeel W W, van Beek L P, Bierkens M F. 2010. Climate change will affect the Asian water towers. Science, 328 (5984): 1382-1385.

Jiang H, Huang L, Deng Y, et al. 2014. Latitudinal distribution of ammonia-oxidizing bacteria and archaea in the agricultural soils of eastern China. Applied and Environmental Microbiology, 80 (18): 5593-5602.

Kang S, Xu Y, You Q, et al. 2010. Review of climate and cryospheric change in the Tibetan Plateau. Environmental Research Letters, 5 (1): 015101.

Kim H, Bae H-S, Reddy K R, et al. 2016. Distributions, abundances and activities of microbes associated with the nitrogen cycle in riparian and stream sediments of a river tributary. Water Research, 106: 51-61.

Konneke M, Bernhard A E, de la Torre J R, et al. 2005. Isolation of an autotrophic ammonia-oxidizing marine archaeon. Nature, 437 (7058): 543-546.

Koops H P, Pommerening-Röser A. 2005. Bergey's Manual® of Systematic Bacteriology. New York: Springer.

Kumar S, Stecher G, Tamura K. 2016. Mega7: molecular evolutionary genetics analysis version 7.0 for bigger datasets. Molecular Biology and Evolution, 33 (7): 1870-1874.

Kurola J, Salkinoja-Salonen M, Aarnio T, et al. 2005. Activity, diversity and population size of ammonia-oxidising bacteria in oil-contaminated landfarming soil. FEMS Microbiology Letters, 250 (1): 33-38.

Laanbroek H J, Bollmann A. 2011. Nitrification in inland waters//Ward B B, Arp D J, Klotz M G. Nitrification. Herndon: ASM Press.

Larkin M A, Blackshields G, Brown N P, et al. 2007. Clustal W and Clustal X version 2.0. Bioinformatics, 23 (21): 2947-2948.

Leibold M A, Holyoak M, Mouquet N, et al. 2004. The metacommunity concept: a framework for multi-scale community ecology. Ecology Letters, 7 (7): 601-613.

Leininger S, Urich T, Schloter M, et al. 2006. Archaea predominate among ammonia-oxidizing prokaryotes in soils. Nature, 442 (7104): 806-809.

Li M, Cao H, Hong Y, et al. 2011. Spatial distribution and abundances of ammonia-oxidizing archaea (AOA) and ammonia-oxidizing bacteria (AOB) in mangrove sediments. Applied Microbiology and Biotechnology, 89 (4): 1243-1254.

Li S, Xia X, Zhang S, et al. 2020. Source identification of suspended and deposited organic matter in an alpine river with elemental, stable isotopic, and molecular proxies. Journal of Hydrology, 590: 125492.

Liu S, Shen L, Lou L, et al. 2013. Spatial distribution and factors shaping the niche segregation of ammonia-oxidizing microorganisms in the Qiantang River, China. Applied and Environmental Microbiology, 79 (13): 4065-4071.

Liu Z, Huang S, Sun G, et al. 2011. Diversity and abundance of ammonia-oxidizing archaea in the Dongjiang River, China. Microbiological Research, 166 (5): 337-345.

Mansour I, Heppell C M, Ryo M, et al. 2018. Application of the microbial community coalescence concept to riverine networks. Biological Reviews, 93 (4): 1832-1845.

Martens-Habbena W, Berube P M, Urakawa H, et al. 2009. Ammonia oxidation kinetics determine niche separation of nitrifying archaea and bacteria. Nature, 461 (7266): 976-979.

Martens-Habbena W, Qin W, Horak R E A, et al. 2015. The production of nitric oxide by marine ammonia-oxidizing archaea and inhibition of archaeal ammonia oxidation by a nitric oxide scavenger. Environmental Microbiology, 17: 2261-2274.

Merbt S N, Stahl D A, Casamayor E O, et al. 2012. Differential photoinhibition of bacterial and archaeal ammonia oxidation. FEMS Microbiology Letters, 327 (1): 41-46.

Pester M, Rattei T, Flechl S, et al. 2012. Amoa-based consensus phylogeny of ammonia-oxidizing archaea and deep sequencing of *Amoa* genes from soils of four different geographic regions. Environmental Microbiology, 14 (2): 525-539.

Pjevac P, Schauberger C, Poghosyan L, et al. 2017. *AmoA*-targeted polymerase Chain reaction primers for the specific detection and quantification of comammox nitrospira in the environment. Frontiers in Microbiology, 8: 1508.

Purkhold U, Pommerening-Röser A, Juretschko S, et al. 2000. Phylogeny of all recognized species of ammonia oxidizers based on comparative 16s rRNA and *amoA* sequence analysis: implications for molecular diversity surveys. Appliedand Environmental Microbiology, 66 (12): 5368-5382.

Rotthauwe J H, Witzel K P, Liesack W. 1997. The ammonia monooxygenase structural gene *amoA* as a functional marker: molecular fine-scale analysis of natural ammonia-oxidizing populations. Applied and Environmental Microbiology, 63 (12): 4704-4712.

Sauder L A, Albertsen M, Engel K, et al. 2017. Cultivation and characterization of candidatus nitrosocosmicus exaquare, an ammonia-oxidizing archaeon from a municipal wastewater treatment system. The ISME Journal, 11 (5): 1142-1157.

Savio D, Sinclair L, Ijaz U Z, et al. 2015. Bacterial diversity along a 2600 km river continuum. Environmental Microbiology, 17 (12): 4994-5007.

Schloss P D, Westcott S L, Ryabin T, et al. 2009. Introducing mothur: open-source, platform-independent, community-supported software for describing and comparing microbial communities. Applied and Environmental Microbiology, 75 (23): 7537-7541.

Sedlacek C J, McGowan B, Suwa Y, et al. 2019. A physiological and genomic comparison of nitrosomonas cluster 6a and 7 ammonia-oxidizing bacteria. Microbial Ecology, 78 (4): 985-994.

Stein L Y. 2019. Insights into the physiology of ammonia-oxidizing microorganisms. Current Opinion in Chemical Biology, 49: 9-15.

Taylor A E, Giguere A T, Zoebelein C M, et al. 2017. Modeling of soil nitrification responses to temperature reveals thermodynamic differences between ammonia-oxidizing activity of archaea and bacteria. The ISME Journal, 11 (4): 896-908.

Tourna M, Freitag T E, Nicol G W, et al. 2008. Growth, activity and temperature responses of ammonia-oxidizing archaea and bacteria in soil microcosms. Environmental Microbiology, 10 (5): 1357-1364.

Urakawa H, Garcia J C, Nielsen J L, et al. 2015. Nitrosospira lacus sp. nov., a psychrotolerant, ammonia-oxidizing bacterium from sandy lake sediment. International Journal of Systematic and Evolutionary Microbiology, 65 (1): 242-250.

Urakawa H, Tajima Y, Numata Y, et al. 2008. Low temperature decreases the phylogenetic diversity of ammonia-oxidizing archaea and bacteria in aquarium biofiltration systems. Applied and Environmental Microbiology, 74 (3): 894-900.

van Kessel M A, Speth D R, Albertsen M, et al. 2015. Complete nitrification by a single microorganism. Nature, 528 (7583): 555-559.

Verhamme D T, Prosser J I, Nicol G W. 2011. Ammonia concentration determines differential growth of ammonia-oxidising archaea and bacteria in soil microcosms. The ISME Journal, 5 (6): 1067-1071.

Webster G, Embley T M, Freitag T E, et al. 2005. Links between ammonia oxidizer species composition, functional diversity and nitrification kinetics in grassland soils. Environmental Microbiology, 7 (5): 676-684.

Wu L, Han C, Zhu G, et al. 2019. Responses of active ammonia oxidizers and nitrification activity in eutrophic lake sediments to nitrogen and temperature. Applied and Environmental Microbiology, 85 (18): e00258-00219.

Xia X, Yang Z, Zhang X. 2009. Effect of suspended-sediment concentration on nitrification in river water: importance of suspended sediment-water interface. Environmental Science & Technology, 43 (10): 3681-

3687.

Xia X, Zhang S, Li S, et al. 2018. The cycle of nitrogen in river systems: sources, transformation, and flux. Environmental Science: Processes Impacts, 20 (6): 863-891.

Yang Y Y, Zhang J X, Zhao Q, et al. 2016. Sediment ammonia-oxidizing microorganisms in two plateau freshwater lakes at different trophic states. Microbial Ecology, 71 (2): 257-265.

Zhang L M, Hu H W, Shen J P, et al. 2012. Ammonia-oxidizing archaea have more important role than ammonia-oxidizing bacteria in ammonia oxidation of strongly acidic soils. The ISME Journal, 6 (5): 1032-1045.

Zhang L M, Wang M, Prosser J I, et al. 2009. Altitude ammonia-oxidizing bacteria and archaea in soils of mount everest. FEMS Microbiology Ecology, 70 (2): 208-217.

Zhang Q, Tang F, Zhou Y, et al. 2015. Shifts in the pelagic ammonia-oxidizing microbial communities along the eutrophic estuary of Yong River in Ningbo City, China. Frontiers in Microbiology, 6: 1180.

Zhang S, Xia X, Liu T, et al. 2017. Potential roles of anaerobic ammonium oxidation (anammox) in overlying water of rivers with suspended sediments. Biogeochemistry, 132 (3): 237-249.

Zuur A F, Ieno E N, Elphick C S. 2010. A protocol for data exploration to avoid common statistical problems. Methods in Ecology and Evolution, 1 (1): 3-14.

第 6 章　河流上覆水体氮去除微生物的分布及脱氮反应速率特征

6.1 引　言

河流是全球范围内活性氮（reactive nitrogen，Nr）去除的重要场所。据估计，输入到河流中的活性氮约有一半被反硝化、厌氧氨氧化等过程转化为氮气（N_2）而去除（Galloway et al.，2004；Lansdown et al.，2016）。河流氮转化主要是在微生物的催化作用下经由一系列氧化还原过程而实现，其中反硝化（$NO_3^- \rightarrow NO_2^- \rightarrow NO \rightarrow N_2O \rightarrow N_2$）和 anammox 过程（$NH_4^+ + NO_2^- \longrightarrow N_2 + 2H_2O$）将活性氮转化为 N_2（Kuypers et al.，2018）。反硝化和 anammox 微生物的生存需要低氧甚至无氧环境。例如，生化反应器中 anammox 细菌"*Ca. Brocadia sinica*"对 DO 的耐受限度小于 2mg/L（Oshiki et al.，2011；Zhang and Okabe，2020）。此外，这两类脱氮反应利用氮氧化物（NO_x^-：NO_3^- 和/或 NO_2^-）作为反应底物（Kuypers et al.，2018；Xia et al.，2018）。由于存在好氧-缺氧乃至厌氧界面，研究者认为沉积物是河流反硝化和 anammox 反应发生的主要甚至是唯一场所（Brune et al.，2000；Kuenen，2008），历来备受研究者重视（Lansdown et al.，2016；Xia et al.，2018）。然而在过去的近十年里，室内模拟试验发现，anammox 和反硝化反应均能在河流好氧上覆水体中发生（Liu et al.，2013；Xia et al.，2019；Zhang et al.，2017）。这主要是因为上覆水体悬浮颗粒物表面上发生诸如好氧呼吸和硝化作用等耗氧过程，能大幅降低悬浮颗粒物-水界面的氧气浓度（Liu et al.，2013）；此外，悬浮颗粒物上附着生长的生物膜能抑制外界氧气的扩散渗透（Alldredge and Cohen，1987）。因此，悬浮颗粒物的存在一定程度上能缓解反硝化和 anammox 微生物遭受的氧气胁迫，使其能在好氧上覆水体中进行代谢，将活性氮转化为 N_2。

基于室内模拟研究，研究者发现上覆水体对河流尤其是大型河流脱氮的贡献较高（Liu et al.，2013；Xia et al.，2018）。其中在黄河上覆水体的^{15}N 同位素添加模拟试验中，Liu 等（2013）发现与无悬浮颗粒物体系相比，上覆水体悬浮颗粒物浓度为 2.5g/L 时，河流脱氮总量增加 25%。Reisinger 等（2016）在实验室内培养采集的上覆水体和沉积物样品，并使用膜进样质谱仪基于 N_2：Ar 浓度比值法测定了上覆水体和沉积物的脱氮速率。他们发现上覆水体对河流脱氮的贡献在某些采样点高达 85%。相比于抑制剂添加法和氮同位素标记技术，N_2：Ar 浓度比值法对培养样品的扰动更小，近年来该方法已被广泛应用于淡水环境 N_2 产生速率的测定（Madinger and Hall，2019；Zhao et al.，2015）。然而，该培养试验（Reisinger et al.，2016）并没有在原位温度下测定河流上覆水体的 N_2 产生速率。另外，目前对高海拔河流的相关研究基本空白。此前研究多基于低海拔水体，对高海拔河流的相关研究基本空白，然而，高海拔河流在地球上广泛分布，世界上超过50%的河流发源于高海拔地区，有“世界水塔”之称（Beniston，2003）。

充分了解河流上覆水体 N_2 产生速率的影响因素对于建立和优化河流脱氮模型至关重要。室内控制试验表明，悬浮颗粒物的浓度、粒径分布特征和有机碳含量会通过影响脱氮微生物的丰度等方式来控制上覆水体的 N_2 产生速率（Liu et al.，2013；Xia et al.，2017）。然而，这些研究都忽略了微生物群落多样性对 N_2 产生速率的潜在影响。已有研究表明土壤环境中微生物群落多样性对诸如反硝化等众多生物地球化学反应的速率具有重要影响（Graham et al.，2016；Isobe et al.，2020）。例如，由于微生物群落结构不同，地貌特征相似的两处土壤中反硝化微生物的反应活性存在很大差异（Cavigelli and Robertson，2000）。此外，青藏高原河流沉积物中好氧氨氧化微生物的群落结构对硝化反应速率具有重要影响（Zhang et al.，2020）。

本研究选择位于青藏高原的黄河源区（年平均气温为-4℃）作为研究区。沿海拔梯度（2687～4223m）布设样点并采集水样，测定其反硝化和anammox细菌的丰度和群落结构。使用 N_2：Ar浓度比值法在原位DO、水温和反应底物条件下测定上覆水体的 N_2 产生速率。基于原位数据，计算河流的 N_2 排放通量。据此评估上覆水体对河流原位 N_2 排放通量的贡献并探究其影响因素。最后分析反硝化和anammox细菌的丰度和群落结构对黄河源区上覆水体 N_2 产生速率的影响。

6.2 研究方法

6.2.1 仪器与试剂

本研究用到的仪器与5.2.1节所述基本相同。此外，本研究使用TOC-L系列总有机碳分析仪（岛津，日本）测定水体中溶解性有机碳（DOC）含量；使用美国Kana教授研发的膜进样质谱仪测定水样中 N_2：Ar和 O_2：Ar浓度比值。

6.2.2 样品收集及理化性质分析

于2016年7月和2018年9月对黄河源区进行调查、采样。沿海拔梯度（2687～4223m）共设置9个采样点，分别是唐乃亥（TNH）、军功（JG）、玛曲（MQ）、唐克（TK）、久治（JZ）、门堂（MT）、达日（DR）、热曲（RQ）和玛多（MD）（图6-1）。在每个采样点用提前经过灭菌处理的Nalgene瓶在水面以下20cm处按一式三份收集水样（共计6L）。其中，在采样现场取部分水样（～400mL）过滤至孔径为0.20μm的Millipore聚碳酸酯膜（美国）上。将过滤获得的滤膜暂时储存于车载冰箱（-15℃，FYL-YS-30L，中国）中，回到实验室后将其置于-80℃冰箱内储存，以待随后的微生物分析。将用于测定 N_2 产生速率的水样置于冰上（4℃）储存、运输，力争在72h内运回实验室。

此外，在9月使用容积为12mL的Exetainer小瓶（Labco，白金汉郡，英国）收集水

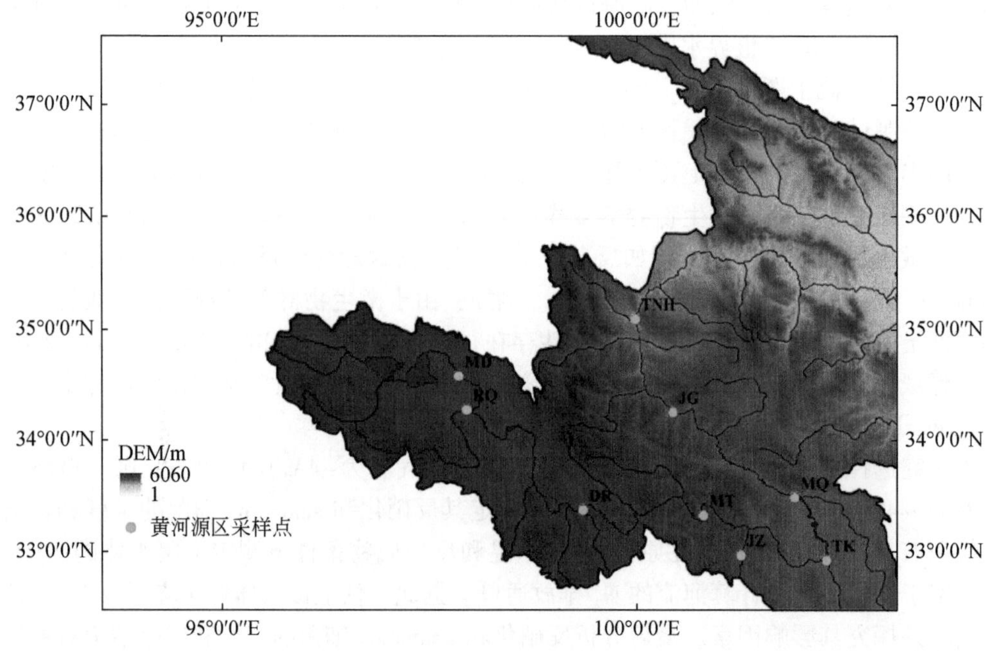

图 6-1　黄河源区采样点（绿圈）示意图

样，分析上覆水体中溶解性 N_2 的含量。采样过程简述如下：使用密封性良好、容积为 5L 的 Niskin 采水器（General Oceanics，美国）在水面以下 20cm 处采集水样。此后借助不透气橡胶管（孔径为 5～6mm）将采水器内水样分装到 Exetainer 小瓶内。分装水样前，进行排气操作，保证橡胶管内不存在气泡。将橡胶管口伸到 Exetainer 小瓶底部后开始分装水样，待瓶内水位超过小瓶 1/3 高度后，随水位缓慢上提橡胶管，但始终保证橡胶管出水口位于液面以下。使用止水夹控制水流速度，以保证水样分装过程中瓶内不会产生气泡。当瓶内水满溢出后，将橡胶管出水口重新放回 Exetainer 小瓶底部，然后再缓慢上提。如此循环 2 次后，将橡胶管小心取出，确保瓶内始终无气泡产生。随后，迅速用大龙移液器（量程为 100μL）反向移液，将 50μL 饱和氯化汞溶液加入 Exetainer 小瓶中。然后迅速旋紧瓶塞，检查有无气泡；若有气泡，重新进行取样、密封。将装满水样的 Exetainer 小瓶置于 4℃条件下进行储存直至分析。

在采样现场记录采样点的海拔和经纬度信息，并使用梅特勒便携式水质分析仪（SevenGo Duo SG23 和 Seven2Go S4）测定上覆水体的温度、pH、EC、DO 和 ORP。回到实验室后，使用 0.45μm 聚碳酸酯滤膜过滤水样以进行上覆水体理化性质分析。鉴于河水中无机碳含量较高，在岛津 TOC 分析仪上采用不可吹除有机碳（non-purgeable organic carbon，NPOC）法测定上覆水体的 DOC 含量。通过仪器自动向样品中添加适量 HCl 以去除水样中的无机碳，最后仪器测得的 C 含量即为水体 DOC 含量。使用连续流动分析仪（SEAL AutoAnalyzer 3）按流程测定水样中氨氮和硝态氮含量。按照制造商提供操作说明提前配制所需溶液，所需 N 标准溶液购自国家有色金属及电子材料分析测试中心。如第 5 章所述，使用冷冻干燥机来冷冻干燥滤膜（～72h），通过测定滤膜冷冻干燥前后的质量变化和过滤水样体积来测定上覆水体的悬浮颗粒物浓度。在 9 月，将滤膜上的悬浮颗粒物小心刮下，并称量 100mg 于小坩埚中，此后将坩埚与装有优级纯 HCl（北京化学试剂公司）的小烧杯一起放入干燥器中，并进行密封。约 6h 后取出部分坩埚，往其内加入数滴 1mol/L HCl，若没有气泡产生则证明沉积物中无机碳成分已被彻底去除；若仍有气泡产生，将坩埚继续放入干燥器内，直至通过检验。随后将小坩埚放入烘箱内，在 60℃下烘干至恒重（约一周），取出坩埚，测量其（含沉积物）质量。用元素分析仪测定沉积物有机碳和总氮（TN）的含量，沉积物的有机氮含量通过用 TN 减去无机氮的（NH_3+NO_x^-）含量获得。

6.2.3　溶解性 N_2 含量的测定及 N_2 排放通量计算

基于 N_2：Ar 浓度比值法，利用膜进样质谱仪测定黄河源区上覆水体中溶解性 N_2 的含量。膜进样质谱仪的工作原理简述如下：利用半透性硅胶膜在压力差作用力下将 N_2 从水样中分离出来，随后进入四极杆质谱中进行分析测定（陈能汪等，2010）。以往研究发现，采用 N_2：Ar 浓度比值法间接测定 N_2 浓度可以有效避免测样过程中仪器波动所带来的误差，其精确度相比于直接测定 N_2 浓度会提高 10 倍（Reisinger et al.，2016）。具体测定过程简述如下。

利用 Millipore 超纯水（电阻率：18.2MΩ · cm）、氯化钠、硫酸镁和磷酸二氢钾配制系列盐度梯度溶液（0‰、10‰、20‰、30‰和 37‰）。配制完成后，将微湿的纱布盖在装有盐溶液的烧杯上，防止水分挥发。此后，将烧杯置于摇床上，缓慢振荡 12h 左右，使 N_2 浓度在盐溶液与大气间达到平衡状态。将达到水气平衡的盐溶液放入 25℃的控温水浴锅中，用于制作标准曲线。打开膜进样质谱仪，在未进样的状态下持续抽真空至其真空度不再明显下降后（约持续 48h）开始测样。将以上配制好的盐溶液按浓度梯度由大到小依次进样，记录 N_2：Ar 信号比值。此外，根据 Weiss（1970）方程计算 N_2 和 Ar 在上述盐溶液中的理论平衡浓度。分析 N_2：Ar 信号比值和 N_2：Ar 浓度比值的线性关系并建立标准曲线，此后开始测定水样。河流上覆水体中的 N_2 浓度受生物、大气压、水温等因素控制，相比之下，Ar 浓度主要受温度、盐度、气压等物理因素的影响。所以根据采样点当地的气压、温度和盐度可计算出原位 Ar 浓度（Weiss，1970）。根据标准曲线和测得的 N_2：Ar 信号比值，计算出水样中 N_2：Ar 浓度比值，结合计算得到的 Ar 平衡浓度可知水样中的 N_2 浓度［式（6-1)］。

$$[N_2]=\frac{N_2}{Ar_{浓度值}}\times[Ar]_{eq} \tag{6-1}$$

与 Ar 类似，本研究根据采样点的气压、温度和盐度可以计算出原位 N_2 平衡浓度（Weiss，1970）。计算实测 N_2 浓度和 N_2 理论平衡浓度的差值，计为 N_2 过饱和量（ΔN_2），并据此计算采样点的 N_2 饱和度（%）。测样时每隔 6 个样品，重新测定 0‰和 37‰盐溶液的 N_2：Ar 信号比值以修正测样过程中因仪器不稳定而出现的系统偏差。

根据 N_2 过饱和量及水-气界面气体扩散速率来估算原位 N_2 排放通量，计算公式如式（6-2)所示：

$$F_{N_2}=k_{N_2}\times[N_{2(water)}-N_{2(eq)}] \tag{6-2}$$

式中，F_{N_2}为 N_2 的扩散通量，μmol N_2/m^2；k_{N_2}为采样点水-气界面 N_2 的扩散速率，m/d；$N_{2(water)}$为采样点水体中溶解性 N_2 的含量；$N_{2(eq)}$为采样点 N_2 的理论平衡浓度。其中k_{N_2}可以通过式（6-3）计算得到：

$$k_{N_2}=k_{600}\times(Sc_{N_2}/600)^{-n} \tag{6-3}$$

式中，Sc_{N_2}为淡水环境中 N_2 扩散的施密特数，它是气体分子运动黏滞系数（kinematic viscosity）与分子扩散系数（diffusion coefficient）的比值，运动黏滞系数和分子扩散系数可以根据采样点当地气温计算得到（Wanninkhof，1992）；n 为施密特系数，当风速小于 3.6m/s 时，$n=2/3$，而当风速大于 3.6m/s 时，$n=1/2$；k_{600}为气体传输速率，可以按式（6-4）计算得到：

$$k_{600}=1.719\times\left(\frac{w}{h}\right)^{0.5}+0.31\times u^2 \tag{6-4}$$

式中，w 为河流水流速度，m/s；h 为河流平均深度，m；u 为 10m 高空处风速，m/s。

6.2.4 DNA 提取、PCR 扩增、克隆和测序

按 5.2.3 节所述方法提取 0.20μm 滤膜上的基因组 DNA。使用引物对 cd3aF（5′- GT-SAACGTSAAGGARACSGG- 3′）和 R3cd（5′- GASTTCGGRTGSGTCTTGA- 3′）（Throbäck et al.，2004）在 PCR 热循环仪（Bio-Rad）上扩增上覆水体中反硝化细菌的 *nirS*（亚硝酸盐还原）基因。PCR 反应体系共计 50μL，包括 5μL 10×PCR buffer（Mg^{2+} plus，Takara），4μL dNTPs（2.5mmol/L，Takara），0.5μL Ex Taq polymerase（5 U/μL，Takara），正反引物各 2μL（10mmol/L）和 3μL DNA 模板（按需进行稀释），剩余体积用 ddH_2O 补充。按如下程序进行 PCR 扩增：95℃，10min；然后进入 95℃（30s）、58℃（30s）和 72℃（45s）循环，此步骤共计执行 35 次；最后延伸阶段设置为 72℃，10min。所有样品按一式三份进行扩增。用 ddH_2O 代替 DNA 模板作为阴性对照进行试验，检验整个扩增过程是否存在 DNA 污染。扩增完成后，在 1% 琼脂糖凝胶电泳上进行电泳分析。进行克隆分析前，等物质量地混匀三份扩增产物，以消除同一采样点样品间的差异。此后按 5.2.3 节所述方法构建克隆文库，送至生工生物工程（上海）股份有限公司利用 ABI3730 DNA 测序仪进行测序分析。

与反硝化细菌不同，利用巢式 PCR 技术对 anammox 细菌的 16S rRNA 基因进行扩增。首先利用引物对 Pla46f（5′- GGATTAGGCATGCAAGTC- 3′）和 630r（5′-CAKAAAGGAGGTGATCC -3′）在 PCR 热循环仪（Bio-Rad）上进行首轮的 DNA 扩增（王衫允等，2012），获得浮霉菌门的特异性产物。紧接着以此为模板利用 anammox 细菌特异性引物对 Amx368f（5′- TTCGCAATGCCCGAAAGG- 3′）和 Amx820r（5′- AAAACCCCTC-TACTTAGTGCCC-3′）进行第二轮扩增以获得 anammox 细菌的特异性 DNA 片段（王衫允等，2012）。PCR 扩增体系共计 50μL，包括 5μL 10×PCR buffer（Mg^{2+} plus），4μL dNTPs（2.5mmol/L，Takara），0.5μL Ex Taq polymerase（5 U/μL，Takara），正反引物各 2μL（10mmol/L），0.25μL 牛血清蛋白（BSA，Takara）和 2μL DNA 模板（按需进行稀释），剩余体积用 ddH_2O 补充。第一轮扩增程序设置如下：96℃，10min；此后按 96℃（60s）、

56℃（1min）和 72℃（1min）进行 35 个循环扩增（Zhu et al., 2011）。第二轮扩增设置程序如下：96℃，10min；此后按 96℃（30s）、58℃（1min）和 72℃（1min）进行 25 个循环扩增（Zhu et al., 2011）。所有样品按一式三份进行扩增，并设有阴性对照，对扩增产物进行纯化、克隆处理，构建克隆文库，随后送至生工生物工程（上海）股份有限公司用 ABI3730 DNA 测序仪进行测序分析。

6.2.5 序列分析

拿到测序序列后，利用 NCBI-BLAST 比对（https://blast.ncbi.nlm.nih.gov/Blast.cgi）验证测序序列的特异性和准确性。此后如 5.2.5 节中所述方法进行多重序列比对，利用 Mothur 软件分别按 97% 和 88%（Bowen et al., 2013）的序列相似性阈值对 anammox 和反硝化细菌克隆文库进行 OTU 多样性分析。同时，利用 BLAST 检索从 NCBI GenBank 数据库中获得 anammox 细菌代表性物种的 16S rRNA 基因序列和反硝化细菌代表性物种的 *nirS* 基因序列，同样使用 Mega 软件以邻接法构建系统发育树，依此来判断黄河源区上覆水体中 anammox 细菌和反硝化细菌的种类信息，建树过程中 Bootstrap 分析采用 1000 个样本。利用 ITOL（Interactive Tree of Life）修饰、美化系统发育树（https://itol.embl.de/）（Letunic and Bork, 2007）。利用 Mothur 软件（Schloss et al., 2009）计算加权的 UniFrac 距离，并以此为基础进行主坐标分析，识别采样点间 anammox 细菌 16S rRNA（反硝化细菌 *nirS*）基因群落结构差异。基于 R 语言的 vegan 包进行 Mantel 分析，探究空间因素（垂直空间距离或水平空间距离）对采样点间 anammox 细菌 16S rRNA（反硝化细菌 *nirS*）基因群落结构差异的影响。

6.2.6 anammox 细菌和反硝化细菌功能基因丰度的测定

本研究使用 qPCR 技术测定黄河源区上覆水体中反硝化细菌 *nirS* 基因和 anammox 细菌 *hzsA*（联氨合成酶亚基）（Harhangi et al., 2012）基因的丰度。qPCR 试验在 C1000 荧光定量 PCR 仪（BioRad）中进行，每个样品按一式三份进行扩增。使用 NanoDrop-2000 紫外可见分光光度计测定含有目的基因的质粒原始浓度（copies/μL）后，按 10 倍梯度进行系列稀释，用于构建 qPCR 反应的标准曲线。qPCR 试验的扩增效率均高于 85%，标准曲线 R^2 大于 0.98。将用 ddH_2O 代替 DNA 模板的扩增试验作为阴性对照来排除和验证 qPCR 扩增过程中是否存在外来 DNA 污染。扩增试验完成后，进行熔解曲线和凝胶电泳分析验证扩增产物的特异性和准确性。有关扩增引物、扩增热循环程序和扩增体系的具体信息详见表 6-1。根据获取滤膜 DNA 时过滤水样体积和提取到的 DNA 量，将 qPCR 反应测得的 anammox 细菌和反硝化细菌功能基因丰度（copies/μL DNA）转化为其在水样中的丰度（copies/L overlying water）。

6.2.7 上覆水体 N_2 产生速率的测定

参考以往研究（Reisinger et al., 2016；Zhao et al., 2015），使用 N_2 : Ar 浓度比值法测

表 6-1 PCR 扩增引物与扩增条件

文献	扩增对象及方法	引物	序列（5′—3′）	退火温度/℃	扩增效率/%	反应体系（25μL）
Throbäck et al.，2004	*nirS* PCR	cd3af	GTSAACGTSAAGGARACSGG	58	—	—
		R3cd	GASTTCGGRTGSGTCTTGA			
Throbäck et al.，2004	*nirS* qPCR	cd3af	GTSAACGTSAAGGARACSGG	58	85～88	12.5μL 2 × SYBR（Takara, Japan），1μL of each primer（10mmol/L），and 3μL DNA template
		R3cd	GASTTCGGRTGSGTCTTGA			
Harhangi et al.，2012	*hzsA* qPCR	hzsA1597	WTYGGKTATCARTATGTAG	55	91～93	12.5μL 2 × SYBR（Takara, Japan），1.25μL of each primer（10mmol/L），and 3μL DNA template
		hzsA1857	AAABGGYGAATCATARTGGC			

定 9 月黄河源区上覆水体的 N_2 产生速率。首先，将 400mL 的原位水倒入容积为 1.5L 的有机玻璃培养柱中。该培养柱顶部装有一个气压计和金属三通阀，通过此三通阀可以控制气体的进出。然后将培养柱盖子旋紧密封，并利用真空泵（天津市津腾实验设备有限公司，中国）从培养柱中抽出特定体积的气体。将这些培养柱置于摇床上，并用胶带进行固定。此后运行仪器，使得培养柱内水样剧烈振荡，与顶空气体进行气体交换。该过程持续约 1h 以保证培养柱内水-气交换达到平衡。在整个振荡平衡阶段，培养柱内气压变化小于 2kPa。按如上步骤操作后，培养柱内水样 DO 浓度将与对应采样点的原位 DO 浓度相接近。

此后，将培养柱内水样用气密性良好的橡胶管分装到容积为 60mL、装有磁力搅拌子（聚四氟乙烯包被）的血清瓶内。当小瓶水满后，继续注水，保持溢水状态 30s 左右以尽可能排除外界空气的干扰。此后，迅速用橡胶塞塞住血清瓶，并用铝盖压紧密封。随后，将血清瓶放在振荡培养箱内的磁力搅拌器上，在原位温度条件下进行暗培养。整个培养过程中，所有样品按一式三份进行试验。在设定培养阶段（0h、6h、12h、24h 和 36h），通过橡胶塞向瓶内注入 300μL 饱和氯化锌溶液进行牺牲式取样。随后，按 6.2.3 节所述步骤测定小瓶内溶解性 N_2 含量。与 N_2 测定方法相类似，使用 O_2∶Ar 浓度比值法测定血清瓶内溶解性 O_2 含量（Reisinger et al.，2016）。依据培养阶段内 N_2 含量的线性累积来计算黄河源区上覆水体的 N_2 产生速率。

6.2.8 统计分析

使用 SPSS（v 21.0）软件在 $P<0.05$ 的显著性水平上进行 Pearson 相关、偏相关、配对样本 t 检验和线性回归分析。利用配对样本 t 检验评估黄河源区上覆水体理化性质在不同采样月份间的差异。此外，配对样本 t 检验还被用来分析 anammox 细菌和反硝化细菌的丰度（功能基因拷贝数）差异。使用 Pearson 相关和偏相关分析研究上覆水体理化性质和微生物（anammox 细菌和反硝化细菌）功能基因丰度之间的关系。进行分析前，将

anammox 细菌和反硝化细菌丰度与悬浮颗粒物浓度进行对数转换以满足进行相关分析时变量需服从正态分布的要求。利用线性回归分析微生物丰度及其群落结构对黄河源区上覆水体 N_2 产生速率的影响。本研究所有热图（heatmap）均利用 R 包“Complexheatmap”(Gu et al., 2016）进行绘制。

6.2.9 数据获取

本研究测得的 anammox 细菌和反硝化细菌序列已全部提交到 NCBI GenBank 数据库中。其中，可以通过索引号 MT434372-MT434605 获得反硝化细菌 *nirS* 基因序列；anammox 细菌 16S rRNA 基因序列可通过索引号 MT452717-MT452881 检索获得。

6.3 上覆水体中反硝化细菌和 anammox 细菌的功能基因丰度

采样期间内黄河源区水温为 6.6 ~ 19.9℃（表 6-2），随海拔升高而显著降低（$P<0.05$，$n=18$）（表 6-3）。悬浮颗粒物浓度波动范围较大，其数值为 0.003 ~ 0.861g/L。9 月悬浮颗粒物浓度（平均值：0.307g/L）显著高于 7 月（平均值：0.056 g/L）（$P<0.05$）。水样中 NO_x^--N 浓度（包括 NO_3^- 和 NO_2^-，平均值：0.37mg-N/L）显著高于 NH_4^+-N 浓度（平均值：0.05mg-N/L）（$P<0.05$）。黄河源区上覆水体中 NO_x^--N 和 NH_4^+-N 浓度处于文献报道低海拔河流数值范围之内（Rashleigh et al., 2013；Zhang et al., 2017），但数值整体偏小。上覆水体中悬浮颗粒物浓度与 NH_4^+-N 浓度呈显著负相关（$r=-0.54$，$P<0.05$）。水体 DO 浓度（5.76 ~ 8.09mg/L）随海拔升高而趋于降低，但这种变化趋势并不显著（$P=0.073$）(表 6-3)。

表 6-2 黄河源区河流上覆水体的理化性质（$n=18$）

采样点	海拔/m	水温/℃	DO 浓度/(mg/L)	pH	ORP/mV	EC/(μS/cm)	悬浮颗粒物浓度/(g/L)	DOC/(mg C/L)	NH_4^+-N/(mg/L)	NO_x^--N/(mg/L)
TNH	2687	18.3/12.9	6.57/7.06	8.34/8.35	152.0/195.6	358/440	0.220/0.861	3.87/2.74	0.120/0.026	0.664/0.498
JG	3100	19.9/12.1	7.43/8.09	8.46/8.53	127.0/176.0	328/139	0.111/0.425	4.01/3.33	0.105/0.015	0.498/0.475
MQ	3423	17.3/13.2	6.09/6.34	8.48/8.19	172.7/254.0	316/42	0.053/0.229	3.33/4.95	0.099/0.013	0.481/0.275
TK	3391	15.4/16.6	6.22/5.95	8.09/7.83	216.0/106.7	127/207	0.064/0.232	3.13/5.89	0.091/0.033	0.152/0.102
JZ	3539	12.0/13.6	7.20/6.27	8.32/8.03	205.7/159.8	396/256	0.014/0.350	1.60/3.15	0.094/0.016	0.437/0.181

续表

采样点	海拔/m	水温/℃	DO 浓度/(mg/L)	pH	ORP/mV	EC/(μS/cm)	悬浮颗粒物浓度/(g/L)	DOC/(mg C/L)	NH_4^+-N/(mg/L)	NO_x^--N/(mg/L)
MT	3642	15.7/11.2	5.97/6.66	8.54/8.56	198.0/233.0	418/422	0.020/0.217	2.07/3.24	0.069/0.016	0.555/0.884
DR	3918	15.8/11.0	5.76/6.83	8.44/8.51	160.3/230.0	465/445	0.014/0.154	2.83/3.93	0.050/0.018	0.472/0.395
RQ	4223	13.3/7.8	5.96/6.08	8.83/8.48	214.7/174.7	442/47	0.003/0.218	4.15/8.84	0.080/0.017	0.253/0.250
MD	4221	16.5/6.6	6.12/6.91	8.85/8.58	193.3/170.3	679/664	0.007/0.074	5.16/5.77	0.089/0.022	0.050/0.006

注：所有数值均为 3 次测定的平均值。

"/" 左右两侧数值分别代表 7 月和 9 月黄河源区上覆水体理化性质。

表 6-3 微生物功能基因丰度与环境因子的 Pearson 相关关系

指标	1	2	3	4	5	6	7	8	9	10	11	12
1 海拔	1											
2 水温	-0.48	1						0.01 <P≤0.05				
3 DO 浓度	-0.42	-0.18	1					P≤0.01				
4 pH	0.48	-0.18	0.11	1								
5 ORP	0.23	-0.40	-0.02	0.31	1							
6 EC	0.33	-0.02	-0.10	0.58	0.00	1						
7 悬浮颗粒物浓度	-0.60	-0.18	0.41	-0.53	-0.15	-0.49	1					
8 DOC	0.43	-0.36	-0.21	0.04	-0.21	-0.23	0.17	1				
9 NH_4^+-N	-0.20	0.69	-0.17	0.17	-0.21	0.22	-0.54	-0.31	1			
10 NO_x^--N	-0.47	0.20	0.25	0.16	0.15	-0.01	0.20	-0.50*	0.12	1		
11 *hzsA*[a]	-0.45	-0.17	0.38	-0.35	0.13	-0.34	0.94	0.19	-0.56	0.13	1	
12 *nirS*	-0.52	-0.15	0.35	-0.55	-0.19	-0.41	0.90	0.04	-0.54	0.33	0.87	1

a. 9 月玛多 anammox 细菌丰度值低于检测限，分析 anammox 细菌 *hzsA* 基因丰度与环境变量相关性时该样点被排除。

黄河源区上覆水体 DOC 浓度平均为 4.00mg C/L（n=18），9 月悬浮颗粒物的有机碳（POC）浓度为 23.5g C/kg（n=8）（表 6-4）。黄河源区 DOC 和悬浮颗粒物 POC 浓度均高于许多低海拔河流的报道值（Meybeck，1982）。研究区内，POC 浓度（10.9 ~ 36.90g C/kg）和悬浮颗粒物的有机碳氮质量比值（10.5 ~ 14.6）差异较大。根据以往研究结果（Hopkinson et al.，1998），这说明不同采样点间悬浮颗粒物有机质的生物可利用性可能存在差异。

表 6-4 秋季黄河源区悬浮颗粒物的有机质浓度

地点	有机碳浓度 /(g C/kg)	有机氮浓度 /(g N/kg)	C/N
TNH	10.90	1.04	10.5
JG	20.27	1.80	11.3
TK	29.19	2.28	12.8
JZ	36.90	2.53	14.6
MT	21.72	1.80	12.1
DR	21.43	1.99	10.8
RQ	22.99	2.01	11.4
MD	24.94	2.00	12.5

黄河源区上覆水体中反硝化细菌 *nirS* 基因丰度为 6.31×10^3 ~ 7.42×10^7 copies/L，其丰度在所有采样点均不小于 anammox 细菌 *hzsA* 基因丰度（<1.65×10^5 copies/L）($P<0.05$)(图 6-2)。与以前研究结果相同（Zhang et al., 2017），在所有测定环境变量中，悬浮颗粒物浓度与上覆水体反硝化细菌 *nirS* 基因丰度和 anammox 细菌 *hzsA* 基因丰度之间关系最显著（$P<0.001$，R^2 均不小于 0.8）（图 6-3）。这意味着，上覆水体中绝大多数反硝化微生物和 anammox 微生物都附着于悬浮颗粒物上。如上所述，这是因为悬浮颗粒物的存在能减轻反硝化细菌和 anammox 细菌遭受的氧气胁迫（Xia et al., 2013, 2019）。7 月黄河源区大部分（77%）采样点中，好氧上覆水体中反硝化细菌 *nirS* 基因丰度高于作者团队之前报告的好氧氨氧化细菌（5.29×10^4 ~ 1.74×10^7 copies/L）和好氧氨氧化古菌（4.64×10^3 ~ 3.60×10^7 copies/L）*amoA* 基因丰度（Zhang et al., 2019）。这可能是因为青藏高原强烈的太阳

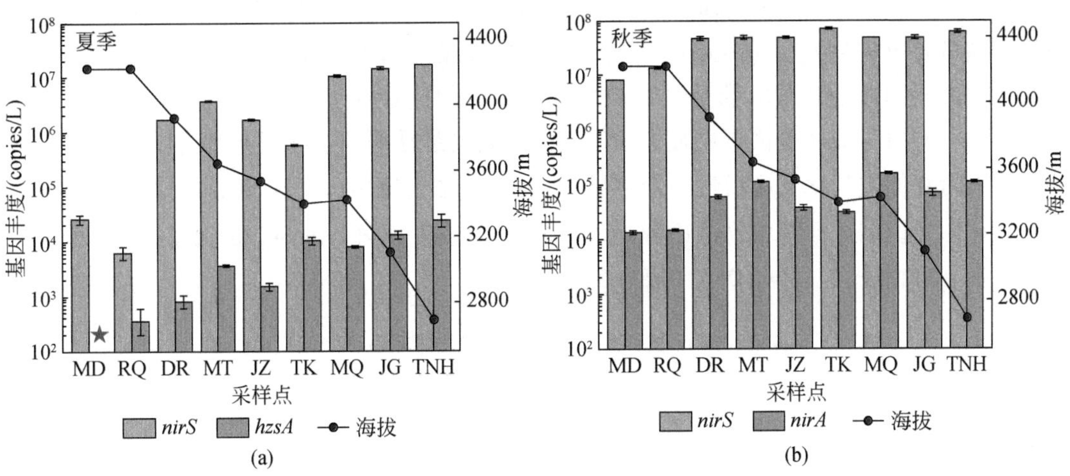

图 6-2 黄河源区上覆水体样品中 anammox 细菌 *hzsA* 基因（a）和反硝化细菌 *nirS* 基因（b）丰度

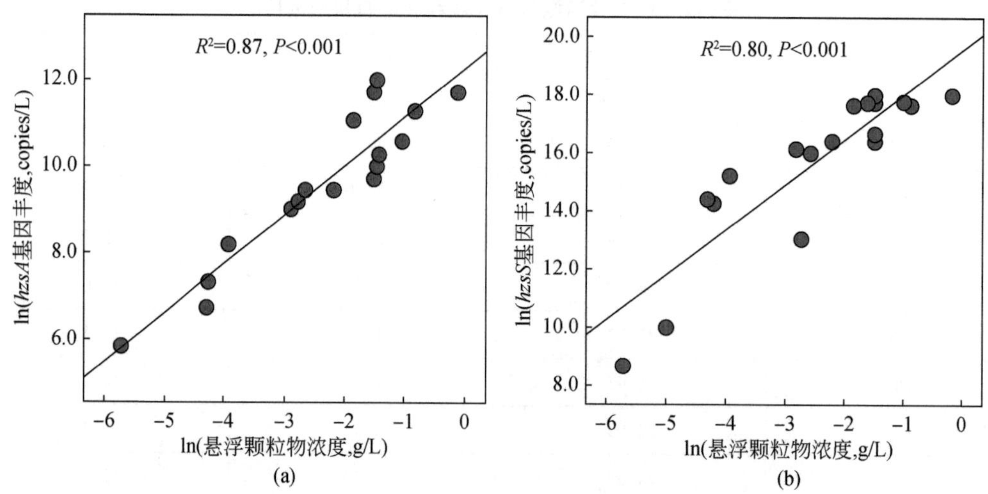

图 6-3　上覆水体样品中 anammox 细菌 *hzsA* 基因（a）和反硝化细菌 *nirS* 基因（b）丰度与悬浮颗粒物浓度的关系

照射和紫外辐射对好氧氨氧化微生物活性具有强烈抑制效应（Zhang et al.，2019）。这种微生物丰度对比表明反硝化细菌及其催化的反硝化过程在黄河源区好氧上覆水体的氮循环过程中可能扮演着重要角色。无论是否通过偏相关分析控制悬浮颗粒物浓度的影响，水温与上覆水体中反硝化细菌 *nirS* 基因丰度和 anammox 细菌 *hzsA* 基因丰度之间均不存在显著相关性（P>0.1）。

NH_4^+-N 浓度与 anammox 细菌 *hzsA* 基因丰度呈显著负相关关系（P<0.05）。然而这可能只是一种表面相关性，并不存在因果关系。这是因为黄河源区绝大部分采样点上覆水体中 NH_4^+-N 浓度（0.016～0.120mg N/L）低于淡水环境富集 anammox 物种的 NH_4^+-N 亲和系数（Ks；0.1～11mg N/L）(Zhang and Okabe，2020）。本研究中悬浮颗粒物浓度与 NH_4^+-N 浓度存在显著负相关关系（P<0.05）。据此本研究推测，NH_4^+-N 浓度与 anammox 细菌 *hzsA* 基因丰度之间的显著关系由悬浮颗粒物浓度的中介效应造成。随着悬浮颗粒物浓度的升高，anammox 细菌 *hzsA* 基因丰度显著增加，而升高的悬浮颗粒物浓度同时会增加对 NH_4^+-N 的物理吸附并促进硝化反应活性，最终导致 NH_4^+-N 浓度降低。这种猜测在偏相关分析中得到印证，当控制悬浮颗粒物浓度影响后，NH_4^+-N 浓度不再与 anammox 细菌 *hzsA* 基因丰度间存在显著相关性（P>0.05）（表 6-5）。

表 6-5　anammox 细菌和反硝化细菌丰度与环境因子的偏相关关系

物种	控制因子	相关关系					
		海拔	DO	温度	NH_4^+-N	DOC	NO_3^--N
anammox 细菌	悬浮颗粒物浓度	0.16	0.11	−0.20	−0.30	−0.16	0.17
反硝化细菌		0.09	0.04	0.08	−0.16	−0.16	0.25

6.4 上覆水体中反硝化细菌和 anammox 细菌的群落组成

本研究利用克隆文库技术分析黄河源区上覆水体反硝化细菌和 anammox 细菌的群落组成及结构。在 9 月黄河源区 6 个采样点（唐乃亥、军功、玛曲、久治、门堂和玛多）中一共获得了 234 条反硝化细菌 *nirS* 基因序列，这些序列按 88% 的核酸序列相似性阈值（Lee and Francis，2017）共可划分为 135 个 OTU。系统发育分析显示（图 6-4），这 135 个 OTU 可归为 12 个系统发育簇（cluster），其中 cluster 7 包含的 *nirS* 基因序列数量最多，平均占比为 20.8%。绝大多数 *nirS* 基因序列（97.4%）与变形菌门（Proteobacteria）类物种亲缘关系密切：其中与 β 变形菌纲物种关系亲密的 *nirS* 基因序列所占比例最高（43.5%），其次为 γ 变形菌纲物种（40.2%）和 α 变形菌纲物种（13.7%）；剩余 *nirS* 基因序列（2.6%）与 *Deinococcus-Thermus*（0.9%）和 *Ca. NC10*（1.7%）类物种相似度较高。研究区内反硝化细菌 *nirS* 基因各个系统发育型的相对含量沿海拔梯度均无显著变化趋势（$P>0.05$）。

9 月从黄河源区 9 个采样点共获得了 165 条 anammox 细菌 16S rRNA 基因序列。基于 97% 的核酸序列相似性阈值，anammox 细菌文库序列共可划分为 10 个 OTU。与反硝化细菌不同，本书将本研究和黄河低海拔河段（花园口，HYK，海拔：~10m）（Zhang et al.，2017）中检测到的 anammox 细菌序列合并后进行系统发育分析，以此来分析河流体系上覆水体中 anammox 细菌的基因多样性。结果显示，低海拔（98.0%）和高海拔地区（87.3%）河流上覆水体中 anammox 细菌群落均主要由 *Brocadia* 类物种组成（图 6-5），表明该类 anammox 细菌对河流环境条件具有强适应性。但主坐标分析表明 anammox 细菌群落在高、低海拔河流间的差异远高于其在高海拔河流采样点间的差异（图 6-6）。相关分析结果显示河流（包括高、低海拔河流）上覆水体中 *Brocadia anammoxidans* 类序列相对含量随海拔升高而显著上升（$P<0.01$，$n=10$）（图 6-5）。在海拔高于 5000m 的湿地表层土壤中（0~20cm），*Brocadia anammoxidans* 也是最主要的 anammox 细菌群落组分，其相对含量高于 50%（Wang et al.，2019）。与此相反，*Brocadia fulgida* 类序列的相对含量随海拔的升高而显著降低（$P<0.001$，$n=10$），这表明该类 anammox 细菌可能在低海拔地区具有更重要的作用。

河流上覆水体中较高比例的悬浮颗粒物来自周边侵蚀土壤（Li et al.，2020），这使得附着于悬浮颗粒物上的微生物群落组成具有明显的陆源特征（Crump et al.，2012；Hermans et al.，2020；Ruiz-González et al.，2015）。在黄河源区，悬浮颗粒物主要（79%）来自陆源输入（Li et al.，2020），且其含量沿程逐渐升高。这导致黄河源区上覆水体中 AOA 或 AOB 的群落相似性与采样点之间的空间距离显著相关（$P<0.05$），而与采样点之间的水文连通性无显著相关性（Zhang et al.，2019）。本研究发现了类似的现象：在偏 Mantel 分析中控制环境变量影响后，anammox 细菌群落相异性与采样点之间的水平空间距离显著相关（$r=0.33$，$P=0.033$）。但在反硝化细菌群落中未发现类似关系，无论垂直海

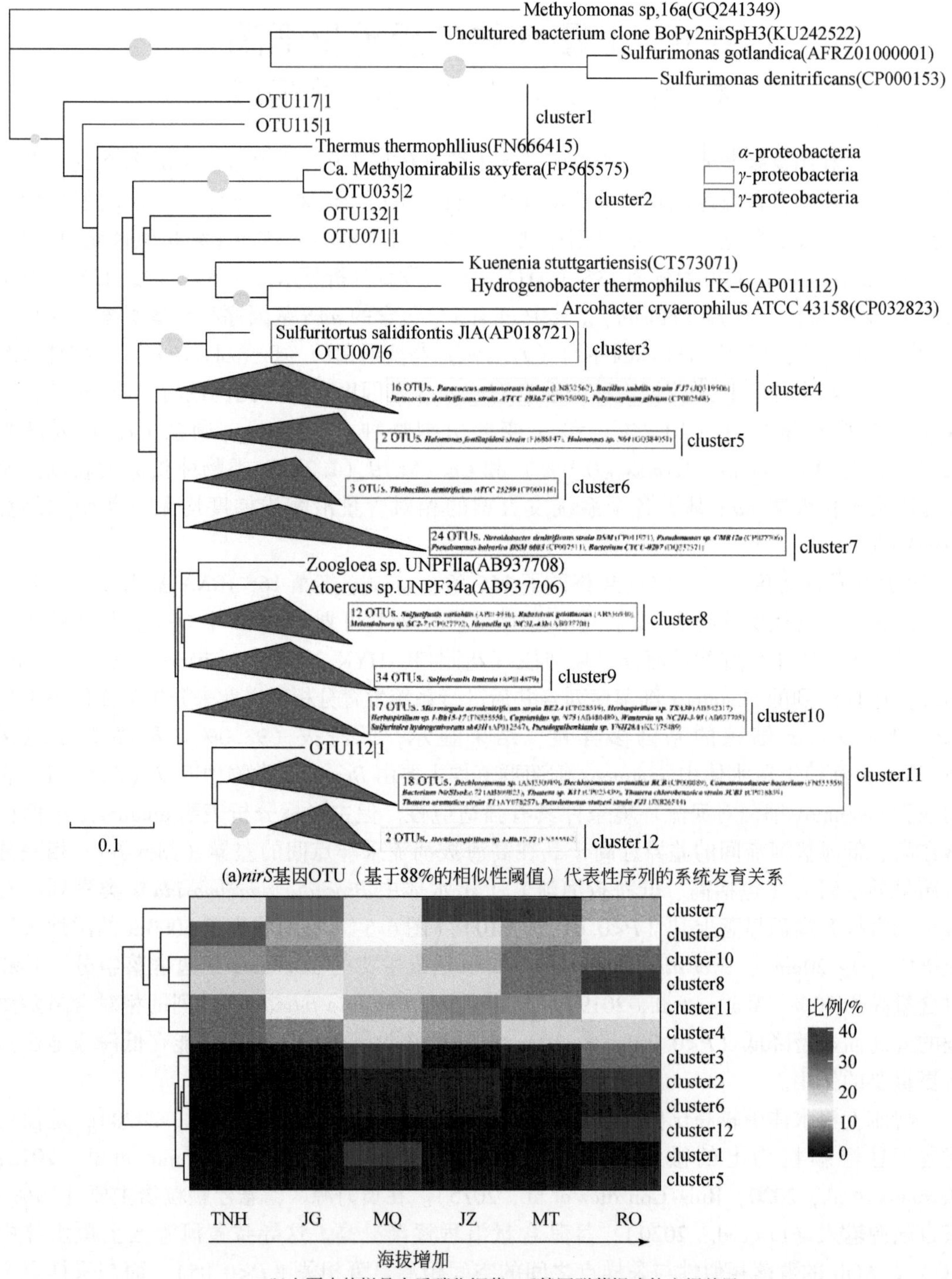

(a)*nirS*基因OTU（基于88%的相似性阈值）代表性序列的系统发育关系

(b)上覆水体样品中反硝化细菌*nirS*基因群落组成的空间差异

图 6-4　黄河源区上覆水体样品中反硝化细菌 *nirS* 基因群落组成及其空间变化

系统发育树中 Bootstrap 值≥ 50% 的树枝用灰色圆圈表示，圆圈大小与 Bootstrap 值成正比

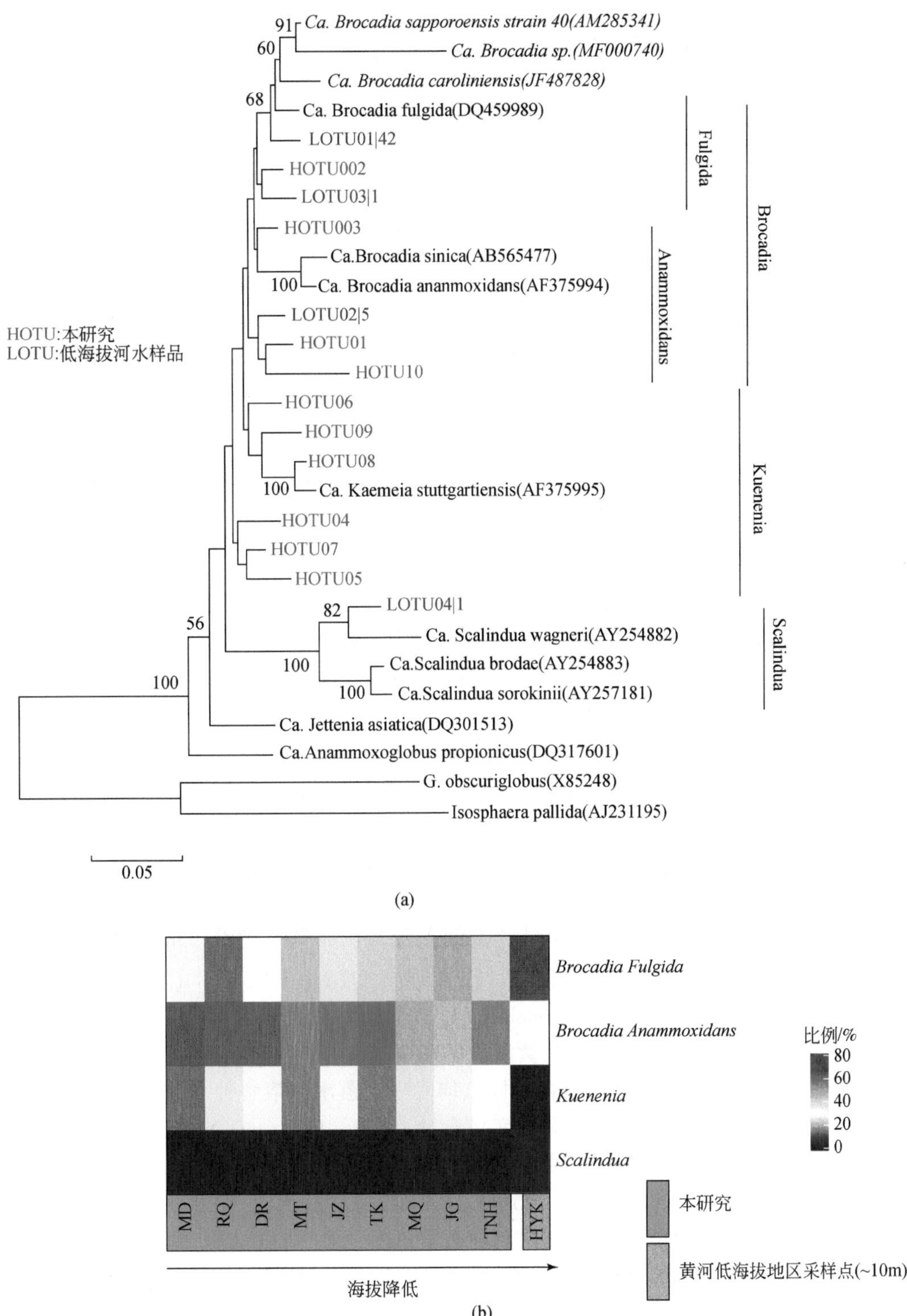

图 6-5 黄河源区与低海拔河流（段）上覆水体样品中 anammox 细菌 16S rRNA 基因 OTU 代表性序列的系统发育关系（a）；anammox 细菌 16S rRNA 基因群落组成的空间变化（b）

系统发育树 Bootstrap 值≥50% 的树枝用灰色圆圈表示，圆圈大小与 Bootstrap 值成正比

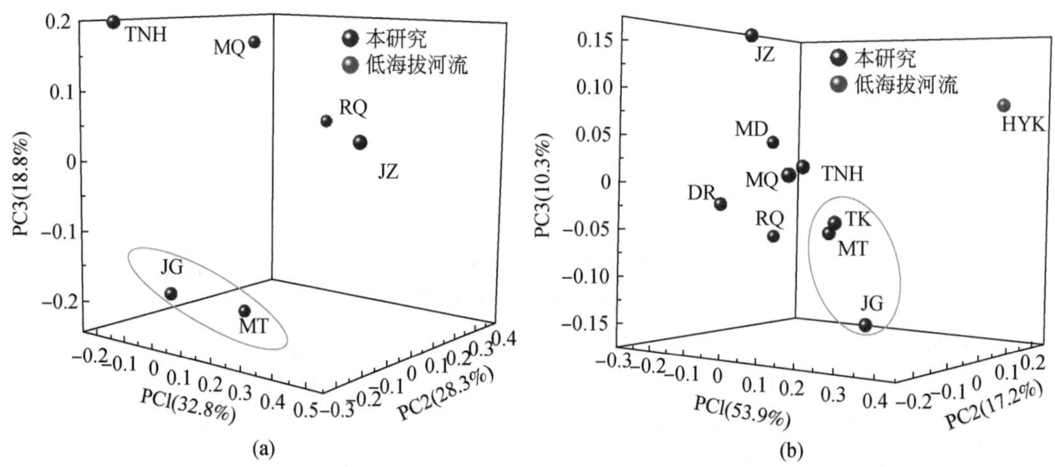

图 6-6 基于加权 UniFrac 距离的主坐标分析 3D 图展示本研究和其他河流间上覆水体中反硝化（a）或 anammox 细菌（b）群落结构的空间差异性

主坐标分析的前三个坐标轴总共分别解释了反硝化和 anammox 细菌群落结构 79.9% 和 81.4% 的变化量

拔距离或水平空间距离与采样点之间 *nirS* 基因群落 UniFrac 距离均不存在显著相关性（$P>0.19$）。造成这种差异的原因可能是与好氧氨氧化微生物和 anammox 细菌相比（世代时间可高达数天）（Third et al., 2005; Zhang et al., 2019），反硝化细菌的世代时间相对较短（1～4h）（Okereke, 1984）。河流上覆水体中悬浮颗粒物附着态微生物的群落成分除受悬浮颗粒物来源影响外，还会随上覆水体环境条件的改变而变化（Leibold et al., 2004; Savio et al., 2015），而其随环境条件变化的程度随微生物世代时间的增加而减小。

6.5 上覆水体对河流 N_2 排放通量的贡献

黄河源区上覆水体溶解性 N_2 含量的空间差异较大，其数值为 358～435μmol N_2/L（表 6-6）。黄河源区溶解性 N_2 含量低于长江（568～746μmol N_2/L）（Yan et al., 2004）和美国 3 条农业河流（494～780μmol N_2/L）等低海拔河流的报道值（Laursen and Seitzinger, 2002），这可能主要是因为黄河源区气压（60.50～83.94kPa）较低。虽然黄河源区溶解性 N_2 含量整体偏低，但在各采样点均发现上覆水体溶解性 N_2 处于过饱和状态，其 ΔN_2（溶解性 N_2 含量-N_2 理论平衡浓度）含量为 5.8～18.6μmol N_2/L（表 6-7）。这表明采样期间内黄河源区是大气中 N_2 的排放源。黄河源区 ΔN_2 含量处于文献报道的诸如九龙江（3～160μmol N_2/L）(Chen et al., 2014) 和美国 3 条农业河流（0.28～39.9μmol N_2/L）（Laursen and Seitzinger, 2002）等低海拔河流数值范围之内。根据 ΔN_2 和水-气界面气体传输速度来估算黄河源区的 N_2 排放通量。经计算，黄河源区河流 N_2 排放通量为 9.27×10^3～6.28×10^4μmol N_2/（m^2 · d）。该通量与许多低海拔河流 N_2 排放通量具有可比性（Yan et al., 2004）。

表 6-6 秋季上覆水体样品中溶解性 N_2 含量及 N_2 排放通量 (n=9)

地点	斯特拉勒(Strahler)河流等级[a]	溶解性 N_2 含量[b] /(μmol N_2/L)	过饱和 N_2 含量 /(μmol N_2/L)	N_2 排放通量 /[μmol N_2/(m^2 · d)]
玛多	5	428 (±0.4)	12.4	6.06×10^4
热曲	5	413 (±0.5)	11.1	2.86×10^4
达日	6	386 (±0.7)	8.5	1.28×10^4
门堂	6	400 (±0.5)	9.1	1.10×10^4
久治	3	381 (±0.6)	7.8	2.29×10^4
唐克	5	358 (±0.2)	5.8	9.27×10^3
玛曲	6	395 (±1.8)	14.9	6.28×10^4
军功	7	426 (±0.5)	18.6	2.10×10^4
唐乃亥	7	435 (±0.2)	10.3	1.33×10^4

a. 河流等级参考 Zhang 等 (2020) 的报道值。
b. 溶解性 N_2 含量为平均值±标准差。

表 6-7 河流上覆水体中(过饱和)溶解性 N_2 含量及 N_2 排放通量

河流	N_2 含量 /(μmol N_2/L)	ΔN_2 (μmol N_2/L)	N_2 通量 /[mmol N_2/(m^2 · d)]	参考文献
长江(中国)	568 ~ 746	—	68 ~ 138	Yan et al., 2004
太湖流域河流(中国)	—	—	0.5 ~ 12.6	Zhao et al., 2015
3 条农业河流(美国)	494 ~ 780	0.28 ~ 39.91	6.5 ~ 379.4	Laursen and Seitzinger, 2002
黄河源区	358 ~ 435	5.83 ~ 18.61	1.8 ~ 125.6	本研究

黄河源区上覆水体的 N_2 产生速率为 0.25 ~ 4.22μmol N_2/(L · d)(图 6-7),其平均产生速率[2.21μmol N_2/(L · d)]低于美国马斯基根河(Muskegon River)[3.8μmol N_2/(L · d)]和蒂珀卡努河(Tippecanoe River)[3.6μmol N_2/(L · d)]的报道值(Reisinger et al., 2016)。由于河流的水力停留时间相对较短、扰动强度大和浊度高,在高级别河流中固氮作用基本可以忽略(Scott et al., 2009),所以本研究在暗环境中培养水样是可以接受的。此外,选用计算 N_2 产生速率的培养阶段内,DO 浓度变化幅度不超过其原始浓度的 15%。另外,本研究在原位温度和原位 N 底物水平下培养水样。综上,本研究认为测得的上覆水体 N_2 产生速率在一定程度上可以反映其原位活性。

本研究通过比较 N_2 产生速率与原位 N_2 排放通量来评估上覆水体对黄河源区 N_2 排放通量的贡献,具体计算公式如下:贡献 = N_2 产生速率[μmol N_2/(L · d)]×1000×水深(m)/N_2 排放通量[μmol N_2/(m^2 · d)]×100%。这种计算具有一定的合理性,因为本研究各采样点的原位 N_2 浓度都是过饱和的(表 6-6),因此反硝化等过程生成的 N_2 都倾向于排放到大气中。此外,在实际环境中,除上覆水体和底部沉积物外,周围环境中 N_2 的侧向输入也对河流 N_2 排放通量有重要贡献(Gomez-Velez et al., 2015; Gomez-Velez and Harvey, 2014)。从这个角度来看,本研究对上覆水体脱氮贡献的计算相比于分别培养上

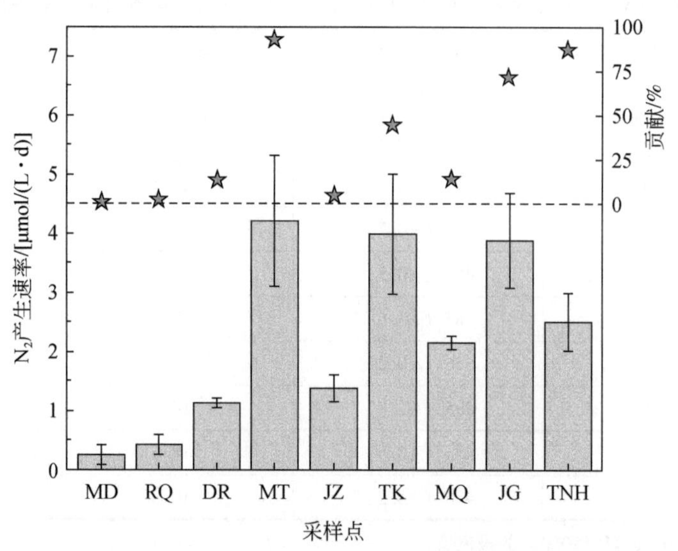

图 6-7　黄河源区上覆水体样品的 N_2 产生速率及其对河流 N_2 排放通量的贡献

覆水体和沉积物获得的结果（Reisinger et al.，2016）更加合理。经计算，黄河源区上覆水体对河流 N_2 排放通量的贡献为 0.6%～92.0%（平均值：36.8%）（图 6-7）。研究区内上覆水体脱氮贡献较小（<5%）的样点位于周边冻土广泛分布的低级别（Strahler 河流等级法）河段（表 6-6），这可能是因为这些采样点的周边 N_2 侧向输入强度较高。黄河源区上覆水体对河流 N_2 排放通量的平均贡献（36.8%）与作者团队之前在悬浮颗粒物浓度为 8g/L 模拟体系中的观察值（38%）接近（Liu et al.，2013）。研究者在马斯基根河培养试验中发现上覆水体对河流 N_2 产生的贡献高达 85%（Reisinger et al.，2016）。与之前模拟实验结果类似（Liu et al.，2013），在悬浮颗粒物浓度较高的采样点，上覆水体对河流 N_2 排放通量的贡献往往更大（Pearson's $r=0.6$，$P=0.08$）。考虑到诸如密西西比河（0.8g/L）和尼罗河（1.4g/L）等其他河流中悬浮颗粒物浓度高于黄河源区（Liu et al.，2013），这些河流上覆水体对河流 N_2 排放通量的贡献可能要更高。综上所述，在评估河流体系对全球氮损失的贡献时，不能忽视低海拔和高海拔河流上覆水体的脱氮作用。

6.6　上覆水体 N_2 产生速率的影响因素

掌握上覆水体 N_2 产生速率的影响因素及其作用机制将为科学预测上覆水体对河流脱氮的贡献奠定基础。本研究中 N_2 产生速率倾向于随温度升高而增加（$P=0.051$，$n=9$）。将低海拔河流相应数据（Reisinger et al.，2016）也纳入分析后发现，温度对 N_2 产生速率的促进效应变得更加显著（$P=0.015$，$n=11$）[图 6-8（a）]。这可能是黄河源区 N_2 产生速率（11.7℃，$n=9$）低于马斯基根河（20℃）和蒂珀卡努河（20℃）（Reisinger et al.，2016）的原因之一。相比之下，作为反硝化和 anammox 反应直接和/或间接反映底物的 NO_x^--N 浓度（Lansdown et al.，2016）与上覆水体 N_2 产生速率之间不存在显著相关关系

(P>0.1)。然而，以往研究发现 NO_x^--N 浓度会显著影响河流沉积物中 anammox 和反硝化的反应速率（Pina-Ochoa and Álvarez-Cobelas，2006；Xia et al.，2018）。造成这种差异的原因可能是沉积物环境的缺氧/厌氧环境虽有利于反硝化的发生，但其硝酸盐供应通常受到限制（Canfield et al.，2005），而上覆水体中硝酸盐含量相对较高但其处于好氧环境中。换言之，上覆水体中氧气胁迫相比于底物 N 供应不足对 anammox 细菌和反硝化细菌的抑制效果更显著。本研究发现上覆水体的 N_2 产生速率随反硝化细菌 *nirS* 基因［P =0.034，图 6-8（b）］和 anammox 细菌 *hzsA* 基因［P=0.021，图 6-8（c）］丰度增加而显著升高。此外，反硝化细菌 *nirS* 基因丰度与低海拔河流上覆水体中的 N_2 产生速率也呈显著正相关关系（Liu et al.，2013；Xia et al.，2018）。

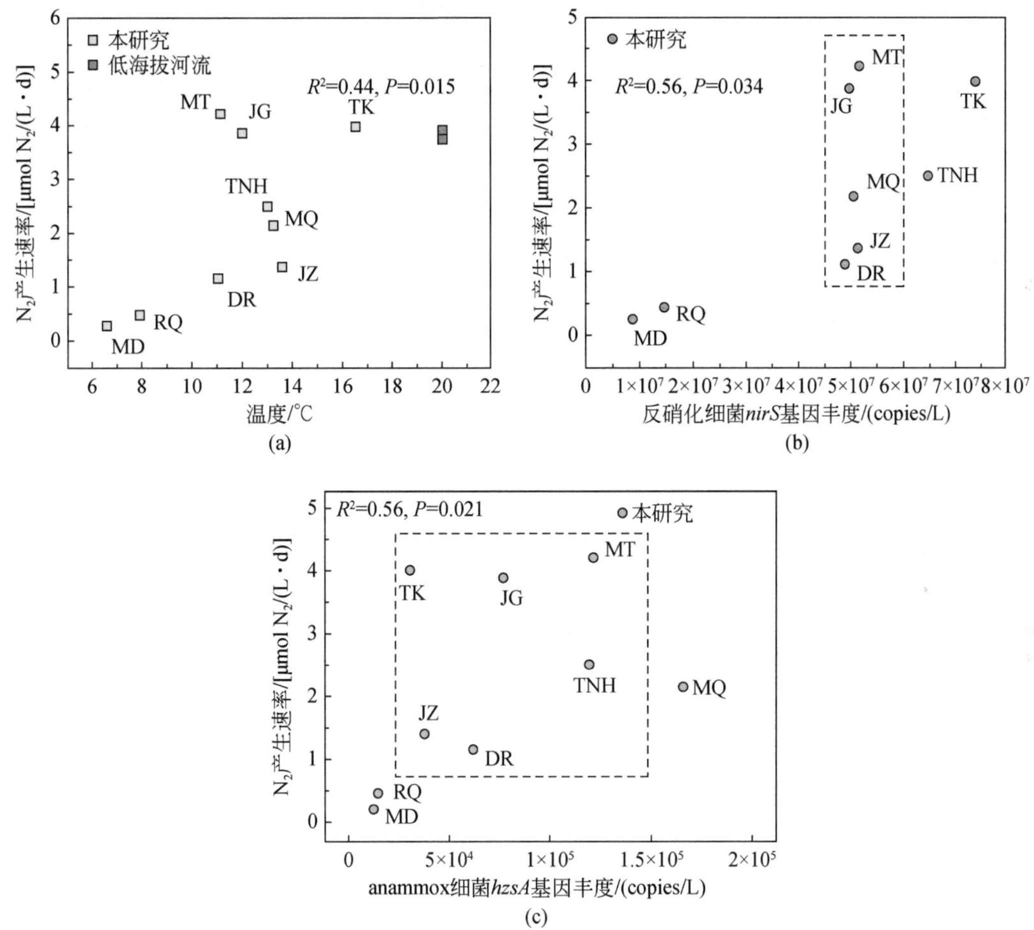

图 6-8　上覆水体样品的 N_2 产生速率与水温（a）、反硝化细菌 *nirS* 基因丰度（b）和 anammox 细菌 *hzsA* 基因丰度（c）的关系

然而，在脱氮微生物丰度（反硝化细菌 *nirS* 基因丰度和 anammox 细菌 *hzsA* 基因丰度，图 6-8）大致相等的位点中，军功（JG）和门堂（MT）站点的 N_2 产生速率随脱氮微生物丰度增长而升高的比例比其他样点高得多。这表明除微生物丰度外，还存在其他因素影响

上覆水体的 N_2 产生速率。目前，越来越多的研究发现微生物群落多样性对土壤等环境中的生物地球化学反应（包括反硝化）速率具有重要影响（Cavigelli and Robertson，2000；Graham et al.，2016；Mahmoudi et al.，2020）。本研究使用 3D PCoA 图（基于加权 UniFrac 距离）展现了采样点间反硝化细菌和 anammox 细菌群落结构的空间差异。据观察，JG 和 MT 站点的 anammox 细菌和反硝化细菌群落结构与绝大多数采样点存在明显差异（图 6-6）。这意味着反硝化细菌和 anammox 细菌群落结构可能对上覆水体 N_2 产生速率也具有重要影响。

据观察，JG 和 MT 站点反硝化细菌群落 cluster 7 发育型序列的比例远高于其他采样点（图 6-4），而在本研究中，cluster 7 发育型物种是 *nirS* 基因群落的主要组分。此外，这两个采样点 anammox 细菌群落中 *Ca. Brocadia fulgida* 物种的比例高于其他大部分位点［图 6-9（a）］。相关分析结果显示，*Brocadia fulgida* 物种比例（%）与上覆水体的 N_2 产生速率呈显著正相关（$n=9$，$P=0.028$，$R^2=0.47$）。此外，本研究分析了 N_2 产生速率与反硝化细菌群落 cluster 7 发育型序列丰度［其比例（%）×*nirS* 基因丰度］之间的关系。相关分析发现，与 *nirS* 基因丰度（$R^2=0.56$）相比，cluster 7 发育型序列丰度对 N_2 产生速率的变化具有更高的解释力（$R^2=0.92$）［图 6-9（b）］。以上研究结果表明，分析河流上覆水体 N_2 产生速率的影响因素时，应同时考虑微生物丰度和群落多样性的影响。如 6.3.1 节和 6.3.2 节所述，上覆水体中反硝化细菌和 anammox 细菌丰度受悬浮颗粒物浓度的控制，且它们的群落组成受悬浮颗粒物来源的影响，这凸显了悬浮颗粒物对河流上覆水体 N_2 产生速率的重要影响。

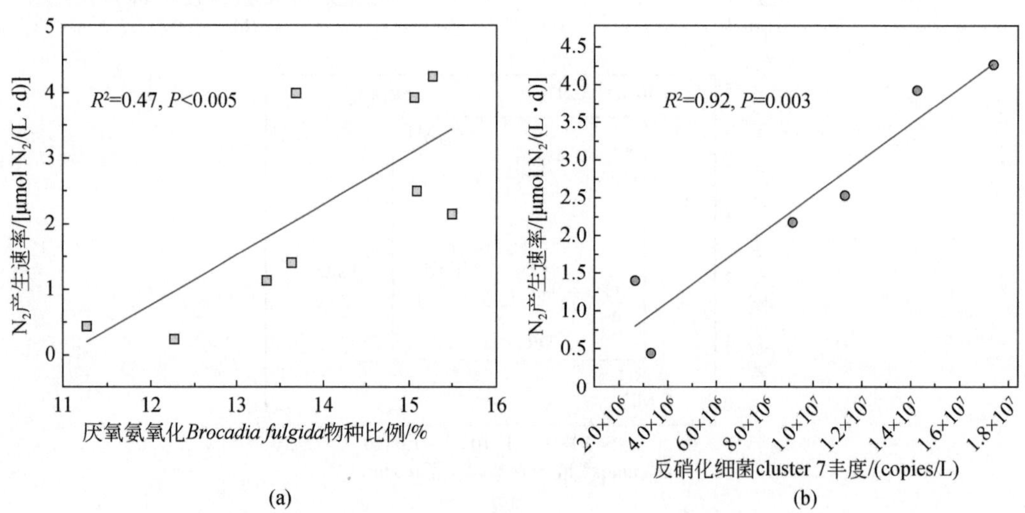

图 6-9　上覆水体 N_2 产生速率与 anammox 细菌（a）和反硝化细菌（b）群落组分间的关系

6.7 本章小结

本研究分析了青藏高原黄河源区上覆水体的 N_2 产生速率，并探究了微生物丰度和群

落多样性对 N_2 产生速率的相对影响。原位条件下的培养试验结果表明反硝化细菌和 anammox 细菌在黄河源区好氧上覆水体中产生 N_2，且其对河流 N_2 排放通量具有重要贡献（平均为 36.8%）。这表明在估算河流氮去除总量时应考虑上覆水体的脱氮过程。上覆水体中受悬浮颗粒浓度和来源影响的微生物丰度及其群落组成对上覆水体 N_2 产生速率的影响高于其他环境因素。与微生物丰度相比，微生物（anammox 细菌和反硝化细菌）群落结构对河流氮去除速率的影响往往被忽略，应在河流体系中开展更多有针对性的研究来评估微生物群落结构的重要性。这有利于开发、建立和优化预测河流上覆水体 N_2 产生速率的模型。除 N_2 外，温室气体一氧化二氮（N_2O）是脱氮反应尤其是反硝化反应的另一重要产物，N_2O 排放对全球增温具有显著促进作用，而目前对河流 N_2O 排放通量的估算还存在很大的不确定性。为此，河流上覆水体中 N_2O 的产生及其与相关微生物丰度和群落多样性间的关系值得深入研究。

参 考 文 献

陈能汪，吴杰忠，段恒轶，等．2010. N_2：Ar 法直接测定水体反硝化产物溶解 N_2. 环境科学学报，30（12）：2479-2483.

王衫允，祝贵兵，曲冬梅，等．2012. 白洋淀富营养化湖泊湿地厌氧氨氧化菌的分布及对氮循环的影响．32（21）：6591-6598.

Alldredge A L, Cohen Y. 1987. Can microscale chemical patches persist in the sea? Microelectrode study of marine snow, fecal pellets. Science, 235 (4789): 689-691.

Beniston M. 2003. Climatic change in mountain regions: a review of possible impacts. Climatic Change, 59 (1): 5-31.

Bowen J L, Byrnes J E, Weisman D, et al. 2013. Functional gene pyrosequencing and network analysis: an approach to examine the response of denitrifying bacteria to increased nitrogen supply in salt marsh sediments. Frontiers in Microbiology, 4: 342.

Brune A, Frenzel P, Cypionka H. 2000. Life at the oxic-anoxic interface: microbial activities and adaptations. FEMS Microbiology Reviews, 24 (5): 691-710.

Canfield D, Kristensen E, Thamdrup B. 2005. Aquatic Geomicrobiology. Amsterdam: Elsevier.

Cavigelli M A, Robertson G P. 2000. The functional significance of denitrifier community composition in a terrestrial ecosystem. Ecology, 81 (5): 1402-1414.

Chen N, Wu J, Chen Z, et al. 2014. Spatial-temporal variation of dissolved N_2 and denitrification in an agricultural river network, southeast China. Agriculture, Ecosystems & Environment, 189: 1-10.

Crump B C, Amaral-Zettler L A, Kling G W. 2012. Microbial diversity in arctic freshwaters is structured by inoculation of microbes from soils. The ISME Journal, 6 (9): 1629-1639.

Galloway J N, Dentener F J, Capone D G, et al. 2004. Nitrogen cycles: past, present, and future. Biogeochemistry, 70 (2): 153-226.

Gomez-Velez J D, Harvey J W, Cardenas M B, et al. 2015. Denitrification in the Mississippi River network controlled by flow through river bedforms. Nature Geoscience, 8 (12): 941-945.

Gomez-Velez J D, Harvey J W. 2014. A hydrogeomorphic river network model predicts where and why hyporheic exchange is important in large basins. Geophysical Research Letters, 41 (18): 6403-6412.

Graham E B, Knelman J E, Schindlbacher A, et al. 2016. Microbes as engines of ecosystem function: when does community structure enhance predictions of ecosystem processes. Frontiers in Microbiology, 7: 214.

Gu Z, Eils R, Schlesner M. 2016. Complex heatmaps reveal patterns and correlations in multidimensional genomic data. Bioinformatics, 32 (18): 2847-2849.

Harhangi H R, Le Roy M, van Alen T, et al. 2012. Hydrazine synthase, a unique phylomarker with which to study the presence and biodiversity of anammox bacteria. Applied and Environmental Microbiology, 78 (3): 752-758.

Hermans S M, Buckley H L, Case B S, et al. 2020. Connecting through space and time: catchment-scale distributions of bacteria in soil, stream water and sediment. Environmental Microbiology, 22 (3): 1000-1010.

Hopkinson C S, Buffam I, Hobbie J, et al. 1998. Terrestrial inputs of organic matter to coastal ecosystems: an intercomparison of chemical characteristics and bioavailability. Biogeochemistry, 43 (3): 211-234.

Isobe K, Ise Y, Kato H, et al. 2020. Consequences of microbial diversity in forest nitrogen cycling: diverse ammonifiers and specialized ammonia oxidizers. The ISME Journal, 14 (1): 12-25.

Kuenen J G. 2008. Anammox bacteria: from discovery to application. Nature Reviews Microbiology, 6 (4): 320-326.

Kuypers M M, Marchant H K, Kartal B. 2018. The microbial nitrogen-cycling network. Nature Reviews Microbiology, 16 (5): 263.

Lansdown K, McKew B, Whitby C, et al. 2016. Importance and controls of anaerobic ammonium oxidation influenced by riverbed geology. Nature Geoscience, 9 (5): 357-360.

Laursen A E, Seitzinger S P. 2002. Measurement of denitrification in rivers: an integrated, whole reach approach. Hydrobiologia, 485 (1-3): 67-81.

Lee J A, Francis C A. 2017. Deep nirs amplicon sequencing of San Francisco Bay sediments enables prediction of geography and environmental conditions from denitrifying community composition. Environmental Microbiology, 19 (12): 4897-4912.

Leibold M A, Holyoak M, Mouquet N, et al. 2004. The metacommunity concept: a framework for multi-scale community ecology. Ecology Letters, 7 (7): 601-613.

Letunic I, Bork P. 2007. Interactive Tree of Life (iTOL): an online tool for phylogenetic tree display and annotation. Bioinformatics, 23 (1): 127-128.

Li S, Xia X, Zhang S, et al. 2020. Source Identification of suspended and deposited organic matter in an alpine river with elemental, stable isotopic, and molecular proxies. Journal of Hydrology, 590: 125492.

Liu T, Xia X, Liu S, et al. 2013. Acceleration of denitrification in turbid rivers due to denitrification occurring on suspended sediment in oxic waters. Environmental Science & Technology, 47 (9): 4053-4061.

Madinger H L, Hall R O. 2019. Linking denitrification with ecosystem respiration in mountain streams. Limnology and Oceanography Letters, 4 (5): 145-154.

Mahmoudi N, Enke T N, Beaupré S R, et al. 2020. Illuminating microbial species-specific effects on organic matter remineralization in marine sediments. Environmental Microbiology, 22 (5): 1734-1747.

Meybeck M. 1982. Carbon, nitrogen, and phosphorus transport by world rivers. American Journal of Science, 282 (4): 401-450.

Okereke G. 1984. Prevalence of nitrous oxide reducing capacity in denitrifiers from a variety of habitats. Plant and Soil, 81 (3): 421-428.

Oshiki M, Shimokawa M, Fujii N, et al. 2011. Physiological characteristics of the anaerobic ammonium-oxidizing bacterium 'Candidatus Brocadia Sinica'. Microbiology, 157 (6): 1706-1713.

Pina-Ochoa E, Álvarez-Cobelas M. 2006. Denitrification in aquatic environments: a cross-system analysis. Biogeochemistry, 81 (1): 111-130.

Rashleigh B, Paulson S, Flotemersch J, et al. 2013. Biological assessment of streams and rivers in US-design, methods, and analysis. Journal of Ecology and Environment, 36 (1): 85-88.

Reisinger A J, Tank J L, Hoellein T J, et al. 2016. Sediment, water column, and open-channel denitrification in rivers measured using membrane-inlet mass spectrometry. Journal of Geophysical Research: Biogeosciences, 121 (5): 1258-1274.

Ruiz-González C, Niño-García J P, del Giorgio P A. 2015. Terrestrial origin of bacterial communities in complex boreal freshwater networks. Ecology Letters, 18 (11): 1198-1206.

Savio D, Sinclair L, Ijaz U Z, et al. 2015. Bacterial diversity along a 2600km river continuum. Environmental Microbiology, 17 (12): 4994-5007.

Schloss P D, Westcott S L, Ryabin T, et al. 2009. Introducing mothur: open-source, platform-independent, community-supported software for describing and comparing microbial communities. Applied and Environmental Microbiology, 75 (23): 7537-7541.

Scott J T, Stanley J K, Doyle R D, et al. 2009. River-reservoir transition zones are nitrogen fixation hot spots regardless of ecosystem trophic state. Hydrobiologia, 625 (1): 61-68.

Third K, Paxman J, Schmid M, et al. 2005. Enrichment of anammox from activated sludge and its application in the canon process. Microbial Ecology, 49 (2): 236-244.

Throbäck I N, Enwall K, Jarvis Å, et al. 2004. Reassessing PCR primers targeting *Nirs*, *Nirk* and *Nosz* genes for community surveys of denitrifying bacteria with DGGE. FEMS Microbiology Ecology, 49 (3): 401-417.

Wang S, Liu W, Zhao S, et al. 2019. Denitrification is the main microbial n loss pathway on the Qinghai-Tibet Plateau above an elevation of 5000m. Science of the Total Environment, 696: 133852.

Wanninkhof R. 1992. Relationship between wind speed and gas exchange over the ocean. Journal of Geophysical Research: Oceans, 97 (C5): 7373-7382.

Weiss R F. 1970. The solubility of nitrogen, oxygen and argon in water and seawater. Deep Sea Research and Oceanographic Abstracts, 17 (4): 721-735.

Xia X, Jia Z, Liu T, et al. 2017. Coupled nitrification-denitrification caused by suspended sediment (SPS) in rivers: importance of SPS size and composition. Environmental Science & Technology, 51 (1): 212-221.

Xia X, Li Z, Zhang S, et al. 2019. Occurrence of anammox on suspended sediment (SPS) in oxic river water: effect of the SPS particle size. Chemosphere, 235: 40-48.

Xia X, Liu T, Yang Z, et al. 2013. Dissolved organic nitrogen transformation in river water: effects of suspended sediment and organic nitrogen concentration. Journal of Hydrology, 484: 96-104.

Xia X, Zhang S, Li S, et al. 2018. The cycle of nitrogen in river systems: sources, transformation, and flux. Environmental Science: Processes Impacts, 20 (6): 863-891.

Yan W, Laursen A E, Wang F, et al. 2004. Measurement of denitrification in the Changjiang River. Environmental Chemistry, 1 (2): 95-98.

Zhang L, Okabe S. 2020. Ecological niche differentiation among anammox bacteria. Water Research, 171: 115468.

Zhang S, Qin W, Xia X, et al. 2020. Ammonia oxidizers in river sediments of the Qinghai-Tibet Plateau and their adaptations to high-elevation conditions. Water Research, 173: 115589.

Zhang S, Xia X, Li S, et al. 2019. Ammonia oxidizers in high-elevation rivers of the Qinghai-Tibet Plateau display distinctive distribution patterns. Applied and Environmental Microbiology, 85 (22): e01701-19.

Zhang S, Xia X, Liu T, et al. 2017. Potential roles of anaerobic ammonium oxidation (anammox) in overlying water of rivers with suspended sediments. Biogeochemistry, 132 (3): 237-249.

Zhao Y, Xia Y, Ti C, et al. 2015. Nitrogen removal capacity of the river network in a high nitrogen loading region. Environmental Science & Technology, 49 (3): 1427-1435.

Zhu G, Wang S, Wang Y, et al. 2011. Anaerobic ammonia oxidation in a fertilized paddy soil. The ISME Journal, 5 (12): 1905-1912.

第7章　河流沉积物中好氧氨氧化微生物对高海拔条件的适应性

7.1 引　　言

如第5章所述，河流上覆水体微生物群落易受外源微生物输入的影响，存在明显的"群落合并"现象（Mansour et al.，2018）。相比之下，沉积物环境相对稳定，受外源微生物输入影响相对较小，更适合探究微生物对当地环境条件的适应性。为此，本章选择沉积物作为研究对象，进一步分析河流好氧氨氧化微生物的丰度、群落和反应活性等对高海拔环境的响应。

代谢底物含量和pH被认为是影响自然环境中好氧氨氧化微生物分布特征、群落结构和硝化反应速率的关键因素（Gubry-Rangin et al.，2011；Martens-Habbena et al.，2009）。尽管这两个因素与海拔关系并不密切，但它们仍可能是影响高海拔河流沉积物中好氧氨氧化微生物的重要因素。据报道，AOB与AOA的热动力学特征相差较大（Hatzenpichler，2012；Stahl and de la Torre，2012；Taylor et al.，2017）。此外，AOA和AOB *amoA*基因群落的不同系统发育型对温度变化的响应也截然不同（Avrahami et al.，2003；Horak et al.，2013；Qin et al.，2015）。例如，对某土壤中AOB *amoA*基因的调查结果表明，*Nitrosospira* cluster 3a类微生物在高温条件下数量占优，而cluster 1类微生物是低温环境中AOB群落的主要组分。群落组分间热动力特征的差异使AOA和AOB能广泛适应各种温度条件（Stahl and de la Torre，2012），包括温度在零度以下的极地与北（南）冰洋（Alves et al.，2013；Kalanetra et al.，2009）。此外，高海拔地区太阳辐射和紫外辐射强度较高（Blumthaler et al.，1997），它们对AOA活性的抑制程度远高于AOB（Horak et al.，2018）。此外据报道，淡水环境中AOA物种的活性相比于AOB更容易受短波辐射的影响（French et al.，2012）。然而，目前这些海拔相关因素对高海拔河流沉积物中好氧氨氧化微生物分布、群落组成和反应活性影响的研究基本空白。

为解决如上问题，本研究选取位于青藏高原的黄河源区、长江源区、怒江、澜沧江和雅鲁藏布江为研究对象。首先，沿海拔梯度调查这5条高海拔河流沉积物中好氧氨氧化微生物的丰度和群落多样性。其次，通过测定潜在硝化反应速率来评估高海拔河流沉积物中好氧氨氧化微生物的硝化反应活性。最后，整合高、低海拔河流数据，分析好氧氨氧化微生物组成、环境因子和潜在硝化反应速率之间的关系，从而识别控制河流体系中好氧氨氧化微生物群落多样性和潜在硝化反应速率的关键因素。

7.2 研究方法

7.2.1 仪器与试剂

本研究用到的仪器主要有：万分之一电子天平（Sartorius，Germany）、Millipore 超纯水机（北京德泉兴业商贸有限公司）、冷冻干燥机（LGJ-12，北京松源华兴科技发展有限公司）、烘箱（101-2AB 型，天津市泰斯特仪器有限公司）、Microtrac S3500 激光粒度分析仪、元素分析仪（EuroEA3000，Italy）、梅特勒 pH 计（SevenGo Duo™ pH 计）和连续流动分析仪（AutoAnalyzer 3）（Bran and Luebbe，France）。

7.2.2 样品采集及理化性质分析

本研究采样区域的海拔范围为2687～4223m，纬度范围为29.18°N～34.94°N。采样时间和频率与第 5 章中所述相同，但除黄河源区外，其他河流沉积物采样点的布设与上覆水体略有不同。本研究在雅鲁藏布江（ZM03 和 ZM04）和怒江［左贡（ZG）和嘉玉桥（JYQ）］分别布设了两个采样点，在长江（曲麻莱，QML）和澜沧江（香达，XD）分别布设了 1 个采样点，具体的采样点信息详见图 7-1。采样过程中，使用 100mL 无菌注射器

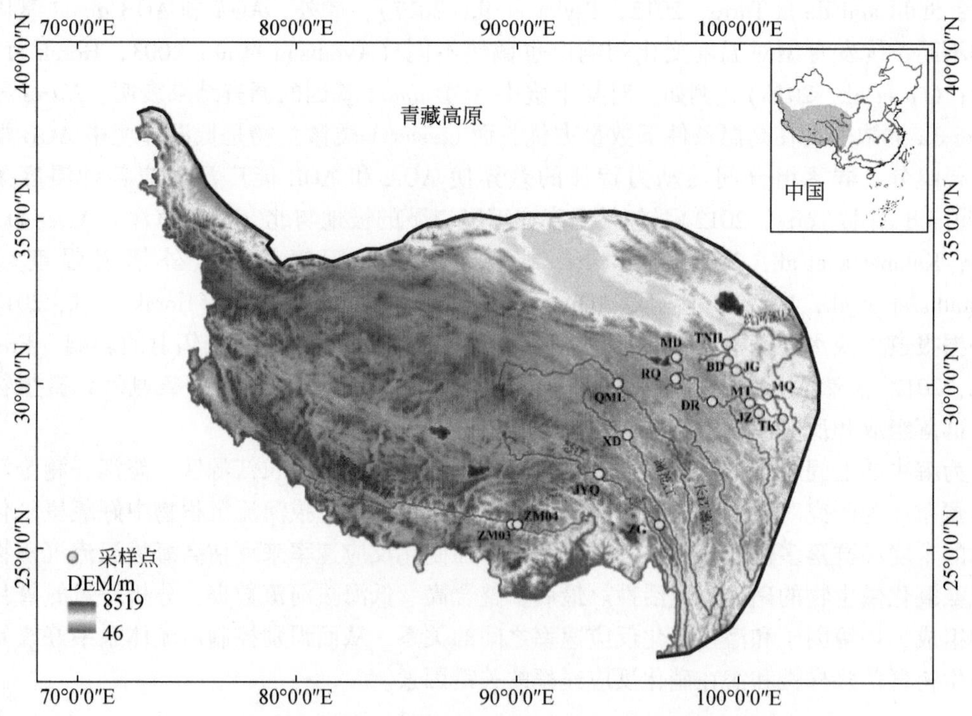

图 7-1 青藏高原 5 条高海拔河流沉积物采样点（黄圈）示意图

5 条高海拔河流为黄河源区、长江源区、澜沧江、怒江和雅鲁藏布江

收集表层沉积物样品（0～10cm，Huang et al.，2018）。采集完成后，将部分沉积物样品立即放入储存温度设为-15℃的车载冰箱中；运回实验室后，将其置于-80℃冰箱内储存，随后进行 DNA 提取。将用于测定潜在硝化反应速率的沉积物样品置于冰上（4℃）储存运输，力争72h 内运回实验室。记录各样点的海拔、经纬度和气压，并测定上覆水体的温度。回到实验室后，将沉积物样品仔细、充分混匀，进行理化性质和分子生物学分析。用 1mol/L 氯化钾（优级纯，国药集团化学试剂有限公司）溶液按 1：5（沉积物：氯化钾溶液）的质量比例浸提新鲜沉积物中的 NH_3（若下文无特殊说明，本章中 NH_3 特指 NH_3+NH_4^+）和 NO_x^-（NO_2^-+NO_3^-）-N，随后用连续流动分析仪测定其浓度。具体的操作步骤和计算方法参见《土壤硝态氮的测定》（GB/T 32737—2016）。沉积物中总氮和有机碳含量的测定参考 Xia 等（2019）所述方法。将新鲜沉积物与 Millipore 超纯水（电阻率为 18 MΩ·cm）按照 1：5（土：水）的质量比混合，振荡 10min 后取出静置，用 pH 计测定混合物上清液的 pH。为测定沉积物的粒径组成，首先将冷冻干燥后的沉积物过 2mm 孔径筛，保留过筛部分，并用粒径分析仪分析其粒径组成。本研究将粒径<2μm 的颗粒视为黏粒；粒径为 2～20μm 的颗粒作为粉砂粒；粒径为 20～2000μm 的颗粒作为砂粒（Portela et al.，2019）。

7.2.3 DNA 提取和好氧氨氧化微生物丰度的测定

根据制造商提供的方案，利用 FastDNA Spin kit for soil（QBIOgene，Carlsbad，CA，美国）试剂盒提取新鲜沉积物（约 350mg）的基因组 DNA，用 75μL DES 水淋洗提取到的 DNA。将提取到的 DNA 样品储存于-20℃的冰箱内。利用 qPCR 技术测定沉积物中 AOA 和 AOB *amoA* 基因丰度；利用 MPN-PCR 法测定 Comammox *amoA* 基因丰度。具体的操作步骤与 5.2.4 节所述相同；同样按 5.2.4 节中所述方法修正 qPCR 和 MPN-PCR 测定结果的差异。

7.2.4 AOA 和 AOB *amoA* 基因序列的高通量测序分析

使用引物对 Arch-amoAF/Arch-amoAR（Francis et al.，2005）和 amoA-1F/amoA-1R（Rotthauwe et al.，1997）分别扩增沉积物样品中 AOA 和 AOB *amoA* 基因序列，所有样品按一式三份进行扩增，引物序列信息详见表 7-1。从三份平行样中随机挑取两份送到上海美吉生物医药科技有限公司，利用 Illumina MiSeq PE300（San Diego，CA，美国）测序平台进行高通量测序。测序完成后，按 barcode 信息将测序片段分配到对应样品中。使用 Trimmomatic（Bolger et al.，2014）和 Flash（Magoč and Salzberg，2011）对序列进行前期的质控和拼接。然后基于 USEARCH v10 的 UPARSE 流程进行后续数据处理直至生成 OTU 表格（Edgar，2013）。首先，利用 USEARCH 去除样品中的重复序列和 singletons 序列。其次，将得到的 unique 序列在 95% 的序列相似性水平上进行聚类，得到代表性序列；在聚类过程中同时去除嵌合体。此后同样按 95% 的相似性阈值，将所有测序序列与上述步骤得到的代表性序列建立映射关系，丢弃未能建立映射关系的序列。最后，生成 OTU 表格。

表 7-1　青藏高原 5 条高海拔河流沉积物样品的理化性质

站点	海拔/m	纬度/(° N)	水温/℃	pH	粉砂粒/%	细砂粒/%	粗砂粒/%	NH_3-N/(mg N/kg)	NO_x^--N/(mg N/kg)	SON/(g N/kg)	C/N
MD	4221	34.89	16.5/11.3	8.46/8.83	4.78/23.16	66.80/68.68	28.42/7.71	1.79/6.97	0.30/0.52	0.11/0.47	10.6/8.9
RQ	4223	34.94	13.3/7.2	8.18/8.70	10.84/6.51	40.92/41.47	48.24/52.32	2.68/5.80	0.22/0.47	0.35/0.42	13.7/11.8
DR	3918	33.77	15.8/9.7	7.68/7.88	16.52/0.02	71.26/28.22	12.00/71.76	47.60/46.71	0.49/0.62	2.51/2.53	13.3/11.9
MT	3642	33.77	15.7/12.5	8.10/8.51	8.52/7.48	73.23/87.68	18.25/4.84	7.90/6.82	0.31/0.40	0.73/0.61	10.7/8.5
JZ	3539	33.43	12.0/8.1	7.40/7.15	19.72/19.29	65.48/51.80	14.80/28.92	34.22/38.77	0.38/0.64	1.39/2.56	13.0/14.0
TK	3391	33.41	15.4/14.4	8.14/7.94	0.00/0.58	4.36/9.99	95.64/89.44	1.18/4.10	0.86/0.82	0.09/0.23	10.8/6.0
MQ	3423	33.96	17.3/12.8	7.98/8.58	20.30/22.08	69.75/50.89	9.94/26.34	24.08/2.93	0.36/1.81	0.14/0.52	10.4/12.7
JG	3100	34.68	19.9/14.0	8.14/8.89	17.29/4.34	77.64/44.50	5.07/51.16	7.28/4.98	0.39/0.45	1.12/0.26	11.9/11.3
BD	2726	35.32	19.3/12.6	7.94/8.47	29.76/26.99	65.98/67.71	4.25/5.30	18.01/11.71	0.43/0.64	1.81/1.01	11.5/13.7
TNH	2687	35.5	18.3/14.6	8.54/9.10	1.30/1.40	81.01/81.56	17.68/17.04	0.92/2.67	0.32/0.51	0.19/0.33	8.7/3.7
QML	4065	34.06	16.4	9.44	0.00	86.93	13.07	1.97	0.37	0.31	7.96
XD	3690	32.31	17.1	9.34	4.75	88.87	6.39	3.07	0.33	0.26	11.15
ZG	3774	29.67	13.9	8.98	2.73	70.69	26.58	6.12	0.38	0.47	4.41
JYQ	3198	30.88	25.3	9.09	0.00	42.85	57.15	2.03	0.36	0.13	12.23
ZM03	3229	29.19	19.5	8.46	45.46	48.69	1.58	13.17	0.26	0.44	15.08
ZM04	3257	29.18	17.0	8.97	15.64	77.17	7.19	7.17	0.26	0.52	7.18

注：不同背景色代表不同河流。

"/" 左右分别是黄河源区沉积物 8 月和 5 月的理化性质。

本研究获得的 *amoA* 基因序列已提交到 NCBI SRA 数据库中，可利用项目索引号 PRJNA556763 检索获得。其中通过索引号 SRX6596887-SRX6596864 可获得 AOA *amoA* 基因序列，通过 SRR9841650-SRR9841673 索引可获得 AOB *amoA* 基因序列。

7.2.5 沉积物潜在硝化反应速率的测定

待沉积物样品运回实验室后，使用氯酸盐抑制法测定其潜在硝化反应速率，方法原理与第 5 章所述相同。首先，称取 5g 新鲜沉积物样品（已测得其含水率）于 120mL 血清瓶中，往其内加入 20mL 磷酸盐缓冲溶液（NaCl 8.0g/L，KCl 0.2g/L，Na_2HPO_4 0.2g/L 和 NaH_2PO_4 0.2g/L；pH=7.4）（Zhou et al.，2015）。此后，向瓶内加入 5mL NH_4Cl 母液使其最终浓度为 0.1mg N/L（该浓度与沉积物孔隙水中 NH_4^+-N 浓度相近），并加入氯酸钾（potassium chlorate，最终浓度为 10mg/L）抑制反应产生的 NO_2^- 氧化为 NO_3^-（Kurola et al.，2005）。随后，用硅胶垫将血清瓶口塞住，并用铝盖加以密封。为保证瓶内气压与原位大气压接近，根据理想气体方程计算需从血清瓶中抽出的气体量，并用 100mL 注射器进行抽取，步骤与 5.2.2 节所述相同。此后将血清瓶置于振荡培养箱内，在原位温度条件下进行振荡培养（190r/min）。整个培养过程持续 24h，并分别在 0.25h、1h、6h、12h 和 24h 进行牺牲性取样。取样时向血清瓶内加入 5mL 浓度为 2mol/L 的 KCl 溶液（优级纯，国药集团化学试剂有限公司）浸提试验过程中产生的 NO_2^-。用孔径为 0.45μm 的水系针式过滤器（天津市津腾实验设备有限公司，中国）过滤水样，并将滤液暂时储存在−20℃冰箱内，最后统一用连续流动分析仪（AutoAnalyzer 3）测定其 NO_2^--N 含量。根据培养周期内 NO_2^- 浓度的线性累积来确定沉积物的潜在硝化反应速率（图 7-2）。

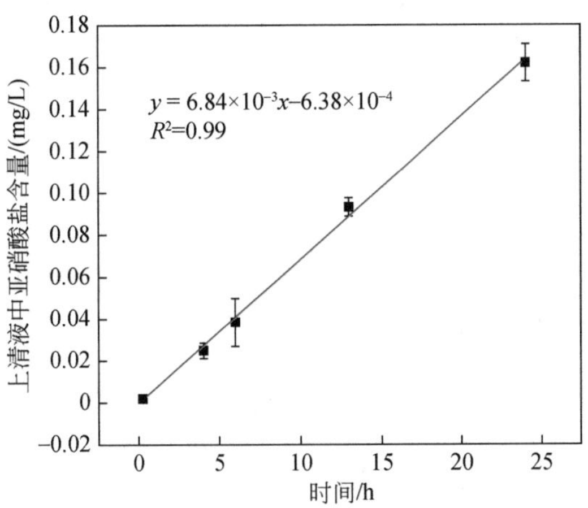

图 7-2 军功（5 月）沉积物样品培养上清液中 NO_2^- 的净生成量（非灭菌组−灭菌组）随时间的变化

7.2.6 统计分析

利用 Mothur（Schloss et al.，2009）软件在 95% 核酸序列相似性水平上（Alves et al.，2018）计算 AOA 和 AOB *amoA* 基因群落的 OTU 丰度和香农指数（Shannon index）。建立系统发育树，确定沉积物中 AOA 和 AOB 群落 OTU 代表性序列的物种信息。利用 R 语言软件的 geosphere 包（v1.5-7）（Hijmans et al., 2017）计算采样点之间的水平和垂直空间距离。通过 vegan 包（v2.5-4）的 vif. cca 命令筛选对 AOA 和 AOB *amoA* 基因群落具有显著影响的环境因子，剔除 vif 值>5 的环境变量。本研究通过筛选，保留了如下环境指标：水温、沉积物 pH、SON（沉积物有机氮含量）、C/N（SOC/SON）质量比值、砂粒占比（%）和粉砂粒占比（%）。此后，使用 vegan 包计算基于欧氏距离的环境变量距离矩阵和基于 Bray-Curtis 距离的 AOA 和 AOB *amoA* 基因群落距离矩阵。如第 5 章所述，计算环境变量距离矩阵之前，使用 SPSS 软件对环境变量进行 *z*-分数标准化处理，消除因环境变量量纲不同带来的干扰。进行偏 Mantel 分析和置换多元变量方差分析（permutational multivariate analysis of variance, PERMANOVA），探究环境因子和空间距离矩阵对 AOA 和 AOB *amoA* 基因群落差异的贡献。收集低海拔河流沉积物中 AOA 和 AOB *amoA* 基因序列数据，利用 Mothur 软件进行主坐标分析以表征高、低海拔河流沉积物中 AOA（AOB）*amoA* 基因群落的差异（基于加权 UniFrac 距离）。

利用 SPSS v21.0 软件在 $P<0.05$ 的显著性水平上进行 Spearman 秩相关和配对样本 t 检验分析。使用 Spearman 相关分析探究环境因子与好氧氨氧化微生物丰度、群落多样性和群落组成之间的相关关系。使用配对样本 t 检验比较不同采样月份间黄河源区沉积物理化性质、好氧氨氧化微生物丰度及其群落 α 多样性指数和潜在硝化反应速率的差异。利用 Canoco v4.5（Windows 版本）（Ter Braak and Smilauer, 2002）进行冗余分析（redundancy analysis, RDA），探究空间因子和环境变量对这 5 条高海拔河流沉积物中好氧氨氧化微生物 *amoA* 基因丰度的影响。利用偏蒙特卡罗检验的方法，人工筛选环境变量用以解释好氧氨氧化微生物 *amoA* 基因丰度的变化。进行 999 次无限制蒙特卡罗检验，计算统计量，进而判断统计分析的显著性水平。

7.2.7 数据获取

本研究测得的 AOA 和 AOB *amoA* 基因序列已全部提交到 NCBI SRA 数据库中，可通过项目登录编码（PRJNA556763）获得。

7.3 沉积物中好氧氨氧化微生物 *amoA* 基因丰度及群落变异特征

采样期间研究区内水温为 7.2 ~ 25.3℃（表 7-1），与海拔呈显著负相关（$r=-0.46$, $P<0.05$, $n=26$），但与纬度间不存在显著相关性（$P=0.143$, $n=26$）（表 7-2）。源区河流表层沉积物属于碱性环境，其 pH 为 7.15 ~ 9.44。沉积物 NH_3-N 含量平均为 11.95mg N/kg dry sediment，高于 NO_x^--N 的平均含量（0.69mg N/kg dry sediment）。SON 含量波动范围较大（0.09 ~ 2.56g N/kg dry sediment），其值与沉积物 NH_3-N 含量（$r=0.80$）和 pH（$r=0.47$）均存在显著相关性（$P<0.05$, $n=26$）。沉积物主要由粗颗粒组成，砂粒（20 ~ 2000μm）含量占比为 50% ~ 100%。研究区内，除水温外，其他沉积物理化因子与海拔均无显著相关性（$P>0.2$, $n=26$）（表 7-2）。此外，黄河源区沉积物理化因子在不同采样月份间的差异亦不显著（$P>0.05$，$n=20$）。

表 7-2　沉积物理化性质与好氧氨氧化微生物 *amoA* 基因丰度和潜在硝化反应速率的 Spearman 秩相关关系（$n=26$）

理化性质	1	2	3	4	5	6	7	8	9	10	11	12	13	14	15	16
1 海拔	1.00										双尾检验					
2 纬度	-0.10	1.00									$P>0.05$					
3 水温	-0.46	-0.13	1.00								$0.01<P\leqslant0.05$					
4 pH	-0.04	0.05	0.17	1.00							$P\leqslant0.01$					
5SON 含量	0.05	-0.01	-0.37	-0.47	1.00											
6 C/N	0.02	-0.04	-0.10	-0.45	0.41	1.00										
7 NH_3-N	0.04	-0.19	-0.21	-0.62	0.80	0.43	1.00									
8 NO_x-N	-0.17	0.16	-0.49	-0.21	0.23	0.06	0.11	1.00								
9 砂粒	-0.08	0.13	-0.05	-0.34	0.52	0.49	0.61	-0.04	1.00							
10 粗砂粒	0.23	-0.08	-0.35	-0.09	-0.35	-0.05	-0.37	0.28	-0.65	1.00						
11 AOA	-0.15	0.04	0.01	-0.47	0.66	0.54	0.68	0.02	0.65	-0.46	1.00					
12 AOB	-0.05	0.16	-0.37	-0.44	0.63	0.58	0.54	0.13	0.52	-0.24	0.82	1.00				
13 AOB：AOA	0.15	0.09	-0.57	0.05	-0.23	-0.13	-0.33	0.20	-0.40	0.51	-0.44	0.07	1.00			
14 Comammox	0.23	-0.43	0.16	-0.35	0.35	0.33	0.42	-0.26	0.33	-0.27	0.34	0.06	-0.47	1.00		
15 Comammox：(AOA+AOB)	0.24	-0.43	0.30	0.05	-0.07	0.08	-0.01	-0.29	-0.05	-0.08	-0.19	-0.43	-0.39	0.77	1.00	
16 潜在硝化反应速率	-0.15	0.32	0.04	-0.65	0.45	0.33	0.48	0.06	0.37	-0.19	0.67	0.53	-0.24	0.33	0.00	1.00

沉积物中 AOA *amoA* 基因丰度为 $2.23\times10^4\sim4.95\times10^7$ copies/g dry sediment，而 AOB *amoA* 基因丰度为 $4.32\times10^4\sim1.31\times10^8$ copies/g dry sediment［图 7-3（a）］。沉积物中 AOB：AOA *amoA* 基因丰度比值为 0.9～45.6，其中 AOB *amoA* 基因丰度在 92% 的采样点（共 26 个采样点）中超过 AOA。与 AOA 和 AOB 不同，MPN-PCR 试验仅分别在 10 个和 20 个样品中检测到 ComA（Comammox cluster A）和 ComB（Comammox cluster B）［图 7-3（b）］。Comammox（ComA+ComB）*amoA* 基因丰度最高为 2.02×10^5 copies/g dry sediment。根据第 5 章所述方法对 MPN-PCR 和 qPCR 法测定结果进行修正后，发现 Comammox 在 23% 的采样点中是最主要的好氧氨氧化微生物（基于 *amoA* 基因丰度）［图 7-3（c）］。研究区内，3 种好氧氨氧化微生物（AOA、AOB 和 Comammox）的 *amoA* 基因丰度与海拔间均不存在显著相关关系（$P>0.05$）（表 7-2），此外，AOA：AOB *amoA* 基因丰度比值和 Comammox：（AOA+AOB）*amoA* 基因丰度比值与海拔亦不存在显著相关性（$P>0.05$）（表 7-2）。

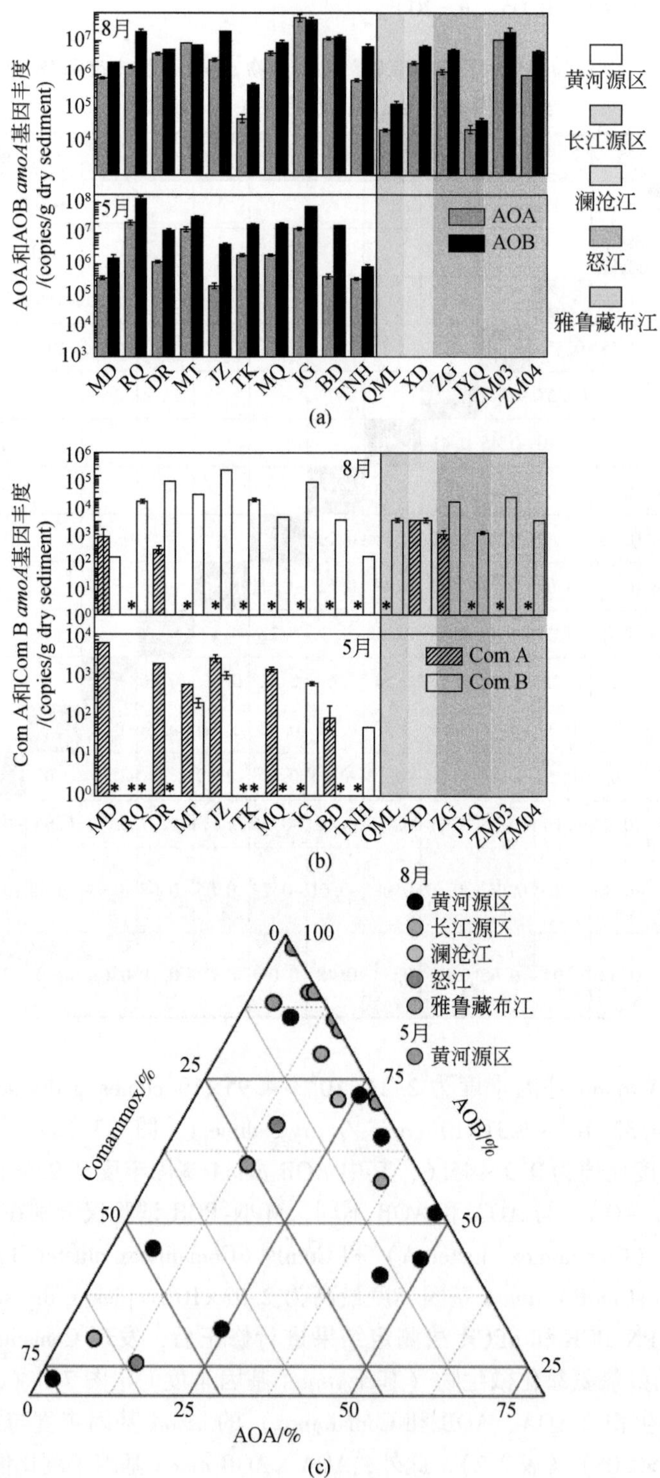

图 7-3　沉积物样品中 AOA、AOB 和 Comammox *amoA* [(a)~(b)]基因丰度及其各自所占比例（c）

* 此处微生物丰度低于检测限

冗余分析（RDA）结果表明（图 7-4），ComA 与其他好氧氨氧化微生物（ComB、AOA 和 AOB）的环境生态位明显不同。SON 含量、pH 和沉积物粒径组成对好氧氨氧化微生物丰度具有显著影响，而水温对其影响并不显著。这与 Spearman 相关分析结果相一致：SON 含量、pH 和粒径组成与好氧氨氧化微生物丰度显著相关（$P<0.05$）；且 Spearman 分析也发现水温与好氧氨氧化微生物 *amoA* 基因丰度间不存在显著相关关系（表 7-2）。但 AOB：AOA *amoA* 基因丰度比值随水温的升高而显著下降（$P<0.05$）。水温与 Comammox：(AOA+AOB) *amoA* 基因丰度比值间不存在显著相关性。

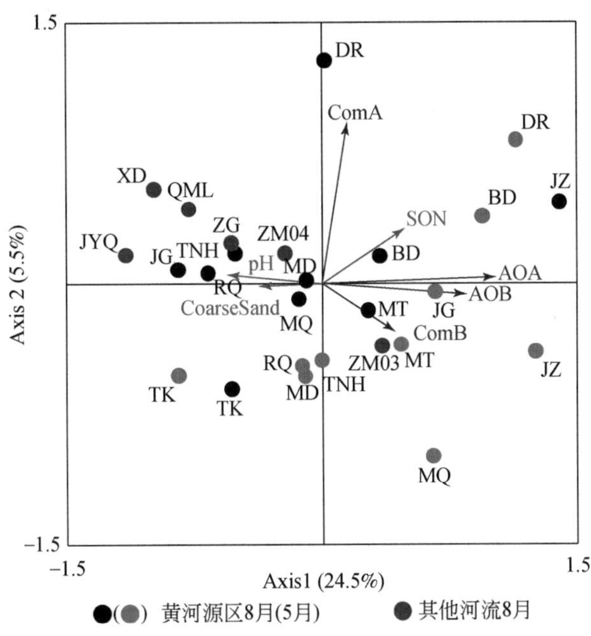

图 7-4　冗余分析三序图揭示影响青藏高原 5 条高海拔河流沉积物中好氧氨氧化微生物 *amoA* 基因丰度的因素

为消除样品间因测序深度不同所带来的偏差，对 AOA 和 AOB *amoA* 基因群落进行多样性分析之前对测序数据进行随机抽平处理（rarefying procedure）。抽平处理过程中注意尽量保留更多的序列条带数。最终，每个样品保留了 9393 条 AOA *amoA* 序列和 5926 条 AOB *amoA* 序列。基于 95% 的核酸序列相似性阈值，将全部 AOA 和 AOB *amoA* 基因序列分别划分为 62 个和 106 个 OTU，所有样品的 AOA 和 AOB *amoA* 基因文库覆盖率均不低于 99.9%（表 7-3）。系统发育分析结果显示［图 7-5（a）］，绝大多数（91.6%）AOA *amoA* 序列与 *Nitrososphaera* cluster 物种亲缘关系密切，8.3% 和 0.1% 的 AOA 序列分别与 *Nitrosopumilus* 和 *Nitrosotalea* 物种相似度较高。AOB *amoA* 序列主要（95.3%）与 *Nitrosospira* 属物种亲缘关系相近［图 7-5（b）］，其中以 *Nitrosospira* cluster 3b（34.1%）和 cluster 9 类（33.5%）为主。此外，8.4% 的 AOB *amoA* 序列与 *Nitrosomonas* 属物种具有较高的相似度，其中以 *Nitrosomonas* cluster 6 类物种（3%）为主。

表 7-3　AOA 和 AOB *amo*A 基因文库的 α 多样性指数

月份	站点	OTU 丰度/个	Shannon 指数	覆盖率/%
5	TNH1	43（45）	2.4373（2.7348）	99.94（99.98）
	TNH2	42（48）	2.3702（2.6021）	99.96（99.98）
	JG1	40（39）	2.4276（2.6319）	99.98（99.95）
	JG2	45（42）	2.6110（2.6648）	99.98（100.00）
	MT1	32（52）	2.0257（2.5300）	99.97（99.87）
	MT2	30（43）	2.1326（2.5114）	99.95（99.93）
	MD1	25（29）	1.7617（2.2560）	99.97（99.98）
	MD2	28（37）	1.7987（2.4327）	99.96（99.92）
8	TNH1	39（30）	2.4643（2.4458）	99.97（99.97）
	TNH2	40（34）	2.3395（2.1197）	99.96（99.97）
	JG1	31（47）	1.9961（2.1780）	99.90（99.90）
	JG2	31（45）	2.0861（2.2574）	99.98（99.88）
	MT1	31（40）	2.1240（2.1473）	99.99（99.88）
	MT2	29（40）	2.2296（2.3702）	99.96（99.93）
	MD1	16（11）	1.6667（1.4046）	99.97（99.97）
	MD2	17（19）	1.8956（2.3149）	99.96（99.95）
	JYQ1	34（13）	1.8937（1.7548）	99.95（99.98）
	JYQ2	40（21）	2.0225（2.2112）	99.97（99.98）
	QML1	25（12）	2.2770（1.4445）	100.00（99.97）
	QML2	31（23）	2.2636（2.4242）	99.97（99.95）
	ZG1	39（54）	2.0544（3.0144）	99.98（99.97）
	ZG2	39（54）	2.1273（2.9358）	99.96（99.95）
	ZM031	42（62）	2.1927（2.6594）	100.00（99.92）
	ZM032	34（57）	1.9242（2.6554）	99.99（99.95）

注：括号内、外分别为 AOB 和 AOA 群落 α 多样性特征值。

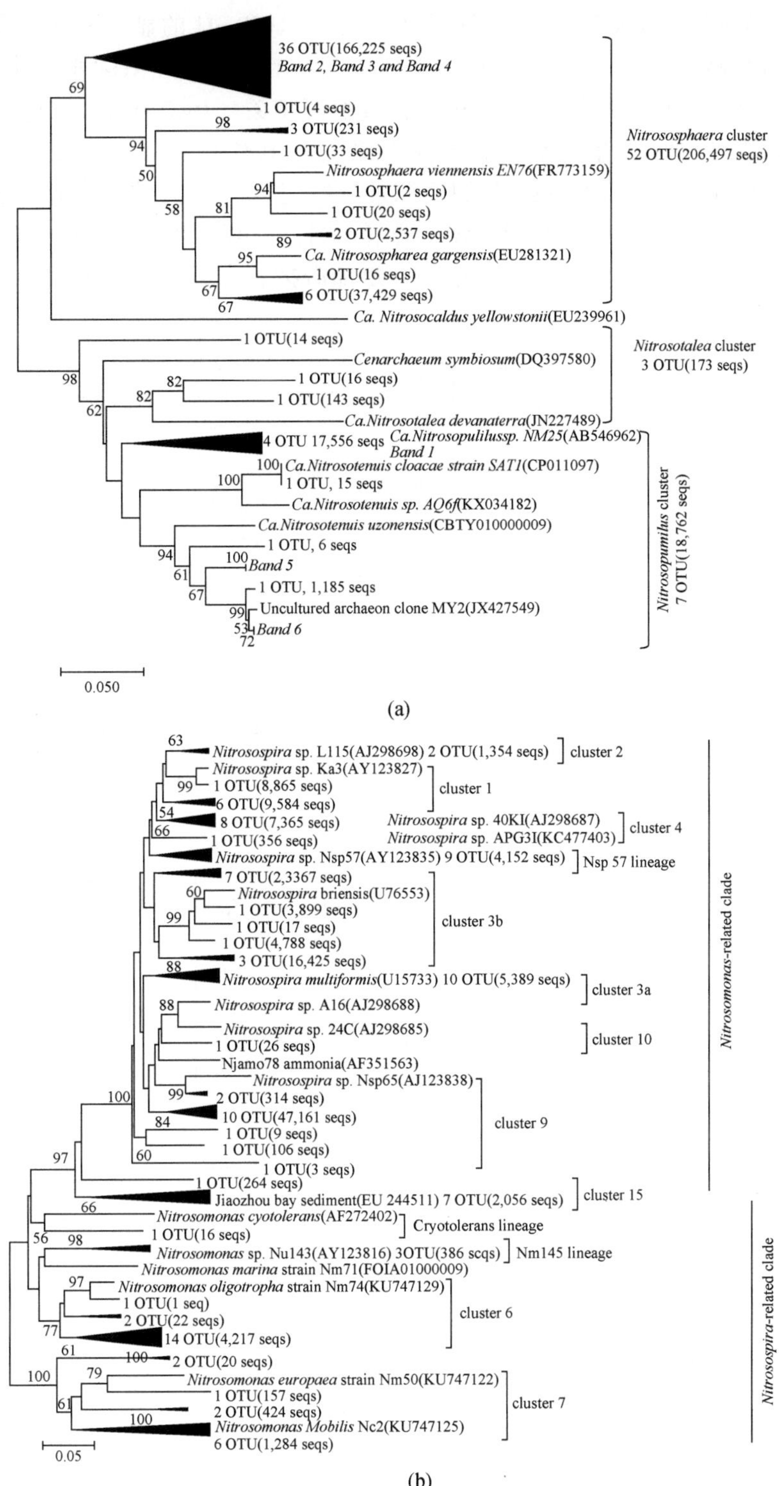

图 7-5　沉积物样品中 AOA（a）和 AOB（b）*amoA* 基因 OTU 代表性序列的系统发育关系

系统发育树节点信息为 OTU 名称及其代表序列数量。Band 1-Band 6 序列参考 Tourna 等（2008）的研究，其中 Band 2～Band 4 数量随温度升高而显著降低（10～30℃），而 Band 5 和 Band 6 数量随温度升高而增加高海拔河流 AOA *amoA* 基因群落组成受到 SON 含量和 pH 的显著影响（表 7-4）。pH 越低或 SON 含量越高均能显著促进 *Nitrososphaera* 类 AOA 序列在 AOA 群落中的比例。此外，AOB 群落中许多组分的含量也与 SON 含量显著相关（$P<0.05$）。其中 cluster 3b 类 AOB 序列条带数与 SON 含量呈显著正相关关系［$P<0.001$，图 7-6（a）］；与此相反，cluster 6 类和 cluster 9 类 AOB *amoA* 基因序列条带数随 SON 含量的增加而显著降低［$P<0.05$，图 7-6（b）、（c）］。然而，与 AOA 群落不同，AOB 群落各组分含量随 pH 无明显变化（$P>0.05$）。AOA 和 AOB 群落各组分含量随海拔和水温改变均无明显的变化（$P<0.05$）。

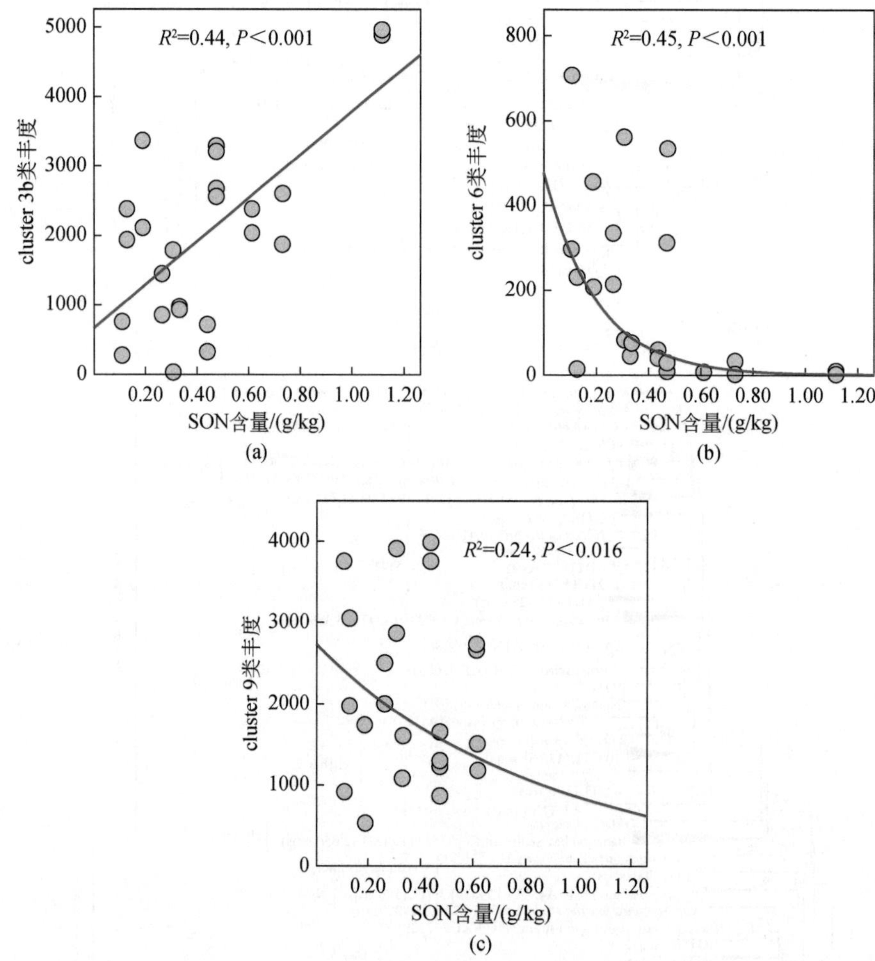

图 7-6　沉积物样品中 AOB *amoA* 基因群落部分组分丰度随 SON 含量的变化趋势

AOA 和 AOB *amoA* 基因群落的 OTU 丰度分别为 16～45 和 11～62（表 7-3）。AOA 群落的 OTU 丰度和 Shannon 指数均随海拔升高而显著降低（$P<0.05$）（图 7-7）。而这些指数沿纬度梯度均呈单峰变化趋势，其最小值出现在研究区域的中间纬度处（图 7-7）。对 AOB *amoA* 群落而言，其 OTU 丰度也随海拔升高而趋于降低（$P=0.09$）。与 AOA 群落相同，

表 7-4　沉积物样品中 AOA *amoA* 基因群落各组分与环境因子的 Spearman 秩相关关系

指标	1	2	3	4	5	6	7	8	9	10	11	12
1 *Nitrososphaera*	1.00											
2*Nitrosopumilus*	−1.00	1.00						$P>0.05$				
3*Nitrosotalea*	−0.76	0.76	1.00					$0.01\leqslant P\leqslant 0.05$				
4 海拔	0.27	−0.27	−0.39	1.00				$P<0.01$				
5 纬度	−0.15	0.16	−0.01	−0.25	1.00							
6 经度	0.29	−0.29	−0.33	−0.30	0.33	1.00						
7 水温	−0.09	0.09	0.31	−0.37	−0.13	−0.32	1.00					
8 pH	−0.80	0.80	0.55	−0.06	0.10	−0.45	−0.19	1.00				
9SON 含量	0.73	−0.72	−0.58	0.05	−0.30	0.44	−0.31	−0.43	1.00			
10 C/N	0.19	−0.19	0.18	−0.12	−0.36	−0.09	0.60	−0.52	−0.06	1.00		
11 粗砂粒	0.15	−0.14	−0.32	−0.74	0.29	0.36	−0.28	0.08	−0.40	−0.70	1.00	
12 粉砂粒	0.82	−0.83	−0.56	0.24	−0.17	0.22	−0.18	−0.75	0.59	0.420	−0.57	1.00

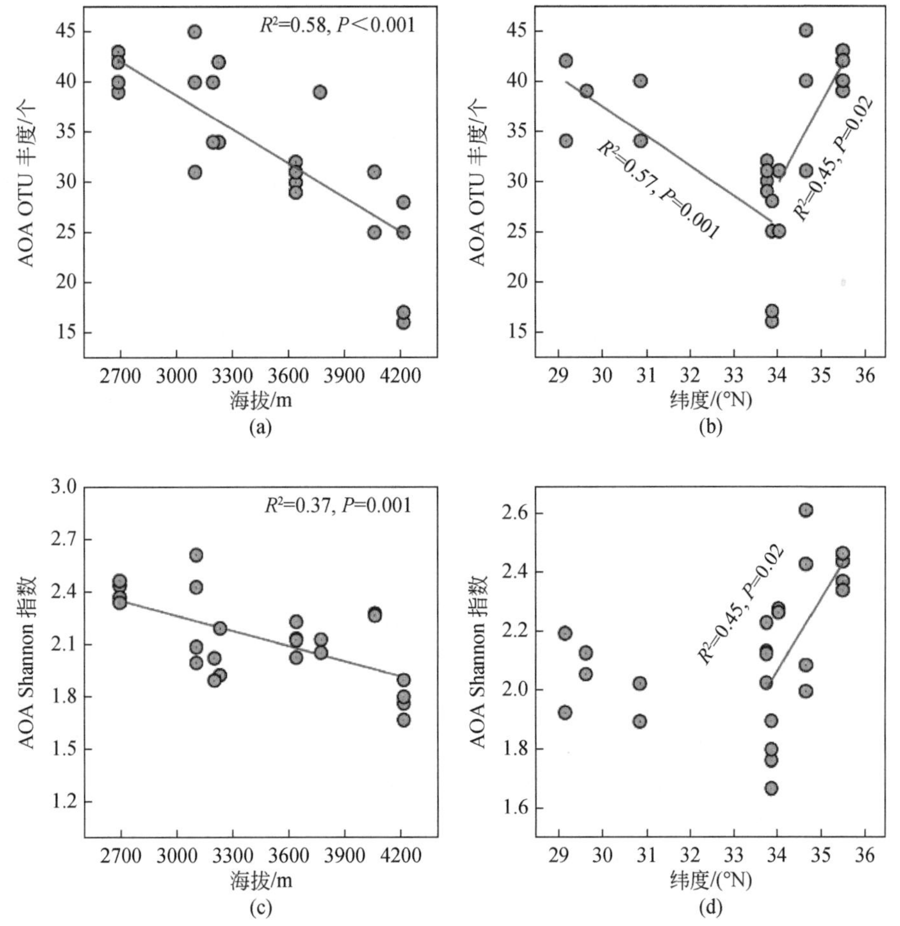

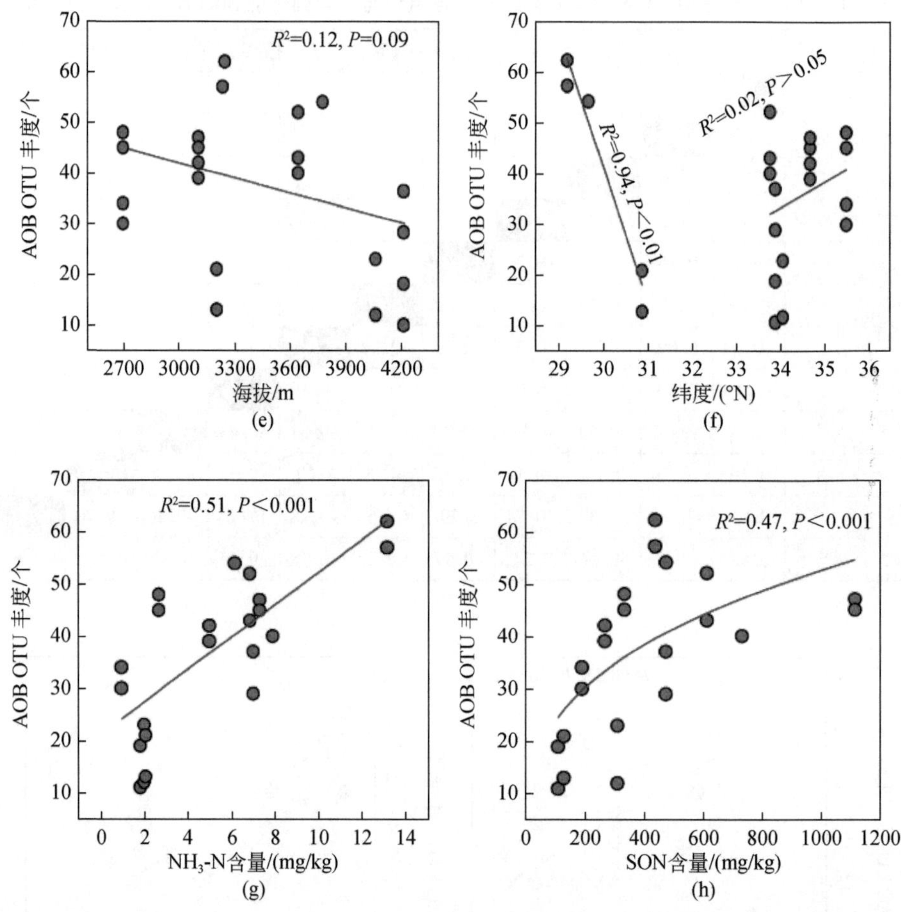

图 7-7　AOA［(a)～(d)］和 AOB［(e)～(f)］*amoA* 基因群落 OTU 丰度和 Shannon 指数随海拔和纬度的变化趋势及 AOB *amoA* 基因群落 OTU 丰度随 NH_3-N（g）和 SON（h）含量的变化趋势

AOB 群落 OTU 丰度的最小值出现在研究区域的中间纬度处。此外，AOB 群落的 OTU 丰度与沉积物的 NH_3-N 含量和 SON 含量显著相关（P<0.001）（图 7-7）。本研究未发现 AOA 和 AOB *amoA* 基因群落的 OTU 丰度与水温之间存在显著相关性（P>0.05）。

基于 Bray-Curtis 距离利用主坐标分析图展现研究区内好氧氨氧化微生物（AOA 和 AOB）群落结构的差异性。主坐标分析的前两轴分别解释了 AOA 和 AOB 群落结构 62.8% 和 42.6% 的变化量（图 7-8）。PCoA 的第一坐标轴（PC1）解释了 AOA 群落 38.9% 的变化量。在所有测定环境变量中，该轴坐标值与 SON 含量之间的相关关系最显著（Pearson's r=0.60，P<0.01）［图 7-8（c）］。AOA 群落主坐标分析的第二坐标轴（PC2）与 pH 间的相关性最强（Pearson's r=0.69，P<0.01）［图 7-8（e）］。这与 PERMANOVA 结果相一致（表 7-5）：PERMANOVA 发现 SON 含量和 pH 对 AOA *amoA* 基因群落变化的解释能力最强（R^2 分别为 0.20 和 0.19）。对 AOB *amoA* 基因群落而言，其主坐标分析的第一坐标轴（PC1）与 SON 含量和 pH 显著相关（Pearson's r 分别为 0.59 和 0.42，P<0.05）［图 7-8（d）、(f)］。PERMANOVA 结果显示，在所有测定的环境变量中，SON 含量对样点间 AOB

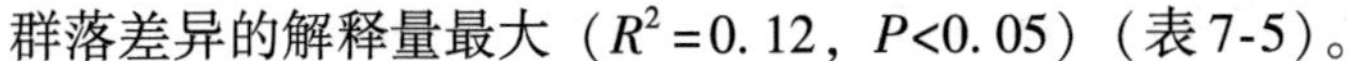

群落差异的解释量最大（R^2=0. 12，P<0. 05）（表 7-5）。

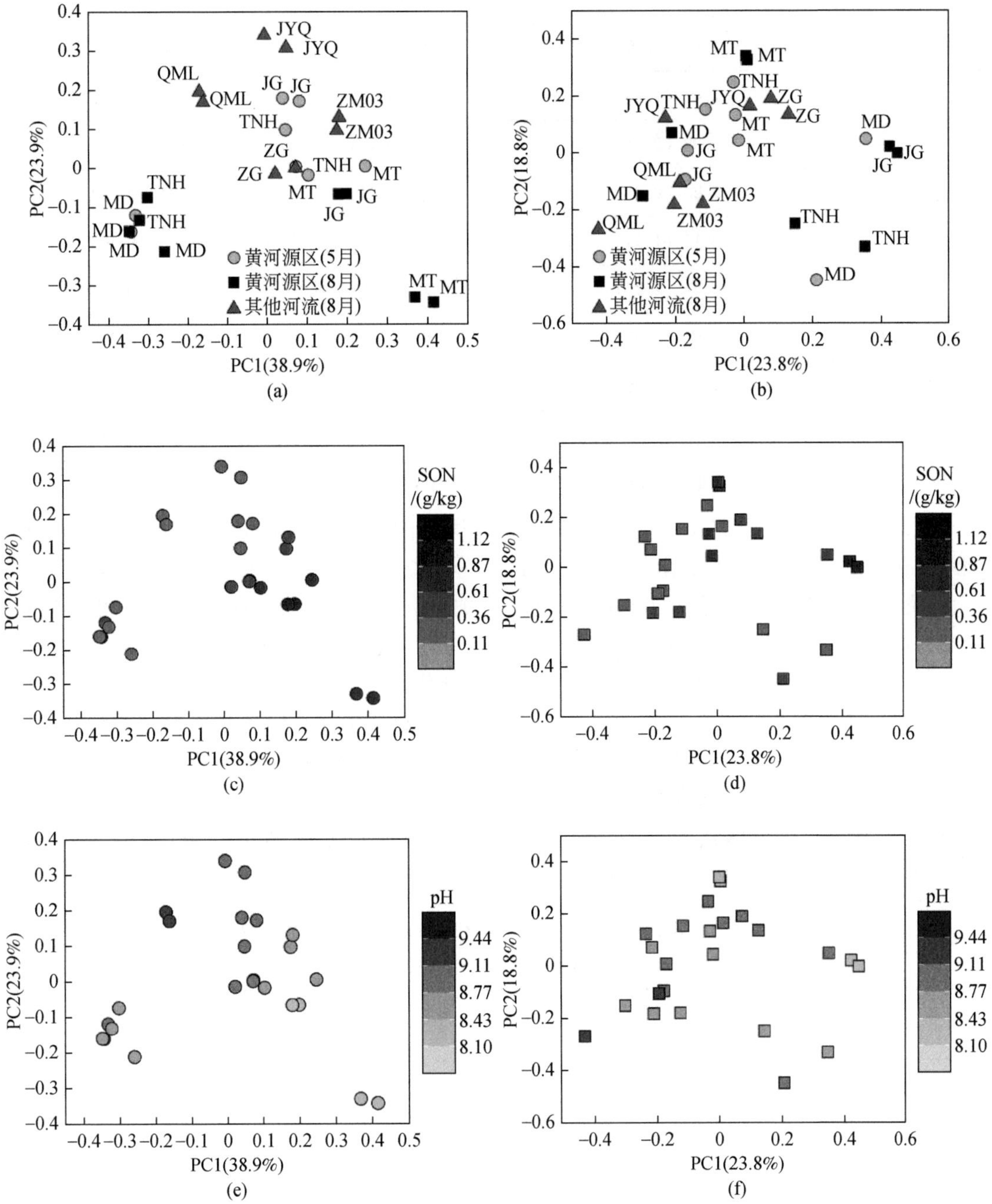

(a) (b)

(c) (d)

(e) (f)

图 7-8　青藏高原 5 条河流采样点间 AOA ［(a)、(c)和(e)］或 AOB［(b)、(d)和(f)］ *amoA* 基因群落差异的主坐标分析双序图（基于 Bray-Curtis 距离）

(c) ~ (f) 颜色越深代表环境变量（pH 和 SON 含量）值越大

表 7-5　沉积物样品中 AOA 和 AOB *amoA* 基因群落的 PERMANOVA 结果

因子	F	R^2	P
海拔	1.99（1.00）	0.08（0.04）	0.089（0.433）
纬度	2.47（1.60）	0.10（0.07）	0.055（0.105）
经度	1.99（2.76）	0.08（0.11）	0.092（0.007）
水温	2.20（0.89）	0.09（0.04）	0.068（0.574）
pH	5.15（1.59）	0.19（0.07）	0.002（0.103）
SON	5.43（2.88）	0.20（0.12）	0.003（0.005）
C/N	1.06（1.02）	0.05（0.04）	0.359（0.392）
粉砂粒（%）	1.91（2.05）	0.08（0.09）	0.117（0.042）
粗砂粒（%）	1.72（0.82）	0.07（0.04）	0.133（0.625）

注：括号内、外分别是 AOB 和 AOA *amoA* 基因群落 PERMANOVA 结果。

除环境因子外，研究还探究了空间因子对样点间好氧氨氧化微生物群落（AOA 和 AOB）*amoA* 基因群落结构变化的影响。Mantel 分析结果显示，AOA 和 AOB 群落的 Bray-Curtis 距离与对应海拔距离间均存在显著正相关关系（$P<0.05$，表 7-6）。不同于水平空间距离，海拔距离矩阵与环境因子矩阵之间并不存在显著相关性（$P>0.05$，表 7-6）。此外，当在偏 Mantel 分析中控制水温的影响后，好氧氨氧化微生物（AOA 和 AOB）*amoA* 基因群落差异矩阵仍与海拔距离矩阵显著相关（$P<0.05$）。根据采样月份将数据分为两组（5 月和 8 月）单独进行分析，发现在任一采样月份各样点间 AOA 或 AOB 群落的相似性水平均随水平空间距离的增加而显著降低（$P<0.05$），这与 Mantel 分析结果相一致［8 月：$r=0.28$，$P=0.013$（AOA）；$r=0.24$，$P=0.0213$（AOB）；5 月：$r=0.84$，$P<0.001$（AOA）；$r=0.71$，$P=0.004$（AOB）］。

表 7-6　沉积物样品中 AOA 或 AOB *amoA* 基因群落相异性与环境和空间因子的关系

项目	水平空间距离 | 环境因子	环境因子 | 水平空间距离	海拔	水平空间距离	环境因子
群落差异	r=0.004（0.04），P=0.437（0.331）	r=0.27（0.10），P=0.002（0.111）	r=0.17（0.21），P=0.021（0.007）	r=0.14（0.09），P=0.105（0.188）	r=0.30（0.13），P=0.002（0.089）
海拔距离				r=0.02，P=0.339	r=−0.01，P=0.549
水平空间距离					r=0.46，P<0.001

注：括号内、外分别是 AOB 和 AOA 群落的 Mantel 分析数值。

7.4 高、低海拔河流沉积物中 AOA 和 AOB 的群落组成差异及驱动因素

本研究中，AOA 和 AOB *amoA* 基因群落各组分含量（%）沿海拔梯度均无显著变化趋势（$P>0.05$），这可能是因为研究区海拔整体过高（2687～4223m）。收集低海拔河流数据进行整合分析后发现，高、低海拔河流间沉积物的好氧氨氧化微生物（AOA 和 AOB）群落组成存在明显差异。例如，*Nitrososphaera* 类物种是高海拔河流沉积物 AOA 群落的主要组分，其在高海拔河流中所占比例远高于低海拔河流（<40m）(表 7-7)。而 *Nitrosopumilus* 类 AOA 在低海拔河流沉积物中所占比例远高于高海拔河流（表 7-7）。且 *Nitrosopumilus* 类 AOA 所占比例相对较低的低海拔河流与本研究高海拔河流采样点 AOA 群落在主坐标分析图中的聚集程度更加紧密（图 7-9）。

表 7-7　本研究高海拔河流与低海拔河流沉积物样品中 AOA 群落组分比较

（单位:%）

河流	*Nitrosopumilus*	*Nitrosotalea*	*Nitrososphaera*
北运河	33.3	0	66.7
哥伦比亚河	88.0	0	12.0
东江	27.1	18.6	54.3
钱塘江	19.0	0	81.0
苕溪河	13.0	0	87.0
本研究	8.3	0.1	91.6

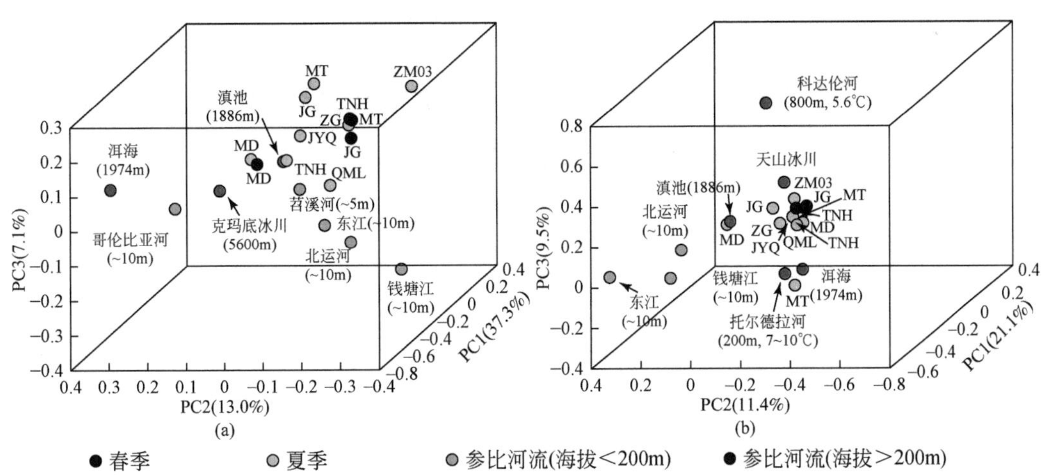

图 7-9　本研究河流与参比河流间 AOA（a）或 AOB（b）群落差异的三维主坐标分析图（基于加权 UniFrac）

前三个轴总共分别解释了 AOA 和 AOB 群落 57.4% 和 42.0% 的变异

与AOA *amoA*基因群落相比，高海拔河流AOB *amoA*基因群落结构与低海拔河流差异更加明显［图7-9（b）］。*Nitrosospira*类微生物是高海拔河流沉积物中AOB群落的主要组分，其中cluster 3b和cluster 9 AOB所占比例分别为34.1%和33.5%，远高于其在低海拔河流沉积物中的含量（cluster 3b≤4.4%和cluster 9≤8.7%）（表7-8）。据报道，*Nitrosospira amoA*基因cluster 9 AOB只出现在NH_3-N含量较低的环境中（Avrahami et al., 2003）。在本研究中，*Nitrosospira* cluster 9 AOB所占比例远高于另一耐受贫营养环境的AOB物种（*Nitrosomonas* cluster 6，2.98%）。与此相反，低海拔河流沉积物中*Nitrosomonas* cluster 6物种所占比例高于*Nitrosospira* cluster 9物种（表7-8）。*Nitrosospira* cluster 1和cluster 4物种在高海拔河流沉积物AOB群落中所占比例总共为18.5%（平均值）。系统发育分析结果显示［图7-5（b）］，cluster 1和cluster 4 AOB序列与已知的嗜冷AOB物种亲缘关系密切，这些嗜冷物种在低温环境中（4~10℃）丰度较高，但当温度上升到一定程度后（30℃），它们几乎完全消失（Avrahami et al., 2003；Urakawa et al., 2015）。除海拔为800m、水温为5.6℃的科达伦（Coeur d'Alene）河外，其他低海拔河流（<40m）中嗜冷AOB物种所占比例介于0~17.8%。

表7-8　低海拔河流沉积物样品中AOB群落组分含量　　（单位：%）

河流	*Nitrosospira*支									*Nitrosomonas*支		
	cluster 1	cluster 2	cluster 3a	cluster 3b	cluster 4	cluster 9	cluster 10	cluster 11	cluster 12	cluster 6	cluster 7	cluster 8
北运河	0	0	0	0	0	0	0	0	0	10	0	90.0
科达伦河	97.3	0	0	2.0	0	0	0	0	0	0	0	0.7
东江	6.5	2.2	6.5	0	0	8.7	2.2	0	15.2	23.9	26.1	8.7
托尔德拉河	2.2	2.2	8.9	4.4	15.6	0	0	2.2	0	57.8	6.7	0

注：cluster 7和cluster 8是耐富营养环境类AOB，cluster 6和cluster 9是耐贫营养环境类AOB。

7.5　高海拔河流好氧氨氧化微生物独特丰度特征的驱动因素

NH_3-N含量、温度等海拔相关因素和pH共同塑造了青藏高原河流沉积物中AOA和AOB的独特群落组成。与其他研究结果相类似（Alves et al., 2018），碱性沉积物环境导致*Nitrososphaera*类微生物成为高海拔河流沉积物中AOA群落的主要组分。*Nitrososphaera*类微生物在高海拔河流AOA群落中所占比例高于低海拔河流可能得益于青藏高原的低温环境。据报道，*Nitrososphaera*类AOA的许多物种在低温环境中的丰度更高（Tourna et al., 2008）。青藏高原气温昼夜温差大（Jin et al., 2009），受此影响，*Nitrosospira* cluster 3b类微生物在高海拔河流AOB群落中所占含量较高，这是因为该类微生物对温度变化有较强的耐受能力（Avrahami et al., 2003）。此外，与低海拔河流相比，青藏高原河流冰冻期更长，冰封面积大，这种情况下微生物不容易获得反应底物而长期、间歇性处于饥饿状态。而据报道当添加新鲜反应底物后，*Nitrosospira* cluster 3b类AOB的许多物种能迅速从饥饿状态中恢复活性（Bollmann et al.，2005）。这种生理特性会进一步使 *Nitrosospira* cluster 3b 类物种成为高海拔河流沉积物中 AOB 群落的重要组成成分。

此外，随采样点间海拔距离的增加，对应 AOA 和 AOB 群落的相似性均显著下降（表 7-6）。Mantel 分析显示，研究区内海拔对好氧氨氧化微生物分布格局的影响主要是由空间隔离所造成的微生物扩散限制引起的，海拔变化导致的环境条件改变对其影响并不显著（表 7-6）。换言之，过去环境条件和生态漂变等使不同采样点之间好氧氨氧化微生物产生分化和差异，由于存在空间隔离，微生物扩散受到限制，好氧氨氧化微生物群落的分化和差异被保留下来，当其影响超过现代环境条件的筛选作用时（表 7-6），便会导致样点间 AOA 和 AOB *amoA* 群落相似性随海拔距离的增加而显著衰减。在稻田土壤也报道过类似现象：随水平空间距离的增加，样点间好氧氨氧化微生物群落的相似性显著降低（Hu et al.，2015）。本研究首次报道了河流沉积物环境中 AOA 和 AOB *amoA* 基因群落相似性的距离-衰减分布模式。

在高海拔河流沉积物中，ComB *amoA* 基因丰度至少在 66% 的样品中高于 ComA（图 7-3）。而据观察 ComA 在温度更低的 5 月且较高海拔采样点处是主要的 Comammox 微生物。此外，据报道低海拔河流中 Comammox 也以 ComB 为主（Xia et al.，2018）。由此本研究推测温度对河流沉积物中 Comammox 的分布特征具有重要影响。NH_3-N 含量对环境中好氧氨氧化微生物的丰度和反应活性具有重要影响。一般认为，AOA 的 *amoA* 基因丰度在贫营养环境中会超过 AOB，而 AOB 在高 NH_3-N 含量环境中生长速度更快，其对硝化反应影响更大（Martens-Habbena et al.，2009）。AOA 的 *amoA* 基因丰度在中国许多低海拔河流（Zhou et al.，2015）和美国圣菲河（Santa Fe River）高于 AOB（Kim et al.，2016a）。本研究沉积物的 NH_3-N 含量为 0.92～47.6mg/kg dry sediment，该含量不高于上述低海拔河流沉积物中 NH_3-N 含量。据此推测，在高海拔河流沉积物中，AOA 的 *amoA* 基因丰度也应超过 AOB。然而，与期望相反，本研究中 AOB 的基因 *amoA* 丰度在 92% 的采样点中高于 AOA。这种偏差可能是由青藏高原河流的低温环境造成的，因为研究区内 AOB：AOA *amoA* 基因丰度比值随水温的升高而显著降低（$P<0.05$）。但研究者在北极土壤（Alves et al.，2013）和南冰洋海岸海水（Kalanetra et al.，2009）中发现 AOA *amoA* 基因丰度高于 AOB。这说明还存在其他影响因素使得高海拔河流沉积物中 AOB 平均功能基因丰度高于 AOA。

与南北极地区等低海拔寒冷环境相比，青藏高原最独有的特征是强烈的太阳辐射和紫外辐射（Blumthaler et al.，1997）。研究区内太阳辐射强度为 21.1～25.7 MJ/(m^2·d)，与海拔呈显著正相关（$P<0.05$，$n=26$）。强太阳辐射对 AOA 活性的抑制程度高于 AOB（Horak et al.，2018）。此外，有研究发现淡水环境中 AOA 更易被短波太阳辐射抑制，而 AOB 活性基本不会受短波太阳辐射的影响（French et al.，2012）。除直接影响外，太阳辐射引起的氧胁迫（oxidative stresses）也会抑制 AOA 活性（Kim et al.，2016b；Tolar et al.，2016）。尽管在大多数情况下河流沉积物中好氧氨氧化微生物的活性不会直接受太阳辐射影响，但太阳辐射能直接影响沉积物主要来源——上覆水体悬浮颗粒物上好氧氨氧化微生物的活性。此外，有研究发现，当转移到暗环境后，AOB 活性会从光抑制中完全恢复，而 AOA 活性只能部分恢复（Merbt et al.，2012）。这意味着即使进入沉积物的黑暗环境，强

烈太阳辐射对上覆水体悬浮颗粒物上 AOA 活性的抑制效果会持续存在。相比之下，AOB 活性在沉积物环境中会完全恢复，这进一步使得高海拔河流沉积物中 AOB 的 *amoA* 基因丰度超过 AOA。为验证这一假设，在以后的工作中应当纯化培养高海拔河流环境的代表性 AOA 和 AOB 物种，并探究太阳辐射和紫外辐射对其生理特性的影响。

7.6 高海拔河流沉积物潜在硝化反应速率的影响因素

青藏高原河流沉积物的 PNRs 为 0.02～2.95 nmol N/(h · g dry sediment)（图 7-10）。8 月黄河源区的 PNRs［1.18 nmol N/(h · g dry sediment)］显著高于 5 月［0.22 nmol N/(h · g dry sediment)］（$P<0.01$）。研究区内，PNRs 沿海拔或纬度梯度均无显著的变化趋势（$P>0.10$）。PNRs 与 pH、NH_3-N 含量和 SON 含量均呈显著相关关系（相关系数 r 分别为 −0.65，0.48 和 0.45）（表 7-2）。此外，PNRs 随 AOA 和 AOB *amoA* 基因丰度的增加而显著升高（$P\leqslant 0.01$），但它与 Comammox *amoA* 基因丰度的关系并不显著（表 7-2）。PNRs 与 AOA 群落主坐标分析的第一（$P=0.06$）和第二坐标轴（$P<0.05$）坐标值之间存在较强的相关性。对 AOB 群落而言，PNRs 与 cluster 3b 和 cluster 9 物种的相对丰度均存在显著相关性，且 cluster 1 和 cluster 4 物种的相对丰度之和与 PNRs 显著正相关（$P<0.05$）。

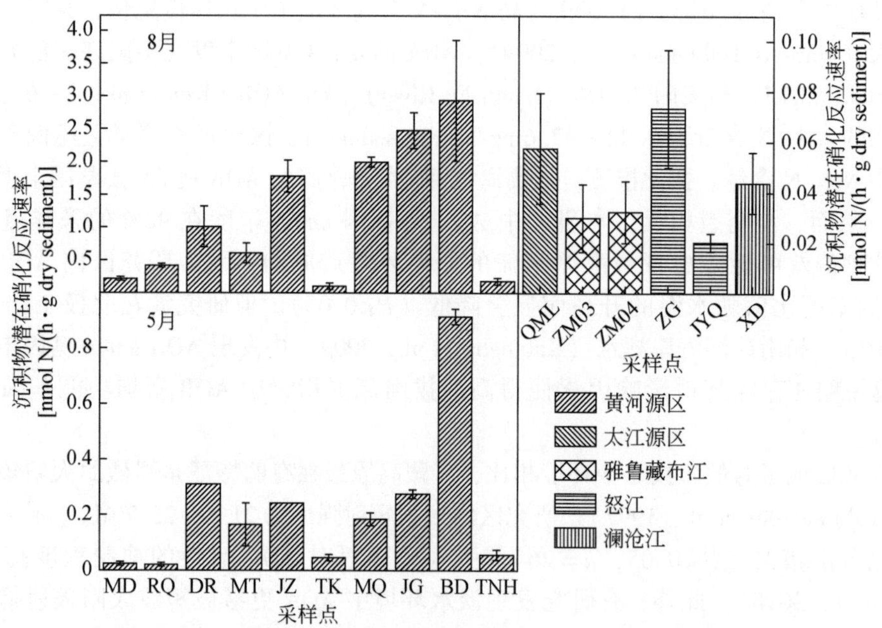

图 7-10　青藏高原 5 条高海拔河流沉积物的潜在硝化反应速率

尽管本研究沉积物中 AOA 和 AOB *amoA* 基因丰度与低海拔河流相当（表 7-9），但其 PNRs［0.55nmol N/(h · g dry sediment)］远低于低海拔河流。有研究测定数条中国低海拔河流的 PNRs，PNRs 为 2～30nmol N/(h · g dry sediment)(Zhou et al.，2015)；美国圣菲

河沉积物的 PNRs 为 3. 87nmol N/(h · g dry sediment)(Kim et al., 2016a)。如上这些低海拔河流均采用 NH_4^+ 添加法来测定沉积物的 PNRs，即试验过程中将大量的 NH_4^+ 添加到待测样品中。例如，在测定美国圣菲河沉积物 PNRs 时，添加的 NH_4^+ 浓度高达 46. 7mg N/L。这种远超背景值的 NH_4^+ 添加会极大促进河流好氧氨氧化微生物活性，从而过高估计其原位硝化反应速率。据研究，陆源 AOA 和 AOB 物种对 NH_3-N 的半饱和常数为 5 ~ 100μmol/L total ammonia（Kits et al., 2017），该数值与本研究沉积物中的最低 NH_4^+ 浓度相近(65μmol/L)，这意味着在某些样点处好氧氨氧化微生物的活性会受原位 NH_4^+ 浓度的限制。本研究在培养体系中加入了少量 NH_4^+（100μg N/L），添加浓度与原位孔隙水中 NH_4^+ 浓度相近，从而避免因过多添加 NH_4^+ 而高估其原位微生物活性。此外测定沉积物 PNRs 时，另一个可能的误差是培养温度远高于或低于原位温度。据研究，试验分离培养 AOA 的 Q_{10} 数值（体系增温 10℃时，反应速率的变化）（Nottingham et al., 2019）为 2 ~ 3（Qin et al., 2014)，此外很多自然环境的好氧氨氧化微生物活性对温度变化也很敏感，其 Q_{10} 数值是 1. 7 ~ 3. 4（Horak et al., 2018）。因此本研究在原位温度下培养沉积物样品来测定其 PNRs。

表 7-9　河流沉积物中 AOA 和 AOB *amoA* 基因丰度

河流	AOA *amoA* 丰度 /(copies/g dry sediment)	AOB *amoA* 丰度 /(copies/g dry sediment)	参考文献
北运河	$1.31\times10^5 \sim 1.21\times10^8$	$6.79\times10^5 \sim 5.59\times10^8$	Bao et al., 2016
钱塘江	$6.28\times10^7 \sim 1.30\times10^8$	$2.61\times10^6 \sim 6.99\times10^6$	Liu et al., 2013
圣菲河	$9.6\times10^5 \sim 2.9\times10^8$	$6.1\times10^4 \sim 2.0\times10^7$	Kim et al., 2016a
东江	$3.21\times10^6 \sim 3.92\times10^7$	$2.62\times10^6 \sim 3.31\times10^7$	Sun et al., 2013
多条中国低海拔河流	$9.5\times10^5 \sim 1.6\times10^8$	$2.9\times10^3 \sim 1.3\times10^7$	Zhou et al., 2015
高海拔河流	$2.23\times10^4 \sim 4.95\times10^7$	$4.32\times10^4 \sim 1.31\times10^8$	本研究

本研究中，PNRs 与 NH_3-N 和温度的关系揭示了这两个因素对高海拔河流沉积物 PNRs 的重要影响（图 7-11）。当沉积物中 NH_3-N 浓度相对较低时，温度的升高并不会明显促进 PNRs，这意味着在 NH_3-N 浓度较低时，NH_3-N 是控制沉积物 PNRs 的决定性因素。当沉积物中 NH_3-N 浓度升高到一定程度（>7. 2mg/kg dry sediment）后，PNRs 随 NH_3-N 浓度的进一步升高而显著增加（$P<0.05$)，但其增长比率（PNRs：NH_3-N 值）明显受到温度的影响（图 7-11）。在低温采样点（平均水温为 13. 2℃)，尽管它们的 NH_3-N 浓度差别很大（~45mg N/kg dry sediment)，但 PNRs 随 NH_3-N 浓度增长速率很小（斜率为 0. 006)。相比之下，在高温采样点中（平均水温为 17. 1℃)，PNRs 随 NH_3-N 浓度增长速度极高(斜率为 0. 105)。此外，在高温和高浓度 NH_3-N 采样点处测得的 PNRs［2. 0 ~ 3. 0nmol N/(h · g dry sediment)］与上述中国多条低海拔河流（Zhou et al., 2015）和美国圣菲河（Kim et al., 2016a）的 PNRs 具有可比性。在黄河源区，尽管 5 月 NH_3-N 浓度与 8 月基本一致甚至在部分采样点超过 8 月，但 8 月（水温更高）黄河源区的 PNRs 显著高于 5 月（$P<0.05$)。这表明温度而不是 NH_3-N 浓度是黄河源区 PNRs 的主要影响因素。

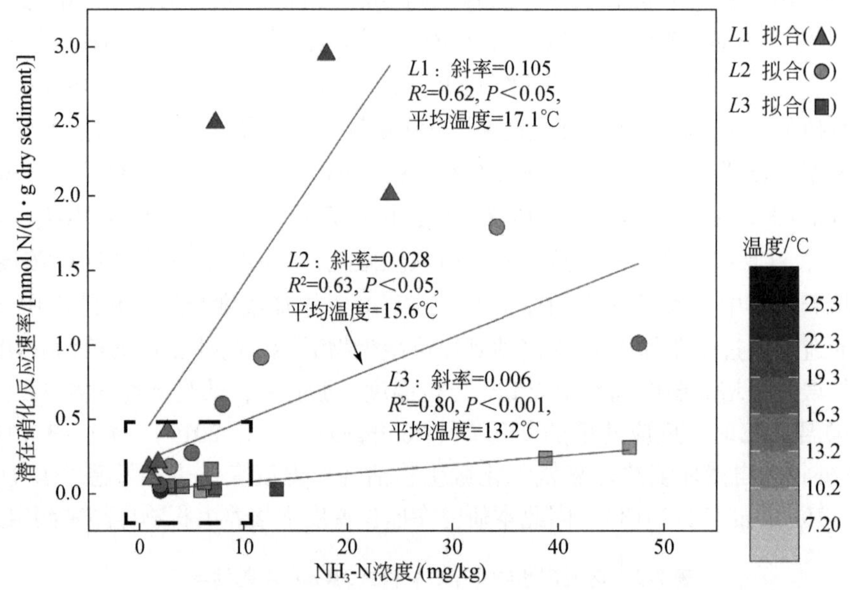

图 7-11　沉积物样品潜在硝化反应速率与温度和 NH_3-N 浓度之间的关系

图形颜色深浅代表温度的高低，虚框内样点的 NH_3-N 浓度低于 7.2mg/kg dry sediment

除温度和 NH_3-N 浓度等条件影响外，沉积物 PNRs 还受好氧氨氧化微生物群落结构的影响。对 AOB 群落而言，其主要群落组分（*Nitrosospira* cluster 3b 和 cluster 9）的含量与 PNRs 显著相关（P<0.05）；此外，AOB 群落中嗜冷物种（*Nitrosospira* cluster 1 和 cluster 4）的丰度与 PNRs 显著正相关（P<0.05）（图 7-12）。如上所述，高、低海拔河流间沉积物 AOB 群落组成的差异主要体现为 *Nitrosospira* cluster 3b、*Nitrosospira* cluster 9 和嗜冷物种的丰度存在明显差异。此外，Mantel 分析发现 AOA 群落的差异性矩阵与潜在硝化反应速率矩阵存在显著相关性（P<0.05）。综上，这些结果共同表明青藏高原河流沉积物的好氧氨氧化微生物已经适应了当地的高海拔环境。

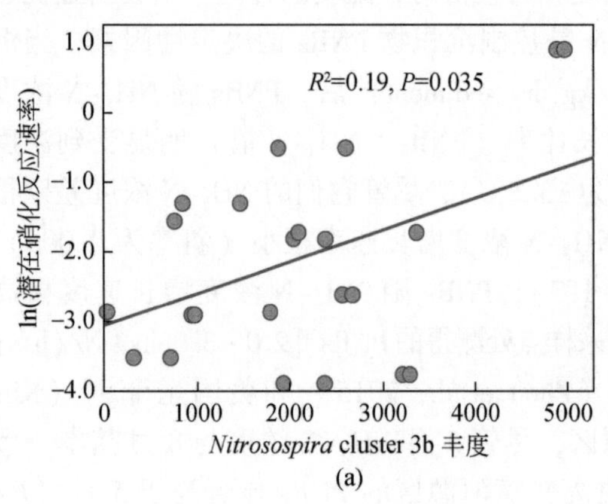

(a)

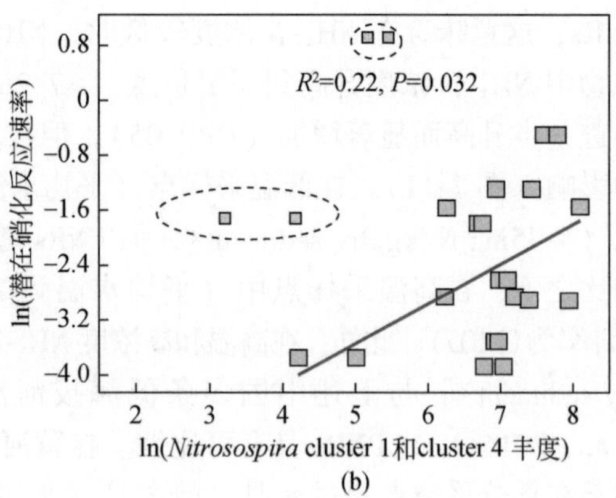

(b)

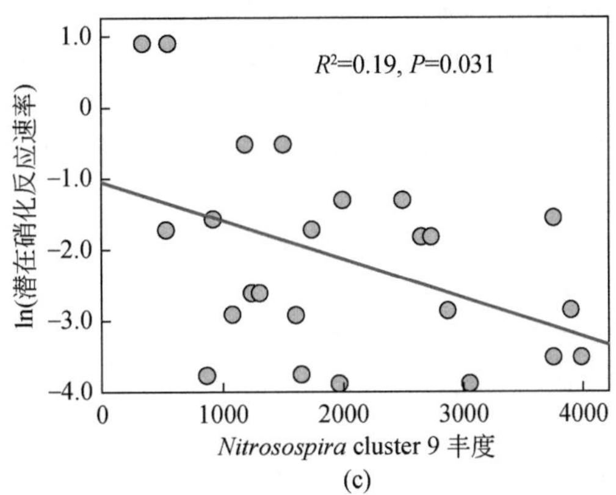

图 7-12　沉积物样品潜在硝化反应速率与 AOB 群落部分组分丰度的关系

7.7 本章小结

好氧氨氧化微生物（AOA、AOB 和 Comammox）催化的硝化反应对河流氮素的迁移转化具有重要影响，但目前对高海拔河流沉积物好氧氨氧化微生物的研究极度匮乏。本研究探究了青藏高原 5 条高海拔河流沉积物中好氧氨氧化微生物的丰度、群落结构和反应活性，得出如下结论。

（1）与低海拔河流相比，青藏高原河流温度低、NH_3-N 浓度低和太阳辐射强的环境塑造了好氧氨氧化微生物独特的分布模式与群落组成。此外，NH_3-N 浓度和温度对沉积物的潜在硝化反应速率具有显著影响。

（2）由于研究区域海拔整体过高，本研究沉积物中好氧氨氧化微生物群落组成沿海拔梯度无明显变化趋势。但随采样点间海拔距离的增加，其对应好氧氨氧化微生物群落相似性显著降低。这种分布格局主要是由海拔间隔引发的扩散限制导致的。

（3）在青藏高原河流中，好氧氨氧化微生物的群落组成与潜在硝化反应速率之间存在显著相关性。此外，具有较高温度和高 NH_3-N 浓度的采样点中，沉积物的潜在硝化反应速率与低海拔河流相当。这些结果均表明，好氧氨氧化微生物已经适应了青藏高原的高海拔环境条件。此后的研究应探究好氧氨氧化微生物在高海拔河流氮循环中发挥的作用。此外，在全球变暖大背景下，高海拔河流好氧氨氧化微生物的群落结构和反应活性可能会发生变化，应开展相关调查研究。

参考文献

Alves R J E, Minh B Q, Urich T, et al. 2018. Unifying the global phylogeny and environmental distribution of ammonia-oxidising archaea based on *Amoa* genes. Nature Communications, 9 (1): 1517.

Alves R J E, Wanek W, Zappe A, et al. 2013. Nitrification rates in arctic soils are associated with functionally distinct populations of ammonia-oxidizing archaea. The ISME Journal, 7 (8): 1620-1631.

Avrahami S, Liesack W, Conrad R. 2003. Effects of temperature and fertilizer on activity and community structure of soil ammonia oxidizers. Environmental Microbiology, 5 (8): 691-705.

Bao L, Wang X, Chen Y. 2016. Abundance and distribution of ammonia- oxidizing microorganisms in the sediments of Beiyun River, China. Annals of Microbiology, 66 (3): 1075-1086.

Blumthaler M, Ambach W, Ellinger R. 1997. Increase in solar UV radiation with altitude. Journal of Photochemistry and Photobiology B: Biology, 39 (2): 130-134.

Bolger A M, Lohse M, Usadel B. 2014. Trimmomatic: a flexible trimmer for illumina sequence data. Bioinformatics, 30 (15): 2114-2120.

Bollmann A, Schmidt I, Saunders A M, et al. 2005. Influence of starvation on potential ammonia-oxidizing activity and *Amoa* mRNA levels of nitrosospira briensis. Applied and Environmental and Microbiology, 71 (3): 1276-1282.

Edgar R C. 2013. Uparse: highly accurate OTU sequences from microbial amplicon reads. Nature Methods, 10 (10): 996.

Francis C A, Roberts K J, Beman J M, et al. 2005. Ubiquity and diversity of ammonia- oxidizing archaea in water columns and sediments of the ocean. Proceedings of the National Academy of Sciences of the United States of America, 102 (41): 14683-14688.

French E, Kozlowski J A, Mukherjee M, et al. 2012. Ecophysiological characterization of ammonia-oxidizing archaea and bacteria from freshwater. Applied and Environmental Microbiology, 78 (16): 5773-5780.

Gubry-Rangin C, Hai B, Quince C, et al. 2011. Niche specialization of terrestrial archaeal ammonia oxidizers. Proceedings of the National Academy of Sciences, 108 (52): 21206-21211.

Hatzenpichler R. 2012. Diversity, physiology, and niche differentiation of ammonia- oxidizing archaea. Applied and Environmental Microbiology, 78 (21): 7501-7510.

Hijmans R J, Williams E, Vennes C, et al. 2017. Package ‘Geosphere’. Spherical Trigonometry, 1 (7): 1-45.

Horak R E, Qin W, Bertagnolli A D, et al. 2018. Relative impacts of light, temperature, and reactive oxygen on thaumarchaeal ammonia oxidation in the North Pacific Ocean. Limnology and Oceanography, 63 (2): 741-757.

Horak R E, Qin W, Schauer A J, et al. 2013. Ammonia oxidation kinetics and temperature sensitivity of a natural marine community dominated by archaea. The ISME Journal, 7 (10): 2023.

Hu H, Zhang L M, Yuan C, et al. 2015. The large- scale distribution of ammonia oxidizers in paddy soils is driven by soil pH, geographic distance, and climatic factors. Frontiers in Microbiology, 6: 938.

Huang S, Chen C, Jaffé P R. 2018. Seasonal distribution of nitrifiers and denitrifiers in urban river sediments affected by agricultural activities. Science of the Total Environment, 642: 1282-1291.

Jin H, He R, Cheng G, et al. 2009. Changes in frozen ground in the source area of the Yellow River on the Qinghai-Tibet Plateau, China, and their eco-environmental impacts. Environmental Research Letters, 4 (4): 045206.

Kalanetra K M, Bano N, Hollibaugh J T. 2009. Ammonia- oxidizing archaea in the Arctic Ocean and Antarctic coastal waters. Environmental Microbiology, 11 (9): 2434-2445.

Kim H, Bae H S, Reddy K R, et al. 2016a. Distributions, abundances and activities of microbes associated with the nitrogen cycle in riparian and stream sediments of a river tributary. Water Research, 106: 51-61.

Kim J G, Park S J, Damsté J S S, et al. 2016b. Hydrogen peroxide detoxification is a key mechanism for growth of ammonia-oxidizing archaea. Proceedings of the National Academy of Sciences, 113 (28): 7888-7893.

Kits K D, Sedlacek C J, Lebedeva E V, et al. 2017. Kinetic analysis of a complete nitrifier reveals an oligotrophic lifestyle. Nature, 549 (7671): 269-272.

Kurola J, Salkinoja- Salonen M, Aarnio T, et al. 2005. Activity, diversity and population size of ammonia-oxidising bacteria in oil-contaminated landfarming soil. FEMS Microbiology Letters, 250 (1): 33-38.

Liu S, Shen L, Lou L, et al. 2013. Spatial distribution and factors shaping the niche segregation of ammonia-oxidizing microorganisms in the Qiantang River, China. Applied and Environmental Microbiology, 79 (13): 4065-4071.

Magoč T, Salzberg S L. 2011. Flash: fast length adjustment of short reads to improve genome assemblies. Bioinformatics, 27 (21): 2957-2963.

Mansour I, Heppell C M, Ryo M, et al. 2018. Application of the microbial community coalescence concept to riverine networks. Biological Reviews, 93 (4): 1832-1845.

Martens-Habbena W, Berube P M, Urakawa H, et al. 2009. Ammonia oxidation kinetics determine niche separation of nitrifying archaea and bacteria. Nature, 461 (7266): 976-979.

Merbt S N, Stahl D A, Casamayor E O, et al. 2012. Differential photoinhibition of bacterial and archaeal ammonia oxidation. Fems Microbiology Letters, 327 (1): 41-46.

Nottingham A T, Baath E, Reischke S, et al. 2019. Adaptation of soil microbial growth to temperature: using a tropical elevation gradient to predict future changes. Global Change Biology, 25 (3): 827-838.

Portela E, Monteiro F, Fonseca M, et al. 2019. Effect of soil mineralogy on potassium fixation in soils developed on different parent material. Geoderma, 343: 226-234.

Qin W, Amin S A, Martens- Habbena W, et al. 2014. Marine ammonia- oxidizing archaeal isolates display obligate mixotrophy and wide ecotypic variation. Proceedings of the National Academy of Sciences, 111 (34): 12504-12509.

Qin W, Carlson L T, Armbrust E V, et al. 2015. Confounding effects of oxygen and temperature on the Tex86 signature of marine thaumarchaeota. Proceedings of the National Academy of Sciences, 112 (35): 10979-10984.

Rotthauwe J H, Witzel K P, Liesack W. 1997. The ammonia monooxygenase structural gene *amoA* as a functional marker: molecular fine-scale analysis of natural ammonia-oxidizing populations. Applied and Environmental Microbiology, 63 (12): 4704-4712.

Schloss P D, Westcott S L, Ryabin T, et al. 2009. Introducing mothur: open- source, platform- independent, community- supported software for describing and comparing microbial communities. Applied and Environmental Microbiology, 75 (23): 7537-7541.

Stahl D A, de la Torre J R. 2012. Physiology and diversity of ammonia- oxidizing archaea. Annual Review of Microbiology, 66: 83-101.

Sun W, Xia C, Xu M, et al. 2013. Distribution and abundance of archaeal and bacterial ammonia oxidizers in the sediments of the Dongjiang River, a drinking water supply for Hong Kong. Microbes and Environments, 28 (4): 457-465.

Taylor A E, Giguere A T, Zoebelein C M, et al. 2017. Modeling of soil nitrification responses to temperature reveals thermodynamic differences between ammonia-oxidizing activity of archaea and bacteria. The ISME Journal, 11 (4): 896-908.

Ter Braak C J, Smilauer P. 2002. Canoco reference manual and canodraw for windows user's guide: software for canonical community ordination (version 4.5). http:www. canoco. com[2018-10-20].

Tolar B B, Powers L C, Miller W L, et al. 2016. Ammonia oxidation in the ocean can be inhibited by nanomolar concentrations of hydrogen peroxide. Frontiers in Marine Science, 3: 237.

Tourna M, Freitag T E, Nicol G W, et al. 2008. Growth, activity and temperature responses of ammonia-oxidizing archaea and bacteria in soil microcosms. Environmental Microbiology, 10 (5): 1357-1364.

Urakawa H, Garcia J C, Nielsen J L, et al. 2015. Nitrosospira lacus sp. nov., a psychrotolerant, ammonia-oxidizing bacterium from sandy lake sediment. International Journal of Systematic and Evolutionary Microbiology, 65 (1): 242-250.

Xia F, Wang J G, Zhu T, et al. 2018. Ubiquity and diversity of complete ammonia oxidizers (Comammox). Applied and Environmental Microbiology, 84 (24): e01390-18.

Xia X H, Li S L, Wang F, et al. 2019. Triple oxygen isotopic evidence for atmospheric nitrate and its application in source identification for river systems in the Qinghai-Tibetan Plateau. Science of the Total Environment, 688: 270-280.

Zhou L, Wang S, Zou Y, et al. 2015. Species, abundance and function of ammonia-oxidizing archaea in inland waters across China. Scientific Reports, 5: 15969.

第8章 青藏高原河流沉积物中脱氮速率与氮循环微生物的关系

8.1 引言

氮（N）是维持地球生物生长与生存的基本和必需元素，氮素匮乏限制了众多水生、陆地生态系统的初级生产力（Stein and Klotz，2016）。在过去一个世纪里，为满足人类社会日益增长的粮食和能源需求，人类社会活性氮产量急剧增加，由此导致大量活性氮被排放到自然环境中（Galloway et al.，2004），引发了诸如湖泊富营养化和温室气体 N_2O 排放量激增等一系列全球性环境问题（Seitzinger and Phillips，2017；Xia et al.，2018）。河流是全球重要的活性氮汇，据估计周围环境输入河流中活性氮总量的50%被反硝化、anammox等过程转化为氮气（~47Tg/a）（Galloway et al.，2004；Lansdown et al.，2016）。河流氮转化主要是在微生物的催化作用下经由系列氧化还原反应完成的，其中反硝化过去被认为是河流脱氮的唯一途径，直至anammox过程被发现（Kuypers et al.，2018）。然而，目前在估算河流脱氮总量时仍基本只考虑反硝化作用，anammox的贡献一直被忽视（Lansdown et al.，2016）。

研究发现，anammox对河流脱氮贡献的空间差异较大：英国汉普郡埃文河（Hampshire River Avon）渗透性沉积物中anammox的脱氮贡献高达58%（Lansdown et al.，2016）；然而它对美国许多农业河流的脱氮贡献基本可以忽略（Slone et al.，2018）。现有对河流anammox过程的研究多关注低海拔河流，对高海拔河流的研究较为匮乏。高海拔河流分布广泛，世界范围内超过50%的河流发源于高海拔山区（Beniston，2003）。越来越多的研究表明高海拔河流氮转化尤其是脱氮过程值得进行广泛、深入研究（Wang et al.，2018）。与低海拔河流相比，高海拔河流水温往往较低。据研究，anammox细菌对低温的适应能力高于反硝化微生物（Rysgaard et al.，2004；Tan et al.，2020）。此外，高海拔河流较高的河床坡度会促进上覆水体及 O_2 等溶质渗透进入表层沉积物，这会促进表层沉积物中硝化-anammox过程的耦合，从而提高anammox对沉积物脱氮的贡献（Lansdown et al.，2016）。为此，有理由认为anammox对高海拔河流沉积物的脱氮贡献不容忽视且贡献值应该很高。

微生物群落多样性（α多样性和群落结构差异）对许多自然和人工系统中的生物化学过程反应速率具有重要影响（Graham et al.，2016；Hall et al.，2018；Isobe et al.，2020）。例如，由于微生物群落结构不同，地貌特征相似的两处土壤中反硝化微生物活性差异较大，且二者对环境胁迫的响应截然不同（Cavigelli and Robertson，2000）。现有研究发现微生物群落组成除受确定性过程（如环境选择）影响外，随机过程（扩散、生态漂变和多样化）的作用也不可忽视（Stegen et al., 2012；Zhou and Ning, 2017）。确定性和随机性过程对微生物群落组建的相对重要性一直以来都是微生物生态领域的研究热点。在某些情况下，单独由环境选择等确定性过程很难完全解释微生物群落结构及其相关功能过程的变化（Graham et al., 2014）。已有许多研究分析了河流和河口地区 anammox 细菌和反硝化细菌的群落组成和结构，然而目前有关河流脱氮速率和脱氮总量的估算模型仍只关注环境因素而很少考虑微生物群落多样性的影响，这在高海拔河流中尤为明显。

青藏高原是世界上分布范围最广、平均海拔最高（>4000m）的高地（Kang et al., 2010）。本研究探究了青藏高原 5 条高海拔河流沉积物中反硝化细菌和 anammox 细菌的丰度、群落结构及群落组建机制。收集低海拔河流数据对青藏高原河流和低海拔河流沉积物中的反硝化细菌和 anammox 细菌群落进行比较系统发育分析，进而揭示二者在河流系统的整体多样性。本研究利用^{15}N同位素标记技术测定青藏高原河流沉积物中 anammox 速率和反硝化速率，分析它们对河流沉积物的脱氮贡献。此外，还测定硝酸盐异化还原为铵（DNRA）的反应速率，并分析其对河流沉积物脱氮的影响。最后，分析环境因素、微生物丰度和群落多样性对河流反硝化速率和 anammox 速率的相对影响。

8.2 研究方法

8.2.1 仪器与试剂

本研究用到的仪器与 7.2.1 节所述基本相同。测定 anammox 速率和反硝化速率试验中用到的$^{15}NH_4Cl$、$K^{15}NO_2$ 和 $K^{15}NO_3$ 购自上海稳定性同位素工程技术研究中心。优级纯 $^{14}NH_4Cl$、$K^{14}NO_3$ 和 $K^{14}NO_2$ 购自国药集团化学试剂有限公司（北京，中国）和 Sigma-Aldrich 公司。

8.2.2 样品收集及理化性质分析

本研究以位于青藏高原的黄河源区、长江源区、澜沧江、怒江和雅鲁藏布江为研究对象，研究区海拔范围为 2687 ~ 4223m，纬度范围为 29.18°N ~ 34.94°N。于 2016 年 9 月（秋季）和 2017 年 5 月（初夏）对黄河源区进行采样，另外于 2016 年 8 月（早秋）对其他 4 条河流进行采样。本研究在黄河源区沿海拔梯度布设 9 个采样点，与第 6 章所述相同(图 6-1)，其他河流中采样点的布设与第 7 章所述相同（图 7-1）。在现场采样时使用 100mL 无菌注射器收集表层（0 ~ 10cm）沉积物样品。将部分沉积物样品储存于车载冰箱（-15℃，FYL-YS-30L，中国）内，待运回实验室后，转移至-80℃冰箱内保存，用于随后的 DNA 提取。将用于测定反应速率的样品置于冰上（4℃）储存，运回实验室。在 2016 年 9 月根据 Berg 等（1998）所述步骤收集黄河源区部分样点沉积物孔隙水样品，将孔隙水样品同样置于车载冰箱（-15℃，FYL-YS-30L，中国）内储存。孔隙水的收集步骤简述如下：在采样现场将用无菌注射器收集的沉积物样品柱切成长度约为 10mm 的沉积物片，然后使用另个无菌注射器挤压上述沉积物片，使其通过玻璃纤维滤膜，即可得到孔隙水样品。

现场记录、测定采样点的经纬度、海拔和水温。使用 7.2.2 节所述方法分析沉积物样品的有机碳氮（SOC 和 SON）含量、NH_4^+-N 和 NO_x^--N 浓度、pH 和粒径组成。此外，使用连续流动分析仪（AutoAnalyzer 3）测定孔隙水 NH_4^+-N 和 NO_x^--N 浓度。基于 C、N 原子质量，计算沉积物 SOC∶NO_x^-值。

8.2.3 DNA 提取和硝酸盐/亚硝酸盐还原菌丰度的测定

使用 FastDNA® SPIN Kit for Soil 试剂盒（QBIOgene，Carlsbad，CA，USA）按照制造商提供的操作步骤说明提取沉积物样品（~350mg）中的基因组 DNA。使用 qPCR 方法测定反硝化细菌和 anammox 细菌功能基因丰度：其中使用 cd3aF/R3cd 引物对（Throbäck et al.，2004）扩增反硝化菌的 *nirS*（亚硝酸盐还原）基因；使用 hzsA1597F/hzsA1857R 引物对（Harhangi et al.，2012）扩增 anammox 细菌的 *hzsA*（联氨合成酶）基因。qPCR 扩增试验在 C1000 荧光定量 PCR 仪（BioRad）中进行，每个样品按一式三份进行扩增。利用含有目的基因的质粒作为标准物，使用 NanoDrop-2000 紫外可见分光光度计测定目的基因的原始浓度（copies/μL）后，将其按 10 倍梯度进行系列稀释。此后使用至少 5 个稀释梯度制作标准曲线。qPCR 扩增试验中，*nirS* 基因的扩增效率为 85%~88%，*hzsA* 基因的扩增效率为 91%~93%，所有扩增试验标准曲线的 R^2 大于 0.98。将用 ddH_2O 代替 DNA 模板的扩增试验作为阴性对照来排除和验证 qPCR 扩增过程中是否存在外来 DNA 污染。扩增试验完成后，进行熔解曲线和凝胶电泳分析验证扩增产物的特异性和准确性。有关 qPCR 扩增试验的扩增引物、扩增热循环程序和扩增体系的具体信息详见表 6-1。

8.2.4 anammox 细菌和反硝化细菌功能基因的扩增、测序和序列分析

如 7.2.4 节所述，进行巢式 PCR 扩增，构建克隆文库分析青藏高原河流沉积物中 anammox 细菌 16S rRNA 基因群落结构。首先利用浮霉菌门特异性引物 Pla46f/630r 进行首轮 DNA 扩增，随后用 anammox 细菌特异性引物（Amx368f/Amx820r）对第一轮扩增产物进行第二轮扩增（王衫允等，2012）。

用如上所述的 cd3aF/R3cd 引物对扩增沉积物样品中反硝化菌 *nirS* 基因片段，以及同一采样点的 3 个平行样品均进行 PCR 扩增。并从中随机挑取两份 *nirS* 基因扩增产物送至上海美吉生物医药科技有限公司，利用 Illumina Miseq PE300 测序平台（San Diego，CA，USA）进行测序。测序完成后，进行数据分析。除按 88% 的序列相似性阈值（Lee and Francis，2017）对 *nirS* 基因序列进行多样性分析外，其余处理步骤与 6.2.4 节所述相同。

8.2.5 硝化、anammox 和硝酸盐异化还原为铵反应速率的测定

本研究使用 ^{15}N 稳定同位素标记技术测定黄河源区沉积物反硝化、anammox 和 DNRA 的反应速率，具体测定步骤简述如下。

首先称量 2.5g 新鲜沉积物样品（已测定其含水率）于 12mL Exetainer 小瓶（海维康，英国）中。由于上覆水体中硝酸盐含量过高（0.1 ~ 1.1mg/L），本研究按 Lansdown 等（2016）所述步骤配制不含氮素的人工水，并将其添加到 Labco 小瓶中。随后用高纯度氦气（>99.99%）对 Labco 小瓶进行曝气处理（10min）以除去小瓶中的氧气。随后密封小瓶，在黑暗条件下对小瓶进行预培养（72h）以耗尽小瓶中的 NO_x^- 和残留氧气。测定速率时，所用样品按一式三份进行试验。

设置（Ⅰ）$^{15}NH_4Cl$（99.1% atom%）、（Ⅱ）$^{15}NH_4Cl+K^{14}NO_3$ 和（Ⅲ）$^{14}NH_4Cl+K^{15}NO_2$（99.0 atom%）$+K^{15}NO_3$（99.2% atom%）三组同位素示踪试验来同时测定沉积物的反硝化和 anammox 反应速率（Risgaard-Petersen et al.，2004）。用 1000μL 尖头微量注射器（上海高鸽工贸有限公司）吸取如上氮素标记溶液，通过瓶塞将其加入到事先经过预培养处理的 Labco 小瓶中，使 Labco 小瓶中 $^{15(14)}NH_4^+$-N 和 $^{15(14)}NO_x^-$-N 的最终浓度分别为 1400μg/L 和 100μg/L。考虑到沉积物中同时存在 NO_2^- 和 NO_3^- 且以 NO_3^- 为主，此外表层沉积物中会发生硝化反应生成 NO_2^-，为此向小瓶中同时加入 NO_2^- 和 NO_3^-，且 NO_2^- 的添加量略高于其背景值。将这些小瓶放入振荡培养箱中进行暗环境培养，振荡速度设为 150r/min。整个培养过程持续 24h，设置 0h、4h、6h、12h 和 24h 五个采样点。在设定的采样点，通过向 Labco 小瓶中注射 200μL 饱和氯化汞来终止实验，进行牺牲性取样。随后，用稳定同位素比质谱仪（253 plus，赛默飞世尔科技，德国）测定 Labco 小瓶内产生 N_2 中 $^{29}N_2$ 和 $^{30}N_2$ 的含量。

设置 $^{15}NH_4Cl$ 试验以保证曝气和预培养阶段 Labco 小瓶中的氧气已被耗光，且培养过程中未受到外界氧气的干扰。同时设置 $^{15}NH_4Cl+K^{14}NO_3$ 组作为阳性对照以探究沉积物中是否可以发生 anammox。测定 $^{14}NH_4Cl+K^{15}NO_2$ 组中 $^{29}N_2$ 和 $^{30}N_2$ 的生成量，据此来计算 anammox 和反硝化反应速率及它们对沉积物氮气生成的相对贡献（%）（Holtappels et al.，2011；Risgaard-Petersen et al.，2004）。图 8-1 展示了如上三组试验对测定沉积物 anammox 和反硝化速率的作用。一般认为，$^{14}NH_4Cl+K^{15}NO_x^-$ 组中仅会由反硝化过程生成 $^{30}N_2$，这也是计算 anammox 和反硝化反应速率的基础（Holtappels et al.，2011；Risgaard-Petersen et al.，2004）。实际上 DNRA-anammox 过程耦合也能产生 $^{30}N_2$ [（DNRA）$^{15}NO_x^- \longrightarrow {}^{15}NH_4^+ + {}^{15}NO_2^- \longrightarrow {}^{30}N_2$（anammox）]。但在本研究的培养体系中这种干扰可以忽略不计，因为 $^{14}NH_4Cl+K^{15}NO_x^-$ 组中添加的 $^{14}NH_4^+$-N 的浓度是 $^{15}NO_x^-$ 的 14 倍，以此推算 $^{14}NH_4^+$-N 浓度应远超通过 $^{15}NO_x^-$ 还原产生的 $^{15}NH_4^+$-N 浓度，即 $^{15}NO_x^-$-N：$^{15}NH_4^+$-N 浓度比值应远高于 14。

为测定 DNRA（$^{15}NO_3^- \rightarrow {}^{15}NO_2^- \rightarrow {}^{15}NH_4^+$）的反应速率，本研究向 Labco 小瓶中加入 $^{14}NH_4Cl$ 和 $K^{15}NO_x$（$^{15}NO_2$：10μg N/L；$^{15}NO_3$：90μg N/L），其最终浓度分别为 1400μg N/L 和 100μg N/L。将这些小瓶置于振荡培养箱中进行暗环境培养，振荡速度设为 150r/min。整个培养过程持续 24h，在 0h、4h、6h、12h 和 24h 使用尖头注射器透过瓶塞向瓶内注射 200μL 饱和氯化汞来终止试验，进行牺牲性取样。根据培养过程中 $^{15}NH_4^+$ 的线性累积量来计算 DNRA 速率。为测定 $^{15}NH_4^+$ 浓度，向 Labco 小瓶中注入足量碱性次溴酸钠溶液将 DNRA 的反应产物 $^{15}NH_4^+$（$^{15}NO_x^- \rightarrow {}^{15}NH_4^+$）氧化为 $^{15}N_2$（Yin et al.，2014），此后使用稳定同位素比质谱仪测定 Labco 小瓶中 $^{15}N_2$ 的含量。碱性次溴酸钠溶液的配制方法参考 Yin 等（2014）的研究。实际上，反应体系中除 DNRA 反应外，还存在其他过程可以产生 $^{15}NH_4^+$，

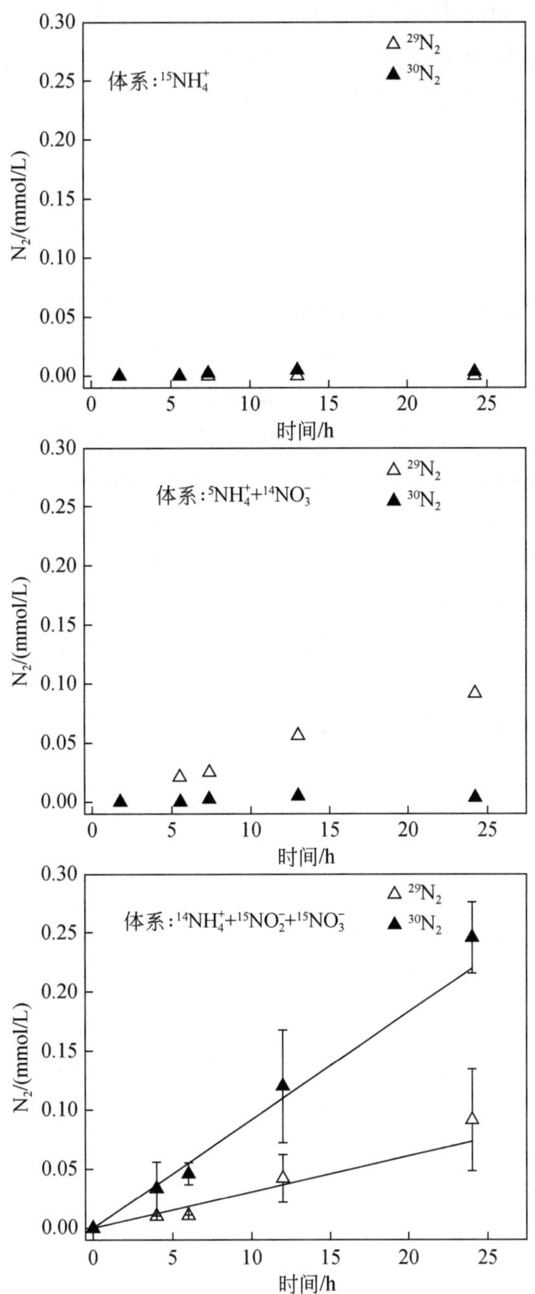

图 8-1　试验体系（$^{15}NH_4^+$ 或 $^{15}NO_x^-$）样品中 $^{29}N_2$ 和 $^{30}N_2$ 的生成量示例

即：$^{15}NO_3^-$ 首先被微生物同化吸收，后经细胞分解和矿化作用将 $^{15}NO_3^-$ 还原为 $^{15}NH_4^+$。此外，产生的 $^{15}NH_4^+$ 会被微生物同化利用或被 anammox 细菌利用产生氮气，进而导致 DNRA 反应速率被低估。这些过程理论上均会干扰对 DNRA 反应速率的测定。然而，在本研究中这些干扰均可以忽略不计。如上所述，反应体系中 $^{14}NH_4^+$ 添加量是 $^{15}NO_3^-$ 的 14 倍；此外，与 NO_3^- 相比，微生物同化作用更倾向于利用 NH_4^+。因此，通过同化 $^{15}NO_3^-$ 后经细胞分解和氨化产生的$^{15}NH_4^+$基本可以忽略不计。在这种情况下，反应小瓶内$^{14}NH_4^+$浓度远超过$^{15}NH_4^+$浓度（>14 倍），所以微生物同化或 anammox 细菌利用$^{15}NH_4^+$的量也不会对 DNRA 反应速率测定造成明显干扰。另外，本研究使用灭菌沉积物进行试验以排除非生物过程对 DNRA 反应速率测定的干扰。

8.2.6 统计分析

为避免样品间测序深度不同所带来的偏差，对反硝化细菌群落多样性进行分析之前，本研究对反硝化 *nirS* 基因文库进行了抽平处理。抽平处理过程中注意尽量保留更多的序列条带数。使用 Mothur 软件统计分析 anammox 细菌 16S rRNA 基因文库和反硝化细菌 *nirS* 基因文库的 OTU 丰度和 Shannon 指数。此外，利用 Mothur 软件对 anammox 细菌克隆文库序列进行稀释曲线分析。收集低海拔河流的 anammox 细菌 16S rRNA 和反硝化细菌 *nirS* 基因序列数据，将其与本研究测得数据混合后，使用 Clustal X 对其进行多重序列比对分析。此后利用 Mega 软件建立系统发育树，确定高、低海拔河流中 anammox 细菌和反硝化细菌的种类信息。高海拔河流中代表性序列总数小于序列总数 5‰的 *nirS* 基因 OTU 不纳入系统发育分析。利用 vegan 包基于 Bray-Curtis 距离进行主坐标分析，展现高海拔河流各采样点间反硝化细菌群落的结构差异。

基于系统发育 β 多样性理论框架探究确定性过程和随机性过程对高海拔河流沉积物 anammox 细菌和反硝化细菌群落组建的相对重要性（Stegen et al., 2012, 2015）。利用 R 语言 Picante 包的 ‘comdistnt’ 命令计算 β-平均最近物种距离（βMNTD）。同时计算物种丰度加权的 β-最近物种距离（βNTI）来描述 βMNTD 与零假设下的平均值偏差大小（以标准差为单位来计量）。当 βNTI 绝对值>2 时，意味着群落转换率（turnover）显著高于或低于完全由随机过程所组建群落的转换率，表明环境因子的筛选作用对群落组建具有重要影响。当 βNTI 绝对值<2 时，基于扩展的 Raup-Crick metric 来计算各种随机过程对微生物群落组建的贡献（Stegen et al., 2013）。基于 Bray-Curtis 距离物种 β 多样性的零假设模型计算 Raup-Crick metric（即 RC_{bray}）。当环境因子选择作用对微生物群落组建贡献不显著时，计算 RC_{bray}值：当 $RC_{bray}>0.95$ 时表明群落组成差异比期待值更大，这意味着扩散限制（dispersal limitation）对微生物群落组建具有更重要的贡献；当 $RC_{bray}<-0.95$ 时表明微生物群落的相似性比期待值更低，这意味着均匀扩散（homogenized disperse）对群落组建具有更重要的贡献。此外当 $|RC_{bray}|<0.95$ 时，意味着生态漂变过程（也被称为“undominated process”）（Stegen et al., 2015）对微生物群落组建贡献更大。

利用 SPSS 软件在 $P<0.05$ 的显著性水平上进行相关分析、配对样本 *t* 检验和多元线性逐步回归方程分析。利用 R 语言 ‘Hmisc’ 包的 Spearman 秩相关命令探究高海拔河流沉积物的微生物丰度与环境因子间的关系（Harrell F E, Jr and Harrell M F E, Jr, 2015）。使用配对样本 *t* 检验分析反硝化细菌和 anammox 细菌功能基因丰度差异，此外配对样本 *t* 检验还用于分析黄河源区不同采样季节间沉积物理化性质、群落多样性和反应速率差异的显著性。利用逐步回归方程探究环境因子和微生物多样性指数对高海拔河流反硝化反应速率的影响。本章所有热图（heatmap）均使用 R 包 ‘Complexheatmap’（Gu et al., 2016）进行绘制。

8.2.7 数据获取

本研究测得的反硝化细菌 *nirS* 基因数据已全部提交到 NCBI SRA 数据库中，可通过项目登录编码（PRJNA556763）获得。anammox 细菌的所有 16S rRNA 基因序列可在 NCBI GenBank 数据库中通过索引号 MN945464–MN945897 获得。

8.3 anammox 细菌和反硝化细菌的丰度、群落组成及其影响因素

采样期间高海拔河流水温为 6.6～25.3℃（平均值为 13.3℃）（表 8-1），与海拔显著负相关（$P<0.05$，$n=24$）。沉积物中 NH_4^+-N 含量为 1.84～46.71mg/kg（平均值为 7.76mg/kg），波动范围较大。此外，每个采样点的 NH_4^+-N 含量均高于 NO_x^--N 含量（0.09～1.81mg/kg）（$P<0.01$，$n=24$）。高海拔河流沉积物 SOC 含量为 1.3～30.1g/kg，与黄河下游（0.64～3.95g/kg）（Zhang et al., 2017）等低海拔河流（河段）沉积物的 SOC 含量具有可比性。沉积物主要由粗颗粒组成，在小于 2mm 的所有颗粒中，细砂粒（粒径：20～200μm）和粗砂粒（粒径：200～2000μm）占比平均分别为 59.5% 和 32.9%。研究区内河流沉积物理化性质随海拔均无显著的变化趋势（$P>0.05$，$n=24$）[图 8-2（a）]。黄河源区所有测定的环境因子（包括水温）中，只有 NO_x^--N 含量和粉砂粒比例的季节性变化差异显著（$P<0.05$）[图 8-2（b）]。

表 8-1 青藏高原 5 条高海拔河流沉积物的理化性质

采样点	海拔/m	纬度/(° N)	水温/℃	pH	粉砂粒/%	细砂粒/%	粗砂粒/%	NH_4^+-N/(mg/kg)	NO_x^--N/(mg/kg)	SOC/(g/kg)	C/N
MD	4221	34.89	11.3/6.6	8.83/9.59	23.16/2.04	68.68/71.03	7.71/26.93	6.97/8.18	0.52/0.54	4.2/1.3	8.9/9.1
RQ	4223	34.94	7.2/7.8	8.70/8.16	6.51/0.58	41.17/42.66	52.32/56.76	5.80/4.55	0.47/0.12	5.0/2.2	11.8/8.2
DR	3918	33.77	9.7/11.0	7.88/8.01	0.02/1.63	28.22/46.88	71.76/52.02	46.71/2.23	0.62/0.17	30.1/3.7	11.9/8.3
MT	3642	33.77	12.5/11.2	8.51/7.46	7.48/2.59	87.68/86.70	4.84/10.72	6.82/4.29	0.40/0.19	5.2/4.5	8.5/7.4
JZ	3539	33.43	8.1/13.6	7.15/5.94	19.29/0.00	51.80/35.91	28.92/64.09	38.77/1.84	0.64/0.33	35.8/5.1	14.0/5.5
TK	3391	33.41	14.4/16.6	7.94/6.76	0.58/5.15	9.99/48.89	89.44/45.96	4.10/3.39	0.82/0.09	1.4/6.4	6.0/6.6
MQ	3423	33.96	12.8/13.2	8.58/9.18	22.08/6.87	50.89/86.45	26.34/6.68	2.93/3.95	1.81/0.22	6.6/7.8	12.7/9.7
JG	3100	34.68	14.0/12.1	8.89/8.39	4.34/0.00	44.50/52.31	51.16/47.70	4.98/2.58	0.45/0.39	3.0/8.0	11.3/8.8

续表

采样点	海拔/m	纬度/(°N)	水温/℃	pH	粉砂粒/%	细砂粒/%	粗砂粒/%	NH_4^+-N/(mg/kg)	NO_x^--N/(mg/kg)	SOC/(g/kg)	C/N
TNH	2687	35.5	14.6/12.9	9.10/8.17	1.40/0.99	81.56/80.77	17.04/18.25	2.67/1.90	0.51/0.37	1.2/9.6	3.7/8.9
QML	4065	34.06	16.4	9.44	0.00	86.93	13.07	1.97	0.37	1.5	7.96
XD	3690	32.31	17.1	9.34	4.75	88.87	6.39	3.07	0.33	2.9	11.15
ZG	3774	29.67	13.9	8.98	2.73	70.69	26.58	6.12	0.38	2.1	4.41
JYQ	3198	30.88	25.3	9.09	0.00	42.85	57.15	2.03	0.36	1.6	12.23
ZM03	3229	29.19	19.5	8.46	45.46	48.69	1.58	13.17	0.26	6.6	15.08
ZM04	3257	29.18	17	8.97	15.64	77.17	7.19	7.17	0.26	3.8	7.18

注：不同颜色代表不同流域。

“/” 左右两边数值分别代表黄河源区夏季和秋季沉积物的理化性质。

NH_4^+-N 含量在本章中特指 NH_3 和 NH_4^+ 总量（以 N 计）。

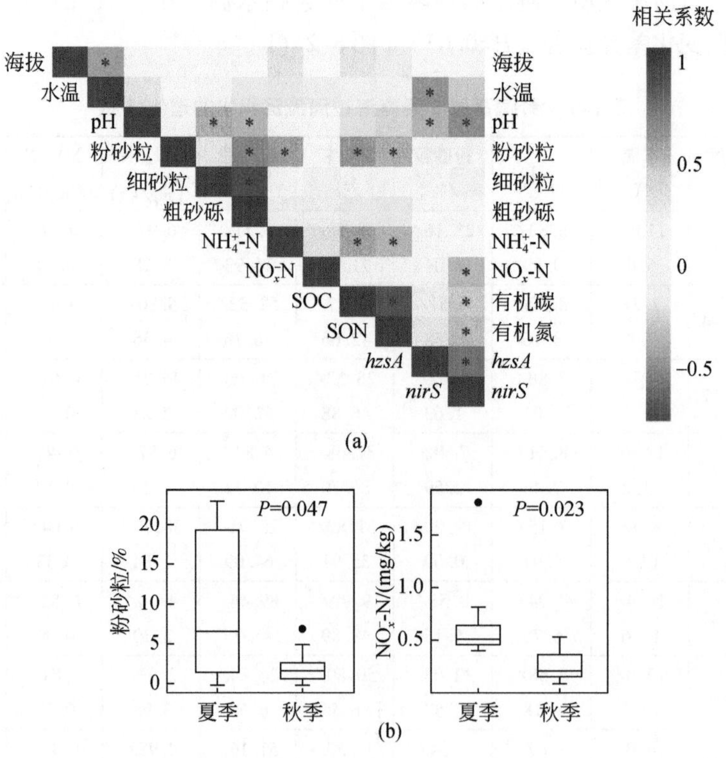

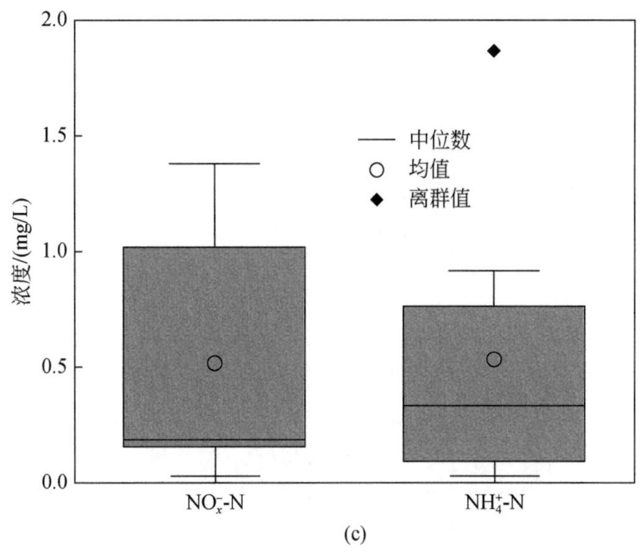

图 8-2　5 条高海拔河流沉积物样品中理化性质和微生物功能基因丰度的 Spearman 相关关系（a）；黄河源区沉积物理化性质的显著季节性变化（b）；秋季孔隙水样品中 NO_x^--N 和 NH_4^+-N 含量的比较（c）

* $P<0.05$

利用 qPCR 方法分析了高海拔河流沉积物中 anammox 细菌（*hzsA* 基因）和反硝化细菌（*nirS* 基因）的功能基因丰度以此来评估二者的脱氮潜能。沉积物中反硝化细菌 *nirS* 基因丰度为 $2.27\times10^4\sim6.35\times10^7$ copies/g dry sediment（图 8-3），其在每个采样点均高于 anammox 细菌 *hzsA* 基因丰度（$<1.35\times10^5$ copies/g dry sediment）($P<0.05$)。本研究 anammox 细菌丰度与青藏高原湿地土壤中（海拔>5000m）anammox 细菌丰度（$1.37\times10^3\sim2.82\times10^4$ copies/g dry soil，按 *hzsB* 基因丰度计）（Wang et al.，2019a）具有可比性。研究区内，反硝化细菌和 anammox 细菌功能基因丰度随海拔（2687～4223m）改变均无显著变化趋势（$P>0.05$）[图 8-2（a）和图 8-3]。然而将其与低海拔河流进行比较时，却发现高、低海拔河流间反硝化细菌和 anammox 细菌丰度均存在明显差异。其中，高海拔河流沉积物 anammox 细菌丰度远小于低海拔河流报道值（表 8-2）。例如，在长江流域的低海拔河段（1016～1835m），anammox 细菌 *hzsA* 基因丰度为 $1.6\times10^6\sim4.7\times10^6$ copies/g dry sediment（Chen et al.，2019a）。由于 qPCR 结果受试验条件影响较大，因此在不同研究间进行微生物丰度比较时，本研究只关注整体趋势，而不会比较具体的测定结果。此外，若两个环境的微生物丰度差值大于一个数量级以上，就认为这两个微生物丰度确实存在差异。高海拔河流反硝化细菌 *nirS* 基因丰度处于文献报道的低海拔河流数值范围之内（$4.45\times10^6\sim2.68\times10^{10}$ copies/g dry sediment）（Huang et al.，2011；Kim et al.，2016），但数值整体偏小。相关分析结果表明 [图 8-2（a）]，研究区内与海拔变化不太相关的环境因素（如 SOC 和 pH 等）对沉积物中 anammox 细菌和反硝化细菌丰度具有重要影响（$P<0.05$）；以往研究在低海拔河流中也报道过类似的现象（Xia et al.，2018）。

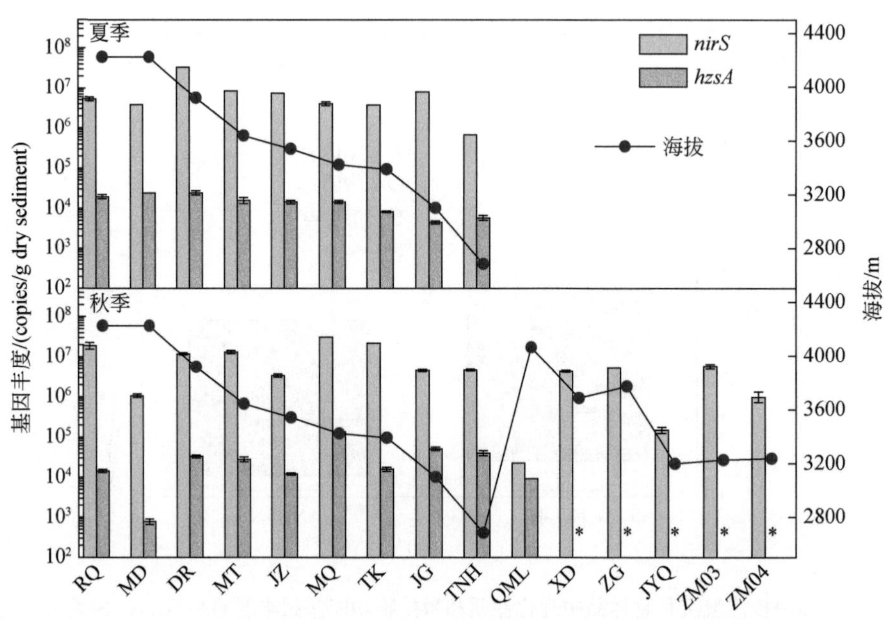

图 8-3 5 条高海拔河流沉积物中反硝化细菌和 anammox 细菌的功能基因丰度

* 该样点厌氧氨氧化细菌丰度低于检测限

表 8-2 河流沉积物中 anammox 细菌丰度

河流	海拔/m	扩增基因	丰度 /(copies/g dry sediment)
东江	10	16S rRNA	$2.66\times10^5 \sim 1.06\times10^7$
钱塘江	10	16S rRNA	$4.96\times10^6 \sim 3.7\times10^7$
几条中国河流	10	*hzsA*	2.4×10^5（均值）
布鲁克依河，中国	10	*hzsB*	6.96×10^4
松花江	10	*hzsB*	$1.36\times10^5 \sim 3.80\times10^5$
塔里木河	10	*hzsB*	$3.28\times10^5 \sim 5.90\times10^6$
埃文河，英国	10	*hzo*	$2.79\times10^5 \sim 3.68\times10^6$
长江	1016 ~ 1836	*hzsA*	$1.6\times10^6 \sim 4.7\times10^6$
本研究	2687 ~ 4223	*hzsA*	1.96×10^4（均值）

本研究中 anammox 细菌 16S rRNA 基因克隆文库覆盖率为 96.6%~100.0%。稀释曲线分析（图 8-4）表明各采样点 anammox 细菌 16S rRNA 基因群落的主要 OTU 均被检测到。系统发育树分析结果显示［图 8-5（a）］，与低海拔河流相同，绝大多数（97.2%）anammox 细菌 16S rRNA 序列与 *Ca. Brocadia* 属物种亲缘关系密切，在其他一些低温环境中该类微生物也被发现是 anammox 细菌群落的主要组分（Tomaszewski et al.，2017）。其余 anammox 细菌序列与 *Kuenenia*（1.2%）、*Jettenia*（0.9%）和 *Anammoxoglobus*（0.7%）属

物种亲缘关系接近。研究区内 anammox 细菌的群落组成沿海拔梯度无明显变化趋势（*P*>0.1），其季节差异亦不显著（*P*>0.1）。此外，整合高、低海拔河流数据进行系统发育分析时并未在青藏高原 5 条高海拔河流中发现特殊的 anammox 细菌发育型［图 8-5（b）］。这可能是 *Brocadia* 类 anammox 细菌的生理多样性较高，并使之具有很强的环境适应能力。

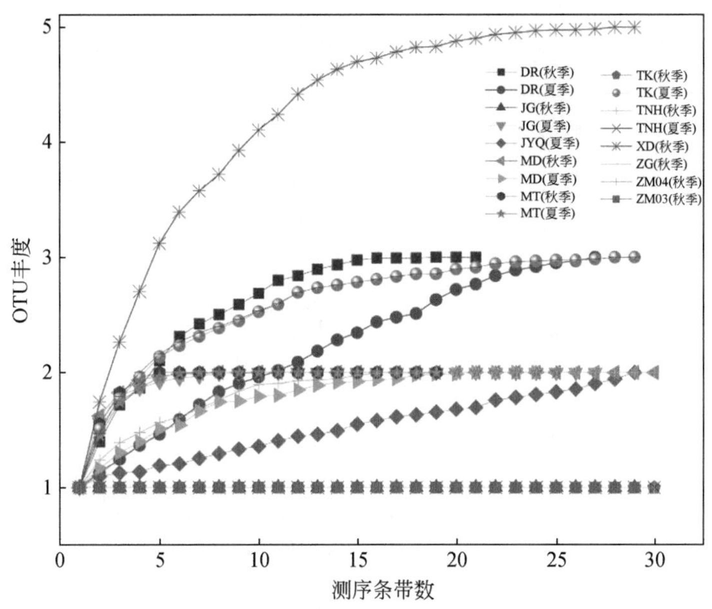

图 8-4　anammox 细菌 16S rRNA 基因克隆文库的稀释曲线分析
（基于 97% 的核酸序列相似性阈值）

经过抽平处理，每个样品中保留了 8826 条高质量 *nirS* 基因序列（328 ~ 398 bp）。基于 88% 的序列相似性阈值（Bowen et al.，2013），各样点 *nirS* 基因文库 OTU 丰度为 163 ~ 232 个，文库覆盖率高于 99.4%。与之前研究相一致，本研究获得的 *nirS* 基因序列（200 824 条）基本与变形菌门物种亲缘关系密切（99.7%）（图 8-6）：其中与 β 变形菌纲类物种相似的 *nirS* 基因序列数量最多（36.2%），其余序列依次与 γ Proteobacteria（27.2%）、unclassified-Proteobacteria（22.1%）和 α Proteobacteria（14.2%）系统发育关系密切。此外，剩余的 0.3% 序列与 Chloroflexi 门的 *nirS* 序列相似性高。

在河流系统中（包括低海拔河流），cluster 1 和 cluster 2 两个系统发育型的相对含量均随海拔的升高而显著降低（Spearman's *r*>0.6，*P*<0.02）。本研究中 cluster 2 类 *nirS* 基因序列与 *Sulfuritortus calidifontis* 物种系统发育关系密切。据报道 *Sulfuritortus calidifontis* 是营自养型反硝化微生物，利用硫元素进行生存代谢（Kojima et al.，2017）。NCBI Blast 分析表明，高海拔河流中 cluster 1 类反硝化微生物与 *Anaerolinea thermophila* UNI-1（72.8% ~ 80.3%）和 *Magnetospirillum* sp.（67.6% ~ 74.8%）物种序列均具有较高的相似性。此外，cluster 8 类物种在高海拔河流沉积物中所占比例（3.49% ~ 40.30%）远高于低海拔河流（<0.63%）。

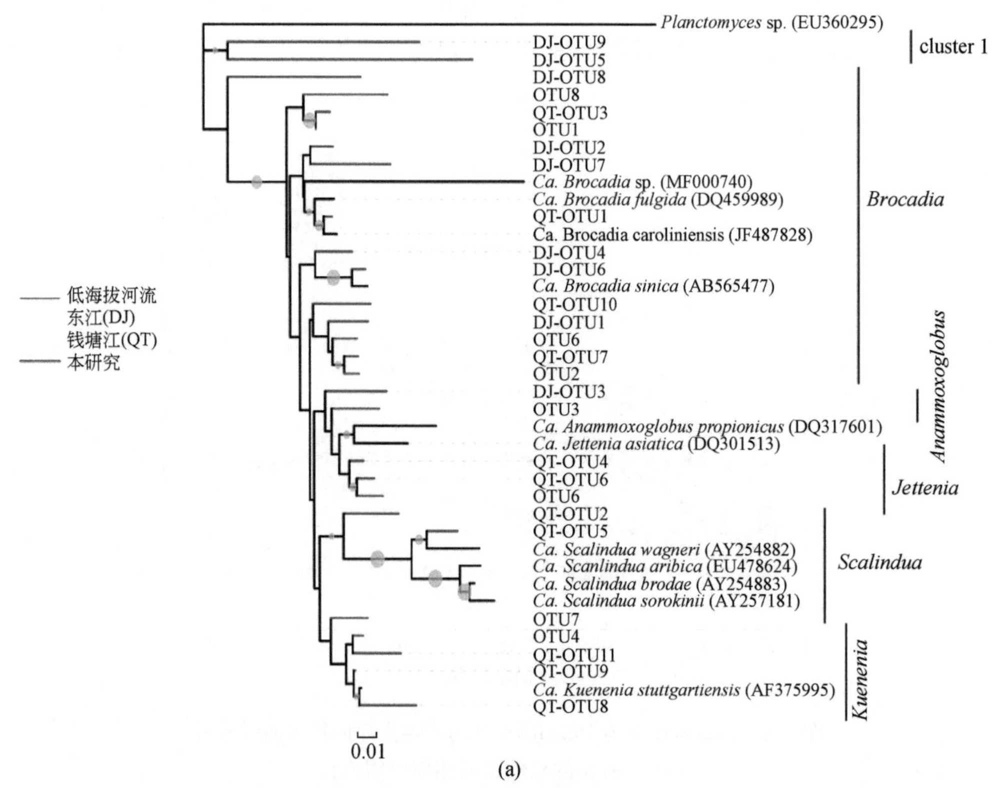

(a)

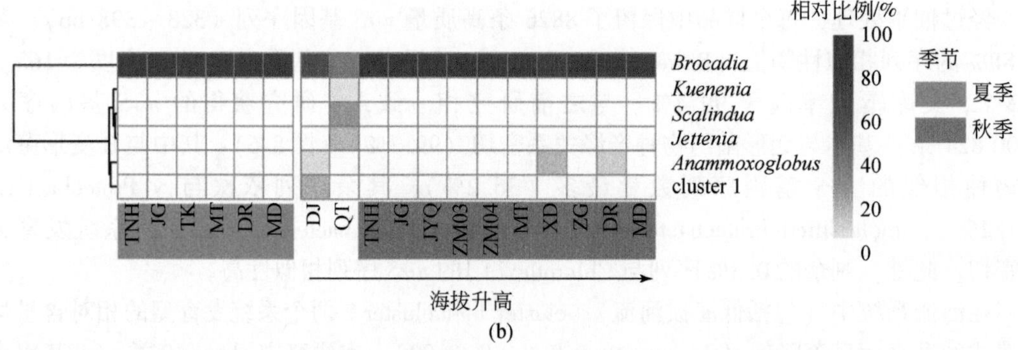

(b)

图 8-5　5 条高海拔河流和低海拔河流沉积物中 anammox 细菌 16S rRNA 基因 OTU 代表性序列的系统发育关系（a）及 anammox 细菌群落在河流系统的多样性（b）

QT 代表钱塘江（Hu et al.，2012）；DJ 代表东江（Sun et al.，2014）。系统发育树中 Bootstrap 值≥50% 的树枝用灰色圆圈表示，圆圈大小与 Bootstrap 值成正比

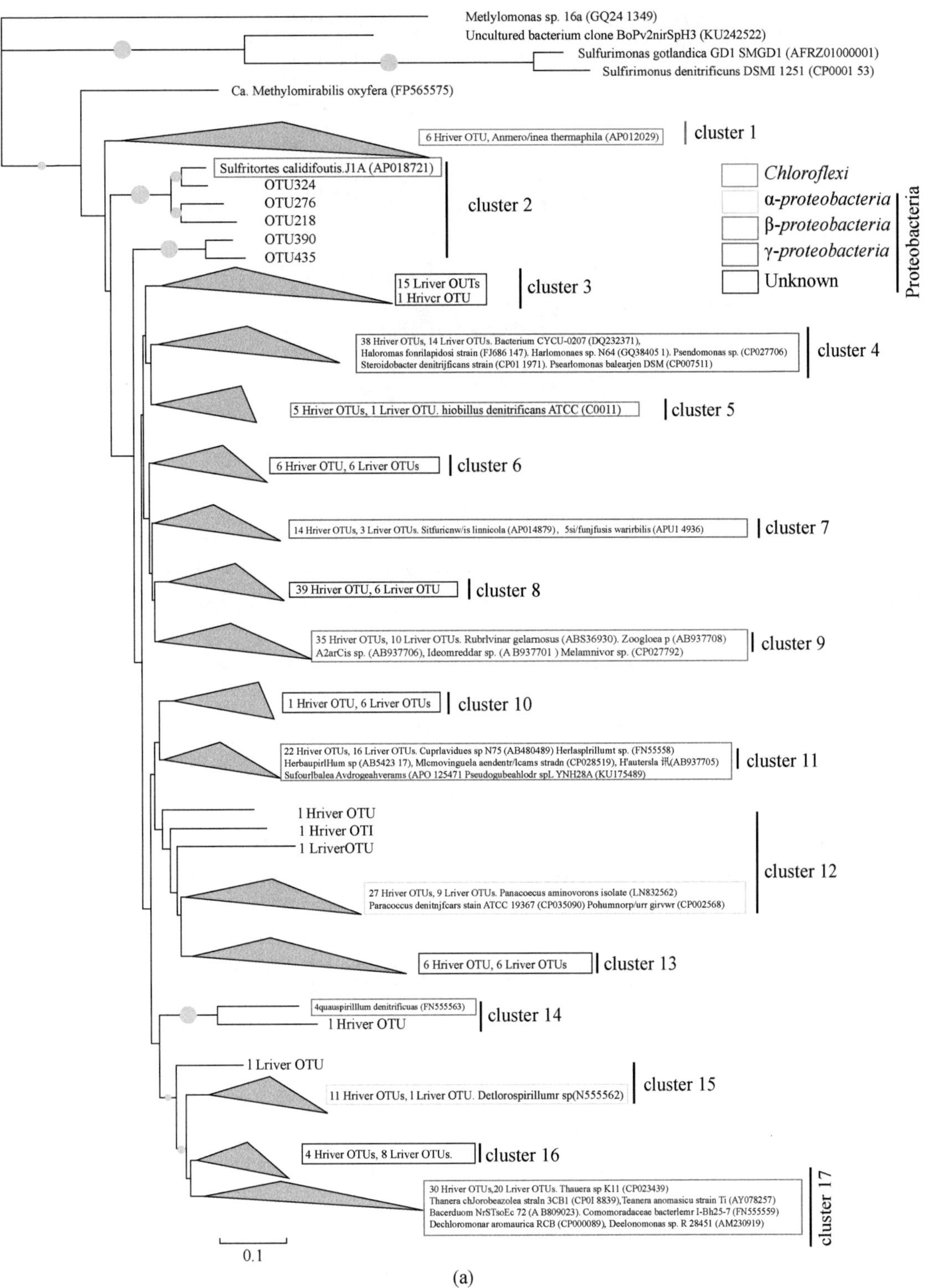
Metlylomonas sp. 16a (GQ24 1349)
Uncultured bacterium clone BoPv2nirSpH3 (KU242522)
Sulfurimonas gotlandica GD1 SMGD1 (AFRZ01000001)
Sulfirimonus denitrificuns DSMI 1251 (CP0001 53)
Ca. Methylomirabilis oxyfera (FP565575)
6 Hriver OTU, Anmero/inea thermaphila (AP012029)
cluster 1
Sulfritortes calidifoutis.J1A (AP018721)
OTU324
OTU276
OTU218
OTU390
OTU435
cluster 2
Chloroflexi
α-proteobacteria
β-proteobacteria
γ-proteobacteria
Unknown
Proteobacteria
15 Lriver OUTs
1 Hriver OTU
cluster 3
38 Hriver OTUs, 14 Lriver OTUs. Bacterium CYCU-0207 (DQ232371),
Haloromas fonrilapidosi strain (FJ686 147). Harlomonaes sp. N64 (GQ38405 1). Psendomonas sp. (CP027706)
Steroidobacter denitrijficans strain (CP01 1971). Psearlomonas balearjen DSM (CP007511)
cluster 4
5 Hriver OTUs, 1 Lriver OTU. hiobillus denitrificans ATCC (C0011)
cluster 5
6 Hriver OTU, 6 Lriver OTUs
cluster 6
14 Hriver OTUs, 3 Lriver OTUs. Sitfuricnw/is linnicola (AP014879)，5si/funjfusis warirbilis (APU1 4936)
cluster 7
39 Hriver OTU, 6 Lriver OTU
cluster 8
35 Hriver OTUs, 10 Lriver OTUs. Rubrlvinar gelamosus (ABS36930). Zoogloea p (AB937708)
A2arCis sp. (AB937706), Ideomreddar sp. (A B937701) Melamnivor sp. (CP027792)
cluster 9
1 Hriver OTU, 6 Lriver OTUs
cluster 10
22 Hriver OTUs, 16 Lriver OTUs. Cuprlavidues sp N75 (AB480489) Herlasplrillumt sp. (FN55558)
HerbaupirlHum sp (AB5423 17), Mlcmovinguela aendentr/lcams stradn (CP028519), H'autersla 讯(AB937705)
Sufourlbalea Avdrogeahverams (APO 125471 Pseudogubeahlodr spL YNH28A (KU175489)
cluster 11
1 Hriver OTU
1 Hriver OTI
1 LriverOTU
27 Hriver OTUs, 9 Lriver OTUs. Panacoecus aminovorons isolate (LN832562)
Paracoccus denitnjfcars stain ATCC 19367 (CP035090) Pohumnorp/urr girvwr (CP002568)
cluster 12
6 Hriver OTU, 6 Lriver OTUs
cluster 13
4quauspirilllum denitrificuas (FN555563)
1 Hriver OTU
cluster 14
1 Lriver OTU
11 Hriver OTUs, 1 Lriver OTU. Detlorospirillumr sp(N555562)
cluster 15
4 Hriver OTUs, 8 Lriver OTUs.
cluster 16
30 Hriver OTUs,20 Lriver OTUs. Thauera sp K11 (CP023439)
Thanera chJorobeazolea straln 3CB1 (CP0I 8839),Teanera anomasicu strain Ti (AY078257)
Bacerduom NrSTsoEc 72 (A B809023). Comomoradaceae bacterlemr I-Bh25-7 (FN555559)
Dechloromonar aromaurica RCB (CP000089), Deelonomonas sp. R 28451 (AM230919)
cluster 17
0.1

(a)

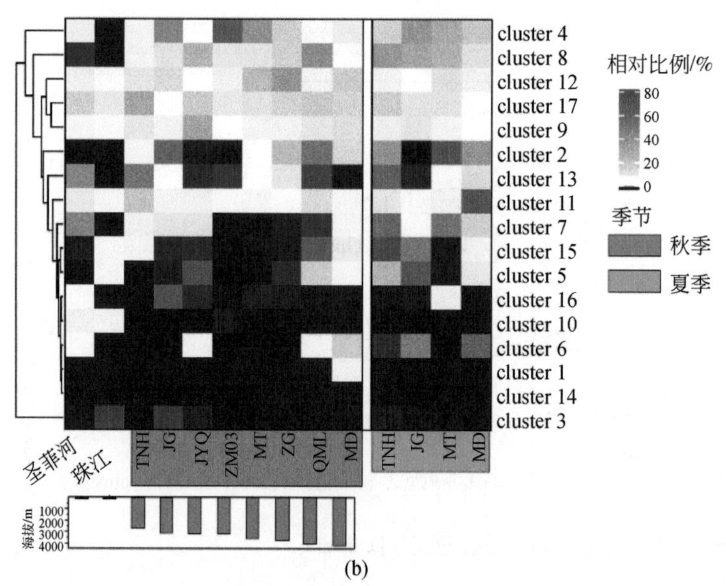

(b)

图 8-6　青藏高原 5 条高海拔河流和两条低海拔河流［美国圣菲河（Kim et al., 2016）和中国珠江（Huang et al., 2011）］沉积物中 *nirS* 基因群落的物种组成及其时空差异：(a) 河流沉积物样品中 *nirS* 基因 OTU 代表性序列的系统发育关系；(b) 5 条高海拔和两条低海拔河流中反硝化细菌 *nirS* 基因群落组成的时空差异

Hriver 代表本研究的高海拔河流，Lriver 代表低海拔河流（中国珠江和美国圣菲河）

虽然在低海拔河流沉积物中未发现独特的 *nirS* 基因系统发育型，但 cluster 10 在低海拔河流中的相对含量（珠江：2.0%；圣菲河：5.0%）远高于青藏高原河流（平均为 0.03%）。高海拔河流中反硝化细菌 cluster 10 类物种序列丰度与沉积物的粗砂粒含量显著负相关（Spearman's $r=-0.71$，$P=0.01$）。例如，珠江沉积物砂粒含量平均为 17.7%，这远低于高海拔河流的测定值（>50.3%）。综上，这些结果表明 cluster 10 类反硝化细菌可能更适于在低氧/无氧环境下生存。

8.4　anammox 细菌和反硝化细菌群落组建过程的定量估计

根据计算得到的 βNTI 数值发现，基于生态位的环境选择对 anammox 细菌群落组建的贡献小于 26.7%。但受 anammox 细菌群落 OTU 丰度较低的限制，本研究无法计算其 RC_{bray}，所以无法估算各种随机过程（生态漂变、扩散限制和均匀扩散）对 anammox 细菌群落组建的相对贡献。

扩散限制是高海拔河流沉积物中反硝化细菌 *nirS* 基因群落的主要组建过程，其贡献率为 82.3%。这与 Mantel 分析结果相一致：研究区内的水平和垂直空间维度上，*nirS* 基因群落的显著性分布模式均只发生在有限距离梯度上（图 8-7）。有研究者在湿地等其他自然环境中发现扩散限制是微生物群落的主要组建过程（Bottos et al., 2018；Tripathi et al.,

2018）。研究区内扩散限制对反硝化细菌群落组建的重要程度与研究范围大小相关，当研究区域从黄河源区扩大到 5 条高海拔河流时（均为秋季），扩散限制对反硝化细菌 *nirS* 基因群落组建的贡献率从 69.7% 上升至 79.6%。

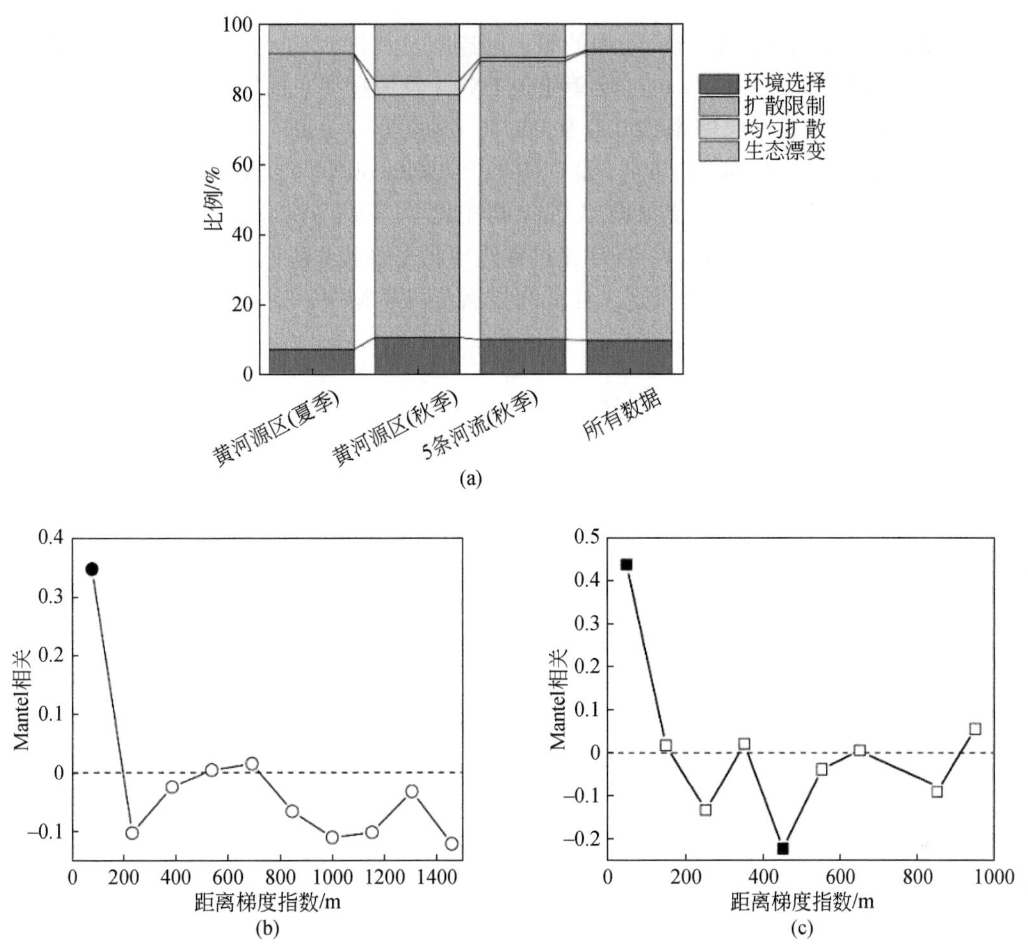

图 8-7 沉积物样品中反硝化细菌 *nirS* 基因群落组建生态过程贡献分析（a）和反硝化细菌群落在海拔（b）和水平（c）空间分布模式的 Mantel 相关图

此外，均匀扩散和生态漂变对 *nirS* 基因群落的组建贡献率分别为 0.4% 和 7.5%。与随机过程相比，环境选择的贡献率相对较低（9.8%）。研究发现微生物的群落多样性在许多自然环境中对生物地球化学功能过程及其速率具有重要影响。有研究者利用生态模型模拟分析扩散限制对生态系统功能过程的影响，结果显示扩散限制导致的群落变化会降低生态系统功能过程的反应速率，但其降低程度与环境条件无显著相关性（Graham and Stegen，2017）。综上，这些结果表明人们应当关注相关微生物群落多样性对高海拔河流反硝化和 anammox 过程的影响。

8.5 黄河源区沉积物的硝酸盐/亚硝酸盐还原反应特征

为系统地探究高海拔河流沉积物中的氮去除速率及其与 DNRA 的关系，本研究在夏季和冬季测定了黄河源区的 anammox、反硝化和 DNRA 反应速率。研究区内反硝化是主要的 NO_3^- 异化还原过程，其反应速率为 0.049 ~ 0.76 nmol N/（g dry sediment · h），anammox [<0.38 nmol N/(g dry sediment · h)] 和 DNRA [0.30 nmol N/（g dry sediment · h)] 的反应速率相差不大（图 8-8）。黄河源区沉积物中绝大多数 NO_x^-（81%）通过反硝化和 anammox 作用转化为 N_2（图 8-8）。DNRA 过程至多将 37% NO_x^- 还原为 NH_4^+（夏季：平均为 11%；秋季：平均为 27%）。据报道，在低海拔河流沉积物中，DNRA 过程将至多把 52% NO_x^- 还原为 NH_4^+（Li et al., 2019）。

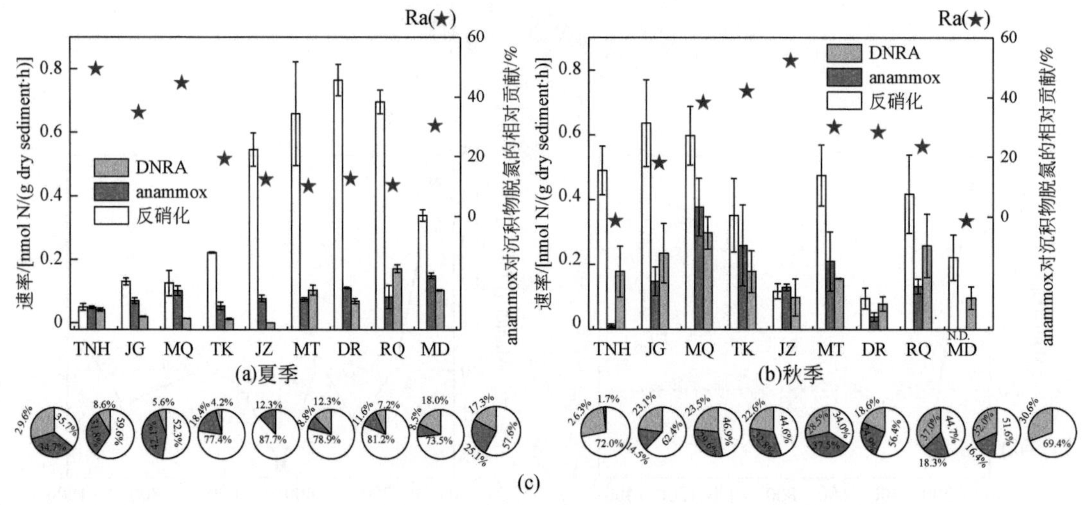

图 8-8 黄河源区沉积物中 DNRA、anammox 和反硝化反应速率的空间变化（a）~（b）；（c）DNRA、anammox 和反硝化对硝酸盐/亚硝酸盐异化还原的相对贡献

Ra 为 anammox 对沉积物 N_2 产生的相对贡献

与低海拔河流相比，青藏高原河流沉积物的 NO_x^- 含量相对较低（表 8-3）。这主要有两方面因素：一方面，高海拔河流的 NH_4^+ 含量和温度相对较低，抑制了其内硝化微生物的反应活性（Zhang et al., 2020）；另一方面，高海拔地区人类活动相对较少，外来污染输入强度较低。高海拔河流较低的底物 N 含量水平限制了反硝化和 DNRA 反应速率，本研究测得的反硝化和 DNRA 反应速率低于其在低海拔河流的报道值（表 8-3）。C/NO_3^- 含量比值被认为对环境中反硝化和 DNRA 的相对重要性具有重要影响，一般而言在高 C/NO_3^- 含量比值的环境中，DNRA 对硝酸盐异化还原的贡献更高（Tiedje, 1988）。在许多环境中确实观察到了此类规律，然而也有很多研究未能发现此类现象（Rütting et al., 2011）。在黄河源区（P=0.82）和整个河流体系内（P>0.1，表 8-3），C/NO_3^- 含量比值与 DNRA/反

硝化反应速率比值间均不存在显著相关性。这是因为除含量外，SOC 的种类和质量（化学组成）对自然环境中硝酸盐还原过程也具有重要乃至决定性影响。稠环芳烃是河流 SOC 的重要组分（Chen et al., 2019b），且其在沉积物 SOC 中所占比例在不同河流间的差异较大。据报道，芳烃 C 的生物可利用性往往较低（Dodla et al., 2008），不易被硝酸盐还原过程利用。与大多数低海拔河流相比，青藏高原河流的 SOC：NO_x^- 比值相对较高（表 8-3）。且青藏高原冻土融化能为河流带来大量生物可利用态有机碳（Zhang et al., 2020），使碳源对 DNRA 和反硝化的限制影响大幅降低。本研究中 DNRA/反硝化反应速率比值与高海拔河流沉积物中 NO_3^- 含量呈显著负相关（$R^2=0.25$，$P=0.026$）。这与 Vuono 等（2019）所发现的结果相一致，即 NO_3^- 含量决定了纯培养体系中反硝化和 DNRA 过程的相对重要性，相比之下 C/NO_3^- 含量比值的影响并不显著，且在 NO_3^- 含量较低的环境中，DNRA 反应速率会相对更高。

表 8-3　河流体系沉积物部分理化性质与 DNRA、反硝化和 anammox 反应速率及其对沉积物 N_2 生成量的贡献

河流	NO_3^--N	anammox 反应速率	反硝化反应速率/[(nmol N/(g·h)]	anammox 脱氮贡献/%	DNRA 反应速率/[nmol N/(g·h)]	文献
圣菲河	1.31（3.71,1900）	0.25nmol N/（g·h）	8	2.9	0.22	Kim et al., 2016
城市河流（上海）	0.74（27.2,36 800）	0.038 7～237 nmol N/（g·h）	0.19～98.7	17.2	0～10.28	Cheng et al., 2016
小赖川河	—	～0.05～1.9 nmol N/（g slurry·h）	1～210	—	—	Zhou et al., 2014
汉普郡埃文河	—	0.2～29 nmol N/（g·h）	—	7～58	—	Lansdown et al., 2016
太湖流域河流	1.28	0.11～6.79μmol N/（m^2·h）	—	10.8～10.7	—	Zhao et al., 2013
松花江	3.02（10.3,360 0）	0.12～0.31 nmol N/（g·h）	1.34	11.4～14	—	Zhu et al., 2015
Bulukeyi 河	0.95（2.06,220 0）	0.05～0.31 nmol N/（g·h）	0.68	6.4	—	Zhu et al., 2015
塔里木河	4.27（1.2,300）	0.02～0.56 nmol N/（g·h）	1.21	3.5～15.7	—	Zhu et al., 2015
长江	海拔 750m，0.33（7.6,230 00）海拔<50m，0.85（11.0,139 00）	0.003～6.86 nmol N/（g·h）	—	3.8～82.8	—	Chen et al., 2019a
中国河流	2.79（15.7,560 0）	0.25～3.67 nmol N/（g·h）	4.7～26	2～45（15，平均）	0.15～7.17	Li et al., 2019
黄河源区	0.46（7.24,158 00）	0～0.38（0.11，平均）nmol N/（g·h）	0.049～0.76（0.39，平均）	<52（27，平均）	0～0.30（0.12，平均）	本研究

反硝化对黄河源区沉积物 N_2 产生过程的贡献为 48%~100%，anammox 的贡献小于 52%，平均贡献率为 27%，高于其在许多低海拔河流中的贡献（表 8-3）。值得注意的是，黄河源区 anammox 对 N_2 产生的贡献率随温度升高而显著上升［$P=0.031$，图 8-9（a）］。以往研究亦发现 anammox 细菌对低温环境的适应能力强于反硝化微生物，而反硝化微生物在高温环境下的活性更强（Rysgaard et al.，2004）。考虑到 anammox 细菌生理特性相对较为单一，多营化能自养型生长，本研究根据 anammox 反应速率和 *hzsA* 基因丰度计算其单细胞活性。计算时按每个 anammox 细菌细胞内含有两个 *hzsA* 基因拷贝（Yang et al.，2018）。与 anammox 的脱氮贡献相同，anammox 细菌单细胞活性与温度（6.6~16.6℃）也呈显著正相关关系（$P<0.05$）［图 8-9（b）］。这意味着在本研究采样期间内 anammox 细菌反应活性的最适温度可能要高于 16.6℃。这种猜测具有一定的合理性，因为北冰洋寒冷沉积物中（-1.7~4℃）anammox 的最适反应温度处于 10~20℃（Rysgaard et al.，2004）。本研究将 2016 年 7 月黄河源区沉积物 anammox 细菌丰度数据纳入分析，发现黄河源区沉积物 anammox 细菌在温度最高（~20℃）采样点的丰度反而最低。综上，本研究推测黄河源区 anammox 的最适反应温度应该在 20℃左右，这可通过后续试验加以验证。

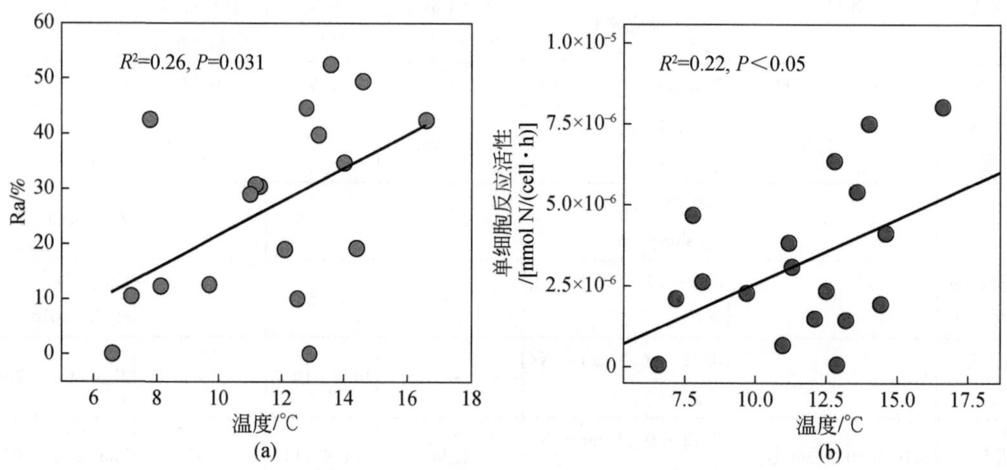

图 8-9　anammox 的脱氮贡献率（a）和 anammox 细菌单细胞活性（b）与温度的关系

本研究发现黄河源区沉积物中 anammox 反应速率与 DNRA 反应速率呈显著正相关（$R^2=0.36$，$P=0.008$，图 8-10）。这表明这两个反应之间可能存在耦合关系，即 DNRA 会向 anammox 提供反应底物 NH_4^+。尽管 DNRA 会与反硝化反应争夺反应底物 NO_x^-，但 DNRA 和 anammox 的耦合关系在许多水体和陆地环境中（Jensen et al.，2011；Wang et al.，2019b）会促进河流的脱氮速率。

此外，高海拔河流独特的地理地貌特征有利于促进 anammox 和硝化的耦合，从而提升 anammox 的脱氮贡献率。对低海拔河流的研究发现，较高的 anammox 脱氮贡献率往往出现在粗粒径颗粒含量较高的沉积物中（Chen et al.，2019a；Lansdown et al.，2016）。例如，在长江沉积物中，anammox 对 N_2 生成量的贡献在淤泥质沉积物中仅为 8.3%，而其在沙质沉积物高达 41.6%（Chen et al.，2019a）。一个可能的解释是，黏粒沉积物中反硝化和

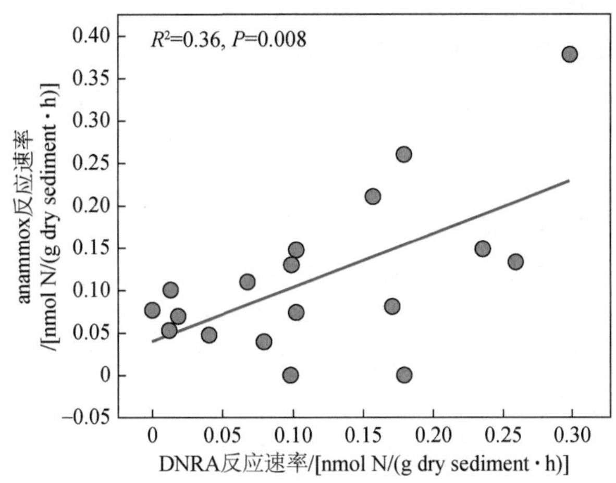

图 8-10　黄河源区沉积物中 DNRA 和 anammox 反应速率的关系

anammox 耦合对 anammox 的脱氮贡献率具有化学计量限制（Lansdown et al., 2016）。在沙型沉积物中，上覆水体及其携带的氧气等溶质通过扩散、渗透进入表层沉积物的能力大大增强，从而促进了表层沉积物硝化和 anammox 的耦合，使得 anammox 摆脱对反硝化供应 NO_2^- 的依赖，进而使其对河流沉积物脱氮也具有重要贡献（Lansdown et al., 2016）。黄河源区河床坡度较高（1.5‰）且沉积物主要由粗粒径颗粒组成，这也会促进上覆水体和氧气、NO_3^- 等溶质渗透扩散进入表层沉积物中（Gomez-Velez et al., 2015）。黄河源区孔隙水样品中 NH_4^+ 浓度（0.53mg N/L）与 NO_3^- 浓度（0.52mg N/L）几乎相等，这从侧面验证了黄河源区上覆水体对沉积物的强渗透性及硝化反应为 anammox 供应 NO_2^- 的潜能。

8.6　环境因子和生物因素对黄河源区脱氮速率的相对影响

对 anammox 而言，其所有 OTU 或物种丰度与反应速率间均无显著相关性（P >0.05），这主要是因为 anammox 物种组成相对单一，无明显时空差异。但本研究发现 anammox 细菌丰度与 anammox 反应速率呈显著正相关（P<0.05）。随机过程对黄河源区沉积物的 anammox 细菌和反硝化细菌的群落组建具有决定性影响。但考虑到克隆文库方法在检测低丰度物种时的缺陷，本研究并没有探究微生物群落多样性（群落结构和 α 多样性）对 anammox 反应速率的影响，只分析了微生物群落多样性对沉积物反硝化反应速率的相对重要性。与前人研究相同（Graham et al., 2014），本研究通过主坐标分析排序方法压缩多纬度群落矩阵数据为单向量变量，并将其作为群落结构指示因子（PC1、PC2 和 PC3）纳入多元线性回归模型中。

多元线性回归模型分析结果（表 8-4）显示，环境因子单独可以解释沉积物反硝化反应速率 34% 的变异量，而反硝化细菌群落结构的解释量（57%）远高于此。相反，反硝化细菌群落的 α 多样性指数对反硝化速率无显著影响（P>0.05）。仅利用 *nirS* 基因去探究反硝化细菌群落一定程度上会低估反硝化细菌的多样性，因此，当前反硝化细菌群落对反硝化反应速率的影响可能会被低估。此外，本研究发现反硝化细菌 *nirS* 基因丰度对反硝化反应速率无显著影响（P>0.05）。反硝化微生物的系统发育型和代谢方式多种多样（Isobe et al.，2020；Zumft，1997），对这样一个过程而言，其基因型与表型有时并不一致（Lycus et al.，2017）。当将环境变量和群落多样性数据同时纳入多元线性回归模型时，仅有群落结构数据被识别出对反硝化反应速率具有显著影响（表 8-4）。此外，相关分析表明，河流体系（包含高、低海拔河流）反硝化反应速率与反硝化群落 cluster 8 类物种的相对含量（%）呈显著负相关（R^2=0.47，P<0.001）。这些结果凸显了微生物群落多样性对河流反硝化反应速率的重要影响，尤其当随机过程对反硝化细菌群落组建具有重要影响时。在实际环境中，预测随机过程何时何地会成为微生物群落的主要组建过程具有可行性（Zhou and Ning，2017），因此将群落多样性数据纳入河流反硝化反应速率预测模型中具有可实现性。综合考虑环境因子和微生物群落结构对反硝化反应速率的影响对于建立和完善河流反硝化反应速率预测模型具有积极的推动作用。

表 8-4　多元线性回归模型对河流沉积物反硝化反应速率的预测

项目	环境因子	α 多样性	微生物群落结构（PC1、PC2 和 PC3）	环境因子+α 多样性+群落结构
预测因子	pH	—	PC1 和 PC3	PC1 和 PC3
统计结果	P=0.01；Adj. R^2=0.34	P=0.43	模型 P =0.002；Adj. R^2=0.57	模型 P =0.002；Adj. R^2=0.57

注：α 多样性指数包括 OTU 丰度和 Shannon 指数。

— 该因子对反应速率无显著影响。

8.7　本章小结

本研究分析了青藏高原河流沉积物反硝化、anammox 和 DNRA 的反应速率及其关系，并探究了微生物丰度、微生物群落多样性和环境因子对反硝化反应速率的影响。研究发现随机过程是青藏高原河流沉积物中反硝化细菌 *nirS* 基因和 anammox 细菌 16S rRNA 基因群落的主要组建过程，环境选择的贡献相对较小。DNRA 和硝化为 anammox 提供底物，此外高海拔温度升高对 anammox 细菌活性具有显著的促进作用，这使得 anammox 对黄河源区 N_2 生成量的贡献率（27%）高于大部分低海拔河流。这些因素的影响应当在室内控制试验中进行进一步验证，尤其是温度对 anammox 细菌活性的显著促进作用。反硝化细菌群落结构对反硝化反应速率具有重要影响，环境因素和微生物丰度的影响相对较低。应当开展更大规模的调查试验来评估河流体系中反硝化细菌群落结构对反硝化反应速率的意义。

参考文献

王衫允，祝贵兵，曲冬梅，等．2012．白洋淀富营养化湖泊湿地厌氧氨氧化菌的分布及对氮循环的影响．32（21）：6591-6598.

Beniston M. 2003. Climatic change in mountain regions：a review of possible impacts. Climatic Change，59

(1): 5-31.

Berg P, Risgaard-Petersen N, Rysgaard S. 1998. Interpretation of measured concentration profiles in sediment pore water. Limnology and Oceanography, 43 (7): 1500-1510.

Bottos E M, Kennedy D W, Romero E B, et al. 2018. Dispersal limitation and thermodynamic constraints govern spatial structure of permafrost microbial communities. FEMS Microbiology Ecology, 94 (8): fiy110.

Bowen J L, Byrnes J E, Weisman D, et al. 2013. Functional gene pyrosequencing and network analysis: an approach to examine the response of denitrifying bacteria to increased nitrogen supply in salt marsh sediments. Frontiers in Microbiology, 4: 342.

Cavigelli M A, Robertson G P. 2000. The functional significance of denitrifier community composition in a terrestrial ecosystem. Ecology, 81 (5): 1402-1414.

Chen L, Liu S, Chen Q, et al. 2019a. Anammox response to natural and anthropogenic impacts over the Yangtze River. Science of the Total Environment, 665: 171-180.

Chen M, Li C, Zeng C, et al. 2019b. Immobilization of relic anthropogenic dissolved organic matter from alpine rivers in the Himalayan-Tibetan Plateau in winter. Water Research, 160: 97-106.

Cheng L, Li X, Lin X, et al. 2016. Dissimilatory nitrate reduction processes in sediments of urban river networks: spatiotemporal variations and environmental implications. Environmental Pollution, 219: 545-554.

Dodla S K, Wang J J, Delaune R D, et al. 2008. Denitrification potential and its relation to organic carbon quality in three coastal wetland soils. Science of the Total Environment, 407 (1): 471-480.

Galloway J N, Dentener F J, Capone D G, et al. 2004. Nitrogen cycles: past, present, and future. Biogeochemistry, 70 (2): 153-226.

Gomez-Velez J D, Harvey J W, Cardenas M B, et al. 2015. Denitrification in the Mississippi River network controlled by flow through river bedforms. Nature Geoscience, 8 (12): 941-945.

Graham E B, Knelman J E, Schindlbacher A, et al. 2016. Microbes as engines of ecosystem function: when does community structure enhance predictions of ecosystem processes. Frontiers in Microbiology, 7: 214.

Graham E B, Stegen J C. 2017. Dispersal- based microbial community assembly decreases biogeochemical function. Processes, 5 (4): 65.

Graham E B, Wieder W R, Leff J W, et al. 2014. Do we need to understand microbial communities to predict ecosystem function? a comparison of statistical models of nitrogen cycling processes. Soil Biology and Biochemistry, 68: 279-282.

Gu Z, Eils R, Schlesner M. 2016. Complex heatmaps reveal patterns and correlations in multidimensional genomic data. Bioinformatics, 32 (18): 2847-2849.

Hall E K, Bernhardt E S, Bier R L, et al. 2018. Understanding how microbiomes influence the systems they inhabit. Nature Microbiology, 3 (9): 977-982.

Harhangi H R, Le Roy M, van Alen T, et al. 2012. Hydrazine synthase, a unique phylomarker with which to study the presence and biodiversity of anammox bacteria. Applied and Environmental Microbiology, 78 (3): 752-758.

Harrell F E, Jr, Harrell M F E, Jr. 2015. Package 'Hmisc'. CRAN2018: 235-236.

Holtappels M, Lavik G, Jensen M M, et al. 2011 Methods in Enzymology. Amsterdam: Elsevier.

Hu B L, Shen L d, Zheng P, et al. 2012. Distribution and diversity of anaerobic ammonium-oxidizing bacteria in the sediments of the Qiantang River. Environmental Microbiology Reports, 4 (5): 540-547.

Huang S, Chen C, Wu Q, et al. 2011. Distribution of typical denitrifying functional genes and diversity of the *Nirs*-encoding bacterial community related to environmental characteristics of river sediments. Biogeosciences

Discussions, 8: 5251-5280.

Isobe K, Ise Y, Kato H, et al. 2020. Consequences of microbial diversity in forest nitrogen cycling: diverse ammonifiers and specialized ammonia oxidizers. The ISME Journal, 14 (1): 12-25.

Jensen M M, Lam P, Revsbech N P, et al. 2011. Intensive nitrogen loss over the omani shelf due to anammox coupled with dissimilatory nitrite reduction to ammonium. The ISME Journal, 5 (10): 1660-1670.

Kang S, Xu Y, You Q, et al. 2010. Review of climate and cryospheric change in the Tibetan Plateau. Environmental Research Letters, 5 (1): 015101.

Kim H, Bae H S, Reddy K R, et al. 2016. Distributions, abundances and activities of microbes associated with the nitrogen cycle in riparian and stream sediments of a river tributary. Water Research, 106: 51-61.

Kojima H, Watanabe M, Fukui M. 2017. Sulfuritortus calidifontis gen. nov., sp. nov., a sulfur oxidizer isolated from a hot spring microbial mat. International Journal of Dystematic and Rvolutionary Microbiology, 67 (5): 1355-1358.

Kuypers M M, Marchant H K, Kartal B. 2018. The microbial nitrogen- cycling network. Nature Reviews Microbiology, 16 (5): 263.

Lansdown K, McKew B, Whitby C, et al. 2016. Importance and controls of anaerobic ammonium oxidation influenced by riverbed geology. Nature Geoscience, 9 (5): 357-360.

Lee J A, Francis C A. 2017. Deep *Nirs* amplicon sequencing of san francisco bay sediments enables prediction of geography and environmental conditions from denitrifying community composition. Environmental Microbiology, 19 (12): 4897-4912.

Li X, Sardans J, Hou L, et al. 2019. Dissimilatory nitrate/nitrite reduction processes in river sediments across climatic gradient: influences of biogeochemical controls and climatic temperature regime. Journal of Geophysical Research: Biogeosciences, 124 (7): 2305-2320.

Lycus P, Lovise Bothun K, Bergaust L, et al. 2017. Phenotypic and genotypic richness of denitrifiers revealed by a novel isolation strategy. The ISME Journal, 11 (10): 2219-2232.

Risgaard-Petersen N, Meyer R L, Schmid M, et al. 2004. Anaerobic ammonium oxidation in an estuarine sediment. Aquatic Microbial Ecology, 36 (3): 293-304.

Rysgaard S, Glud R N, Risgaard-Petersen N, et al. 2004. Denitrification and anammox activity in arctic marine sediments. Limnology and Oceanography, 49 (5): 1493-1502.

Rütting T, Boeckx P, Müller C, et al. 2011. Assessment of the importance of dissimilatory nitrate reduction to ammonium for the terrestrial nitrogen cycle. Biogeosciences, 8 (7): 1779-1791.

Seitzinger S P and Phillips L. 2017. Nitrogen stewardship in the anthropocene. Science, 357 (6349): 350-351.

Slone L A, McCarthy M J, Myers J A, et al. 2018. River sediment nitrogen removal and recycling within an agricultural midwestern USA watershed. Freshwater Science, 37 (1): 1-12.

Stegen J C, Lin X, Fredrickson J K, et al. 2013. Quantifying community assembly processes and identifying features that impose them. The ISME Journal, 7 (11): 2069-2079.

Stegen J C, Lin X, Fredrickson J K, et al. 2015. Estimating and mapping ecological processes influencing microbial community assembly. Frontiers in Microbiology, 6 (370).

Stegen J C, Lin X, Konopka A E, et al. 2012. Stochastic and deterministic assembly processes in subsurface microbial communities. The ISME Journal, 6 (9): 1653-1664.

Stein L Y, Klotz M G. 2016. The nitrogen cycle. Current Biology, 26 (3): R94-R98.

Sun W, Xu M Y, Wu W M, et al. 2014. Molecular diversity and distribution of anammox community in sediments of the Dongjiang River, a drinking water source of Hong Kong. Journal of Applied Microbiology, 116

(2): 464-476.

Tan E, Zou W, Zheng Z, et al. 2020. Warming stimulates sediment denitrification at the expense of anaerobic ammonium oxidation. Nature Climate Change, 10 (4): 349-355.

Throbäck I N, Enwall K, Jarvis Å, et al. 2004. Reassessing PCR primers targeting *Nirs*, *Nirk* and *Nosz* genes for community surveys of denitrifying bacteria with DGGE. FEMS Microbiology Ecology, 49 (3): 401-417.

Tiedje J M. 1988. Ecology of denitrification and dissimilatory nitrate reduction to ammonium. Biology of Anaerobic Microorganisms, 717: 179-244.

Tomaszewski M, Cema G, Ziembińska-Buczyńska A. 2017. Influence of temperature and pH on the anammox process: a review and Meta-analysis. Chemosphere, 182: 203-214.

Tripathi B M, Stegen J C, Kim M, et al. 2018. Soil pH mediates the balance between stochastic and deterministic assembly of bacteria. The ISME Journal, 12 (4): 1072-1083.

Vuono D C, Read R W, Hemp J, et al. 2019. Resource concentration modulates the fate of dissimilated nitrogen in a dual-pathway Actinobacterium. Frontiers in Microbiology, 10: 3.

Wang G, Wang J, Xia X, et al. 2018. Nitrogen removal rates in a frigid high-altitude river estimated by measuring dissolved N_2 and N_2O. Science of the Total Environment, 645: 318-328.

Wang S, Liu W, Zhao S, et al. 2019a. Denitrification is the main microbial n loss pathway on the Qinghai-Tibet Plateau above an elevation of 5000m. Science of the Total Environment, 696: 133852.

Wang S, Wang W, Zhao S, et al. 2019b. Anammox and denitrification separately dominate microbial n-loss in water saturated and unsaturated soils horizons of riparian zones. Water Research, 162: 139-150.

Xia X, Zhang S, Li S, et al. 2018. The cycle of nitrogen in river systems: sources, transformation, and flux. Environmental Science: Processes Impacts, 20 (6): 863-891.

Yang Y, Li M, Li X Y, et al. 2018. Two identical copies of the hydrazine synthase gene clusters found in the genomes of anammox bacteria. International Biodeterioration & Biodegradation, 132: 236-240.

Yin G, Hou L, Liu M, et al. 2014. A novel membrane inlet mass spectrometer method to measure $^{15}NH_4^+$ for isotope-enrichment experiments in aquatic ecosystems. Environmental Science & Technology, 48 (16): 9555-9562.

Zhang S, Qin W, Xia X, et al. 2020. Ammonia oxidizers in river sediments of the Qinghai-Tibet Plateau and their adaptations to high-elevation conditions. Water Research, 173: 115589.

Zhang S, Xia X, Liu T, et al. 2017. Potential roles of anaerobic ammonium oxidation (anammox) in overlying water of rivers with suspended sediments. Biogeochemistry, 132 (3): 237-249.

Zhao Y, Xia Y, Kana T M, et al. 2013. Seasonal variation and controlling factors of anaerobic ammonium oxidation in freshwater river sediments in the Taihu Lake region of China. Chemosphere, 93 (9): 2124-2131.

Zhou J, Ning D. 2017. Stochastic community assembly: does it matter in microbial ecology. Microbiology and Molecular Biology Reviews, 81 (4): e00002-00017.

Zhou S, Borjigin S, Riya S, et al. 2014. The relationship between Anammox and Denitrification in the Sediment of an Inland River. Science of the Total Environment, 490: 1029-1036.

Zhu G, Xia C, Shanyun W, et al. 2015. Occurrence, activity and contribution of anammox in some freshwater extreme environments. Environmental Microbiology Reports, 7 (6): 961-969.

Zumft W G. 1997. Cell biology and molecular basis of denitrification. Microbiology and Molecular Biology Reviews, 61 (4): 533-616.

第9章　青藏高原东部江河甲烷的排放特征及驱动机制

9.1 引　　言

江河是甲烷（CH_4）产生并向大气排放的重要场所（Bastviken et al.，2011）。全球江河每年约向大气释放26.8Tg CH_4（Stanley et al.，2016）。然而，目前对全球江河 CH_4 排放量的估算仍存在很大的不确定性，其中主要原因之一是缺乏对高海拔冰冻圈地区的直接测量，并鲜少考虑 CH_4 冒泡通量的贡献。青藏高原是地球的“第三极”，平均海拔超过4000m，是亚洲多条大型江河的发源地（Immerzeel and Bierkens，2012），也是南北极以外最大的冰冻圈（Yang et al.，2019a）。有报道指出在气候变暖背景下，青藏高原冻土的损失量位居世界前列，而且损失速度似乎还在加快（Ran et al.，2018）。青藏高原的江河已然受到冻土融化的影响：这些冻土中含有大量更新世时期的有机碳（Jin et al.，2007），其一旦释放，可能使青藏高原江河成为大气 CH_4 的强源（Street et al.，2016；Vonk and Gustafsson，2013；Zolkos et al.，2019）。因此，增进对该气候敏感区江河 CH_4 通量的了解，对于预测当前和未来气候变化的响应以及厘清江河 CH_4 排放对全球碳循环的潜在贡献至关重要。

冒泡通量是江河生态系统排放 CH_4 的重要途径之一，但由于其实测数据十分有限并具有高度时空异质性，一直难以准确估算（Stanley et al.，2016）。冒泡事件的发生常与浅水（Natchimuthu et al.，2016；Wik et al.，2013）和低气压条件（Mattson and Likens，1990；Natchimuthu et al.，2016）以及泥炭地或融化的冻土等有机质来源丰富的地区（Wik et al.，2016）密切相关。青藏高原江河具备以上所有条件，然而这样的环境条件是否造成了江河 CH_4 的高排放通量还不清楚，妨碍了评估当前以及未来气候变化条件下该区域对全球 CH_4 通量的潜在贡献。

本研究首次对青藏高原长江、黄河、澜沧江和怒江四条源区江河中 CH_4 的溶存浓度和通量（扩散+冒泡）进行了跨流域、跨季节的采样分析，在此基础上研究了甲烷的冒泡通量和扩散通量特征以及河道特征和流域属性对甲烷冒泡通量和扩散通量的影响。

9.2 研究方法

9.2.1 研究区简介及采样点布设

研究区位于青藏高原东部，北起甘肃黄土高原边界（36 °N），南至云南严寒线（28 °N），覆盖面积约为 7.36×10^{5}km^2，包括黄河、长江、澜沧江—湄公河、怒江—萨尔温江亚洲四大江河（图 9-1 和表 9-1）。研究区最低海拔约为 1650m，最高海拔在 7000m 以上。本研究的冻土湿地定义为冻土区浅水栖息地，包括冰前/冰后期水体、热融水体以及泥炭沼泽，总面积超过 3.5×10^{4}km^2。绝大部分冻土湿地分布在连续和不连续冻土区；其余冻土湿地则集中在黄河源区的东南部，即若尔盖高原——中国最大的泥炭沼泽湿地（Chen et al., 2014）。

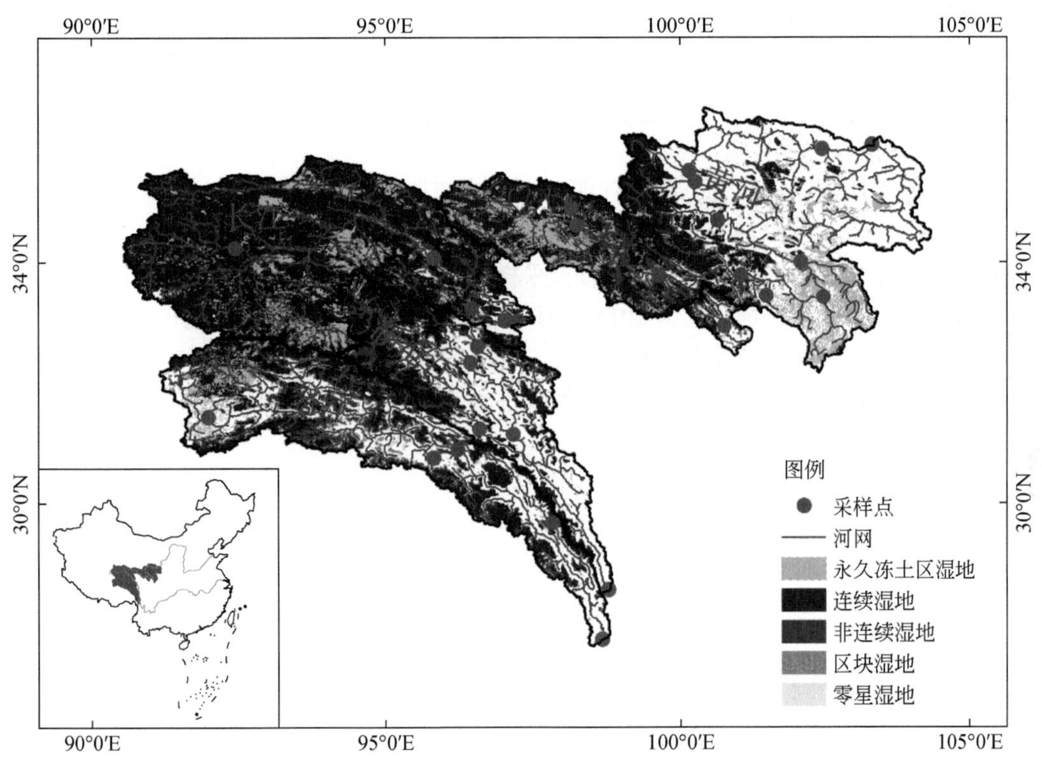

图 9-1　四江流域冻土分布图

表 9-1　四江流域的特征

项目	长江	黄河上段	怒江	澜沧江	黄河下段
流域面积/km^2	216 108	193 016	143 255	106 996	76 995
流域平均海拔/m	3 935	3 842	3 385	3 312	2 425
坡降/‰	1.57	1.06	1.86	1.74	1.90
流域内冻土湿地面积/%	6.56	5.78	1.97	1.13	0.44
植被覆盖面积/km^2	127 307	97 733	63 957	43 847	20 818
年均温度/℃	1.4	1.2	7.1	6.4	5.1
年均降水量/mm	1 855.8	2 768.3	2 102.3	1 619.3	1 541.7
春季	609.3	858.9	745.5	491.7	436.4
夏季	718.3	1 086.0	845.2	709.4	792.7
秋季	528.2	823.4	511.6	418.2	312.6

续表

河流	采样时间						
	2016 年			2017 年		2018 年	
	春季	夏季	秋季	春季	夏季	春季	秋季
长江				√	√	√	√
黄河	√	√	√	√	√	√	√
澜沧江					√	√	√
怒江					√	√	√

通过文献调研和实地考察，在四江源区干、支流的 28 个采样点进行取样，包括流域内排污较重的支流——白河、玉曲等代表性采样点。采样涉及研究区内的 3 ~ 7 级河流（Strahler 河流等级法）（图 9-2 和表 9-2），采样范围覆盖了多种地貌、水文、植被和气候条件的高山冻土景观。采样时间为 2016 ~ 2018 年的春季（5 ~ 6 月）、夏季（7 ~ 8 月）和秋季（9 ~ 10 月），采样工作均在白天完成。本研究中黄河采样 7 次，长江采样 4 次，澜沧江和怒江各采样 3 次（表 9-1）。2018 年秋季研究区发生持续强降雨事件，导致四江径流量相比于其他采样时期猛增 3 倍。

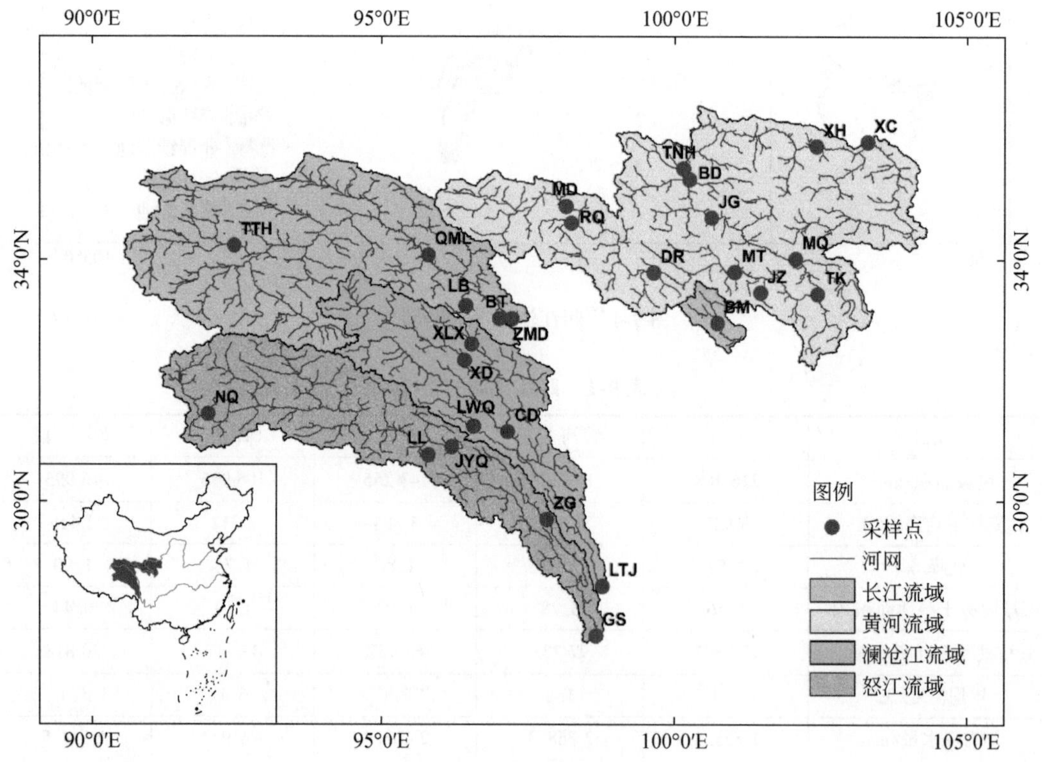

图 9-2　采样点示意图

表 9-2　采样点概要信息(对应图 9-2)

流域		采样点	经度	纬度	河段	河流等级	海拔/m	河深/m	河宽/m	流速/(m/s)	流量/(m^3/s)	沉积物类型	悬浮颗粒物/(g/L)
长江	干流	TTH	92°26′37″E	34°13′15″N	沱沱河	6	4550	0. 34	75. 5	0. 72	18. 5	淤泥	99
		OML	95°49′17″E	34°04′01″N	通天河上游	7	4080	2. 07±1. 06	174±44. 5	1. 67±0. 7	711. 9±790. 5	淤泥	198
		ZMD	97°14′50″E	33°00′32″N	通天河下游	7	3540	2. 59±1. 31	157±15. 7	1. 89±0. 73	847. 3±906. 3	砾石/鹅卵石	208
	支流	LB	96°28′23″E	33°13′26″N	隆宝河	3	4210	0. 64	15. 4	1. 2	9. 28	砾石/鹅卵石	7
		BT	97°02′28″E	33°00′56″N	巴塘河	4	3674	0. 63±0. 18	37. 0±9. 12	1. 41±0. 4	34. 2±9. 68	砾石/鹅卵石	29
		BM	100°44′45″E	32°55′43″N	马柯河	5	3555	0. 6±0. 12	61. 2±21. 2	1. 08±0. 04	57±38. 2	淤泥/沙子	79
黄河	干流	MD	98°10′16″E	34°53′08″N	黄河源头	5	4274	0. 65±0. 44	43. 1±29. 8	0. 65±0. 13	24. 4±55	淤泥	27±90. 4
		DR	99°39′24″E	33°46′02″N	黄河源区上游	6	4008	0. 97±0. 26	93. 5±28	1. 23±0. 2	146. 2±122. 8	淤泥	90. 4±92. 5
		MT	101°02′39″E	33°46′30″N	黄河源区上游	6	3715	1. 91±0. 46	108±23. 5	1. 42±0. 47	283. 3±265. 8	细沙	30. 8±15. 6
		MQ	102°04′47″E	33°59′46″N	黄河源区上游	6	3469	2. 4±0. 88	257±11. 5	0. 69±0. 19	553±457. 4	淤泥	144. 5±73. 6
		JG	100°38′42″E	34°41′02″N	黄河源区下游	7	3126	2. 2±1. 01	153±15. 1	1. 95±0. 39	694. 8±573. 6	粗砂	328. 4±277. 4
		BD	100°15′49″E	35°19′17″N	黄河源区下游	7	2760	1. 83±0. 23	140±12. 5	1. 73±0. 68	509±127. 7	细沙	628±673. 1
		TNH	100°09′51″E	35°29′60″N	黄河源区下游	7	2711	2. 67±1. 1	146±2. 79	2. 1±0. 1	886. 8±2. 79	粗砂	354. 5±337. 3
		XH	102°26′41″E	35°52′13″N	黄河源区下游	7	1880	2. 67±0. 24	118±7	1. 32±0. 38	463±200. 2	砾石/鹅卵石	23. 7±17. 4
		XC	103°19′02″E	35°56′22″N	黄河源区下游	7	1650	4. 5±1. 06	146±1. 53	1. 14±0. 65	934±464. 5	—	40±14. 1
	支流	RQ	98°15′52″E	34°36′05″N	热曲	5	4255	0. 66±0. 39	81. 3±3. 99	0. 73±0. 2	35±44. 9	细沙	19. 7±23. 1
		KZ	101°28′59″E	33°25′58″N	沙柯曲河	3	3653	0. 55±0. 19	39. 5±3. 48	1. 12±0. 3	21. 8±21. 6	淤泥	15. 8±2. 3
		TK	102°27′42″E	33°24′38″N	白河	5	3520	0. 56±0. 26	225±28. 6	0. 63±0. 17	62. 3±36. 6	淤泥	56±11. 9

续表

流域		采样点	经度	纬度	河段	河流等级	海拔/m	河深/m	河宽/m	流速/(m/s)	流量/(m^3/s)	沉积物类型	悬浮颗粒物/(g/L)
澜沧江	干流	XD	96°27′07″E	32°18′53″N	扎曲河	6	3690	1.45±0.4	104±3.39	1.47±0.11	248±112.9	粗砂	194.3±36.1
		CD	97°10′44″E	31°07′38″N	澜沧江源头	7	3190	3.61±0.7	89.9±10.7	2.28±0.4	846.3±442	砾石/鹅卵石	198
		LTJ	98°47′24″E	28°33′08″N	澜沧江源区上游	7	2079	8.67±1.69	70.5±9.79	2.38±1.74	1141.7±544.1	—	241
	支流	XLX	98°34′17″E	32°35′20″N	紫曲河	4	3798	0.96±0.09	46.8±6.88	1.34±0.13	65±27	砾石/鹅卵石	38.3±21.4
		LWQ	96°36′24″E	31°13′17″N	紫河	5	3803	1.09±0.2	66.3±3.67	1.64±0.17	124.7±58.4	粗砂	89±17
怒江	干流	NQ	91°58′54″E	31°25′20″N	那曲河	5	4601	0.83	80.5	1.38	79.6	淤泥	15.6
		JYQ	98°14′01″E	30°52′38″N	怒江源头上游	7	3198	6.33±0.85	89.7±3.18	2.35±0.21	1390±340.4	粗砂	153
		GS	98°41′E	27°44′N	怒江源头中游	7	1712	9.52±0.83	114±4.95	1.97	2167.5±512.7	细沙	174
	支流	LL	95°49′24″E	30°44′30″N	卓玛朗措曲河	4	3639	0.63±0.15	17.9±7.02	1.78±0.23	17.9±7.02	砾石/鹅卵石	39±34.8
		ZG	97°50′49″E	29°40′10″N	玉曲	5	3775	0.76±0.26	71.6±6.26	1.32±0.68	71.6±6.26	细沙	104.3±0.72

每个采样断面多点取样，并用 GPS 定位。采用便携式多参数水质分析仪（Hach HQ40d）测定每个采样点的水温、pH、DO、EC 和 ORP 等基本水质参数，并记录河宽、河深、流速、流量、含沙量等水文数据。在现场用便携式风速仪（Testo 480）对气温、气压和风速进行监测。年均气温和降水量从国家气象科学数据中心获取。

9.2.2 温室气体的收集和测定

在各江河的每个采样断面收集不同位置的 3 份表层水样分别用于测定 CH_4 溶存浓度。将 120mL 玻璃血清瓶没入水面下，于腕部深度处浸满。用注射器注入 0.5mL 饱和 NaCl，在水面下迅速密封瓶口并加盖，然后置于暗处（包裹锡纸）室温保存。回到实验室后，采用顶空平衡法（Johnson et al.，1990）测定气体浓度。简言之，将惰性气体（氦气，He）注入瓶中制造 5 ~ 6mL 顶空后，置于摇床剧烈摇晃 5min，迅速从顶空取气，并进样至配备火焰离子化检测器的气相色谱仪（GC-FID，Agilent 7890B）测定 CH_4 浓度。计算原位浓度时，需要通过亨利定律修正气体在顶空和水相的分配及其在瓶内的气压和体积。

温室气体通量用浮箱法测定（Campeau et al.，2014；Sawakuchi et al.，2014；Soued et al.，2016）。同时采集现场的大气样品以计算大气中温室气体在水中的平衡浓度。在每个采样断面从河岸浅水区至河心深水区依次布设 4 个浮箱，采样时间持续 60 ~ 80min。这 4 个浮箱大小一致，用柔性材料包裹四周做成流线型以减小水浪扰动（Lorke et al.，2015），箱顶用铝箔纸覆盖以减弱阳光直射引起的箱内增温。多个浮箱并用且适当延长采样时间，一方面是为了增大捕获冒泡通量的概率，另一方面能够反映扩散通量和冒泡通量在河道内与河段间的时空异质性。在 0min、5min、10min、20min、40min、60min、80min 时间间隔用注射器通过连接在浮箱侧面的软管将浮箱内顶空气体混匀（无气状态注射器通过三通阀接入软管后要来回抽拔 3 ~ 5 次），然后抽取 50mL 气体至气密性良好的气袋中。回到实验室后，进样至 GC-FID 测定 CH_4 浓度。

9.2.3 温室气体的计算

1）温室气体溶存浓度的计算

为计算原位温室气体的溶存浓度，认为密封玻璃血清瓶中初始气相浓度为 0，根据 Johnson 等（1990）的平衡状态公式得到：

$$C_{\text{water}} = [C'_{\text{eq}} \times V_{\text{g}} + K_{\text{H}} \times P_{\text{g}} \times V_{\text{w}}] / V_{\text{w}} \tag{9-1}$$

式中，C_{water}为气体溶存浓度，mol/m^3；C'_{eq}为制造顶空后水气两相平衡时顶空中气体浓度，mol/m^3；V_{g}为顶空气体体积，m^3；V_{w}为制造顶空后水的体积，m^3；P_{g}为平衡后顶空气体分压，atm①；K_{H}为根据水温计算得到的气体亨利定律常数，$\text{mol/(m}^3 \cdot \text{atm)}$。温室气体在水中饱和度（$S$）的计算公式为

① $1\text{atm} = 1.013\ 25 \times 10^5 \text{Pa}$。

$$S=C_{water}/C_{eq}\times 100\% \tag{9-2}$$

式中，C_{eq}为原位水气平衡时水中气体浓度，mol/m^3。

2）温室气体通量的计算

总气体通量（F）的表达式为

$$F=\frac{n_t-n_0}{A\times t} \tag{9-3}$$

式中，n_t为 t 时刻浮箱内气体的摩尔数，mol；n_0为初始时刻浮箱内气体的摩尔数，mol；A 为浮箱接触水面面积，m^2；t 为采样持续时间，min。

用 Campeau 等（2014）的方法区分 CH_4 的扩散通量和冒泡通量。简言之，CO_2 在水–气界面的交换仅通过扩散作用进行，而 CH_4 还可通过冒泡方式排放到大气中。首先计算 CO_2 的理论扩散水气交换速率 k_{CO_2}值，根据式（9-4）即可求得 CH_4 的理论扩散水气交换速率 k_{CH_4}：

$$k_1/k_2=(Sc_1/Sc_2)^{-n} \tag{9-4}$$

式中，k_1和 k_2 分别为任意两种气体的水气交换速率，m/d；Sc_1和 Sc_2 分别为这两种气体对应的施密特数，无量纲；n 根据风速大小取值，即风速超过 3.6m/s 时，n 取 1/2；风速低于 3.6m/s 时，n 取 2/3。

然后 CH_4 的理论扩散通量（F_d）即可按照式（9-5）求得

$$F_d=k\times(C_{water}-C_{eq}) \tag{9-5}$$

那么，总通量和扩散通量之间的差值即为冒泡通量。

其中，根据菲克（Fick）定律和 CO_2 通量可以计算出 CO_2 扩散气体交换速率，公式如下：

$$k_{CO_2}=\frac{F_{CO_2}}{C_{CO_2water}-C_{CO_2eq}} \tag{9-6}$$

式中，k_{CO_2}为 CO_2 的气体交换速率，m/d；F_{CO_2}为 CO_2 的通量，根据浮箱计算得到；C_{CO_2water}和 C_{CO_2eq}分别为 CO_2 在上覆水和原位水气平衡时水中的气体浓度。

施密特数（Sc）是水体运动黏度与气体在水中扩散系数的比值；k_{600}是 20℃时淡水中 CO_2 对应的 k 值，此时 $Sc=600$，k_{600}受表层水紊流混合的影响，即受风应力以及水深和流速的影响。淡水中各气体施密特数根据水温计算（Wanninkhof，1992）如下：

$$CO_2: Sc=1\,911.1-118.11T+3.452\,7T^2-0.0413\,2T^3$$

$$CH_4: Sc=1\,897.8-114.28T+3.290\,2T^2-0.039\,061T^3$$

$$N_2O: Sc=2\,055.6-137.11T+4.317T^2-0.054\,35T^3$$

式中，T 为水温，℃。

此外，根据 Sawakuchi 等（2014）提出的区分 CH_4 扩散通量与冒泡通量的方法来验证上述方法计算结果的可靠性，该种方法不需要将 k_{CO_2} 转化为理论 k_{CH_4}。结果表明两种方法得到的结果具有高度一致性，具体方法阐述如下。

考虑水–气界面气体扩散的连续性，式（9-3）可以转化为

$$\left(\frac{dp}{dt}\right)\times\left(\frac{V}{RTA}\right)=k\times(P_w-P_a)\times K_H \tag{9-7}$$

式中，dp/dt 为浮箱内 CH_4 积累量的斜率，Pa/d；V 为浮箱体积，m^3；R 为理想气体常数，为 8.314m^3 · Pa/(K · mol)；T 为开尔文温度，K；A 为浮箱与水接触的面积，m^2；P_w 为水中 CH_4 的分压，Pa；P_a 为大气中 CH_4 的分压（实测），Pa。

因此，式（9-6）可整理为

$$k=\left(\frac{dp}{dt}\right)\times\frac{V}{K_H RTA(P_w-P_a)} \tag{9-8}$$

由式（9-7）可计算得到 k_{CH_4}。为了确定哪些浮箱捕获到了冒泡通量，用 k 值的分布和差异来判别。首先，将每个浮箱测得的 k 值转化为 k_{600}，使 k 可以与任意温度下的任意气体进行比较。捕获到冒泡通量的浮箱所计算出的 k_{600} 明显高于只捕获到扩散通量的浮箱，使二者得以区分。然后，针对同一断面的 4 个浮箱，用各个浮箱算得的 k_{600} 除以 $k_{600,min}$，这一比值（$k_{600}/k_{600,min}$）>2 则说明捕获到了冒泡通量；反之，只捕获到扩散通量。最后，针对这些捕获到冒泡通量的浮箱，求出平均 k_{600}，代入式（9-5）中得到扩散通量，剩余则为冒泡通量。进一步可以计算冒泡通量对总通量的贡献。

9.2.4 样品的理化性质分析

用于测定三氮（DIN = NH_4^+ + NO_2^- + NO_3^-）和 DOC 的水样通过 0.45μm 滤膜后存放于 50mL 离心管中，并加入 200μL 浓 H_2SO_4 酸化保存。DIN 的浓度用流动分析仪测定，DOC 浓度用 TOC 分析仪高温催化氧化法测定。用于测定总磷（TP）的原水样品经过消解后，用钼酸铵分光光度法借助紫外分光光度计测定（GB 11893—89）。现场将水样通过事先烧制称量的 0.7μm 玻璃纤维滤膜（Whatman GF/F）得到悬浮颗粒物浓度。沉积物样品（一式三份）现场采集并混匀，置于烘箱内 105℃条件下烘干至恒重，然后过 2mm 筛研磨用于测定沉积物 SOC 含量。在分析 SOC 含量之前，样品用 2mol/L HCl 酸洗去除无机碳，于 105℃烘干 5 天以上，称量后在炉温为 980℃的元素分析仪上测定 SOC 含量。使用激光粒度分析仪（Microtrac S3500）测定沉积物的粒径分布特征，并将它们分为粗砂（250 ~ 1000μm）、细砂（50 ~ 250μm）和泥质沉积物（<50μm）。

9.2.5 稳定同位素样品的采集与分析

于 2016 年春、夏两季（5 ~ 8 月）在黄河采集了 20 份河水样品，于 2016 年 4 ~ 10 月在该区域的 4 个气象站收集了 16 份雨水样品用于稳定同位素（δ^2H 和 δ^{18}O）的分析。所有水样均用 0.22μm 聚醚砜注射器滤膜过滤，收集于 50mL 高密度聚乙烯瓶中 4℃低温保存。返回实验室后，用水同位素分析仪（ISOTOPIC H_2O L1115-i）测定，δ^2H 和 δ^{18}O 分析精度分别为 0.5‰和 0.1‰（具体采样和分析方法见第 2 章）。为了研究各种水成分的水文传输和补给特性，从 Yang 等（2019b）报道的研究结果中收集了同一研究区的河水（2014 年 5 月 ~ 2015 年 10 月）、降水（2014 年 7 ~ 9 月）以及 115 ~ 200cm 冻土冰（2014 年 5 月 ~ 2015 年 10 月）的 δ^2H 和 δ^{18}O 稳定同位素数据。结合本研究的样品，一共获得了 212 份降水样品、40 份河水样品及 17 份冻土冰样品的稳定同位素数据。

9.2.6 微生物样品的采集与分析

2016～2018 年，从四江源区的 26 个采样点按一式三份采集表层沉积物（0～10cm）样品。采样过程中将沉积物样品暂时保存在-20℃的车载冰箱中；返回实验室后，将样品转移至-80℃的超低温冰箱内以待随后的 DNA 提取。根据说明书，用 FastDNA Spin Kit for Soil 试剂盒提取新鲜沉积物样品（～500mg）的基因组 DNA。通过 qPCR 估算产甲烷菌 *mcrA*（编码甲基辅酶 M 还原酶亚基）基因的丰度（Steinberg and Regan，2009）。使用 515f/806r 引物对（Steinberg and Regan，2009）对细菌 16S rRNA 基因的 V4 高变区进行扩增，随后在 Illumina Miseq PE300 测序平台进行测序。将经过前期质控处理获得的 OTU 代表性序列在 SILVA（v. 123）数据库按照 70% 的置信度进行物种分类。检索获得产甲烷菌和嗜甲烷菌相关序列，并通过系统发育分析进行进一步验证。

9.2.7 地理分析

在 ArcGIS 10.4 平台进行水文分析，首先，基于数字高程模型（DEM），采用 D8 算法确定水流流向。其次，根据流向的结果计算汇流累积。利用 ArcGIS 栅格计算工具提取汇流累积值大于 10 的网格，即每个网格大小为 0.5km×0.5km，识别并提取汇水区面积大于 2.5km^2 的河流。针对每一等级的河流，用总河长乘以对应的平均河宽得到该等级河流的总面积。其中，总河长通过 ArcGIS 中的测距工具计算得出。每一等级河流的平均河宽根据对应等级河流的各个采样点的现场河宽测量值以及在 Google 地图中每个流域额外 50 个随机位点的河宽测量值计算得出。总河长或平均河宽能与河流等级建立显著的相关关系（图 9-3），所以根据高等级河流（2～7 级）的平均河宽可以推断出1 级河流的平均宽度。

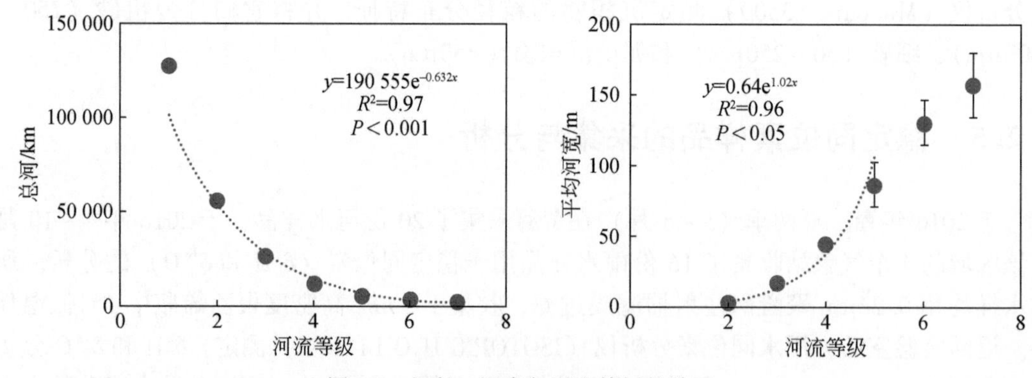

图 9-3　河长、河宽与河流等级的关系

9.2.8 尺度推绎

使用蒙特卡罗模拟计算温室气体排放量，该模拟对每个河流等级（3～7 级）进行

1000 次运行。每次迭代运行都随机重新采样一个 CH_4 和 CO_2 的通量测量值（根据某一河流等级），同时根据均值和标准偏差的正态分布模型选择一个河道水面面积（也根据某一河流等级）。每次运行通过将随机重新采样的通量值乘以随机选择的河道水面面积得到总通量。然后将单位时间内特定等级河流的气体通量乘以无冰期持续时间（4～10 月，合计共 210 天），最后得到温室气体的排放总量。在估算碳排放时，假设了两种情景模式：①基于瑞典低等级河流的报道结果（Wallin et al., 2018），假定本研究未采样的 1～2 级河流的甲烷排放通量与 3 级河流大致相等；②根据加拿大北部河流网络（Campeau et al., 2014）和本研究 3～7 级河流的研究结果，假定河流 CH_4 排放通量随河流等级升高而降低。对于情景①中的 1～2 级河流，再重复上述步骤，得到对应河流等级的均值和范围值以约束估算值并减少总不确定性。对于情景②中的 1～2 级河流，用外推法得出总通量并限制其不确定性。最后，对 1～7 级江河的排放量（均值和 95% 置信区间）进行求和。

9.2.9 统计分析

在 SPSS 25.0 中进行 Pearson 相关性、Tamhane T2 检验、配对样本 t 检验和逐步回归等分析。在应用线性回归之前，首先使用箱线图对每个变量进行简单的离群分析，并将离散的数据点排除在回归分析之外。

9.3 甲烷溶存浓度和通量的时空分布

所有采样河段的 CH_4 溶存浓度相对于大气均为过饱和状态（376%～21 719%），其溶存浓度范围为 9～533 nmol/L，均值为（89±104）nmol/L。最高浓度出现在夏季，其次是秋季和春季。平均浓度从高到低依次是黄河、长江、澜沧江和怒江（图 9-4）。由于青藏高原气压很低（研究区平均气压仅为 67.2kPa），因此 CH_4 在高原江河水柱中的平均溶解度也仅为平原江河的 2/3。即便如此，CH_4 平均溶存浓度（48.6μatm）仍高于很多具有相似气候的低海拔江河，如育空河（8.4μatm）及其支流（4.0μatm；表 9-3）。

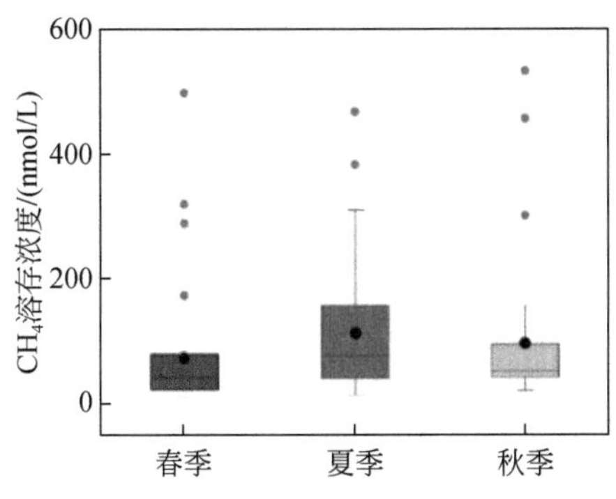

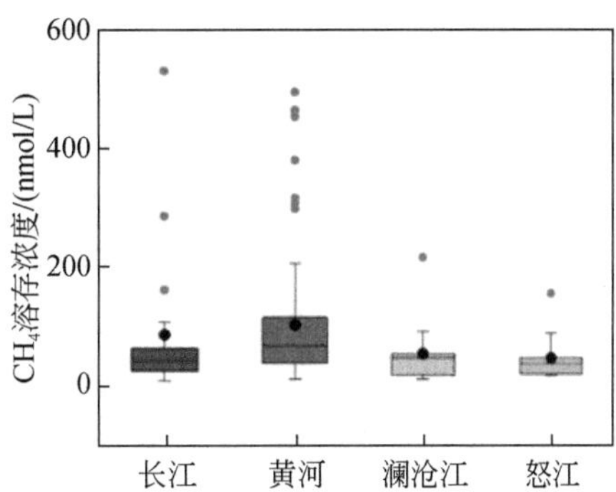

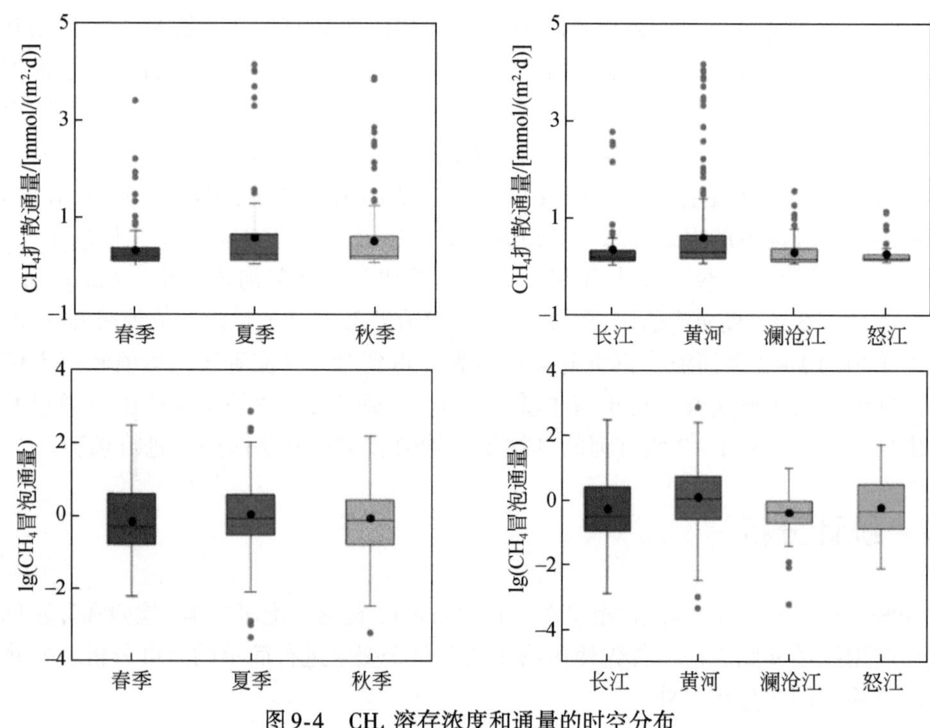

图 9-4　CH_4 溶存浓度和通量的时空分布

表 9-3　青藏高原东部江河与世界各地淡水系统的 CH_4 数据库

纬度/(°N)	地区	江河	CH_4			文献
			浓度	通量/[mmol/(m²·d)]		
				扩散	冒泡	
<24	亚撒哈拉非洲	非洲诸河	2205nmol/L	9.61	2.4	Borges et al., 2015
	南美洲	亚马孙河	100nmol/L	0.92	0.48 (35.7)	Sawakuchi et al., 2014
	赞比亚/津巴布韦	卡里巴水库	760nmol/L	2.5	33.5 (>625)	DelSontro et al., 2011
	南美洲	潘塔纳尔湖	936nmol/L	0.75	7.65 (74.2)	Bastviken et al., 2010
	巴西	Chapéu d'Uvas 水库	—	—	23.4 (131)	Linkhorst et al., 2020
24 ~ 54	东南亚	湄公河三角洲	2 ~ 2217nmol/L	0.15	—	Borges et al., 2018
	南亚	狮泉河—印度河	40.3μatm	0.2	—	Qu et al., 2017
	中国	青藏高原东部江河	88.9 (48.6μatm)	0.46	11.9 (734.4)	本研究
		雅鲁藏布江	149.8nmol/L	0.36 ~ 0.93	—	Ye et al., 2019
		长江（平原河段）	149.7nmol/L	0.27	0.15 (0.93)	未出版数据
		里下河	420nmol/L	5.24	23.1 (86.3)	Wu et al., 2019
		黄河（平原河段）	1647.5nmol/L	1.84	13.8 (201.7)	未出版数据
		北京城市河流	2700nmol/L	3.8	13.5 (195.5)	Wang et al., 2021

续表

纬度/(°N)	地区	江河	CH_4			文献
			浓度	通量/[mmol/(m² · d)]		
				扩散	冒泡	
24 ~ 54	法国	塞纳河	109nmol/L	0. 20	—	Garnier et al., 2013
	瑞士	阿尔卑斯山河流	94nmol/L	0. 87	—	Flury and Ulseth, 2019
	英国	泥炭地源头溪流	1250nmol/L	10. 44	—	Billett and Harvey, 2013
	捷克	易北河	319nmol/L	0. 13	—	Matoušu et al., 2018
	德国	施文廷河	797nmol/L	1. 1	15 (33. 5)	McGinnis et al., 2016
		柏林城市河网	—	3. 7	10. 9	Ortega et al., 2019
	新西兰	农业河流	2510nmol/L	—	1. 46 ~ 2. 73	Wilcock and Sorrell, 2008
	美国	克利尔溪	4. 7μatm	2. 43	—	Kuhn et al., 2017
		北部高地湖区河流	100. 2μatm	8. 46	—	Crawford et al., 2014a
		兰普雷河	13. 9μatm	1. 32	—	Schade et al., 2016
		密西西比河	120nmol/L	0. 004	—	Crawford et al., 2016
		落基山脉河流	7. 5nmol/L	0. 18	—	Crawford et al., 2015
		阿勒夸什溪	3. 3 ~ 2840nmol/L	16. 4	1. 25 (31)	Crawford et al., 2014b, 2017
		威斯康星农业河流	268μatm	27. 2	4. 19 (27. 2)	Crawford and Stanley, 2016
		育空河	8. 4μatm	1. 88	—	Striegl et al., 2012
		阿拉斯加内陆源头	4. 0μatm	0. 63	—	Crawford et al., 2013
	中国	花湖	—	5. 34	38. 8 (220. 3)	Zhu et al., 2016
	德国	柏林城市湖塘	—	9. 94	12. 5	Ortega et al., 2019
		施特希林湖	1. 98ppm①	—	2. 64 (4. 36)	McGinnis et al., 2015
		萨尔水库	—	0. 21	151. 2 (1764)	Maeck et al., 2013
	瑞士	沃伦湖水库	512nmol/L	0. 75	5. 36	DelSontro et al., 2010
	澳大利亚	昆士兰地区小池塘	—	<3. 13	17. 4	Grinham et al., 2018
	美国	哈莎湖水库	735nmol/L	1. 34	21. 72	Beaulieu et al., 2016
		太平洋西北部水库	—	0. 57	9. 23 (59. 5)	Harrison et al., 2017

① $1ppm=10^{-6}$。

续表

纬度/(°N)	地区	江河	CH_4			文献
			浓度	通量/[mmol/(m² · d)]		
				扩散	冒泡	
>54	瑞典	低等级河流	272μatm	—	—	Wallin et al., 2018
		斯托达伦河	870nmol/L	11.9	—	Lundin et al., 2013
	加拿大	皮尔高原溪流	51.7μatm	0.61	—	Zolkos et al., 2019
		魁北克江河	1, 781μatm	1.4	2.78 (151.3)	Campeau et al., 2014
		安大略河流	—	—	0.1 ~ 5	Baulch et al., 2011
		亚北极江河	208nmol/L	0.23	—	Hutchins et al., 2020
	俄罗斯	科雷马河	—	0.36	0.64 (5.82)	Spawn et al., 2015
		东西伯利亚	—	4.67	—	Dean et al., 2020
	格陵兰岛	莱弗里特冰川河	271nmol/L	14.9	—	Lamarche-Gagnon et al., 2019
	瑞典	瑞典诸湖	—	—	0.84 (105.2)	Wik et al., 2013
			2803nmol/L	0.76	1.11 (63.55)	Natchimuthu et al., 2016
	加拿大	魁北克湖塘	—	3.2	2.85 (17)	DelSontro et al., 2016
		热融湖塘	2788.9nmol/L	0.01 ~ 12.8	0.01 ~ 0.8	Matveev et al., 2016
	高纬地区	海狸池塘	—	7.28	5.21	Wik et al., 2016
		泥炭湖塘	—	5.38	3.66	
		冰川湖塘	—	0.78	2.01 (3.61)	
		热融湖塘	—	2.08	5.47 (8.24)	
全球江河			1350nmol/L	8.22	1.96 (35.7)	Stanley et al., 2016

注：括号内、外分别为均值和最大值。

研究区内四大江河的 CH_4 总通量为 0.04 ~ 735.0mmol/(m² · d)，其中扩散通量为 0.01 ~ 4.15mmol/(m² · d)，冒泡通量为 0 ~ 734.4mmol/(m² · d)。所有采样河段均发生冒泡事件，其频率为42% ~ 100%。该地区 CH_4 的平均冒泡通量［(11.9±58.4) mmol/(m² · d)］为世界江河均值［(1.96±2.71) mmol/(m² · d)］的6倍，冒泡通量在总通量中的占比高达69% ±29%。最大冒泡速率［734.4mmol/(m² · d)］发生在夏季（图9-4），此最大值记录于沙柯曲（久治水文站）。沙柯曲是一条3级小溪，周边有大片冻土，溪流沉积物的缝隙中有肉眼可见的气泡持续冒出（冒泡时间超过采样 80min 时长），足以维持有记录以来的最高排放速率（表9-3）。

9.4 驱动青藏高原江河甲烷高冒泡通量的因子

青藏高原江河之所以能够广泛地发生 CH_4 冒泡事件并具有非常高的冒泡速率，缘于以下三重作用：水陆界面大量有机碳输入、沉积物中丰富的耐寒产甲烷菌以及有利于气泡产生并排放的物理条件。CH_4 冒泡通量、DOC 浓度和 SOC 含量均与流域内冻土湿地面积比例正相关（图 9-5），表明江河的冒泡通量、DOC 浓度和 SOC 含量与流域内的冻土融化有关（Street et al., 2016；Wang et al., 2018a；Wild et al., 2019）。有研究表明在黄河源区的子流域中，生物利用性极高的深层冻土碳能够迁移至河道中，并在其中迅速分解（Wang et al., 2018a, 2018b）。此外，本研究和 Yang 等（2019b）的水同位素（δ^2H 和δ^{18}O）数据均表明 7～10 月冻土持续地向黄河河道输入融水，而且这一水文贡献十分重要，对河水的贡献为 5.4%～31.9%。这种水文联系以及 DOC 浓度、SOC 含量和 CH_4 三者与冻土湿地面积比例的正相关关系均表明来自冻土的融水和侵蚀土壤可以将 CH_4 直接输入邻近河道内，或者将有机碳输移至邻近河道内以支持 CH_4 的生成（图 9-6）。

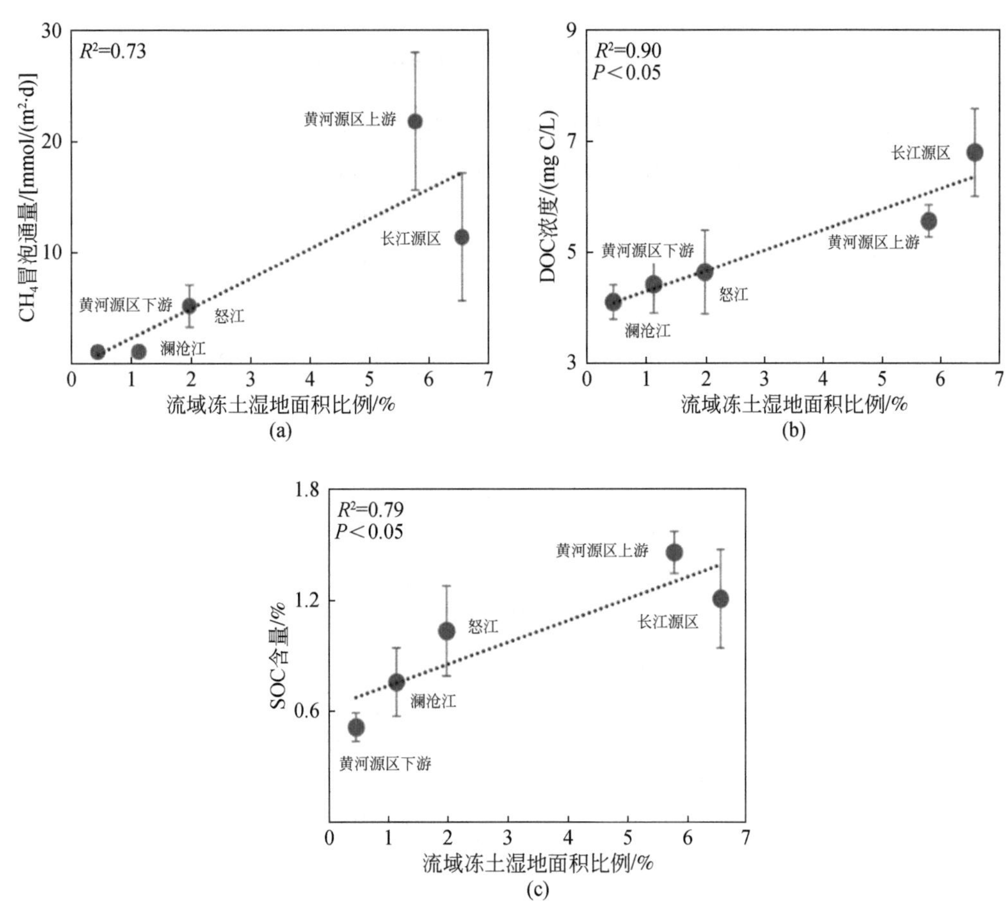

图 9-5 江河的 CH_4 冒泡通量（a）、DOC 浓度（b）和 SOC 含量（c）与冻土湿地面积比例的关系

青藏高原东部江河沉积物中约有 48.5% 的产甲烷微生物序列（图 9-7）表现出与南北两极冰川、冻土中耐寒菌 Methanomicrobiales 高度亲缘性的系统发育关系（Boetius et al., 2015；Mackelprang et al., 2011），表明这些江河中的产甲烷菌早已适应了青藏高原的寒冷气候，并且可能进行持续的代谢活动。青藏高原东部江河产甲烷菌的 *mcrA* 基因丰度均值

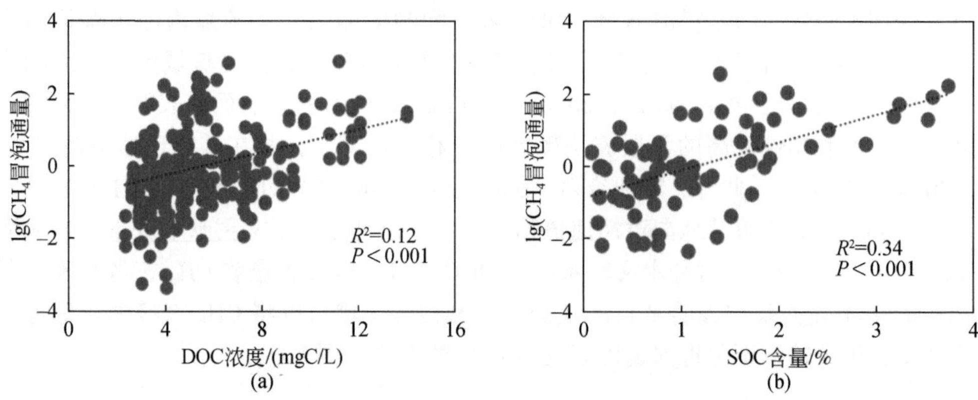

图 9-6　CH_4 冒泡通量与 DOC 浓度和 SOC 含量的关系

(8.1×10^4 copies/g dry sediment) 落在北极冻土产甲烷菌基因丰度范围 (7.6×10^2 ~ 3.5×10^5 copies/g dry sediment) 的高值区内 (Mackelprang et al., 2011; Yergeau et al., 2010)。江河中产甲烷菌与嗜甲烷菌的数量之比 (1.0) 也较格陵兰冰前河 (0.03) 高 33 倍 (Lamarche-Gagnon et al., 2019)。这些比较结果表明青藏高原的冻土区江河比北极的相似系统具有更大的微生物净 CH_4 生产潜力。

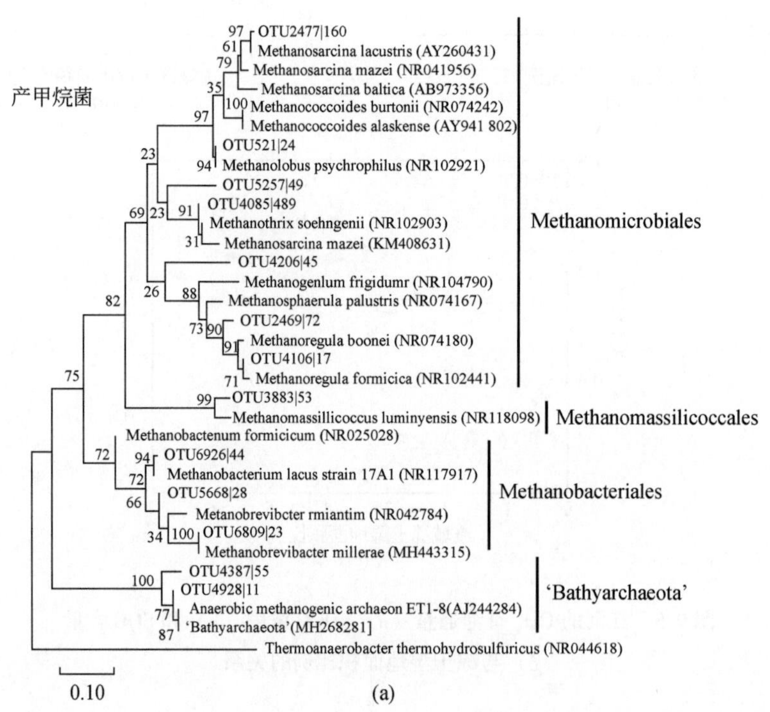

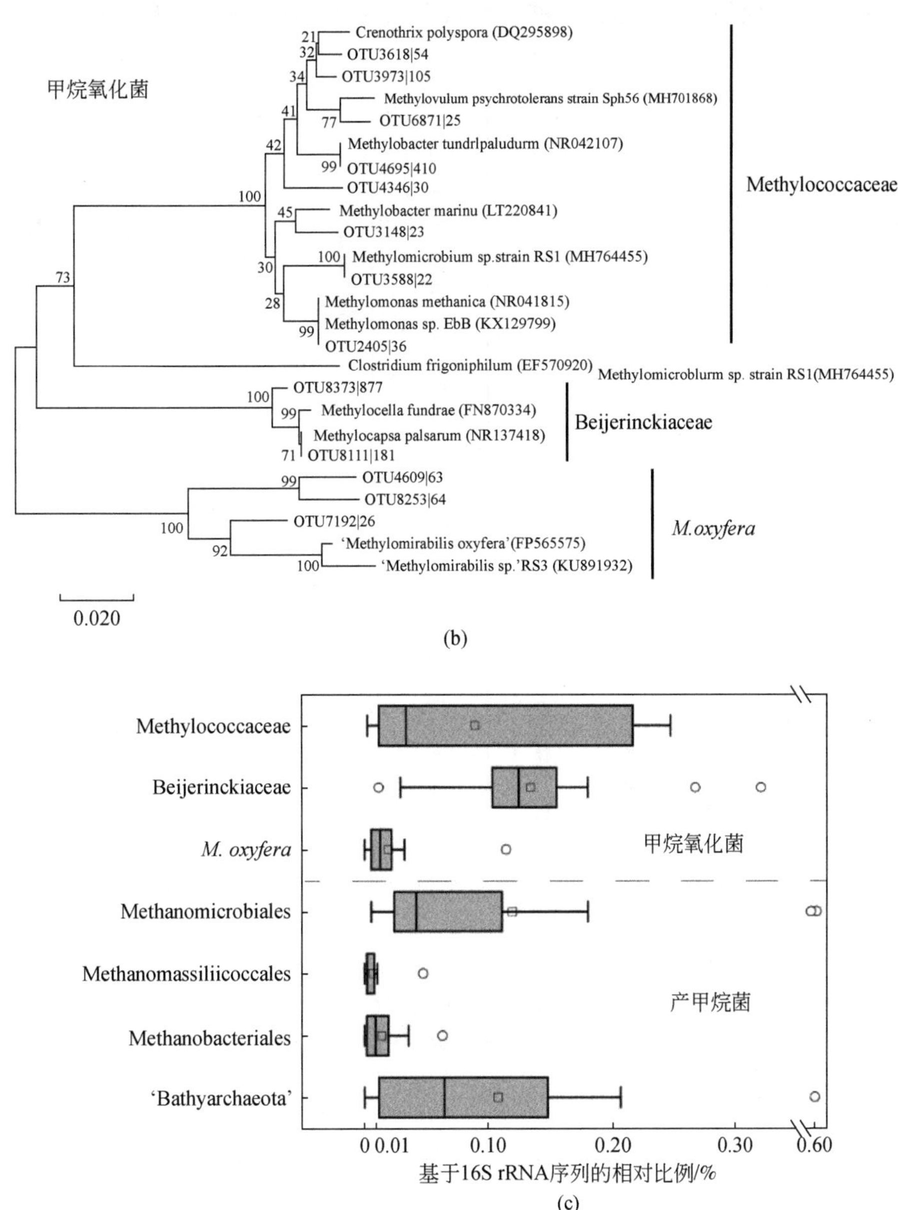

图 9-7　青藏高原东部江河沉积物中与产甲烷（a）和甲烷氧化微生物（b）有关的 16S rRNA 基因序列的系统发育分析图及产甲烷和甲烷氧化菌群落的物种组成特征（c）

一旦 CH_4 输入河道内，或在河道里产生，有利的气压和河道地形地貌条件将会促使江河中的 CH_4 气泡剧烈排放。一般认为气压的小幅下降可以增加冒泡通量（Mattson and Likens，1990；Natchimuthu et al.，2016），这是因为低气压降低了气体在水中的溶解度，同时扩张了气体的体积，从而促进了 CH_4 气泡在水中的形成和释放。青藏高原东部江河的 CH_4 冒泡通量与海拔显著正相关（$P<0.001$），与气压显著负相关（图 9-8），说明气压降低有利于冒泡作用。除了采样点之间的差异外，整个研究区的气压始终很低，平均为

67.2kPa，约为海平面的2/3。因此，整个青藏高原的低气压会加速 CH_4 通过冒泡途径释放到大气。

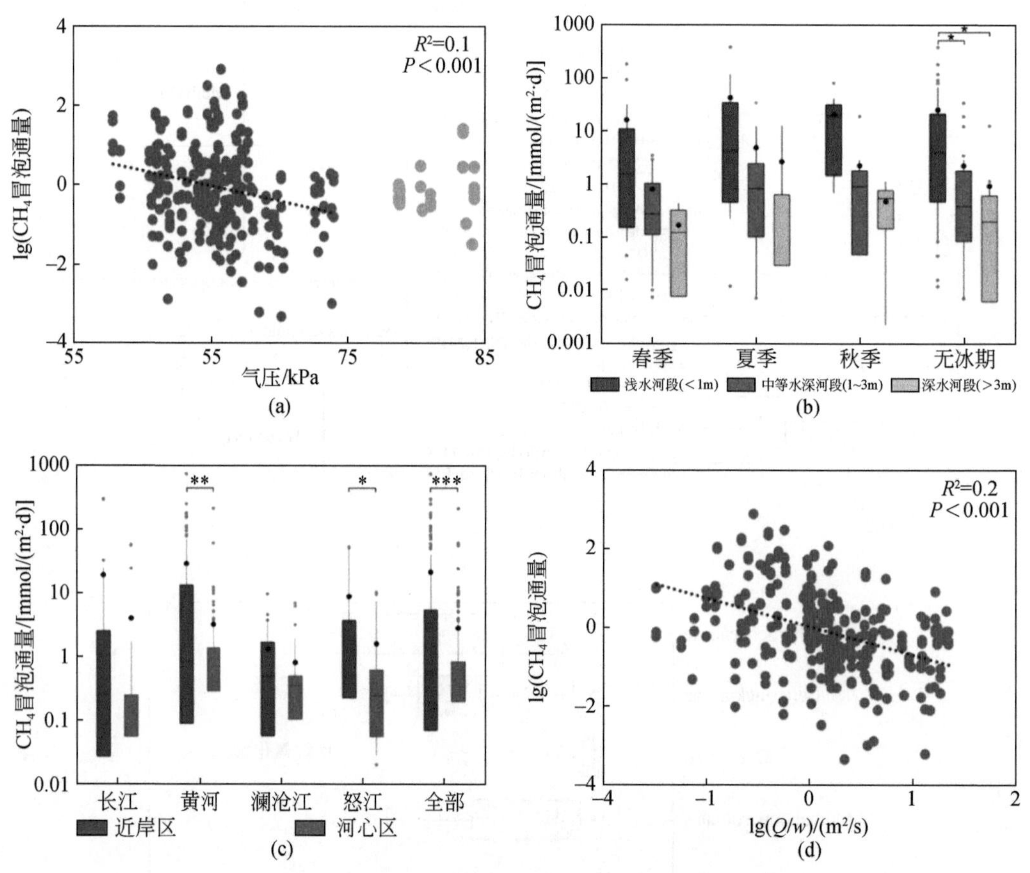

图 9-8　青藏高原东部江河 CH_4 冒泡通量的驱动因子

* $P<0.05$；** $P<0.01$；*** $P<0.001$

水柱本身也对水中的气体施加压力，导致浅水河段的气泡释放速率高于深水河段（Wik et al.，2016）。另外，浅水河段或近岸区相比深水河段或河心区更易积累粒径细、有机质含量高的沉积物，为浅水河段或近岸区提供更多碳源（Fasching et al.，2016）。因此，青藏高原江河宽而浅的河道特征为 CH_4 的产生与排放创造了极为有利的条件。静水压力和SOC含量共同决定着冒泡通量，CH_4 在浅水河段（<1m）的冒泡通量显著大于深水河段（>3m）（$P<0.05$）印证了上述观点（图9-8）。类似地，近岸区相比河心区接受了更多外源 CH_4 和/或有机碳输入，从而显著提高了冒泡通量（$P<0.001$；图9-8）。青藏高原东部江河大多数河段的河宽与水深的比值相当大（>60），说明青藏高原江河倾向于通过变宽实现流量的增大，而不是通过变深来增大流量。河道变宽减小了单位河宽的流量（Q/w）（Liu et al.，2017），因而 Q/w 较低的站点冒泡通量反而较高（图9-8），再次说明冒泡通量随着水深和流速的增加有减小的趋势。Q/w 的增加也与流速显著正相关（图9-9），导致有机物的沉积沿程减少，因而SOC含量也随之降低（图9-9），最终造成 CH_4 气泡的生成与随后排放的降低。此外，逐步回归分析表明 DOC、气压、Q/w 和流速对 CH_4 冒泡通量变化的共同解释度为 26%。

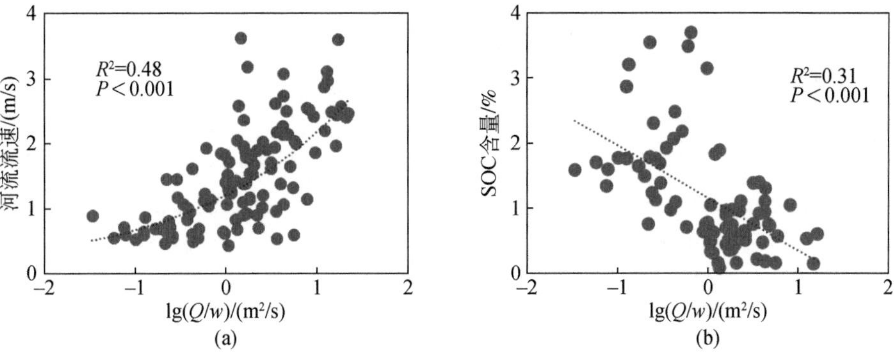

图 9-9　河流流速（a）和 SOC 含量（b）与 Q/w 的关系

随着河流等级上升，冒泡通量呈指数型下降，而扩散通量呈线性下降（图 9-10），表明河流等级对冒泡通量的影响大于对扩散通量的影响。这可能是因为随着河流等级上升，窄、小、浅的河道变得宽、大、深，故而河道湿周逐渐减小，水陆界面 CH_4 和/或有机碳的输入也随之减少（Hotchkiss et al.，2015）；与此同时，CH_4 在宽、大、深的河道中更易被氧化。产甲烷菌与嗜甲烷菌数量之比以及沉积物 SOC 含量均随河流等级上升呈指数下降（图 9-11），表明沉积物中有限的碳源限制了产甲烷作用，致使 CH_4 的产生和随后排放均随河流等级的上升而减少。大规模的 CH_4 氧化很少发生在清澈透光的小溪中（Shelley et al.，2017），更常见于大型江河中（Sawakuchi et al.，2016），这是因为悬浮泥沙为好/厌氧嗜甲烷菌的生长繁殖提供了微生境（Battin et al.，2008），所以有利于 CH_4 在水柱中的氧化（Abril et al.，2007）。青藏高原东部江河中悬浮颗粒物浓度随河流等级呈指数型增加（图 9-11），可能导致沿程更多的 CH_4 氧化。河流水深的沿程增加延长了好氧上覆水体的水力停留时间，为 CH_4 从沉积物中释放后在水柱中的氧化提供了更多机会。而且在大型河道中，水流紊动程度和悬浮颗粒物浓度的增加都可能致使 CH_4 气泡破裂，从而减小冒泡通

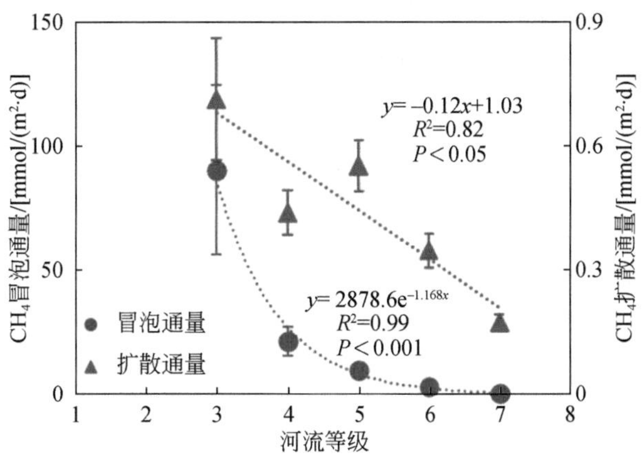

图 9-10　青藏高原东部江河 CH_4 扩散通量和冒泡通量与河流等级的关系

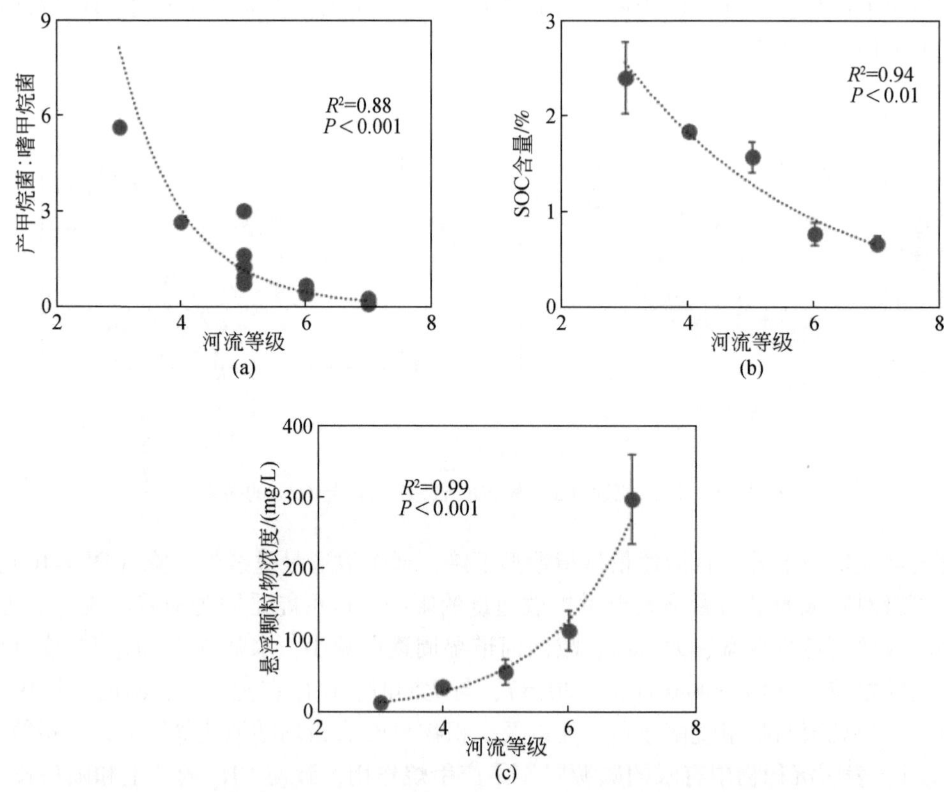

图 9-11　产甲烷菌与嗜甲烷菌的比例（a）、SOC 含量（b）和悬浮颗粒物浓度（c）与河流等级的关系

量；同时，气泡破裂后 CH_4 溶解在水中，将以扩散通量的形式逸出。总体来说，这些过程能使冒泡通量相对于扩散通量而言随河流等级的上升而减小得更快。

9.5　青藏高原江河甲烷排放的区域和全球重要性

根据实测通量，青藏高原东部 3 ~ 7 级江河（28°N ~ 36° N，河道面积为 2603km^2）的 CH_4 排放量为 0.20Tg CH_4/a（95% 置信区间为 0.07 ~ 0.41Tg CH_4/a），其中通过冒泡形式排放的 CH_4 比例高达 79%。CO_2 和 CH_4 的扩散排放量之比（以 C 计）为 23，总排放量之比为 4.9；也就是说，以 C 计的总碳排放（CO_2+CH_4）中约有 17% 来自 CH_4，这完全不同于世界其他江河。世界其他江河的这一比值高达 702（范围为 17 ~ 3757；表 9-4），以 C 计的总碳排放（CO_2+CH_4）中仅有 0.14% 来自 CH_4。如果以全球增温潜能（global warming potential，GWP）计算，这一差异更加明显：青藏高原东部 3 ~ 7 级江河以 C 计的 CH_4 年排放量和 CO_2 对于同一数量级，约为 CO_2 年排放量的 20%；但以 CO_2 当量排放计算，则 CH_4 年排放量要高出 CO_2 1 倍（表 9-5）。虽然 CH_4 冒泡通量具有高度的时空异质性，致使尺度上推仍然存在不确定性，但是本研究结果打破了江河 CH_4 排放量在总碳排放（CO_2+CH_4）中占比极小的传统观点。

表 9-4 青藏高原东部江河与世界其他江河的单位河道/流域面积 CH_4 排放量

江河	河道面积 /km^2	流域面积 /$10^4 km^2$	CH_4 排放量 /(Tg CH_4/a)	单位河道面积/[t/(km^2·a)]	单位流域面积/[t/(km^2·a)]	CO_2 和 CH_4 的排放量之比	文献
亚马孙河	91 212	600	0.49	5.4	0.08	3 757	Sawakuchi et al., 2014; Sawakuchi et al., 2017
非洲诸河	46 859	774.8	5.7	121.6	0.74	75	Borges et al., 2015
魁北克江河	190	4.42	0.003 5	18.4	0.08	17	Campeau et al., 2014
育空河	10 269	85.5	0.073	7.1	0.09	140	Striegl et al., 2012
瑞典低级河流	697	—	0.027	38.7	—	134	Wallin et al., 2018
美国北部高地湖区河流	64	0.64	0.000 3	3.9	0.04	124	Crawford et al., 2014a
塞纳河	283	7.17	0.000 6	2.1	0.01	1315	Garnier et al., 2013; Marescaux et al., 2018
柏林城市河流	22.2	—	0.000 5	22.5	—	—	Ortega et al., 2019
西西伯利亚江河	—	—	—	0.36	—	49	Serikova et al., 2018
青藏高原东部江河(扩散)	3 049	73.6	0.05~0.15	16.4~49.2	0.07~0.20	7.7~23	本研究
青藏高原东部江河(总量)			0.37~1.23	121.4~403.4	0.50~1.67	0.9~3	
青藏高原江河(总量)	—	116.7	0.59~1.95	—	—	—	

表 9-5 青藏高原东部江河 CH_4 和 CO_2 排放量

青藏高原东部 3~7 级江河	CH_4 排放量	CO_2 排放量
均值	0.2Tg CH_4/a	2.7Tg CO_2/a
范围	0.07~0.41Tg CH_4/a	1.54~3.83Tg CO_2/a
冒泡贡献/%	79.0	—
碳排放/(Tg C/a)	0.15	0.74
CO_2 当量排放/(Tg CO_2/a)	5.6	2.7
CO_2 当量排放抵消碳汇/(Tg C/a)	1.53	0.74

续表

青藏高原东部 3～7 级江河	CH_4 排放量		CO_2 排放量	
	情景一	情景二	情景一	情景二
均值	0.37Tg CH_4/a	1.23Tg CH_4/a	2.97Tg CO_2/a	3.18Tg CO_2/a
范围	0.20～0.60Tg CH_4/a	0.59～1.95Tg CH_4/a	2.00～3.99Tg CO_2/a	1.94～4.40Tg CO_2/a
冒泡贡献/%	86.4	88.4	—	—
碳排放/(Tg C/a)	0.28	0.92	0.81	0.87
CO_2 当量排放/(Tg CO_2/a)	10.36	34.44	2.97	3.18
CO_2 当量排放抵消碳汇/(Tg C/a)	2.83	9.39	0.81	0.87

上述的尺度上推没有将 1～2 级河流考虑在内，这些窄、小、浅的源头河道常常具有较高的 CH_4 排放量，使得它们对整个流域水体总排放量的贡献很大（Campeau et al., 2014）。本研究通过两种情景来估算青藏高原东部 1～7 级江河（3049km^2）的 CH_4 排放量：情景一假设本研究未采样的 1～2 级河流的 CH_4 排放量约等于 3 级河流的 CH_4 排放量，这种模式在瑞典低等级河流中有所报道（Wallin et al., 2018）。因此在情景一中，用青藏高原东部 3 级河流的实测排放量值来计算 1～2 级河流的排放量。情景二则认为 CH_4 排放量随着河流等级的降低而继续增大，在本研究 3～7 级江河和加拿大北方江河（Campeau et al., 2014）中都发现了这一规律。情景二也符合本研究的概念模型：即低等级河流水深更浅，其周围冻土的覆盖面积更广。在情景二中将图 9-10 得到的关系式外延至 1～2 级河流。这样，情景一得到的青藏高原东部 1～7 级江河的 CH_4 排放量为 0.37Tg CH_4/a（95% 置信区间为 0.20～0.60Tg CH_4/a）；情景二下青藏高原东部 1～7 级江河的 CH_4 排放量高达 1.23Tg CH_4/a（95% 置信区间为 0.59～1.95Tg CH_4/a）。所以结合上述两种情景，本研究得出青藏高原东部 1～7 级江河的 CH_4 排放量为 0.37～1.23Tg CH_4/a，由于 CH_4 冒泡通量随河流等级的指数型变化而变化，此时冒泡排放的贡献从先前 3～7 级江河的 79% 增大到 1～7 级江河的 86%。

将 1～2 级河流纳入考虑后，CO_2 和 CH_4 的排放量之比（以 C 计）也发生了明显变化：扩散排放量之比降低到 7.7～21，总排放量之比更是降低到 0.9～2.9，这意味着以 C 计的总碳排放（CO_2+CH_4）中多达 26%～53% 来自 CH_4，CH_4 开始在总碳份额中占据主导地位。尽管研究区只占青藏高原面积的 1/3，但是以 CO_2 当量排放计算时，这些江河 CH_4 排放量为 2.8～9.4Tg C/a，抵消了青藏高原 9%～31% 的陆地碳汇（30.1Tg C/a）（Piao et al., 2009）。由于缺乏青藏高原东部 1～7 级江河的观测数据，此处尺度推绎的运用还存在很大的不确定性。即便如此，鉴于高山河流研究在现有的江河 CH_4 动力学与全球数据集中的严重不足，尺度推绎使青藏高原东部江河的 CH_4 排放量能够在现有的江河 CH_4 排放中有据可循，也补充了全球江河 CH_4 的数据库。

当 CH_4 排放量标准化后，即以单位河道面积和单位流域面积表示时，青藏高原东部 1～7 级江河的 CH_4 总排放量分别为 121.4～403.4Tg CH_4/(km^2・a) 和 0.50～1.67Tg

CH_4/(km^2 · a)，远高于世界其他江河的总排放量 [范围分别是 5.4 ~ 121.6Tg CH_4/(km^2 · a) 和 0.08 ~ 0.74Tg CH_4/(km^2 · a)；表 9-4]。CH_4 扩散排放量分别为 16.4 ~ 49.2Tg CH_4/(km^2 · a) 和 0.07 ~ 0.20Tg CH_4/(km^2 · a)，也高于世界其他江河的扩散排放量（范围分别是 3.9 ~ 38.7Tg CH_4/(km^2 · a) 和 0.04 ~ 0.09Tg CH_4/(km^2 · a)；表 9-4)。假设青藏高原的其他河网的单位流域面积排放量与研究区相似，那么青藏高原 1 ~ 7 级江河的 CH_4 总排放量为 0.59 ~ 1.95Tg CH_4/a。由此可见，青藏高原江河（5141km^2）虽然只占世界江河面积（773 000km^2）的 0.7%（Allen and Pavelsky，2018），但是它对世界江河 CH_4 的排放具有不成比例的贡献，即世界江河 2.2%~6.8% 的 CH_4 排放可能来自青藏高原江河。值得一提的是，本研究仍是保守的估算：一是本研究只考虑了 4 ~ 10 月的无冰期排放，冬季河冰下积累的大量 CH_4 将会在融冰期释放至大气中；二是估算中没有考虑零级溪流，这些窄、小、浅的辫状溪流遍布青藏高原，在其他流域中这些季节性的溪流对 CH_4 总排放量有不成比例的巨大贡献（Marcé et al.，2019）。在青藏高原以外的地区，瑞士阿尔卑斯山脉的溪涧也表现出很高的 CH_4 溶存浓度和扩散通量（Flury and Ulseth，2019），这意味着高海拔河网可能具有类似于本研究所观察到的高 CH_4 排放量，尤其是那些受冰冻圈内冻土和泥炭地影响的河网。时至今日，虽然世界各地有大量关于江河 CH_4 扩散通量的报道，可是罕有针对冒泡通量的报道（Dean et al.，2018；Saunois et al.，2020；Stanley et al.，2016)，特别是针对高山水源的研究仍是空白，而本研究已证实高海拔地区的物理和生物地球化学条件极有利于 CH_4 气泡的形成和释放。如果把这些缺失的通量考虑在当前"自下而上"（bottom-up）的 CH_4 预算中，那么"自下而上"和"自上而下"（top-down）两种预算之间的差距将会进一步扩大。在当前时空观测存在缺口的背景下，需要开展更多地面和大气排放清单的研究，以阐明江河在全球 CH_4 核算中的作用。

在高纬度和高山地区，气温随气候变暖而升高的幅度更大（Pepin et al.，2015)。气候变暖引起的冰川退缩和冻土融化早已在青藏高原上演：20 世纪 60 年代 ~21 世纪初，冰川和冻土的面积分别减少了 3790km^2 和 4.4×10^5km^2（姚檀栋等，2004)。这一过程必将继续扩大并加速，在青藏高原形成更多的冰川、热融湖塘，预计该区域的静水水系将增加 20%，即额外增加 8300km^2（Pekel et al.，2016)。本研究所观察到冰川、冻土的融化对江河 CH_4 排放的影响表明气候变化的正反馈正在青藏高原上演，而不是在不远或很久的未来才会发生（Dean et al.，2018)。同样的江河 CH_4 动力学过程很可能出现在世界各地受冰川、冻土影响的高海拔冰冻圈中。

9.6 本章小结

随着河流等级的上升，青藏高原东部江河的 CH_4 冒泡通量呈指数下降，而扩散通量呈线性降低。尽管如此，这些流经富含大量有机质冻土区、具有丰富耐寒产甲烷菌的浅水河流，在高原低气压环境下，其平均 CH_4 冒泡通量 [11.9mmol/(m^2 · d)] 为世界江河均值 [1.96mmol/(m^2 · d)] 的 6 倍，最大值高达 374.4mmol/(m^2 · d)。根据实测结果，青藏高原东部 3 ~ 7 级河流 CH_4 总排放量（扩散+冒泡）估算为 0.20Tg CH_4/a，其中冒泡排放量贡献高达 79%。此时，CH_4 排放量以 C 计约为 CO_2 排放量（2.70Tg CO_2/a）的 20%，

以 CO_2 当量计则是 CO_2 排放量的 2 倍多。当尺度上推包含 1 ~7 级江河时，CH_4 的总排放量将增至 0.37 ~1.23Tg CH_4/a。本章研究结果表明，青藏高原的高山冻土河流面积只占全球江河的 0.7%，但由于 CH_4 以冒泡形式剧烈排放，其 CH_4 排放量在世界江河中具有不成比例的重要贡献（2.2%~6.8%），因此青藏高原的高山冻土河流是大气 CH_4 的热点排放源；同时本研究也揭示了正在发生的冻土融化和甲烷排放对气候变暖具有正反馈作用。

参 考 文 献

姚檀栋，刘时银，蒲健辰，等. 2004. 高亚洲冰川的近期退缩及其对西北水资源的影响. 中国科学 D 辑：地球科学，34（6）：535-543.

Abril G，Commarieu M V，Guérin F. 2007. Enhanced methane oxidation in an estuarine turbidity maximum. Limnology and Oceanography，52（1）：470-475.

Allen G H，Pavelsky T M. 2018. Global extent of rivers and streams. Science，361（6402）：585-588.

Bastviken D，Santoro A L，Marotta H，et al. 2010. Methane emissions from pantanal，south america，during the low water season：toward more comprehensive sampling. Environmental Science & Technology，44（14）：5450-5455.

Bastviken D，Tranvik L J，Downing J A，et al. 2011. Freshwater methane emissions offset the continental carbon sink. Science，331（6013）：50.

Battin T J，Kaplan L A，Findlay S，et al. 2008. Biophysical controls on organic carbon fluxes in fluvial networks. Nature Geoscience，1（2）：95-100.

Baulch H M，Dillon P J，Maranger R，et al. 2011. Diffusive and ebullitive transport of methane and nitrous oxide from streams：are bubble-mediated fluxes important. Journal of Geophysical Research：Biogeosciences，116：G04028.

Beaulieu J J，McManus M G，Nietch C T. 2016. Estimates of reservoir methane emissions based on a spatially balanced probabilistic-survey. Limnology and Oceanography，61（S1）：S27-S40.

Billett M F，Harvey F H. 2013. Measurements of CO_2 and CH_4 evasion from UK peatland headwater streams. Biogeochemistry，114（1）：165-181.

Boetius A，Anesio A M，Deming J W，et al. 2015. Microbial ecology of the cryosphere：sea ice and glacial habitats. Nature Reviews Microbiology，13（11）：677-690.

Borges A V，Abril G，Bouillon S. 2018. Carbon dynamics and CO_2 and CH_4 outgassing in the Mekong Delta. Biogeosciences，15（4）：1093-1114.

Borges A V，Darchambeau F，Teodoru C R，et al. 2015. Globally significant greenhouse-gas emissions from African inland waters. Nature Geoscience，8（8）：637-642.

Campeau A，Lapierre J F，Vachon D，et al. 2014. Regional contribution of CO_2 and CH_4 fluxes from the fluvial network in a lowland boreal landscape of Québec. Global Biogeochemical Cycles，28（1）：57-69.

Chen H，Yang G，Peng C，et al. 2014. The carbon stock of alpine peatlands on the Qinghai-Tibetan Plateau during the holocene and their future fate. Quaternary Science Reviews，95：151-158.

Crawford J T，Stanley E H. 2016. Controls on methane concentrations and fluxes in streams draining human-dominated landscapes. Ecological Applications，26（5）：1581-1591.

Crawford J T，Dornblaser M M，Stanley E H，et al. 2015. Source limitation of carbon gas emissions in high-elevation mountain streams and lakes. Journal of Geophysical Research：Biogeosciences，120（5）：952-964.

Crawford J T，Loken L C，Stanley E H，et al. 2016. Basin scale controls on CO_2 and CH_4 emissions from the upper mississippi River. Geophysical Research Letters, 43 (5): 1973-1979.

Crawford J T, Loken L C, West W E, et al. 2017. Spatial heterogeneity of within- stream methane concentrations. Journal of Geophysical Research: Biogeosciences, 122 (5): 1036-1048.

Crawford J T, Lottig N R, Stanley E H, et al. 2014a. CO_2 and CH_4 emissions from streams in a lake- rich landscape: patterns, controls, and regional significance. Global Biogeochemical Cycles, 28 (3): 197-210.

Crawford J T, Stanley E H, Spawn S A, et al. 2014b. Ebullitive methane emissions from oxygenated wetland streams. Global Change Biology, 20 (11): 3408-3422.

Crawford J T, Striegl R G, Wickland K P, et al. 2013. Emissions of carbon dioxide and methane from a headwater stream network of interior Alaska. Journal of Geophysical Research: Biogeosciences, 118 (2): 482-494.

Dean J F, Meisel O H, Martyn Rosco M, et al. 2020. East Siberian Arctic inland waters emit mostly contemporary carbon. Nature Communications, 11 (1): 1627.

Dean J F, Middelburg J J, Röckmann T, et al. 2018. Methane feedbacks to the global climate system in a warmer world. Reviews of Geophysics, 56 (1): 207-250.

DelSontro T, Boutet L, St-Pierre A, et al. 2016. Methane ebullition and diffusion from northern ponds and lakes regulated by the interaction between temperature and system productivity. Limnology and Oceanography, 61 (S1): S62-S77.

DelSontro T, Kunz M J, Kempter T, et al. 2011. Spatial heterogeneity of methane ebullition in a large tropical reservoir. Environmental Science & Technology, 45 (23): 9866-9873.

DelSontro T, McGinnis D F, Sobek S, et al. 2010. Extreme methane emissions from a swiss hydropower reservoir: contribution from bubbling sediments. Environmental Science & Technology, 44 (7): 2419-2425.

Fasching C, Ulseth A J, Schelker J, et al. 2016. Hydrology controls dissolved organic matter export and composition in an alpine stream and its hyporheic zone. Limnology and Oceanography, 61 (2): 558-571.

Flury S, Ulseth A J. 2019. Exploring the sources of unexpected high methane concentrations and fluxes from alpine headwater streams. Geophysical Research Letters, 46 (12): 6614-6625.

Garnier J, Vilain G, Silvestre M, et al. 2013. Budget of methane emissions from soils, livestock and the river network at the regional scale of the Seine Basin (France) . Biogeochemistry, 116 (1): 199-214.

Grinham A, Albert S, Deering N, et al. 2018. The importance of small artificial water bodies as sources of methane emissions in Queensland, Australia. Hydrology and Earth System Sciences, 22 (10): 5281-5298.

Harrison J A, Deemer B R, Birchfield M K, et al. 2017. Reservoir water- level drawdowns accelerate and amplify methane emission. Environmental Science & Technology, 51 (3): 1267-1277.

Hotchkiss E R, Hall R O, Jr, Sponseller R A, et al. 2015. Sources of and processes controlling CO_2 emissions change with the size of streams and rivers. Nature Geoscience, 8 (9): 696-699.

Hutchins R H S, Tank S E, Olefeldt D, et al. 2020. Fluvial CO_2 and CH_4 patterns across wildfire-disturbed ecozones of subarctic canada: current status and implications for future change. Global Change Biology, 26 (4): 2304-2319.

Immerzeel W W, Bierkens M F P. 2012. Asia's water balance. Nature Geoscience, 5 (12): 841-842.

Jin H J, Chang X L, Wang S L. 2007. Evolution of permafrost on the Qinghai-Xizang (Tibet) Plateau since the end of the late pleistocene. Journal of Geophysical Research: Earth Surface, 112: F02S09.

Johnson K M, Hughes J E, Donaghay P L, et al. 1990. Bottle-calibration static head space method for the determination of methane dissolved in seawater. Analytical Chemistry, 62 (21): 2408-2412.

Kuhn C, Bettigole C, Glick H B, et al. 2017. Patterns in stream greenhouse gas dynamics from mountains to plains in northcentral wyoming. Journal of Geophysical Research: Biogeosciences, 122 (9): 2173-2190.

Lamarche-Gagnon G, Wadham J L, Sherwood Lollar B, et al. 2019. Greenland melt drives continuous export of methane from the ice-sheet bed. Nature, 565 (7737): 73-77.

Linkhorst A, Hiller C, DelSontro T, et al. 2020. Comparing methane ebullition variability across space and time in a Brazilian reservoir. Limnology and Oceanography, 65 (7): 1623-1634.

Liu S, Lu X X, Xia X, et al. 2017. Hydrological and geomorphological control on CO_2 outgassing from low-gradient large rivers: an example of the Yangtze River system. Journal of Hydrology, 550: 26-41.

Lorke A, Bodmer P, Noss C, et al. 2015. Technical note: drifting versus anchored flux chambers for measuring greenhouse gas emissions from running waters. Biogeosciences, 12 (23): 7013-7024.

Lundin E J, Giesler R, Persson A, et al. 2013. Integrating carbon emissions from lakes and streams in a subarctic catchment. Journal of Geophysical Research: Biogeosciences, 118 (3): 1200-1207.

Mackelprang R, Waldrop M P, DeAngelis K M, et al. 2011. Metagenomic analysis of a permafrost microbial community reveals a rapid response to thaw. Nature, 480 (7377): 368-371.

Maeck A, DelSontro T, McGinnis D F, et al. 2013. Sediment trapping by dams creates methane emission hot spots. Environmental Science & Technology, 47 (15): 8130-8137.

Marcé R, Obrador B, Gómez-Gener L, et al. 2019. Emissions from dry inland waters are a blind spot in the global carbon cycle. Earth-Science Reviews, 188: 240-248.

Marescaux A, Thieu V, Garnier J. 2018. Carbon dioxide, methane and nitrous oxide emissions from the human-impacted seine watershed in France. Science of the Total Environment, 643: 247-259.

Matoušů A, Rulík M, Tušer M, et al. 2018. Methane dynamics in a large river: a case study of the Elbe River. Aquatic Sciences, 81 (1): 12.

Mattson M D, Likens G E. 1990. Air Pressure and methane fluxes. Nature, 347 (6295): 718-719.

Matveev A, Laurion I, Deshpande B N, et al. 2016. High methane emissions from thermokarst lakes in subarctic peatlands. Limnology and Oceanography, 61 (S1): S150-S164.

McGinnis D F, Bilsley N, Schmidt M, et al. 2016. Deconstructing methane emissions from a small northern european river: hydrodynamics and temperature as key drivers. Environmental Science & Technology, 50 (21): 11680-11687.

McGinnis D F, Kirillin G, Tang K W, et al. 2015. Enhancing surface methane fluxes from an oligotrophic lake: exploring the microbubble hypothesis. Environmental Science & Technology, 49 (2): 873-880.

Natchimuthu S, Sundgren I, Gålfalk M, et al. 2016. Spatio-temporal variability of lake CH_4 fluxes and its influence on annual whole lake emission estimates. Limnology and Oceanography, 61 (S1): S13-S26.

Ortega S H, González-Quijano C R, Casper P, et al. 2019. Methane emissions from contrasting urban freshwaters: rates, drivers, and a whole-city footprint. Global Change Biology, 25 (12): 4234-4243.

Pekel J F, Cottam A, Gorelick N, et al. 2016. High-resolution mapping of global surface water and its long-term changes. Nature, 540 (7633): 418-422.

Pepin N, Bradley R S, Diaz H F, et al. 2015. Elevation-dependent warming in mountain regions of the world. Nature Climate Change, 5 (5): 424-430.

Piao S, Fang J, Ciais P, et al. 2009. The carbon balance of terrestrial ecosystems in China. Nature, 458 (7241): 1009-1013.

Qu B, Aho K S, Li C, et al. 2017. greenhouse gases emissions in rivers of the Tibetan Plateau. Scientific Reports, 7 (1): 16573.

Ran Y, Li X, Cheng G. 2018. Climate warming over the past half century has led to thermal degradation of permafrost on the Qinghai-Tibet Plateau. The Cryosphere, 12 (2): 595-608.

Saunois M, Stavert A R, Poulter B, et al. 2020. The global methane budget 2000-2017. Earth System Science Data, 12 (3): 1561-1623.

Sawakuchi H O, Bastviken D, Sawakuchi A O, et al. 2014. Methane emissions from amazonian rivers and their contribution to the global methane budget. Global Change Biology, 20 (9): 2829-2840.

Sawakuchi H O, Bastviken D, Sawakuchi A O, et al. 2016. Oxidative mitigation of aquatic methane emissions in large amazonian rivers. Global Change Biology, 22 (3): 1075-1085.

Sawakuchi H O, Neu V, Ward N D, et al. 2017. Carbon dioxide emissions along the lower amazon river. Frontiers in Marine Science, 4: 76.

Schade J D, Bailio J, McDowell W H. 2016. Greenhouse gas flux from headwater streams in new hampshire, USA: patterns and drivers. Limnology and Oceanography, 61 (S1): S165-S174.

Serikova S, Pokrovsky O S, Ala-Aho P, et al. 2018. High riverine CO_2 emissions at the permafrost boundary of western Siberia. Nature Geoscience, 11 (11): 825-829.

Shelley F, Ings N, Hildrew A G, et al. 2017. Bringing methanotrophy in rivers out of the shadows. Limnology and Oceanography, 62 (6): 2345-2359.

Soued C, del Giorgio P A, Maranger R. 2016. Nitrous oxide sinks and emissions in boreal aquatic networks in Québec. Nature Geoscience, 9 (2): 116-120.

Spawn S A, Dunn S T, Fiske G J, et al. 2015. Summer methane ebullition from a headwater catchment in northeastern Siberia. Inland Waters, 5 (3): 224-230.

Stanley E H, Casson N J, Christel S T, et al. 2016. The ecology of methane in streams and rivers: patterns, controls, and global significance. Ecological Monographs, 86 (2): 146-171.

Steinberg L M, Regan J M. 2009. Mcra-targeted real-time quantitative PCR method to examine methanogen communities. Applied and Environmental Microbiology, 75 (13): 4435-4442.

Street L E, Dean J F, Billett M F, et al. 2016. Redox dynamics in the active layer of an arctic headwater catchment; examining the potential for transfer of dissolved methane from soils to stream water. Journal of Geophysical Research: Biogeosciences, 121 (11): 2776-2792.

Striegl R G, Dornblaser M M, McDonald C P, et al. 2012. Carbon dioxide and methane emissions from the Yukon River system. Global Biogeochemical Cycles, 26 (4): GBOE05.

Vonk J E, Gustafsson Ö. 2013. Permafrost-carbon complexities. Nature Geoscience, 6 (9): 675-676.

Wallin M B, Campeau A, Audet J, et al. 2018. Carbon dioxide and methane emissions of swedish low-order streams—a national estimate and lessons learnt from more than a decade of observations. Limnology and Oceanography Letters, 3 (3): 156-167.

Wang G, Xia X, Liu S, et al. 2021. Intense methane ebullition from urban inland waters and its significant contribution to greenhouse gas emissions. Water Research, 189: 116654.

Wang Y, Spencer R G M, Podgorski D C, et al. 2018a. Spatiotemporal transformation of dissolved organic matter along an alpine stream flow path on the Qinghai-Tibet Plateau: importance of source and permafrost degradation. Biogeosciences, 15 (21): 6637-6648.

Wang Y, Xu Y, Spencer R G M, et al. 2018b. Selective leaching of dissolved organic matter from alpine permafrost soils on the Qinghai-Tibetan Plateau. Journal of Geophysical Research: Biogeosciences, 123 (3): 1005-1016.

Wanninkhof, R. 1992. Relationship between wind speed and gas exchange over the ocean. Journal of Geophysical Research: Oceans, 97 (C5), 7373-7382.

Wik M, Crill P M, Varner R K, et al. 2013. Multiyear measurements of ebullitive methane flux from three subarctic lakes. Journal of Geophysical Research: Biogeosciences, 118 (3): 1307-1321.

Wik M, Varner R K, Anthony K W, et al. 2016. Climate- sensitive northern lakes and ponds are critical components of methane release. Nature Geoscience, 9 (2): 99-105.

Wilcock R J, Sorrell B K. 2008. Emissions of greenhouse gases CH_4 and N_2O from low-gradient streams in agriculturally developed catchments. Water, Air, and Soil Pollution, 188 (1): 155-170.

Wild B, Andersson A, Bröder L, et al. 2019. Rivers across the siberian arctic unearth the patterns of carbon release from thawing permafrost. Proceedings of the National Academy of Sciences, 116 (21): 10280-10285.

Wu S, Li S, Zou Z, et al. 2019. High methane emissions largely attributed to ebullitive fluxes from a subtropical river draining a rice paddy watershed in China. Environmental Science & Technology, 53 (7): 3499-3507.

Yang M, Wang X, Pang G, et al. 2019a. The Tibetan Plateau cryosphere: observations and model simulations for current status and recent changes. Earth-Science Reviews, 190: 353-369.

Yang Y, Wu Q, Jin H, et al. 2019b. Delineating the hydrological processes and hydraulic connectivities under permafrost degradation on northeastern Qinghai-Tibet Plateau, China. Journal of Hydrology, 569: 359-372.

Ye R, Wu Q, Zhao Z, et al. 2019. Concentrations and emissions of dissolved CH_4 and N_2O in the Yarlung Tsangpo River. Chinese Journal of Ecology, 38 (3): 791-798.

Yergeau E, Hogues H, Whyte L G, et al. 2010. The functional potential of high arctic permafrost revealed by metagenomic sequencing, qPCR and microarray analyses. The ISME Journal, 4 (9): 1206-1214.

Zhu D, Wu Y, Chen H, et al. 2016. Intense methane ebullition from open water area of a shallow peatland lake on the eastern Tibetan Plateau. Science of the Total Environment, 542: 57-64.

Zolkos S, Tank S E, Striegl R G, et al. 2019. Thermokarst effects on carbon dioxide and methane fluxes in streams on the peel plateau (Nwt, Canada). Journal of Geophysical Research: Biogeosciences, 124 (7): 1781-1798.

第 10 章 青藏高原东部江河氧化亚氮的排放特征及影响因素

10.1 引 言

N_2O 是破坏平流层臭氧的主要物质，并被认为是导致全球气候变化的第三大“长寿”温室气体（Ravishankara et al.，2009；Thompson et al.，2019）。目前，江河 N_2O 的测定主要覆盖了不同气候区受人类活动（农业、城市化）影响的低地平原（Hu et al.，2016），但有关冻土广布的高山和高纬冰冻圈的研究极其稀少，给全球江河 N_2O 排放的估算［（291.3±58.6）Gg N_2O-N］增加了很大的不确定性（Yao et al.，2020）。

北半球冻土顶部 3m 深度内储存了大量有机碳（OC，~1014Pg C）（Schuur et al.，2015），冻土一旦融化，冰封的碳能释放到邻近的水域中为微生物所利用，并主要以 CO_2 和 CH_4 的形式释放到大气中（Serikova et al.，2018；Zhang et al.，2020；Zolkos et al.，2019）。因此，在某些冰冻圈地区，这些气体在河流中的排放速率较高，并且在气候变暖的背景下还会持续增长（Serikova et al.，2018；Zhang et al.，2020）。然而，目前有关冻土融化区溪流和河流 N_2O 的排放量尚不清楚，尽管北半球冻土顶部 3m 深度内也储存了大量 N（67Pg N，不包括活动层氮库），且该区域冻土是全球 N_2O 排放的重要源甚至是主要源（Voigt et al.，2020）。对阿拉斯加河流的研究发现，融化冻土区土壤持续向邻近河流输送无机氮，进而导致这些河流中无机氮含量较高且 N_2O 呈过饱和状态（Abbott et al.，2015；Khosh et al.，2017）。然而，由于缺乏对冻土区江河 N_2O 排放的直接测量，目前尚不清楚这些结果是否具有代表性。

为揭示冻土区河流 N_2O 的排放特征，本研究首次对青藏高原东部长江、黄河、澜沧江和怒江（海拔为 1650~4400m；覆盖面积约 $7.36\times10^5km^2$）的 N_2O 浓度和通量进行跨区域和跨季节的直接测量，分析了影响该区域河流 N_2O 动态的潜在机理。该地区溪流和河流受冻土融化的强烈影响，其单位面积 CH_4 排放速率处于全球范围内最高报道值之内，这意味着该区域河流 N_2O 的排放可能也会表现出类似的强度。青藏高原是“地球第三极”，是南、北极以外最大的冰冻圈（Yang et al.，2019），拥有大量更新世时期的冻土（Jin et al.，2007），其顶部 3m 深处含 N 量约为 1.8Pg N（Kou et al.，2019）。作为“亚洲水塔”的青藏高原哺育了亚洲数十条超大江河以及星罗棋布的池塘、湖泊和湿地（Immerzeel and Bierkens，2012）。这些高山江河不仅与冻土具有很强的连通性（Zhang et al.，2020），江河湍流还能提高水气交换速率（Ulseth et al.，2019），以上两个特征可能促进陆源氮素在青藏高原江河内的迁移转化，使其 N_2O 排放通量较高。此外，青藏高原部分地区在过去 60 年人口显著增长，畜禽养殖量迅速增加，使得江河中人类活动 N 输入量也随之增长，这可能也会促进该区域河流 N_2O 排放量的增加。然而，正如下文所介绍，这些深受冻土融化影响的溪流却意外地表现为大气中 N_2O 的弱源。但有迹象表明，气候变暖和人类干扰增加可能会导致高山和高纬地区江河的 N_2O 排放在未来十几年内大幅增加。

10.2 研究方法

10.2.1 采样点的布设

本研究采样点的布设和样品的采集与第 9 章所述相同。

10.2.2 温室气体的收集、测定和计算

本研究 N_2O 的收集方法与 9.2.3 节所述大致相同。与 CH_4 不同的是，使用饱和 $ZnCl_2$ 溶液作为 N_2O 样品的保护剂，用配备微电子捕获检测器的气相色谱（μECD，Agilent 7890B）测定气样中 N_2O 的浓度。水体 N_2O 溶存浓度和排放通量的计算方法与 9.2.4 节所述相同。

10.2.3 氮气的收集和测定

在每个采样断面收集不同位置的 3 份表层水用于测定氮气（N_2）的溶存浓度。将 12mL 玻璃管没入水面下，于腕部深度处浸满，在水面下注入 50μL 饱和 $ZnCl_2$ 溶液作为微生物抑制剂，在水面下迅速拧紧瓶盖后置于暗处（包裹锡纸），室温保存。由于水中溶解 N_2 的浓度受到生物和非生物（水气平衡）过程的影响，而 Ar 在水中的溶存浓度主要受温度、盐度控制（非生物过程）。因此采用 N_2 : Ar 浓度比值法，利用膜进样质谱仪测定水样中溶解的 N_2。该仪器包括膜采样系统和离子源 Pfeiffer 真空四极杆质谱仪，分辨率小于 0.5 amu，扫描速度为 2ms/amu，检测限小于 7.8 ppb，重复样品的 N_2 : Ar 浓度比值变异系数均小于 0.03%。水样中 N_2 : Ar 浓度比值由水样的膜进样质谱仪信号（本质上是 N_2 : Ar 的信号比值）通过标准曲线计算所得，标准曲线的相关系数均大于 0.99。在恒定温度时，获得一系列不同盐度的与空气达到平衡的水溶液（Weiss，1970），从而产生一系列具有不同 N_2 : Ar 浓度比值的水溶液，标准曲线即由水溶液中 N_2 : Ar 浓度比值与 N_2 : Ar 的信号比值制成。不同盐度梯度是用氯化钠、硫酸镁和磷酸二氢钾溶解于去离子水中制成，并被缓慢搅拌至少 72h，以防止与湍流混合相关的气泡夹带（Kana et al.，1994）。水样中溶解性的 N_2 通过将水样中溶解的 N_2 : Ar 浓度比值乘以 Ar 的理论平衡浓度得到，其中 Ar 的理论平衡浓度根据 Weiss（1970）公式由原位温度、气压和盐度计算得出。

10.2.4 沉积物 N_2O 净生成速率的测定

于 2018 年 9 月从黄河采集 9 个沉积物样品，测定源区沉积物的 N_2O 净生成速率，过

程简述如下。将约 10g 沉积物样品加入 60mL 玻璃瓶中，并加入对应点位上覆水体至满瓶。在添加上覆水体之前，调节水体 DO 浓度使其与原位浓度相近（Zhang et al.，2020b）。随后，加盖密封小瓶，然后在原位温度、黑暗条件下进行培养。在 0h、4h、6h、10h 和 18h 向小瓶中注入 300μL 饱和氯化锌溶液终止试验。按一式四份进行培养，其中一个样品瓶用于监测培养过程中 DO 浓度的变化。使用顶空平衡法测定小瓶中 N_2O 浓度，根据培养周期内 N_2O 浓度的线性变化来计算 N_2O 净生成速率。在用于计算 N_2O 净生成速率的采样期间，DO 浓度的变化不超过其原始浓度的 30%，且 DO 最终浓度一直高于 3.5mg/L。

10.2.5 反硝化过程中 N_2O 生成和还原相关基因的测定

沉积物样品宏基因组 DNA 的提取方法详见 9.2.6 节。利用 qPCR 法估算样品中亚硝酸盐还原酶（*nirS* 和 *nirK*）和一氧化二氮还原酶（*nosZ*）基因的丰度。使用 cd3aF/R3cd 和 F1aCu/R3Cu 分别扩增样品中 *nirS* 和 *nirK* 基因（Throbäck et al.，2004）；利用 nosZ2F/nosZ2R（Henry et al.，2006）和 nosZⅡ-F/nosZⅡ-R（Jones et al.，2013）引物对扩增样品中 *nosZ* Ⅰ和 *nosZ* Ⅱ基因。qPCR 反应体系包括 12.5μL SYBR® Premix Ex Taq™ Ⅱ（TaKaRa，Japan）、0.2μL 牛血清蛋白（bovine serum albumin，TaKaRa）、正/反引物（5μmol/L）各 0.5μL 和 2μL DNA 模板。所有样品按一式三份在 C1000™ Thermal Cycler（BioRad，CA，USA）上进行扩增，扩增程序详见表 10-1。扩增结束后，进行熔解曲线分析，并结合琼脂糖凝胶电泳结果验证扩增产物的准确性和特异性。将用 ddH_2O 代替 DNA 模板的扩增实验作为阴性对照来排除和验证 qPCR 扩增过程中是否存在外来 DNA 污染。使用浓度已知、含有目的基因片段的质粒作为标准物质，按 10 倍梯度进行系列稀释，制作 qPCR 反应的标准曲线。*nirS*、*nirK*、*nosZ* Ⅰ和 *nosZ* Ⅱ的 qPCR 的扩增效率分别高于 85%、90%、86% 和 69%。所有 qPCR 扩增实验标准曲线的线性效果良好，r^2 均大于 0.95。

表 10-1 PCR 扩增引物与扩增条件

参考文献	目的基因	引物	引物序列（5′—3′）	扩增条件
Throbäck et al.，2004	*nirS*	cd3af	GTSAACGTSAAGGARACSGG	(95℃，3min) ×1 (95℃，30s；58℃，40s；72℃，40s) ×40
		R3cd	GASTTCGGRTGSGTCTTGA	
Throbäck et al.，2004	*nirK*	F1aCu	ATCATGGTSCTGCCGCG	(95℃，3min) ×1 (95℃，30s；60℃，30s；72℃，40s) ×40
		R3Cu	GCCTCGATCAGRTTGTGGTT	
Henry et al.，2006	*nosZ* Ⅰ	nosZ2F	CGCRACGGCAASAAGGTSMSSGT	(95℃，3min) ×1 (95℃，30s；60℃，30s；72℃，30s) ×40
		nosZ2R	CAKRTGCAKSGCRTGGCAGAA	
Jones et al.，2013	*nosZ* Ⅱ	nosZⅡ-F	CTIGGICCIYTKCAYAC	(95℃，3min) ×1 (95℃，30s；54℃，45s；72℃，45s) ×40
		nosZⅡ-R	GCIGARCARAAITCBGTRC	

10.2.6 尺度推绎

本研究所用的尺度推绎方法与9.2.8节所述相同。

10.2.7 统计分析

为了探查可能的非线性相互作用，本研究利用 MATLAB R2018b 进行了回归树分析以探究影响 N_2O 溶存浓度的环境变量。回归树分析是一种不基于线性关系的非参数分析方法，并且允许各个环境变量之间存在交互作用。所有数据在回归树的顶端形成一个单独的组，回归树通过重复地将数据划分成两个子组来成长。每个子组都基于解释度划分，这使各个子组尽可能不同。每次进行二分法时，都要评估环境变量的所有值（De'ath and Fabricius，2000）。然后，两个子组再重复相同的二分法过程，直到形成一棵树。初始形成的树需要修剪，避免过度拟合并提高其预测精度。然后再用10倍交叉验证法，并基于"1-SE"原则修剪回归树。这是构建枝杈最少的树的一种简约方法，它的交叉验证相对误差（CVRE）在最小的标准误差范围内。回归树的解释度用 R^2 表示，R^2 描述了回归树的拟合度。同时给出 CVRE，因为它是衡量环境变量的最佳指标（De'ath，2002）。本研究进入回归树模型的环境变量为 DO 饱和度和 NO_3^- 浓度。由于本研究中 CVRE 较高，因此回归树模型仅具有提示性，不能进行准确预测。

10.3 N_2O 溶存浓度和通量的时空分布

采样周期内所有采样点水体的 N_2O 浓度相对于大气浓度都处于过饱和状态（饱和度为117.9%~242.5%，n=342，来自114个站点）。溶解性 N_2O 浓度在10.2～18.9 nmol/L波动，平均值为（12.4±1.7）nmol/L，仅为全球均值（37.5 nmol/L）的1/3（Hu et al.，2016）。春季 N_2O 溶存浓度显著高于秋季和夏季（P<0.001，图10-1）。尽管4个流域间包括冻土比例和人口密度在内的流域属性存在差异（表10-2），但4条河流间 N_2O 溶存浓度并无显著差异（图10-1）。

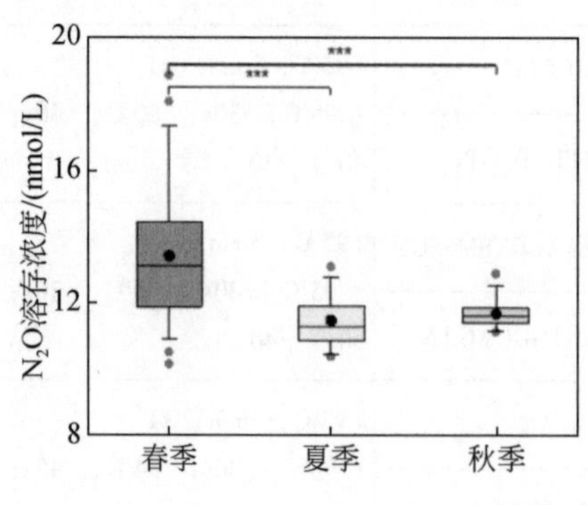

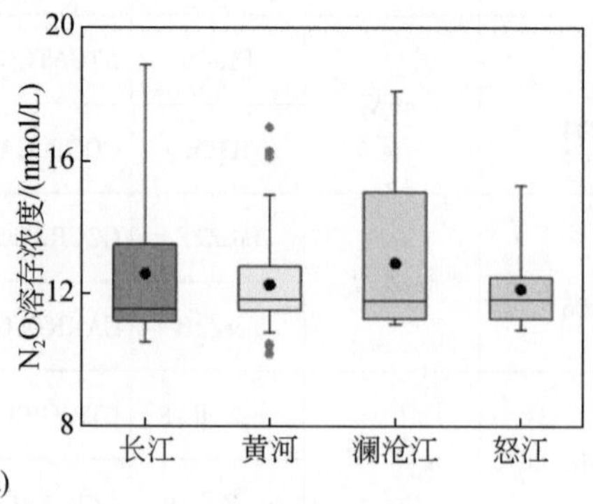

(a)

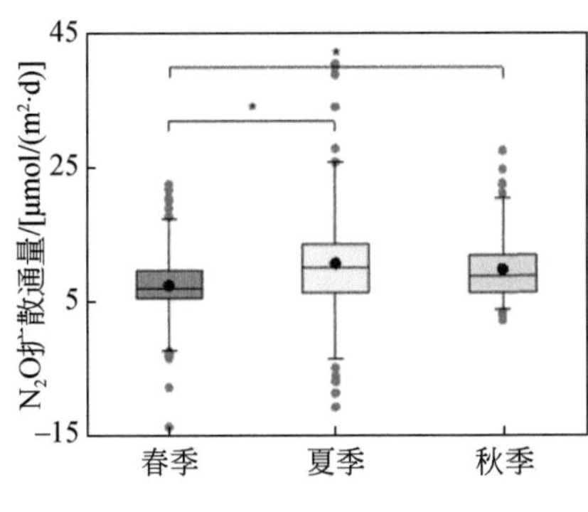

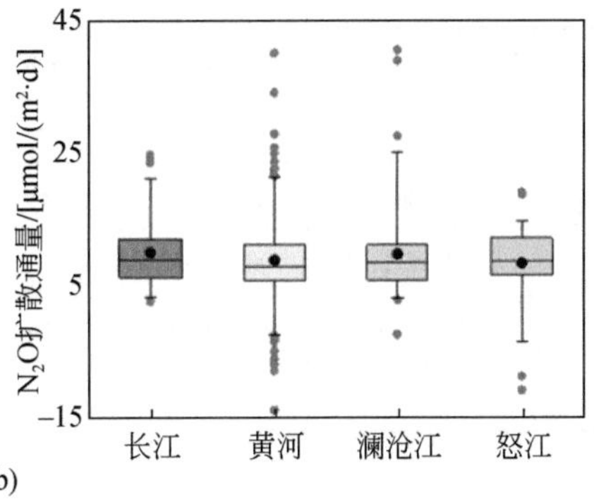

(b)

图 10-1　N_2O 溶存浓度和扩散通量的时空分布

箱线图中箱体上下分别代表 25% 和 75% 分位数。箱体中黑圈和黑线分别为平均值和中位数，灰色点为离群值。进行单因素方差分析和 Turkey 两两检验来进行任两组间差异的显著性比较（ * $P<0.05$； ** $P<0.01$； *** $P<0.001$）

表 10-2　青藏高原东部江河特性

项目		长江	黄河源区上游	怒江	澜沧江	黄河源区下游
流域面积/km²		216 108	193 016	143 255	106 996	76 995
流域平均海拔/m		3 935	3 842	3 385	3 312	2 425
冻土覆盖面积/km²		205 735	140 130	87 959	56 264	16 400
冻土比例/%		95.2	72.6	61.4	52.6	21.3
植被覆盖面积/km²		184 988	154 220	87 099	60 667	18 941
植被比例/%		85.6	79.9	60.8	56.7	24.6
荒地面积/km²		9 295	4 878	11 904	3 072	966
荒地比例/%		4.3	2.5	8.3	2.9	1.3
人口总量/10^4 人		28.8	20.1	36.2	39.3	65.0
人口密度/km^{-2}		1.3	1.3	2.5	3.7	8.4
平均气温/℃		1.4	1.2	7.1	6.4	5.1
平均降水/mm		1 855.8	2 768.3	2 102.3	1 619.3	1 541.7
春季		609.3	858.9	745.5	491.7	436.4
夏季		718.3	1 086.0	845.2	709.4	792.7
秋季		528.2	823.4	511.6	418.2	312.6
江河理化性质(均值±标准差)	DOC/(mg C/L)	7.18±3.26	5.34±2.08	4.42±2.61	4.52±1.94	5.24±2.35
	DIN/(mg N/L)	0.62±0.22	0.44±0.23	0.47±0.23	0.59±0.19	0.71±0.51
	TP/(mg/L)	0.25±0.36	0.12±0.14	0.23±0.23	0.14±0.12	0.25±0.43

续表

项目		长江	黄河源区上游	怒江	澜沧江	黄河源区下游
江河理化性质(均值±标准差)	pH	8.22±0.16	8.34±0.20	8.37±0.17	8.22±0.12	8.40±0.16
	DO/(mg/L)	6.87±0.89	6.87±0.68	7.13±0.89	6.97±0.67	7.59±0.61
	EC/(μS/cm)	1003.8±784.5	277.2±202.5	486.5±194.2	227.2±194.7	398.8±98.2
	ORP/mV	150.8±26.0	151.7±56.2	139.1±31.6	140.4±21.2	154.0±98.8
	水温/℃	12.3±3.5	12.1±3.4	14.6±2.6	13.6±3.1	13.4±3.1

青藏高原东部河流 N_2O 扩散通量以正向排放为主（到大气），范围为-14.0 ~ 40.6μmol/(m^2·d)，平均值为（9.4±6.2）μmol/(m^2·d)（114 个采样站点的 436 个样本）。这比全球江河平均 N_2O 扩散通量低一个数量级［94.3μmol /(m^2·d)］（Hu et al., 2016）。N_2O 扩散通量在夏、秋季相近，且两者均显著高于春季（$P<0.05$）。浓度和通量之间季节变化模式的不同步可能与水温和降水的季节变化有关。春季（冰冻季节）较低的水温提高了气体溶解度，从而导致水体中 N_2O 溶存量较大。与之相比，夏季较高的水温致使 N_2O 溶解度降低，水体更容易呈现过饱和状态。在此条件下，输移到河道中或生成的 N_2O 更易从水体迁移至大气中。此外，夏季是青藏高原的降水高峰期，更多的径流输入也会通过物理稀释作用、增强的水-气交换和沉积物-水接触面的降低进一步使河道中 N_2O 的浓度降低。与 N_2O 溶存浓度一致，4 个流域 N_2O 的扩散通量间亦无显著差异。

在江河系统的研究中极少有 N_2O 冒泡通量的记载，即使有相关报道，也是随 CH_4 冒泡偶尔发现的（Baulch et al., 2011a）。青藏高原东部广泛分布的冻土储存有大量有机碳，在外加河流较浅和大气压低的条件下，该区域溪流是 CH_4 冒泡释放的重要热点区域（Zhang et al., 2020）。本研究推测在这些 CH_4 的冒泡释放过程中同时会携带 N_2O。青藏高原东部河流 N_2O 的平均冒泡通量为（0.74±2.47）μmol /(m^2·d)，占所有采样点 N_2O 总通量（扩散+冒泡释放）的 4.1%±11.9%。尽管有较高的冒泡释放潜力，但包含冒泡通量后，青藏高原东部河流 N_2O 的平均总通量［（10.2±7.1）μmol /(m^2·d)］仍比全球江河 N_2O 平均扩散通量低 9 倍（表 10-3）。

表 10-3　青藏高原东部江河与世界各地江河的 N_2O 数据库

纬度/(°N)	国家/地区	江河	N_2O 浓度	N_2O 通量/[μmol/(m^2·d)] 扩散	N_2O 通量/[μmol/(m^2·d)] 冒泡	$EF_{5r}=\frac{N_2O\text{-}N}{NO_3^-\text{-}N}$/%	文献
<24	亚撒哈拉	非洲诸河	9.2nmol/L	13.0	—	—	Borges et al., 2015
		刚果河	7.9nmol/L	22.0	—	0.28	Borges et al., 2019
	肯尼亚	马拉河	18.2nmol/L	13.7	—	0.045	Mwanake et al., 2019
	马来西亚	马来西亚诸河	11.7nmol/L	21.3	—	0.096	Bange et al., 2019; Müller et al., 2016

续表

纬度/(°N)	国家/地区	江河	N_2O			$EF_{5r}=\frac{N_2O\text{-}N}{NO_3^-\text{-}N}$/%	文献
			浓度	通量/[μmol/(m²·d)]			
				扩散	冒泡		
24 ~ 54	南亚	阿达河	26.5nmol/L	21.0	—	0.26	Nirmal Rajkumar et al., 2008
		狮泉河—印度河	0.21μatm	4.6	—	—	Qu et al., 2017
	中国	九龙江	59.1nmol/L	13.5	—	0.024	Chen et al., 2015
		乌江	33.3nmol/L	15.3	—	0.16	Liang et al., 2019
		脱甲河	58.0nmol/L	15.3	—	0.077	Qin et al., 2019
		重庆河网	113.8nmol/L	261.6	—	0.47	He et al., 2017
		上海河网	—	68.2	—	—	Yu et al., 2013
		雅鲁藏布江	13.3nmol/L	5.7 ~ 13.2	—	0.17	Ye et al., 2019
		长江（平原河段）	15.9nmol/L	12.1	—	0.04	Yan et al., 2012
		黄河（平原河段）	22.4nmol/L	42.6	—	0.026	未出版数据
		青藏高原东部江河	12.4nmol/L (0.34μatm)	9.1	0.74	0.17	本研究
	英国	瑟恩河上游	82.3nmol/L	129.8	—	0.27	Outram and Hiscock, 2012
		文瑟姆河，伊顿河、埃文河	51.7nmol/L	50.0	—	0.024	Cooper et al., 2017
	法国	塞纳河	36.8nmol/L	69.9	—	0.019	Garnier et al., 2009; Marescaux et al., 2018
	比利时	默兹河	42.9nmol/L	—	—	0.37	Borges et al., 2018
	新西兰	LII 河	46.9nmol/L	96.7	7.9μL/L	0.033	Clough et al., 2006, 2007
		阿什伯顿河	12.3nmol/L	14.6 ~ 27	—	0.06	Clough et al., 2011
	美国	圣华金河	32.5nmol/L	8.1 ~ 318.9	—	0.28	Hinshaw and Dahlgren, 2013
		美国中西部玉米种植区河流	—	0.03 ~ 49.7	—	—	Turner et al., 2015
		哈得孙河	0.58μatm	5.5	—	—	Cole and Caraco, 2001
		卡拉马祖河	28.9nmol/L	30.2	—	0.20	Beaulieu et al., 2008
		兰普雷河	0.8μatm	46.8	—	—	Schade et al., 2016
		密西西比河上游	—	0.72	—	—	Turner et al., 2016
		72 条源头河流	—	31.7	—	0.75	Beaulieu et al., 2011
		伊利诺伊州农业溪流	71.4	102.9	—	—	Davis and David, 2018

续表

纬度/(°N)	国家/地区	江河	N_2O			$EF_{5r}=\frac{N_2O\text{-}N}{NO_3^-\text{-}N}$/%	文献
			浓度	通量/[μmol/(m²·d)]			
				扩散	冒泡		
>54	瑞典	低级河流	50.0	141.5	—	0.63	Audet et al., 2020; Audet et al., 2017
	加拿大	格兰德河	—	-35～4200	—	—	Rosamond et al., 2012
		魁北克江河	5.9	9.4	—	0.86	Soued et al., 2016
		安大略溪流	—	-3.2～776	<0.004	—	Baulch et al., 2011a; Baulch et al., 2011b
全球江河			37.5	94.3	—	0.17	Hu et al., 2016

10.4 控制 N_2O 动力学的陆地过程

无机氮的可利用性往往是决定冻土区土壤（Voigt et al., 2020）和河流（Quick et al., 2019）中 N_2O 产生和排放速率的主要因素。在青藏高原，从融化的冻土和动物粪便中释放的溶解态氮可以被植物吸收（Keuper et al., 2012；Kou et al., 2020；Liu et al., 2018），或者被输送到河道中。由于该地区的植物生长受到 N 的限制（Kou et al., 2020），因此本研究推测地表植被覆盖面积的增加将导致植物对陆地氮的吸收增加，从而在一定程度上降低溪流和河流中陆源 N 的输入以及水体中 N 的最终浓度。相关性分析表明，青藏高原河流 DIN 浓度随植被覆盖面积的增加而显著降低［图 10-2（a）］。进一步利用归一化植被指

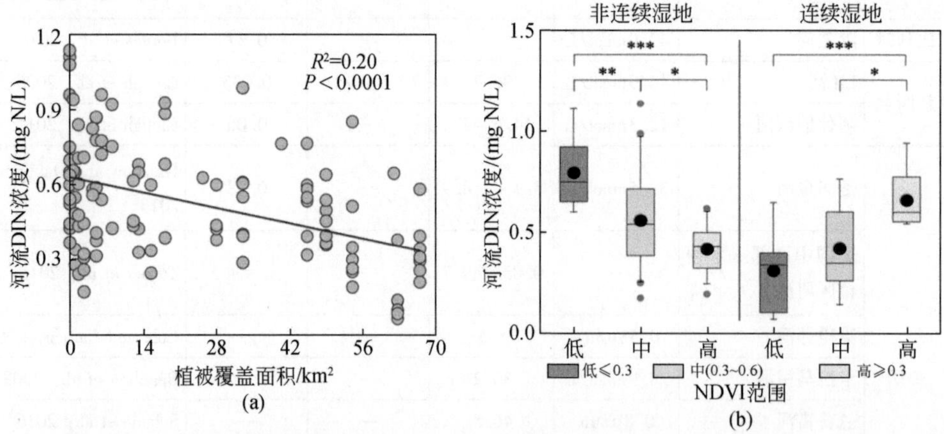

图 10-2　植被覆盖对河流 DIN 浓度的影响：（a）冻土区采样点植被覆盖面积和河流 DIN 浓度之间的相关性（红线表示基于线性回归对观测数据的拟合）；（b）不同季节连续和非连续冻土区不同 NDVI 区间（≤0.3；0.3～0.6；≥0.6）内的河流 DIN 浓度

Tukey 单因素方差分析：* P<0.05；** P<0.01；*** P<0.001；箱线图上下边界分别代表第 25 百分位数和第 75 百分位数，须条边界表示第 5 百分位数和第 95 百分位数；箱体内黑色圆圈和水平线分别表示平均值和中位数，灰色圆圈是离群值；植被覆盖面积和 NDVI 均为围绕采样点半径 5km 以内区域的平均值

数（normalized difference vegetation index，NDVI）来衡量植物对氮的吸收。发现在非连续冻土区，NDVI 高的站点河流 N 含量较低，这符合本研究提出的在植被生产力和绿度较高的地区，植被对河流氮素的有效性影响较大的假设［图 10-2（b)］。相比之下，在连续冻土区，NDVI 高的地点河流却具有较高的 DIN 浓度，这表明无论季节如何，陆地 N 都足以支持植物的生长和相关生产力，而且很可能超过了植物群落对 N 的需求（Salmon et al., 2018)。正因如此，多余的 DIN 被输送到河流中；陆源 N_2O 也会与 DIN 一起被输送到周围河流中。某些采样站点较高的 N_2O 浓度可能源自陆地 N_2O 的直接输入和/或更多的 DIN 输入促进了 N_2O 在河道中的生成。不管怎样，青藏高原人为 N 输入本来就少，经植物吸收后，从陆地输送到河流的 N 就更少。青藏高原河流中 DIN 浓度［（0.54±0.30）mg N/L］处于全球河流报道范围（0.002～21.2mg N/L）(Hu et al., 2016）的低值水平，并且波动较小。青藏高原河流较低的 N_2O 浓度和通量与其可利用 N 含量较低相一致。

10.5 控制 N_2O 动力学的生物化学地球过程

基于环境变量的简单线性回归并不能有效地预测河流 N_2O 浓度［$R^2 \leqslant 0.1$，其中 DO（$P>0.05$，$R^2=0.004$）和 NH_4^+ 浓度（$P<0.001$，$R^2=0.1$)］（表 10-4）。然而，本研究发现当水体中 DO 呈不饱和状态时（即 DO 饱和度 <100%），NO_3^- 和 N_2O 浓度之间存在极强的正相关性［图 10-3（a)］。回归树分析证实了这一结果：DO 饱和度被确定为控制河流中 N_2O 浓度的首要因素，当 DO 饱和度<100% 且 $NO_3^- \geqslant 0.58$mg N/L 时，河水中 N_2O 浓度最高［图 10-3（b)］。与 NO_3^- 和 N_2O 浓度间的简单线性回归（$R^2=0.23$）相比，回归树分析对 N_2O 浓度变异具有更好的解释力（$R^2=0.56$)。当 DO 饱和度≥100% 时，N_2O 浓度较低，且与 NO_3^- 相关性较弱［图 10-3（a)］。这表明此时的 N_2O 可能来源于河道表层斑块沉积物。尽管水体中有大量的 O_2，但这些沉积物斑块仍能维持缺氧-厌氧状态；或该部

表 10-4　基于环境变量对 N_2O 浓度的简单线性回归

环境变量	R^2	P	相关属性
气压	0.02	>0.05	+
水温	0.02	>0.05	-
pH	0.004	>0.05	+
DO	0.004	>0.05	-
DO 饱和度	0.2	<0.001	-
DOC	0.03	0.049	-
NH_4^+	0.1	<0.001	+
NO_3^-	0.23	<0.001	+
lg TP	0.07	0.004	+

注：+代表正相关；-代表负相关。

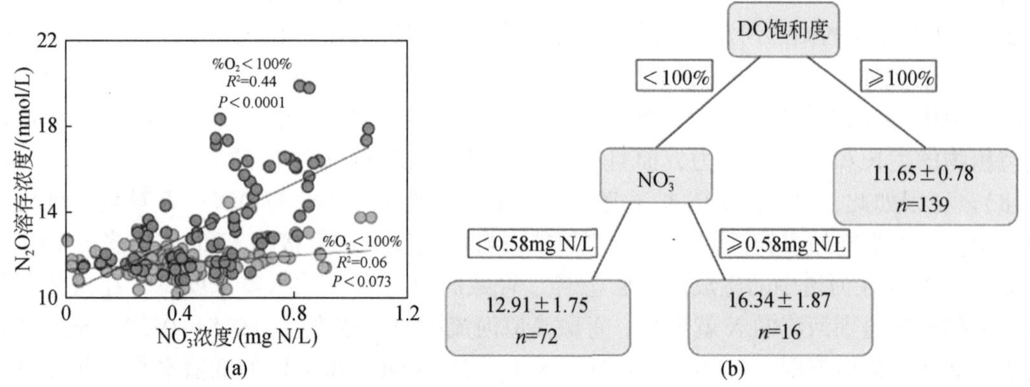

图 10-3 河水溶存 N_2O 浓度与其他环境变量的关系：(a) 过饱和溶解氧（蓝圈）和不饱和溶解氧（红圈）样品的 N_2O 浓度与 NO_3^- 浓度的函数关系；(b) 描述青藏高原东部河流中 N_2O 浓度预测因子的回归树

进入模型的参数为 DO 饱和度和 NO_3^- 浓度；每个终端节点末端的数值表示 N_2O 浓度（nmol/L± 1 SD）和观测数量（n）；交叉验证相对误差为 1.70±0.02，R^2 为 0.56；所有误差线代表±1SE

分 N_2O 来源于外部输入（包括多年冻土土壤、中间径流和地下水上涌携带的溶解 N_2O 输入等）(Beaulieu et al.，2011)，其维持了河流呈过饱和的 N_2O 浓度，但其浓度普遍不高。无论 N_2O 的具体来源如何，这一结果表明青藏高原东部河流中富氧水体的广泛分布 (61%样品) 使得河道中缺氧-厌氧环境的分布受到约束，进而限制了河流反硝化生成 N_2O 的量。

排放因子（$EF_{5r}=N_2O\text{-}N/NO_3^-\text{-}N$）反映了水体中 NO_3^- 转化为溶存 N_2O 的能力。青藏高原东部江河 EF_{5r} 的均值（0.17%）低于全球江河的均值（0.22%）（Hu et al.，2016）(表 10-3)，也低于政府间气候变化专门委员会（IPCC）的缺省值（0.25%），这表明相比于其他地区河流，青藏高原东部江河中只有很少一部分 NO_3^- 转化为溶存 N_2O。基于本研究的回归树分析结果和各研究之间排放因子的差异也证实了以往研究的结论——与 NO_3^- 建立的简单线性模型不能有效预测实际的 N_2O 排放（Rosamond et al.，2012；Venkiteswaran et al.，2014），因为河流 N_2O 排放量并不总会随 NO_3^- 浓度的增加而增加。为此，本研究认为 IPCC 应对其方法进行修订，需要考虑多种环境变量之间的非线性关系或相互作用对 N_2O 排放预测的影响。

10.6 控制 N_2O 动力学的微生物过程

N_2O 的产率，即 $\Delta N_2O/(\Delta N_2O+\Delta N_2)\times100\%$，是反映江河中 N_2O 净生成的重要指标。青藏高原东部江河 N_2O 产率的均值为 0.23%，范围是 0.003%~0.87%，比世界其他江河低一个数量级（均值 1.23%，范围 0.04%~7.00%；表 10-5），表明青藏高原东部江河中氮素更倾向于转化为 N_2 而不是 N_2O。实验室沉积物 N_2O 净生成速率实验显示在没有外源氮输入时，2/3 采样点的 N_2O 被还原为 N_2（表 10-6）。青藏高原东部江河 N_2O 产量低可能与充足的有机碳供应相关。除提供氮源外，冻土融化也为青藏高原东部江河提供了大量生物可利用性碳源（Quick et al., 2019），这可能促进 N_2O 向 N_2 的转化。

表 10-5 青藏高原东部江河与世界各地江河的 N_2O 产率比较 （单位:%）

江河	N_2O 产率		文献
	均值	范围	
长江安徽段	0.82	0.51 ~ 1.12	Yan et al., 2012
黄河（平原河段）	1.13	0.06 ~ 6.24	未出版数据
美国源头河流	0.9	0.04 ~ 5.6	Beaulieu et al., 2011
查普唐克河、楠蒂科克河	2.60	0.48 ~ 6.11	Gardner et al., 2016
蒂珀卡努河	0.94	0.78 ~ 1.1	Dee and Tank, 2020
塞纳河	1.5	≤7.0	Billen et al., 2020
英国河口	0.7	0.52 ~ 0.77	Dong et al., 2006
青藏高原东部江河	0.23	0.003 ~ 0.87	本研究

表 10-6 黄河沉积物 N_2O 净生成速率

项目	站点	实验室 F_{N_2O} /[μmol/(m² · d)]	原位 F_{N_2O} /[μmol/(m² · d)]	贡献/%
干流	MD	-1.45	13.44	-10.8
	DR	-0.76	8.77	-8.7
	MT	22.14	10.83	204.4
	MQ	17.06	18.56	91.9
	JG	-0.69	8.85	-7.8
	TNH	-1.24	9.90	-12.5
支流	RQ	-0.62	14.06	-4.4
	JZ	-1.37	9.14	-15.0
	TK	0.04	7.08	0.6

本研究进一步测定了反硝化过程中与 N_2O 产生和消耗相关基因的丰度，以揭示青藏高原东部江河 N_2O 产率较低的内在微生物机理。产生 N_2O 的关键酶是两种亚硝酸盐还原酶（*nirS* 和 *nirK*）（Zumft, 1997）；N_2O 的消耗则由Ⅰ和Ⅱ簇 N_2O 还原酶（*nosZ*）所介导，它们将 N_2O 催化还原为 N_2（Hallin et al., 2018）。(*nirS*+*nirK*)/*nosZ* 高意味着体系生成 N_2O 的能力较强，进而导致水中 N_2O 溶存浓度较高。青藏高原东部江河沉积物（*nirS*+*nirK*)/*nosZ* 仅为 1.96，远低于世界其他江河均值（24.3，范围为 2.16 ~ $3.24×10^6$；表 10-7），说明青藏高原东部江河 N_2O 的产率低具有微生物学诱因。此外，本研究还发现（*nirS*+*nirK*)/*nosZ* 与 DO 饱和度存在负相关关系（图 10-4），表明随着 DO 饱和度的升高，微生物群落越来越倾向于将 N_2O 还原为 N_2（Rees et al., 2021）。这种负相关关系的建立主要基于 *nir*（*nirS*

+*nirK*）基因随 DO 饱和度升高而显著降低，实际上 *nos*（*nosZ* Ⅰ和 *nosZ* Ⅱ）基因随 DO 饱和度无明显变化。已有研究发现许多反硝化菌的 *nos* 基因在 DO 饱和度>100%时仍能保持转录和代谢活性，其对氧气的耐受程度有时甚至会超过 *nir* 基因（Korner and Zumft，1989；Qu et al.，2016）。

表 10-7 青藏高原东部江河沉积物与世界各地江河的 *nir* 和 *nos* 丰度汇总信息

江河	功能基因丰度/(copies/g dw)				比值		文献
	nirS	*nirK*	*nosZ* Ⅰ	*nosZ* Ⅱ	(*nirS*+*nirK*)/*nosZ* Ⅰ	(*nirS*+*nirK*)/*nosZ*	
珠江	1.66×10^8	7.12×10^8	8.05×10^8	—	21.5	21.5	Huang et al.，2011
南淝河	3.6×10^8	8×10^7	1.3×10^8	—	3.38	3.38	Zhang et al.，2019
多摩川	3.31×10^5	3.80×10^5	3.10×10^5	1.9×10^4	2.29	2.16	Thuan et al.，2018
奥兰滕吉河	1.43×10^9	2.1×10^8	3×10^7	—	54.7	54.7	Ligi et al.，2014
德巴河	9.17×10^{11}	6.95×10^9	2.93×10^5	—	3.24×10^6	3.24×10^6	Martínez-Santos et al.，2018
罗纳河	2.4×10^7	2×10^6	0.1×10^7	7×10^6	26.0	3.25	Mahamoud Ahmed et al.，2018
加龙河	5.2×10^9	6.3×10^9	7.2×10^8	—	16.0	16.0	Lyautey et al.，2013
青藏高原东部江河	6.32×10^7	2.60×10^7	4.44×10^7	1.1×10^6	2.01	1.96	本研究

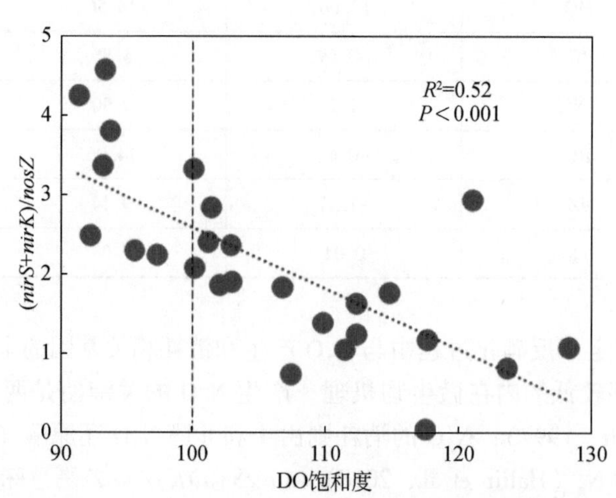

图 10-4 （*nirS*+*nirK*）/*nosZ* 与 DO 饱和度的相关性

10.7 控制 N_2O 动力学的物理化学过程

为分析 N_2O 通量（F_{N_2O}）的潜在控制因素，本研究采用逐步回归分析方法评估了 F_{N_2O} 与已知影响 F_{N_2O} 的多个环境变量之间的关系。结果表明，DO 饱和度、pH、水温、TP 和 NO_3^- 与 F_{N_2O} 均存在显著但较弱的相关关系（$P<0.05$，$R^2=0.14$；表 10-8）。

表 10-8　基于环境因素对 N_2O 通量的逐步回归分析结果

环境变量	未标准化参数		标准化参数	t	显著性水平
	回归系数	标准误	回归系数		
DO 饱和度	-0.150	0.028	-0.259	-5.352	<0.001
pH	3.078	0.721	0.202	4.270	<0.001
水温	0.235	0.072	0.155	3.271	0.001
TP	-1.491	0.560	-0.132	-2.665	0.008
NO_3^-	2.569	1.113	0.112	2.308	0.022
常量	-6.369	6.938		-0.918	0.359

局部水文地貌是 F_{N_2O} 变化趋势的可靠预测因子，至少可以定性预测 F_{N_2O} 的变化趋势。在河流网络中，F_{N_2O} 在 3 级（源头）河流中最高，在 4 级和 5 级（中等）河流中下降，在 6 级和 7 级（大）河流中略有上升［图 10-5（a）］。3～5 级河流 N_2O 通量的下降可能是河流湿周与截面面积之比和水流交换率（地表水与河道下面及河道两侧地下水之间溶解物质的交换率）随河流等级增加而减少所致（Alexander et al.，2000；Gomez-Velez and Harvey，2014；Marzadri et al.，2017）。而 6 级和 7 级河流 N_2O 通量的增加可能受河流中 DIN 浓度的增加影响［图 10-5（b）］。此外，青藏高原东部江河悬浮颗粒物浓度随河流等级的增加而升高（Zhang et al.，2020），悬浮颗粒物浓度的增加也会促进河流中 N_2O 的生成

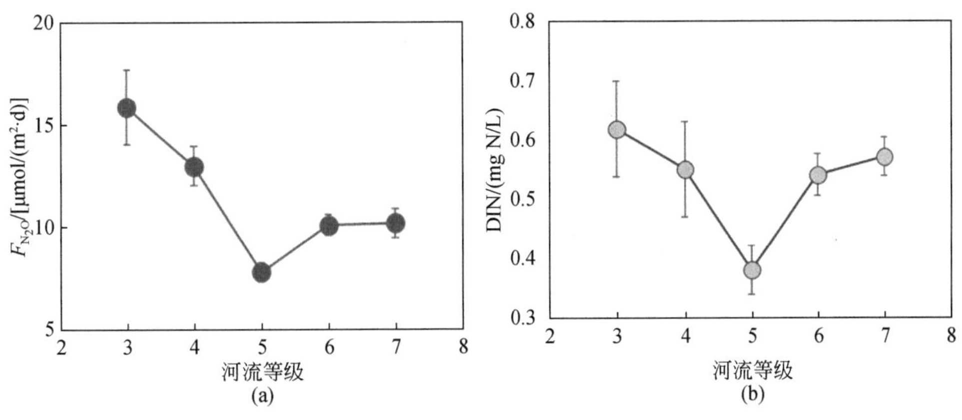

图 10-5　青藏高原东部江河 N_2O 通量和 DIN 含量与河流等级的关系

(Marzadri et al., 2017), 因为悬浮颗粒物会提供上覆水体 N 转化的微生态位 (He et al., 2017), 从而为水体中 N_2O 的生成提供条件。

10.8 青藏高原江河 N_2O 排放的区域和全球重要性

根据通量的实测数据，本研究估计青藏高原东部 3 ~7 级江河 N_2O 排放量为 0.206Gg N_2O-N/a (95% 置信区间为 0.129 ~0.291Gg N_2O-N/a，河道面积为 2603km^2)。这一排放估算量并未考虑 1 ~2 级河流。然而，以往研究发现 1 ~2 级河流的单位面积 N_2O 排放通量远高于其他等级河流 (Marzadri et al., 2017; Turner et al., 2015)。低级河流与周边冻土连通性极强，导致其 DIN 浓度通常较高；此外低等级河流通常位于高海拔地区，其饱和 N_2O 浓度较低；二者综合作用下 1 ~2 级河流 N_2O 排放通量通常较高。据此，将图 10-5 (a) 中的关系式外推，预计青藏高原东部 1 ~7 级江河 N_2O 的排放总量为 0.275Gg N_2O-N/a (95% 置信区间为 0.162 ~0.400Gg N_2O-N/a，河道面积为 3049km^2)。

由于缺乏 1 ~2 级河流河道面积的实测数据，上述尺度推绎存在很大的不确定性。为减少 1 级和 2 级河流总河道面积估计的不确定性，本研究同时利用 Google 地图提取和调查等方式获取了高原东部源头河网中 3 ~7 级河流的宽度。此外，本研究假定利用 GIS 提取到的河流长度基本不会变化，且该过程产生的误差不会对尺度推绎产生显著影响。基于上述方法，预估 1 级河流宽度为 1.78m，这与 Downing 等 (2012) 的报道结果相似，但却大于 Allen 等 (2018) 的报道结果。这可能是因为青藏高原东部河流往往通过变宽而不是变深来适应高河流流量，分析发现青藏高原东部江河的河道宽/深值 (>60) 大于大部分河流 (Zhang et al., 2020)。

虽然此尺度推绎存在不确定性，但尺度上推结果能够为区域 N_2O 收支和全球江河 N_2O 排放估算提供参考。以 CO_2 当量计，青藏高原东部 3 ~7 级江河的 N_2O 排放量占 3 种温室气体排放量 ($CO_2+CH_4+N_2O$) 的 1.0%，1 ~7 级江河的 N_2O 排放量占比则下降为 0.4%，落在北方江河的范围以内 (0.2%~1.2%)(Borges et al., 2019; Soued et al., 2016)。这一占比明显低于受人类活动影响的江河，其 N_2O 排放比例高达 6.8%，范围为 2.8%~13.9% (表 10-9)，反映出化肥或废/污水中氮的输入促进了 N_2O 的排放。以单位河道面积和单位流域面积表示，青藏高原东部 3 ~7 级江河的 N_2O 排放量分别为 0.08t N_2O-N /(km^2 · a) 和 0.32kg N_2O-N /(km^2 · a)，比世界江河低一个数量级 [0.65t N_2O-N /(km^2 · a) 和 2.44kg N_2O-N /(km^2 · a)；表 10-8]。将这一标准化的排放速率应用于青藏高原冻土区的 1 ~7 级江河，得到 N_2O 排放量为 0.432 ~0.463Gg N_2O-N/a。青藏高原江河占世界江河面积的 0.7%，而其 N_2O 排放量小于世界江河排放量的 0.16%，说明青藏高原江河 N_2O 的排放量很低。而且，青藏高原江河 N_2O 的这一排放量仍存在高估的可能。冬季河冰下累积的 N_2O 将在次年初春融冰时逸出，这一排放量约为全年排放量的 15% (Soued et al., 2016)。上述估算中已经包含了冬季排放量，但是由于冬季冻土处于冰封状态，河道内的陆源氮输入非常低 (Cavaliere and Baulch, 2018)，因此冬季排放在冻土江河中极其有限。第 9 章结果显示这些冻土区江河释放大量 CH_4，但幸运的是，它们目前是向大气输送 N_2O 的弱源，这表明在这些系统中，CH_4 和 N_2O 的动态变化并不耦合。

表 10-9　青藏高原东部江河与世界其他江河的单位河道/流域面积 N_2O 排放量

江河	河道面积/km^2	流域面积/$\times10^4 km^2$	N_2O 排放量/($Gg\ N_2O\text{-}N/a$)	单位河道面积/[$t\ N_2O\text{-}N/(km^2 \cdot a)$]	单位流域面积/[$kg\ N_2O\text{-}N/(km^2 \cdot a)$]	N_2O 在温室效应气体中排放比例/%	文献
刚果河*	23 209	370. 5	5. 16	0. 22	1. 39	0. 2	Borges et al., 2019
马来西亚诸河	790	6. 06	0. 35	0. 44	5. 78	4. 6	Bange et al., 2019; Wit et al., 2015
阿达河	6. 9	0. 05	1.53×10^{-3}	0. 22	2. 89	7. 2	Nirmal Rajkumar et al., 2008; Panneer Selvam et al., 2014
永安河	—	0. 25	6.56×10^{-3}	—	2. 65	—	Hu et al., 2021
上海河网	570	—	0. 29	0. 51	—	2. 8	Yu et al., 2013, 2017
北京河网	216	—	0. 14	0. 65	—	13. 9	Wang et al., 2021a, 2021b
塞纳河	283	7. 17	0. 24	0. 85	3. 35	4. 9	Garnier et al., 2009; Marescaux et al., 2018
拉比特河	3. 6	0. 07	1.09×10^{-3}	0. 30	1. 56	—	Beaulieu et al., 2008
格兰德河	—	0. 68	0. 01	—	1. 37	—	Rosamond et al., 2012
瑞典低等级河流	697	—	1. 78	2. 55	—	7. 5	Audet et al., 2020; Wallin et al., 2018
魁北克江河*	1 445	20. 4	0. 11	0. 08	0. 55	1. 2	Hutchins et al., 2020; Soued et al., 2016
青藏高原东部 3 ~ 7 级河流*	2 603	73. 6	0. 21	0. 08	0. 28	1. 0	本研究; Zhang et al., 2020a
青藏高原东部 1 ~ 7 级河流*	3 049		0. 28	0. 09	0. 37	0. 4	
青藏高原 1 ~ 7 级河流*	5 141	116. 7	0. 43 ~ 0. 46	0. 09	0. 37	—	

* 河流为原始河流；其他河流为人类影响河流。

尽管青藏高原河流 N_2O 排放通量较小，但现有的全球估算并没有包含这种类型河流的 N_2O 排放量；同时，在这些系统中人们对控制 N_2O 动态的主要驱动因素也知之甚少。作者团队的研究在量化冰冻圈河流 N_2O 释放方面取得了一定的进步，并揭示了高海拔环境中 N_2O 浓度和通量的独特动态性质。本研究发现，DO 饱和度是 N_2O 浓度的首要驱动因素，这可能对研究其他高海拔河流 N_2O 的动态具有重要参考意义。

10.9 气候变化下未来冻土河流 N_2O 的排放

在全球气候变暖背景下，高海拔和高纬度地区的气温上升速度比其他地区更快（Pepin et al.，2015）。随着气候持续变暖，永久冻土的融化速率会增加，其融化深度可能超过植物根际深度，导致冻土融化释放出大量溶解态 N 不能被植物吸收（Voigt et al.，2020），从而促使更多的 N 通过深层地下水流动通道输出到河流中（Harms and Jones，2012；Khosh et al.，2017；Vonk et al.，2015）。同时，较高的水温降低了气体的溶解度，导致 DO 浓度降低；此外升温会以降低厌氧氨氧化速率为代价增强反硝化作用（Tan et al.，2020），将更多的 N 导向反硝化作用，进而导致 N_2O 生成量和释放量增加（图 10-6）。此外，冰冻圈无冰季节的持续时间正在迅速增加（Yang et al.，2020），未来将会继续增加，这表明河流 N_2O 排放量将会进一步增加。此外，人类的扰动可能会给冰冻圈带来额外的 N 输入，进而加剧这些影响。综上所述，这些过程可能使全球各地冻土区的溪流和河流未来成为向大气中排放 N_2O 的热区。由于气候变化和人为影响的加剧，河流中 N_2O 的产量增加，有可能导致非碳气候正反馈达到目前未预料到的程度。在本研究中观测到的河流 N_2O 的时空变化可能存在于其他未探测的冰冻圈中。除了测定 N_2O 之外，了解冰冻圈水生生态系统中冻融 N 的命运对于将各种途径和过程拼接成一个整体框架是必不可少的。在如今全球气候变暖的背景下，学者应致力于探究冰冻圈水生生态系统 N_2O 排放量对全球 N_2O 排放总量的贡献，以及研究在逐渐变暖的高海拔和高纬度地区这种贡献将如何改变。

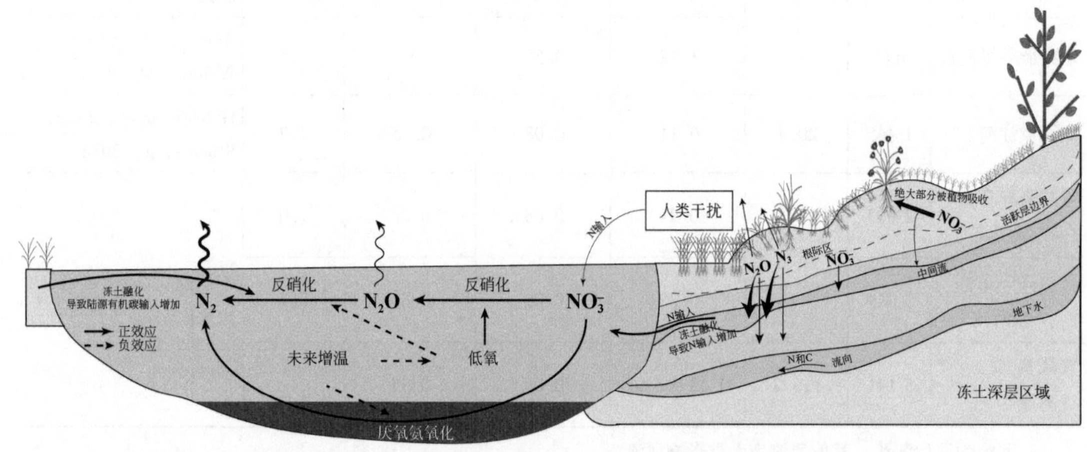

图 10-6 气候变暖背景下河流 N 和/或 N_2O 潜在转变过程和通路的概念模型

未来气候变暖和永久冻土融化，加上人类干扰的增强，将增加陆地系统对周围河流网络的 N 输入；气候变暖还会提高水温（橙色），通过反硝化作用促进 N_2O 的生成，同时抑制 N_2O 还原为 N_2，最终导致 N_2O 排放通量升高

10.10 本章小结

冻土储存了大量休眠的氮，气候变暖时这些氮可以进入河网降解为 N_2O，但冻土氮素

如何通过水体向大气释放 N_2O 尚未明确。融化的冻土土壤能以非常高的速率向大气排放 N_2O，但青藏高原冻土江河却是 N_2O 弱源，其平均扩散排放速率为（9.1±6.5）μmol/(m^2·d)，比世界均值低一个数量级。这是因为陆源氮输入有限，加之（*nirS*+*nirK*)/*nosZ* 很小，致使河道内 N_2O 产率很低。回归树分析表明，当江河上覆水体中 DO 不饱和（DO 饱和度 <100%）时，NO_3^- 才是影响 N_2O 溶存浓度的重要因子。低等级和高等级河流的 N_2O 通量较高，中等级（5 级）河流的 N_2O 通量最低。本研究估算青藏高原冻土区江河的 N_2O 排放量为 0.432 ~0.463Gg N_2O-N/a，小于世界江河排放量的 0.16%，而青藏高原江河占世界江河面积的 0.7%，说明青藏高原江河 N_2O 的排放量很低。然而在不久的将来，随着冻土活跃层的逐渐加深、水温的升高以及无冰期的延长，这三重效应可能使冻土江河从 N_2O 弱源转变为强源，进而激化冻土的非碳反馈，加剧气候变暖。

参 考 文 献

Abbott B W, Jones J B, Godsey S E, et al. 2015. Patterns and persistence of hydrologic carbon and nutrient export from collapsing upland permafrost. Biogeosciences, 12 (12): 3725-3740.

Alexander R B, Smith R A, Schwarz G E. 2000. Effect of stream channel size on the delivery of nitrogen to the gulf of Mexico. Nature, 403 (6771): 758-761.

Allen G H, Pavelsky T M, Barefoot E A, et al. 2018. Similarity of stream width distributions across headwater systems. Nature Communications, 9 (1): 610.

Audet J, Bastviken D, Bundschuh M, et al. 2020. Forest streams are important sources for nitrous oxide emissions. Global Change Biology, 26 (2): 629-641.

Audet J, Wallin M B, Kyllmar K, et al. 2017. Nitrous oxide emissions from streams in a swedish agricultural catchment. Agriculture, Ecosystems & Environment, 236: 295-303.

Bange H W, Sim C H, Bastian D, et al. 2019. Nitrous oxide (N_2O) and methane (CH_4) in rivers and estuaries of northwestern Borneo. Biogeosciences, 16 (22): 4321-4335.

Baulch H M, Dillon P J, Maranger R, et al. 2011a. Diffusive and ebullitive transport of methane and nitrous oxide from streams: are bubble- mediated fluxes important. Journal of Geophysical Research: Biogeosciences, 116 (G4).

Baulch H M, Schiff S L, Maranger R, et al. 2011b. Nitrogen enrichment and the emission of nitrous oxide from streams. Global Biogeochemical Cycles, 25 (4): DOI: 10.1029.

Beaulieu J J, Arango C P, Hamilton S K, et al. 2008. The production and emission of nitrous oxide from headwater streams in the midwestern United States. Global Change Biology, 14 (4): 878-894.

Beaulieu J J, Tank J L, Hamilton S K, et al. 2011. Nitrous oxide emission from denitrification in stream and river networks. Proceedings of the National Academy of Sciences, 108 (1): 214-219.

Billen G, Garnier J, Grossel A, et al. 2020. Modeling indirect N_2O emissions along the n cascade from cropland soils to rivers. Biogeochemistry, 148 (2): 207-221.

Borges A V, Darchambeau F, Lambert T, et al. 2018. Effects of agricultural land use on fluvial carbon dioxide, methane and nitrous oxide concentrations in a large european river, the Meuse (Belgium). Science of the Total Environment, 610-611: 342-355.

Borges A V, Darchambeau F, Lambert T, et al. 2019. Variations in dissolved greenhouse gases (CO_2, CH_4, N_2O) in the Congo River network overwhelmingly driven by fluvial- wetland connectivity. Biogeosciences, 16 (19): 3801-3834.

Borges A V, Darchambeau F, Teodoru C R, et al. 2015. Globally significant greenhouse-gas emissions from african inland waters. Nature Geoscience, 8 (8): 637-642.

Cavaliere E, Baulch H M. 2018. Denitrification under lake ice. Biogeochemistry, 137 (3): 285-295.

Chen N, Wu J, Zhou X, et al. 2015. Riverine N_2O production, emissions and export from a region dominated by agriculture in southeast Asia (Jiulong River) . Agriculture, Ecosystems & Environment, 208: 37-47.

Clough T J, Bertram J E, Sherlock R R, et al. 2006. Comparison of measured and EF5-R-derived N_2O fluxes from a spring-fed river. Global Change Biology, 12 (2): 352-363.

Clough T J, Buckthought L E, Casciotti K L, et al. 2011. Nitrous oxide dynamics in a braided river system, New Zealand. Journal of Environmental Quality, 40 (5): 1532-1541.

Clough T J, Buckthought L E, Kelliher F M, et al. 2007. Diurnal fluctuations of dissolved nitrous oxide (N_2O) concentrations and estimates of N_2O emissions from a spring-fed river: implications for IPCC methodology. Global Change Biology, 13 (5): 1016-1027.

Cole J J, Caraco N F. 2001. Emissions of nitrous oxide (N_2O) from a tidal, freshwater river, the Hudson River, New York. Environmental Science & Technology, 35 (6): 991-996.

Cooper R J, Wexler S K, Adams C A, et al. 2017. Hydrogeological controls on regional-scale indirect nitrous oxide emission factors for rivers. Environmental Science & Technology, 51 (18): 10440-10448.

Davis M P, David M B. 2018. Nitrous oxide fluxes from agricultural streams in east-central illinois. Water, Air, & Soil Pollution, 229 (11): 354.

De'ath G, Fabricius K E. 2000. Classification and regresstion trees: a powerful yet simple technique for ecological data analysis. Ecology, 81 (11): 3178-3192.

De'ath G. 2002. Multivariate regression trees: a new technique for modeling species-environment relationships. E-cology, 83 (4): 1105-1117.

Dee M M, Tank J L. 2020. Inundation time mediates denitrification end products and carbon limitation in constructed floodplains of an agricultural stream. Biogeochemistry, 149: 141-158.

Dong L F, Nedwell D B, Stott A. 2006. Sources of nitrogen used for denitrification and nitrous oxide formation in sediments of the hypernutrified colne, the nutrified humber, and the oligotrophic conwy estuaries, United Kingdom. Limnology and Oceanography, 51: 545-557.

Downing J A, Cole J J, Duarte C, et al. 2012. Global abundance and size distribution of streams and rivers. Inland Waters, 2 (4): 229-236.

Gardner J R, Fisher T R, Jordan T E, et al. 2016. Balancing watershed nitrogen budgets: accounting for biogenic gases in streams. Biogeochemistry, 127 (2): 231-253.

Garnier J, Billen G, Vilain G, et al. 2009. Nitrous oxide (N_2O) in the seine river and basin: observations and budgets. Agriculture, Ecosystems & Environment, 133 (3): 223-233.

Gomez-Velez J D, Harvey J W. 2014. A hydrogeomorphic river network model predicts where and why hyporheic exchange is important in large basins. Geophysical Research Letters, 41 (18): 6403-6412.

Hallin S, Philippot L, Löffler F E, et al. 2018. Genomics and ecology of novel N_2O-reducing microorganisms. Trends in Microbiology, 26 (1): 43-55.

Harms T K, Jones J B J G C B, Jr. 2012. Thaw depth determines reaction and transport of inorganic nitrogen in valley bottom permafrost soils: nitrogen cycling in permafrost soils. Global Change Biology, 18 (9): 2958-2968.

He Y, Wang X, Chen H, et al. 2017. Effect of watershed urbanization on N_2O emissions from the Chongqing metropolitan river network, China. Atmospheric Environment, 171: 70-81.

Henry S, Bru D, Stres B, et al. 2006. Quantitative detection of the*nosZ* Gene, encoding nitrous oxide reductase, and comparison of the abundances of 16S rRNA, *NarG*, *NirK*, and *NosZ* genes in soils. Applied and Environmental Microbiology, 72 (8): 5181-5189.

Hinshaw S E, Dahlgren R A. 2013. Dissolved nitrous oxide concentrations and fluxes from the eutrophic San Joaquin River, California. Environmental Science & Technology, 47 (3): 1313-1322.

Hu M P, Chen D J, Dahlgren R A. 2016. Modeling nitrous oxide emission from rivers: a global assessment. Global Change Biology, 22 (11): 3566-3582.

Hu M, Li B, Wu K, et al. 2021. Modeling riverine N_2O sources, fates, and emission factors in a typical river network of eastern China. Environmental Science & Technology, 55 (19): 13356-13365.

Huang S, Chen C, Yang X, et al. 2011. Distribution of typical denitrifying functional genes and diversity of the *NirS*-encoding bacterial community related to environmental characteristics of river sediments. Biogeosciences, 8 (10): 3041-3051.

Hutchins R H S, Casas-Ruiz J P, Prairie Y T, et al. 2020. Magnitude and drivers of integrated fluvial network greenhouse gas emissions across the boreal landscape in Québec. Water Research, 173: 115556.

Immerzeel W W, Bierkens M F P. 2012. Asia's Water Balance. Nature Geoscience, 5 (12): 841-842.

Jin H J, Chang X L, Wang S L. 2007. Evolution of permafrost on the Qinghai-Xizang (Tibet) Plateau since the end of the late pleistocene. Journal of Geophysical Research: Earth Surface, 112: F02S09.

Jones C M, Graf D R H, Bru D, et al. 2013. The unaccounted yet abundant nitrous oxide-reducing microbial community: a potential nitrous oxide sink. The ISME Journal, 7 (2): 417-426.

Kana T M, Darkangelo C, Hunt M D, et al. 1994. Membrane inlet mass spectrometer for rapid high-precision determination of N_2, O_2, and Ar in environmental water samples. Analytical Chemistry, 66 (23): 4166-4170.

Keuper F, van Bodegom P M, Dorrepaal E, et al. 2012. A frozen feast: thawing permafrost increases plant-available nitrogen in subarctic peatlands. Global Change Biology, 18 (6): 1998-2007.

Khosh M S, McClelland J W, Jacobson A D, et al. 2017. Seasonality of dissolved nitrogen from spring melt to fall freezeup in alaskan arctic tundra and mountain streams. Journal of Geophysical Research: Biogeosciences, 122 (7): 1718-1737.

Korner H, Zumft W G. 1989. Expression of denitrification enzymes in response to the dissolved oxygen level and respiratory substrate in continuous culture of Pseudomonas stutzeri. Applied and Environmental Microbiology, 55 (7): 1670-1676.

Kou D, Ding J, Li F, et al. 2019. Spatially-explicit estimate of soil nitrogen stock and its implication for land model across Tibetan alpine permafrost region. Science of the Total Environment, 650: 1795-1804.

Kou D, Yang G B, Li F, et al. 2020. Progressive nitrogen limitation across the Tibetan alpine permafrost region. Nature Communications, 11, 3331.

Liang X, Xing T, Li J, et al. 2019. Control of the hydraulic load on nitrous oxide emissions from cascade reservoirs. Environmental Science & Technology, 53 (20): 11745-11754.

Ligi T, Truu M, Truu J, et al. 2014. Effects of soil chemical characteristics and water regime on denitrification genes (*NirS*, *NirK*, and *NosZ*) abundances in a created riverine wetland complex. Ecological Engineering, 72: 47-55.

Liu X Y, Koba K, Koyama L A, et al. 2018. Nitrate is an important nitrogen source for Arctic tundra plants. Proceedings of the National Academy of Sciences of the United States of America, 115 (13): 3398-3403.

Lyautey E, Hallin S, Teissier S, et al. 2013. Abundance, activity and structure of denitrifier communities in phototrophic river biofilms (River Garonne, France). Hydrobiologia, 716 (1): 177-187.

Mahamoud Ahmed A, Lyautey E, Bonnineau C, et al. 2018. Environmental concentrations of copper, alone or in mixture with arsenic, can impact river sediment microbial community structure and functions. Frontiers in Microbiology, 9: 1852.

Marescaux A, Thieu V, Garnier J. 2018. Carbon dioxide, methane and nitrous oxide emissions from the human-impacted Seine watershed in France. Science of the Total Environment, 643: 247-259.

Martínez-Santos M, Lanzén A, Unda-Calvo J, et al. 2018. Treated and untreated wastewater effluents alter river sediment bacterial communities involved in nitrogen and sulphur cycling. Science of the Total Environment, 633: 1051-1061.

Marzadri A, Dee M M, Tonina D, et al. 2017. Role of surface and subsurface processes in scaling N_2O emissions along riverine networks. Proceedings of the National Academy of Sciences, 114 (17): 4330-4335.

Mwanake R M, Gettel G M, Aho K S, et al. 2019. Land use, not stream order, controls N_2O concentration and flux in the upper mara river basin, Kenya. Journal of Geophysical Research: Biogeosciences, 124 (11): 3491-3506.

Müller D, Bange H W, Warneke T, et al. 2016. Nitrous oxide and methane in two tropical estuaries in a peat-dominated region of northwestern Borneo. Biogeosciences, 13 (8): 2415-2428.

Nirmal Rajkumar A, Barnes J, Ramesh R, et al. 2008. Methane and nitrous oxide fluxes in the polluted Adyar River and Estuary, Se India. Marine Pollution Bulletin, 56 (12): 2043-2051.

Outram F N, Hiscock K M. 2012. Indirect nitrous oxide emissions from surface water bodies in a lowland arable catchment: a significant contribution to agricultural greenhouse gas budgets. Environmental Science & Technology, 46 (15): 8156-8163.

Panneer Selvam B, Natchimuthu S, Arunachalam L, et al. 2014. Methane and carbon dioxide emissions from inland waters in India-implications for large scale greenhouse gas balances. Global Change Biology, 20 (11): 3397-3407.

Pepin N, Bradley R S, Diaz H, et al. 2015. Elevation-dependent warming in mountain regions of the world. Nature Climate Change, 5 (5): 424-430.

Qin X, Li Y, Goldberg S, et al. 2019. Assessment of indirect N_2O emission factors from agricultural river networks based on long-term study at high temporal resolution. Environmental Science & Technology, 53 (18): 10781-10791.

Qu B, Aho K S, Li C, et al. 2017. Greenhouse gases emissions in rivers of the Tibetan Plateau. Scientific Reports, 7 (1): 16573.

Qu Z, Bakken L R, Molstad L, et al. 2016. Transcriptional and metabolic regulation of denitrification in paracoccus denitrificans allows low but significant activity of nitrous oxide reductase under oxic conditions. Environmental Microbiology, 18 (9): 2951-2963.

Quick A M, Reeder W J, Farrell T B, et al. 2019. Nitrous oxide from streams and rivers: a review of primary biogeochemical pathways and environmental variables. Earth-Science Reviews, 191: 224-262.

Ravishankara A R, Daniel J S, Portmann R W. 2009. Nitrous oxide (N_2O): the dominant ozone-depleting substance emitted in the 21st century. Science, 326 (5949): 123-125.

Rees A P, Brown I J, Jayakumar A, et al. 2021. Biological nitrous oxide consumption in oxygenated waters of the high latitude atlantic ocean. Communications Earth & Environment, 2 (1): 36.

Rosamond M S, Thuss S J and Schiff S L. 2012. Dependence of riverine nitrous oxide emissions on dissolved oxygen levels. Nature Geoscience, 5 (10): 715-718.

Salmon V G, Schadel C, Bracho R, et al. 2018. Adding depth to our understanding of nitrogen dynamics in permafrost soils. Journal of Geophysical Research-Biogeosciences, 123 (8): 2497-2512.

Schade J D, Bailio J, McDowell W H. 2016. Greenhouse gas flux from headwater streams in New Hampshire, USA: patterns and drivers. Limnology and Oceanography, 61 (S1): S165-S174.

Schuur E A G, McGuire A D, Schädel C, et al. 2015. Climate change and the permafrost carbon feedback. Nature, 520 (7546): 171-179.

Serikova S, Pokrovsky O, Ala-Aho P, et al. 2018. High riverine CO_2 emissions at the permafrost boundary of Western Siberia. Nature Geoscience, 11 (11): 825-829.

Soued C, del Giorgio P A, Maranger R. 2016. Nitrous oxide sinks and emissions in boreal aquatic networks in Québec. Nature Geoscience, 9 (2): 116-120.

Tan E, Zou W, Zheng Z, et al. 2020. Warming stimulates sediment denitrification at the expense of anaerobic ammonium oxidation. Nature Climate Change, 10 (4): 349-355.

Thompson R L, Lassaletta L, Patra P K, et al. 2019. Acceleration of global N_2O emissions seen from two decades of atmospheric inversion. Nature Climate Change, 9 (12): 993-998.

Throbäck I N, Enwall K, Jarvis Å, et al. 2004. Reassessing PCR primers targeting *NirS*, *NirK* and *NosZ* genes for community surveys of denitrifying bacteria with DGGE. FEMS Microbiology Ecology, 49 (3): 401-417.

Thuan N C, Koba K, Yano M, et al. 2018. N_2O production by denitrification in an urban river: evidence from isotopes, functional genes, and dissolved organic matter. Limnology, 19 (1): 115-126.

Turner P A, Griffis T J, Baker J M, et al. 2016. Regional-scale controls on dissolved nitrous oxide in the upper Mississippi River. Geophysical Research Letters, 43 (9): 4400-4407.

Turner P A, Griffis T J, Lee X, et al. 2015. Indirect nitrous oxide emissions from streams within the US corn belt scale with stream order. Proceedings of the National Academy of Sciences, 112 (32): 9839-9843.

Ulseth A J, Hall R O, Boix Canadell M, et al. 2019. Distinct air-water gas exchange regimes in low- and high-energy streams. Nature Geoscience, 12 (4): 259-263.

Venkiteswaran J J, Rosamond M S and Schiff S L. 2014. Nonlinear response of riverine N_2O fluxes to oxygen and temperature. Environmental Science & Technology, 48 (3): 1566-1573.

Voigt C, Marushchak M E, Abbott B W, et al. 2020. Nitrous oxide emissions from permafrost-affected soils. Nature Reviews Earth & Environment, 1 (8): 420-434.

Vonk J E, Tank S E, Bowden W B, et al. 2015. Reviews and syntheses: effects of permafrost thaw on Arctic aquatic ecosystems. Biogeosciences, 12 (23): 7129-7167.

Wallin M B, Campeau A, Audet J, et al. 2018. Carbon dioxide and methane emissions of swedish low-order streams—a national estimate and lessons learnt from more than a decade of observations. Limnology and Oceanography Letters, 3 (3): 156-167.

Wang G, Xia X, Liu S, et al. 2021a. Intense Methane ebullition from urban inland waters and its significant contribution to greenhouse gas emissions. Water Research, 189: 116654.

Wang G, Xia X, Liu S, et al. 2021b. Distinctive patterns and controls of nitrous oxide concentrations and fluxes from urban inland waters. Environmental Science & Technology, 55 (12): 8422-8431.

Weiss R F. 1970. The solubility of nitrogen, oxygen and argon in water and seawater. Deep Sea Research and Oceanographic Abstracts, 17 (4): 721-735.

Wit F, Müller D, Baum A, et al. 2015. The impact of disturbed peatlands on river outgassing in Southeast Asia. Nature Communications, 6 (1): 10155.

Yan W, Yang L, Wang F, et al. 2012. Riverine N_2O concentrations, exports to estuary and emissions to atmosphere from the Changjiang River in response to increasing nitrogen loads. Global Biogeochemical Cycles, 26: GB4006.

Yang M, Wang X, Pang G, et al. 2019. The Tibetan Plateau cryosphere: observations and model Simulations for Current Status and Recent Changes. Earth-Science Reviews, 190: 353-369.

Yang X, Pavelsky T M, Allen G H. 2020. The past and future of global river ice. Nature, 577 (7788): 69-73.

Yao Y, Tian H, Shi H, et al. 2020. Increased global nitrous oxide emissions from streams and rivers in the anthropocene. Nature Climate Change, 10 (2): 138-142.

Ye R, Wu Q, Zhao Z, et al. 2019. Concentrations and emissions of dissolved CH_4 and N_2O in the Yarlung Tsangpo River. Chinese Journal of Ecology, 38 (3): 791-798.

Yu Z, Deng H, Wang D, et al. 2013. Nitrous oxide emissions in the Shanghai River network: implications for the effects of urban sewage and IPCC methodology. Global Change Biology, 19 (10): 2999-3010.

Yu Z, Wang D, Li Y, et al. 2017. Carbon dioxide and methane dynamics in a human-dominated lowland coastal river network (Shanghai, China). Journal of Geophysical Research: Biogeosciences, 122 (7): 1738-1758.

Zhang L, Xia X, Liu S, et al. 2020. Significant methane ebullition from alpine permafrost rivers on the East Qinghai-Tibet Plateau. Nature Geoscience, 13 (5): 349-354.

Zhang M, Wu Z, Sun Q, et al. 2019. Response of chemical properties, microbial community structure and functional genes abundance to seasonal variations and human disturbance in Nanfei River sediments. Ecotoxicology and Environmental Safety, 183: 109601.

Zhang S, Xia X, Yu L, et al. 2020b. Both microbial abundance and community composition mattered for N_2 production rates of the overlying water in one high-elevation river. Environmental Research, 189: 109933.

Zolkos S, Tank S E, Striegl R G, et al. 2019. Thermokarst effects on carbon dioxide and methane fluxes in streams on the Peel Plateau (Nwt, Canada). Journal of Geophysical Research: Biogeosciences, 124 (7): 1781-1798.

Zumft W G. 1997. Cell Biology and molecular Basis of denitrification. Microbiology and Molecular Biology Reviews, 61 (4): 533-616.